山东省高等教育名校建设工程课程改革教材

机 械 制 图

（修订版）

主　编　于田霞　张立文　褚彩萍
副主编　高晓萍　殷静波　尹晓倩
主　审　张志光

黄 河 水 利 出 版 社
·郑 州·

内 容 提 要

本书为山东省高等教育名校建设工程课程改革系列教材之一，是本着高职教育的特色，依据山东省特色名校建设方案要求进行编写的。本书共分八个学习项目，主要包括认识机械图样绘制平面图形、绘制与识读基本体的三视图、绘制与识读组合体的三视图、绘制轴测图、机械零件的表达、识读标准件和常用件视图、识读与绘制零件图、识读与绘制装配图。本书以项目为导向、任务为驱动、典型零件为载体，配合技能测试的知识验收，使知识内容重点突出，知识结构层次分明，符合学生的认知规律。同时将"制图专业知识"和"职业资格证书"有机结合，凸显高职高专人才培养特色。

本书作为高职高专机电类各专业及相近专业的课程教材，也可供相关工程类技术人员参考使用。

图书在版编目（CIP）数据

机械制图/于田霞，张立文，褚彩萍主编.—郑州：黄河水利出版社，2015.5 （2021.9 修订版重印）
山东省高等教育名校建设工程课程改革教材
ISBN 978-7-5509-1128-4

Ⅰ.①机… Ⅱ.①于…②张…③褚… Ⅲ.①机械制图-高等学校-教材 Ⅳ.①TH126

中国版本图书馆 CIP 数据核字（2015）第 104306 号

组稿编辑：王路平 电话：0371-66022212 E-mail：hhslwlp@163.com

出 版 社：黄河水利出版社社 网址：www.yrcp.com
地址：河南省郑州市顺河路黄委会综合楼 14 层 邮政编码：450003
发行单位：黄河水利出版社
发行部电话：0371-66026940、66020550、66028024、66022620（传真）
E-mail：hhslcbs@126.com
承印单位：河南承创印务有限公司
开本：787 mm×1 092 mm 1/16
印张：20.25
字数：470 千字 印数：5 001—7 000
版次：2015 年 5 月第 1 版 印次：2021 年 9 月第 3 次印刷
2021 年 9 月修订版

定价：49.00 元

前 言

本书是依据中央财政支持提升社会服务能力重点建设专业和山东省高等教育名校建设工程重点建设专业人才培养方案和课程建设目标要求,并按照有关机械制图的新规范、新法规、新标准编写完成的。在吸收有关教材和技术文献资料精华的基础上,充实了新思想、新理论、新方法和新技术,另外不过分苛求学科的系统性和完整性,强调理论联系实际,突出应用性。

1. 本书的编写理念

(1)贯彻"基础理论教育以应用为目的,以掌握概念和强化应用为教学重点"的原则,明确编写目的,遵循教学规律,以必需、够用为度,注重基础训练和基本能力的培养,旨在拓宽学生的空间想象能力,培养学生独立分析问题和解决问题的能力。

(2)以项目为导向、任务为驱动、典型零件为载体,整合并精心安排教材的知识结构,将现代制图知识分为四大模块,即制图基础→投影基础→制图与识图→专业图,制图知识内容精炼、重点突出、思路清晰,知识结构系统,符合学生的认知规律。

(3)本书采用最新《技术制图》《机械制图》的国家标准,充分体现了知识的先进性。

(4)本书图文并茂,图例选取典型,紧密结合专业需求,例题讲解详细、思路清晰,便于实现教、学、做一体化。

2. 本课程的研究对象和性质

在生产实践中,无论是生产机械制造机器、设备,还是安装、调试,都需要依据机械图样进行。因此,机械图样是表达设计者的设计意图、指导生产或进行维护、维修与技术交流的主要技术文件。所以,机械图样又被喻为工程界的技术语言。

机械制图就是研究如何根据正投影理论并按照国家的制图标准规定绘制和识读机械图样的一门重要课程,也是作为每一位工程技术人员必须学习和掌握的一门重要的技术语言。

3. 本课程的学习任务及要求

本课程学习完成后,学生应具备以下两方面的能力:

(1)能够正确、迅速地绘制和识读中等复杂的零件图。

(2)能够绘制和识读中等复杂程度的装配图。

为达到上述要求,必须做到以下几点:

(1)养成认真负责的工作态度和严谨细致的工作作风。

(2)掌握正投影的基本理论和作图方法。

(3)有意识地培养空间想象能力和空间分析能力。

(4)学会查阅有关技术资料和国家标准。

(5)掌握绘制和识读零件图和装配图的有关知识和方法。

4. 本课程的特点及学习方法

现代技术制图课是一门理论和实践结合非常紧密的课程，要想学好这门课程，要求学习时认真钻研教材，弄懂基本原理和方法，同时还必须亲自实践，进行一定数量的画图和读图并反复练习。具体应注意以下几点：

（1）本课程的内容是环环相扣的，学习时一定要认真听好每一堂课，听课时要主动思考，认真独立完成作业。

（2）在学习过程中，要做到多画、多看、多练、多想，“由物到图，再由图到物”的反复研究和思考练习，逐步建立空间概念，才能不断提高绘图和识图的技能。

（3）对于制图的标准和有关规定要准确牢记，正确应用。

（4）要与实际工程相联系，平时有意识地多观察周围环境的机械产品，努力获取一些有关设计、制造等方面的工程知识。

（5）严格要求，一丝不苟。在生产实际中，机械图样上任何疏忽和差错都会造成损失。所以，必须从一开始就严格要求自己，注重基本功训练，力求作图规范，读图思路清晰，为今后学习和工作打下良好的基础。

为了不断提高教材质量，编者于 2021 年 9 月，根据近年来国家及行业最新颁布的规范、标准、规定等，以及在教学实践中发现的问题和错误，对全书进行了修订完善。

本书由山东水利职业学院主持编写工作，编写人员及编写分工如下：于田霞编写项目 1、项目 3；高晓萍编写项目 2 中的任务 1 至任务 4；殷静波编写项目 2 中的任务 5 至任务 8；张立文编写项目 4、项目 8；褚彩萍编写项目 5、项目 6 和附录；尹晓倩编写项目 7。本书由于田霞、张立文、褚彩萍担任主编，于田霞负责全书的统稿、定稿和校核工作；由高晓萍、殷静波、尹晓倩担任副主编；由张志光担任主审。

本书在编写过程中，大量参考了机械制图、技术制图等诸多书籍、资料及相关标准。合作企业金杯汽车配件制造公司的褚德清、山东五征集团的王凯等也对本书的编写提出了宝贵的意见，同时出版社也给予了大力支持和帮助，在此一并表示感谢！

尽管我们在探索教材特色的建设方面做出了许多努力，但由于编者水平和经验有限，本书难免存在错误和不足，恳请读者多提宝贵意见，以便在修订时改进。

编　者

2021 年 9 月

目 录

项目 1　认识机械图样绘制平面图形

机器是由多个零件经装配而成，不同的零件其形状、尺寸、材料及技术要求等各不相同。工程机械领域通常采用一幅图样来表达零件形状、尺寸、材料及技术要求。因此，把用于表达机械零件形状、大小及技术要求的图样称为机械图样。在各种技术和生产交流活动中，机械图样起着非常重要的作用。这是因为在实际生产中，设计者通过图样来表达设计意图，生产、施工人员根据图样来进行生产和施工；而使用者和管理者也是通过图样来进行使用、维护和维修等生产活动。因此，机械图样被人们喻为工程界的技术语言。作为工程界的技术通用语言，就必须要遵守一定的规范，这种规范就是制图标准，同时为了准确地绘制和识读图样也必须熟悉和掌握有关的制图标准。

【学习目标】

1. 掌握国家标准《技术制图》和《机械制图》中有关机械制图的标准。
2. 理解和掌握几何图形的作图原理和方法。
3. 掌握平面图形绘制及尺寸标注的基本方法。
4. 掌握绘图工具及仪器的使用方法。

任务 1　认识手柄机械图样绘制其平面图形

任务导入

在机械零件中，经常遇到一些机件是由圆弧与直线、圆弧与圆弧光滑连接的轮廓图形，如图 1-1-1 所示的手柄立体图和平面图形，从图中可以看出该手柄轮廓是由直线和圆弧组成的，通过本实例学习圆弧连接的相关知识及图线的用法。

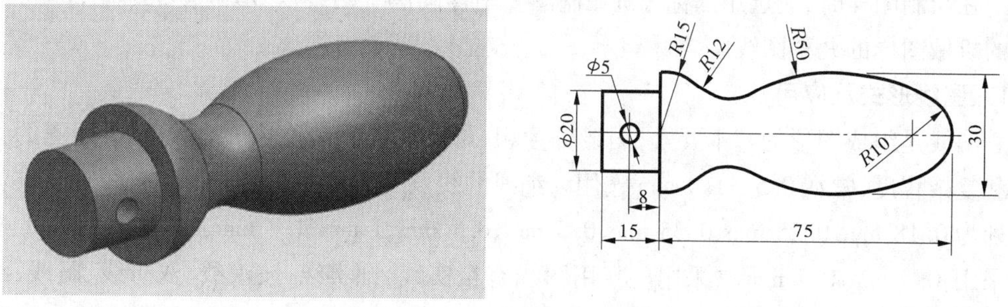

(a)　　(b)

图 1-1-1　手柄立体图和平面图形

相关知识

1　圆弧连接

圆弧连接是指用一段圆弧(称连接圆弧)光滑地连接相邻已知线段的作图方法。要使圆弧与圆弧、圆弧与直线光滑连接,作图关键在于正确找出连接圆弧的圆心以及切点的位置。

1.1　圆弧连接的作图原理

圆弧连接有多种形式,但作图的基本形式只有三种:连接圆弧与定直线相切、连接圆弧与定圆外切、连接圆弧与定圆内切。由初等几何知识可知:

(1)当连接圆弧与定直线相切时,连接圆弧的圆心要用 R 来确定。

(2)当两圆弧以外切方式相连接时,连接圆弧的圆心要用 R_0+R 来确定。

(3)当两圆弧以内切方式相连接时,连接圆弧的圆心要用 R_0-R 来确定。

绘图时,上述三种圆弧连接的作画法原理如图 1-1-2 所示。

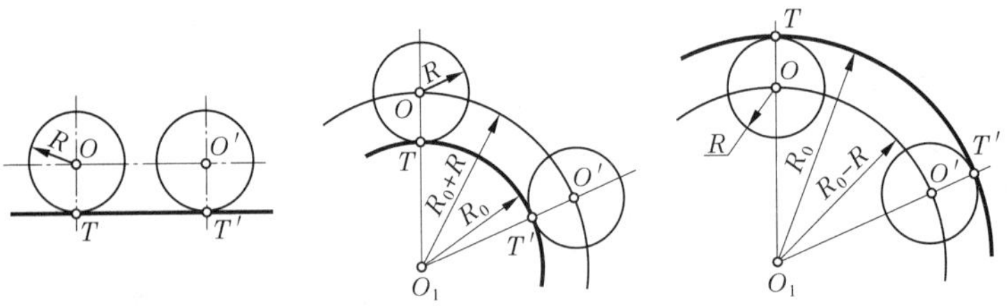

图 1-1-2　连接圆弧圆心轨迹及切点

1.2　圆弧连接的常见形式及作图方法

用已知半径为 R 的圆弧连接两已知线(直线或圆弧)的作图方法如表 1-1-1 所示。

2　图线

在绘制图样时,应选用国标《机械制图　图样画法　图线》(GB/T 4458.4—2003)规定的机械图样的九种图线。

2.1　图线形式及应用

图线是组成图形的基本要素,图线分为粗、细两种。粗线宽用 b 表示,b 根据图的大小和复杂程度,常在 0.5 ~ 1.4 mm 选用。细线的线宽约为粗线宽的 1/2 。粗线宽度推荐系列为 0.18 mm、0.25 mm、0.35 mm、0.5 mm、0.7 mm、1 mm、1.4 mm、2 mm,0.18 mm 避免采用,0.5 mm、0.7 mm 常采用。常用图线有粗实线、细实线、波浪线、双折线、虚线、细点画线、双点画线等,如表 1-1-2 所示。

表 1-1-1 圆弧连接两已知线(直线或圆弧)

连接形式	已知条件	求圆心位置	求切点	连接并描粗
直线与直线间的圆弧连接	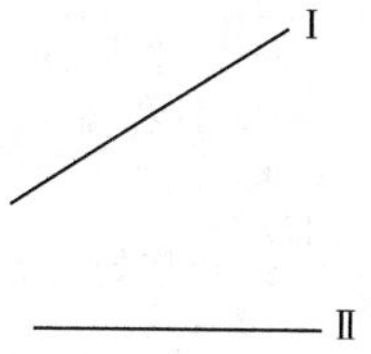	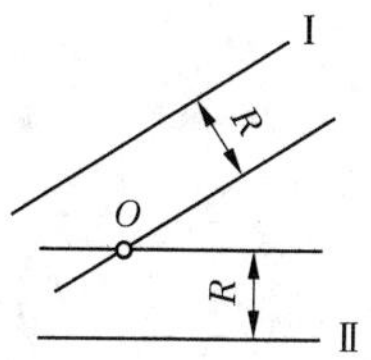	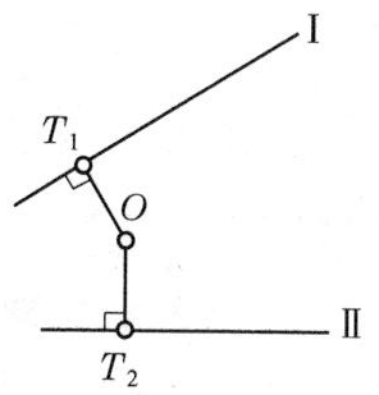	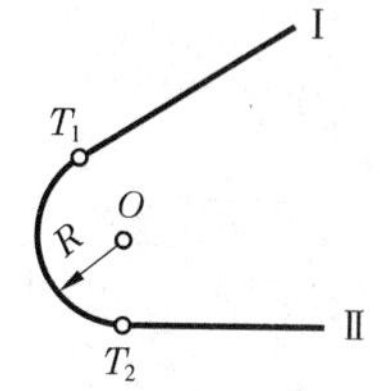
直线与圆弧间的外切圆弧连接	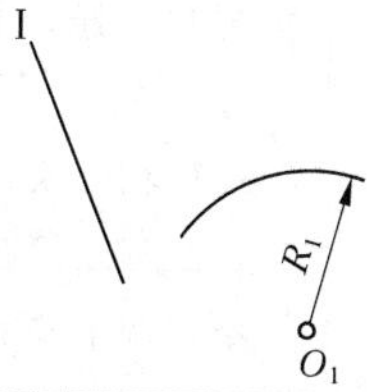	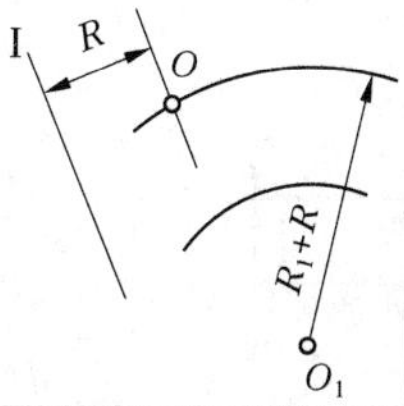	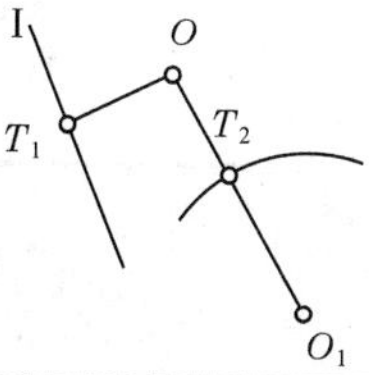	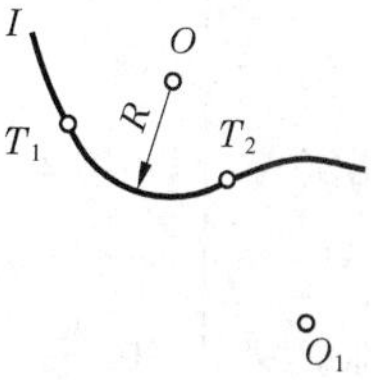
两圆弧间的外切圆弧连接	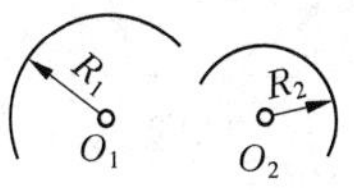	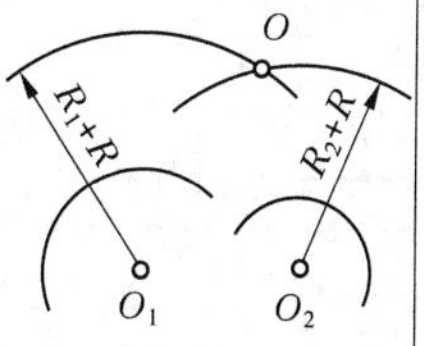	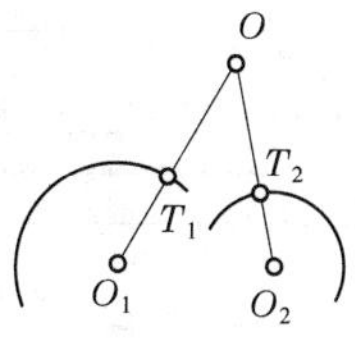	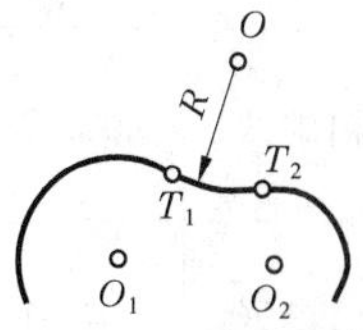
两圆弧间的内切圆弧连接	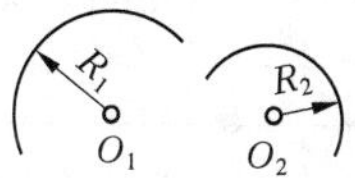	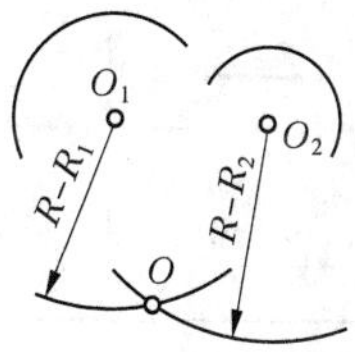	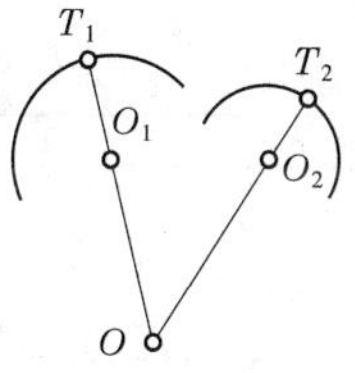	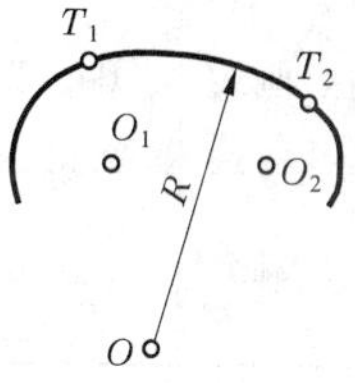
两圆弧间的内外切圆弧连接	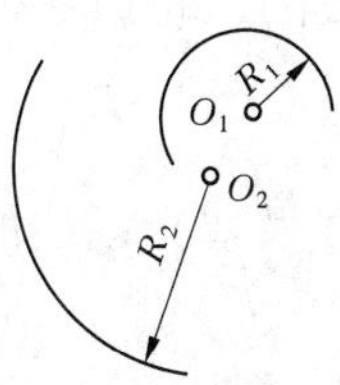	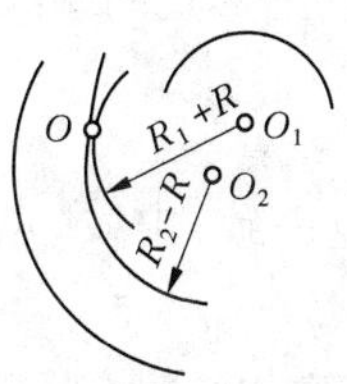	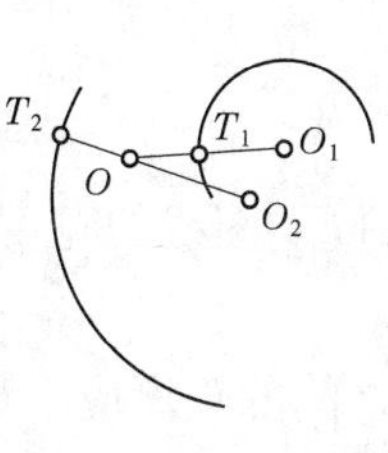	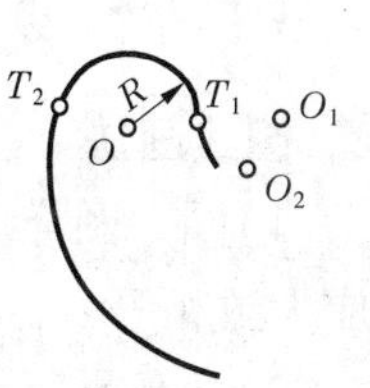

注:R 为连接圆弧半径。

表 1-1-2　机械图样常用图线形式及应用(摘选 GB/T 4458.4—2003)

图线名称	代码 No.	线型	线宽	一般应用
细实线	01.1		d/2	尺寸线、尺寸界线、剖面线、引出线、螺纹牙底线、重合断面轮廓线、可见过渡线
波浪线				断裂处边界线、局部剖分界线
双折线				断裂处边界线、视图与局部剖视图的分界线
粗实线	01.2		d	可见轮廓线、螺纹牙顶线
细虚线	02.1	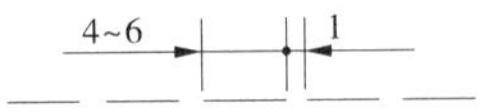	d/2	不可见轮廓线、不可见过渡线
粗虚线	02.2		d	允许表面处理的表示线
细点画线	04.1	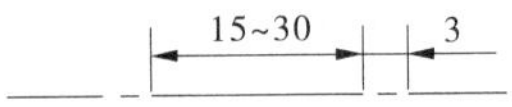	d/2	轴线、对称中心线、分度圆(线)
粗点画线	04.2	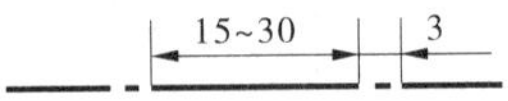	d	限定范围表示线(特殊要求)
细双点画线	05.1	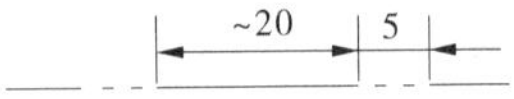	d/2	相邻辅助零件的轮廓线、可动零件的极限位置的轮廓线

机件图样中的图形是用各种不同粗、细形式的图线画成的,如图 1-1-3 所示。

2.2　图线画法

(1)同一图样中,同类图线的宽度应一致;虚线、点画线及双点画线的线段长度和间隔应大致相等。

(2)两条平行线之间的距离应不小于粗实线的两倍,最小间距不小于 0.7 mm。

(3)绘制圆的对称中心线时,点画线两端应超出圆的轮廓线 2 ~ 5 mm;首末两端应是线段而不是短画;圆心应是线段的交点。在较小的图形上绘制点画线有困难时可用细实线代替,如图 1-1-4 所示。

(4)两条线相交应以线相交,而不应相交在点或间隔处。

(5)直虚线在实线的延长线上相接时,虚线应留出间隔。

(6)虚线圆弧与实线相切时,虚线圆弧应留出间隔。

(7)点画线、双点画线的首末两端应是线,而不应是点。

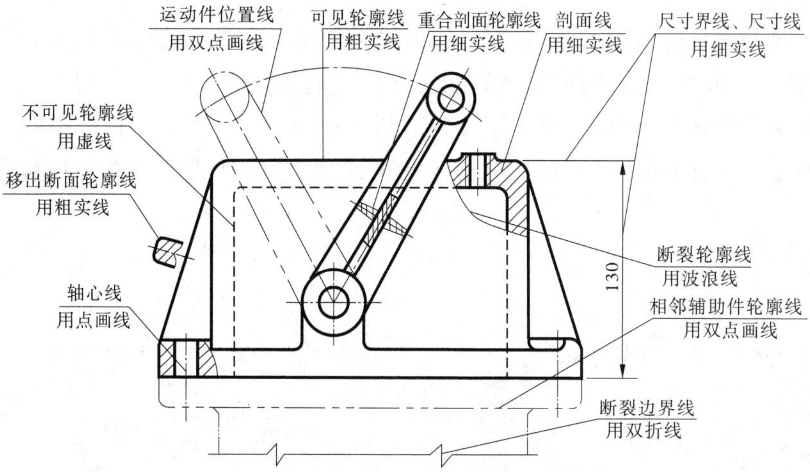

图 1-1-3　图线的应用

(8)当有两种或更多的图线重合时，通常按图线所表达对象的重要程度优先选择绘制顺序：可见轮廓线—不可见轮廓线—尺寸线—各种用途的细实线—轴线和对称中心线—假想线。画图时，应注意图 1-1-5 中的问题。

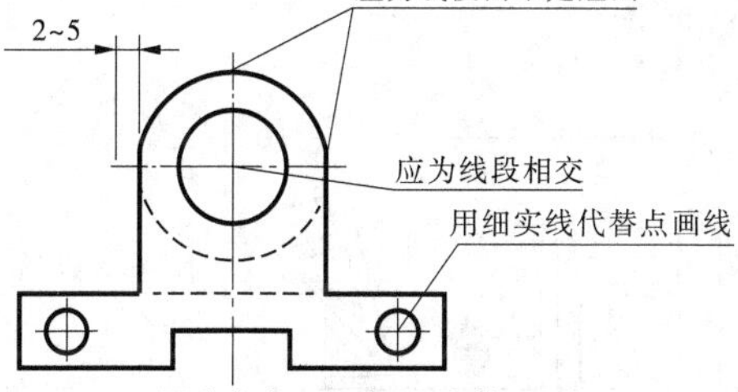

图 1-1-4　细点画线的画法

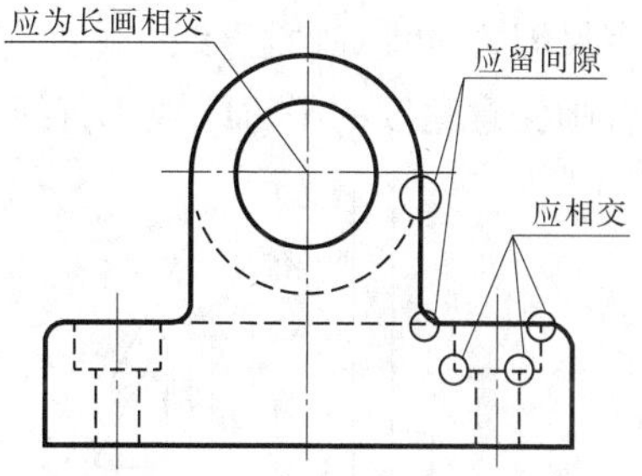

图 1-1-5　细点画线或细虚线与其他图线的关系

3　绘图仪器及工具的使用

要提高手绘图的准确度和绘图效率，必须掌握正确使用各种绘图工具和仪器的方法。常用的手工绘图工具有图板、丁字尺、三角板、比例尺、圆规、分规、绘图铅笔、直线笔、曲线板等。

3.1　图板

图板是用来铺放和固定图纸的，绘图时用胶带纸或大头针将图纸固定在图板的适当位置。又因它的左侧边为丁字尺的导边，所以要求板面必须平直光洁。图纸的铺放与固定方法如图 1-1-6 所示。

图板有不同的规格，其中有 0 号(尺寸为 900 mm × 1 200 mm)、1 号(尺寸为 600 mm × 900 mm)、2 号 (尺寸为 450 mm × 600 mm)、3 号(尺寸为 300 mm × 450 mm)，可根据需要选用。

3.2 丁字尺

丁字尺是与图板配合画水平线的长尺，由尺头和尺身构成。使用时尺头工作边（内侧面）与图板工作边（左边）靠紧，然后沿丁字尺的上边画线。移动丁字尺时，用左手推动丁字尺尺头沿图板上下移动，把丁字尺调整到准确的位置，然后压住丁字尺进行画线。画水平线时是从左往右画，铅笔前后方向应与纸面垂直，向画线前进方向倾斜约 30°，如图 1-1-7 所示。

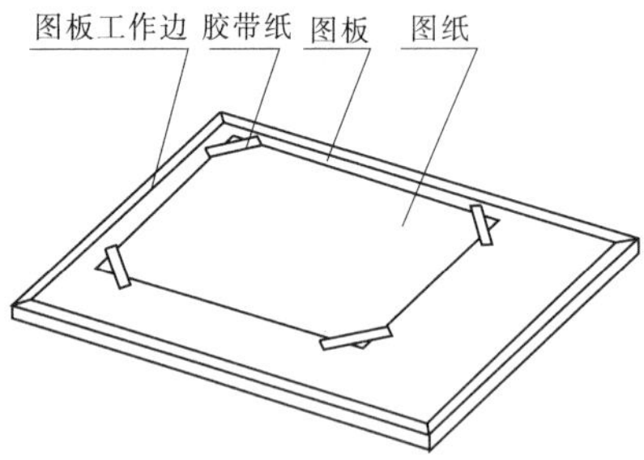

图 1-1-6 图板与图纸

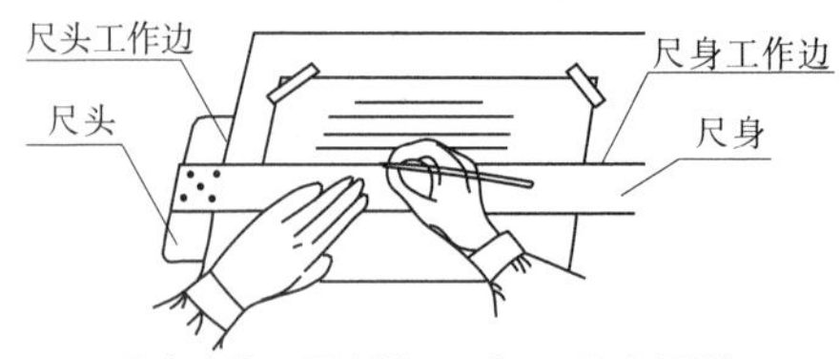

图 1-1-7 图板与丁字尺配合画线

3.3 三角板

一副三角板由 45°、45°和 30°、60°两块组成，由于尺寸不同，分为不同规格。三角板与丁字尺配合，可以画垂直线；可配合丁字尺画铅垂线及 15°倍角的斜线；或用两块三角板配合画任意角度的平行线或垂直线，如图 1-1-8 所示。

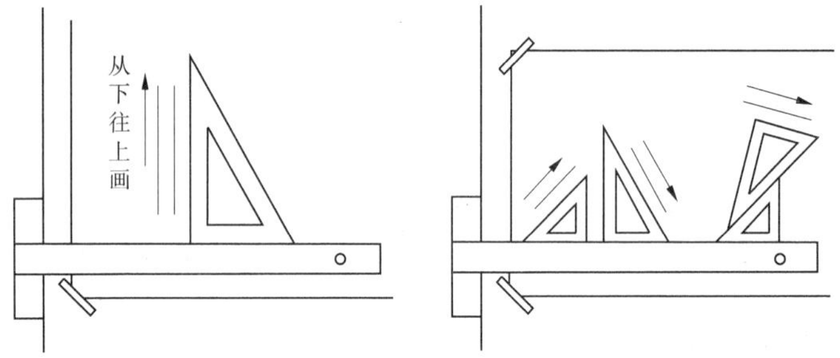

图 1-1-8 图板、丁字尺和三角板画线的使用方法

3.4 绘图铅笔

绘图铅笔的铅芯的软硬用字母 H 和 B 表示。H 前的数值越大，表示铅芯越硬，所画图线越浅；B 前的数值越大，表示铅芯越软，所画图线越黑；HB 表示铅芯软硬适中。画图时，应根据不同用途，按表 1-1-3 选用适当的铅笔及铅芯。B 或 HB 用于画粗实线；HB 或 H 用于画箭头和写字；H 或 2H 用于画各种细线和画底稿。绘图质量的好坏与铅笔的磨削和使用有直接的关系。将画粗实线的铅笔磨削成矩形，其余的磨成圆锥形，具体形状尺寸如表 1-1-3 所示。磨削铅笔时应注意从无记号的一端开始，以便使用时识别。而绘图时，应保持笔杆前后方向与纸面垂直，向画线前进方向自然倾斜，并用力均匀、匀速前行。

表 1-1-3　铅笔的选用

绘图工具	用途	软硬代号	磨削形状	
铅笔	画细线	2H或H	圆锥	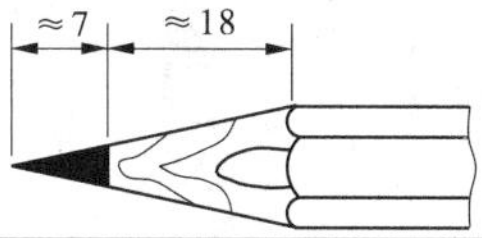
	写字	HB或B	钝圆锥	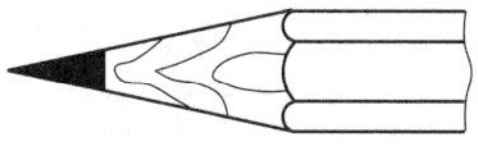
	画粗线	B或2B	截面为矩形的四棱柱	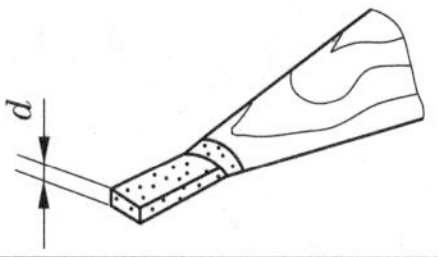
圆规用铅芯	画细线	H或HB	楔形	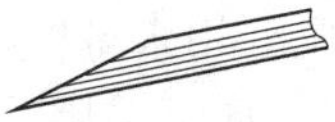
	画粗线	2B或3B	正四棱柱	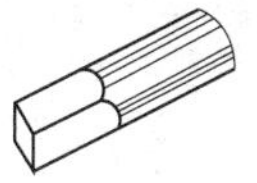

注:d 为粗实线宽度。

3.5　圆规和分规

3.5.1　圆规

圆规是用来画圆和圆弧的。它有三种插腿——铅芯插腿、墨线笔插腿、钢针插腿,如图 1-1-9 所示,分别用于画铅笔线、画墨线及代替分规。圆规使用的铅笔磨削见表 1-1-3。

画圆前应调整钢针和铅芯,尽量使钢针台阶和铅芯尖端平齐,并都垂直于纸面。画圆时,应使笔尖与纸面垂直,用右手均匀转动圆规手柄,沿顺时针方向一笔画完,要求用力均匀,不要重复。圆规的使用方法如图 1-1-10 所示。

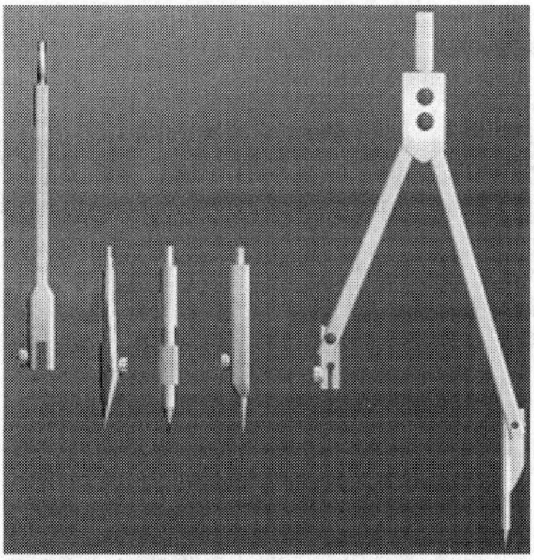

图 1-1-9　圆规的组成

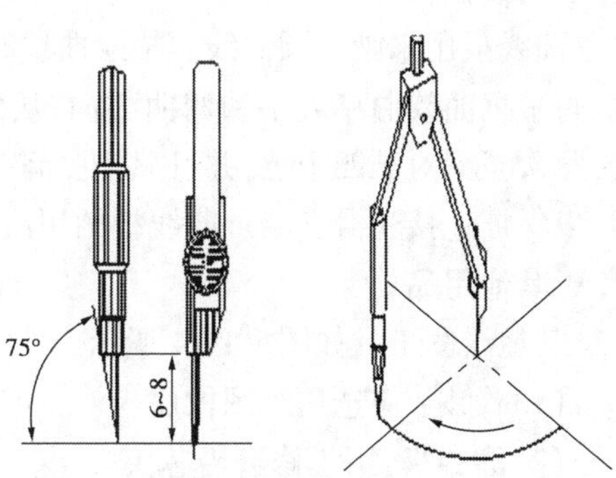

图 1-1-10　圆规的用法

画较小圆时,可将插腿及钢针向内倾斜;画较大圆时,需装延伸杆后再画,如图 1-1-11 所示。

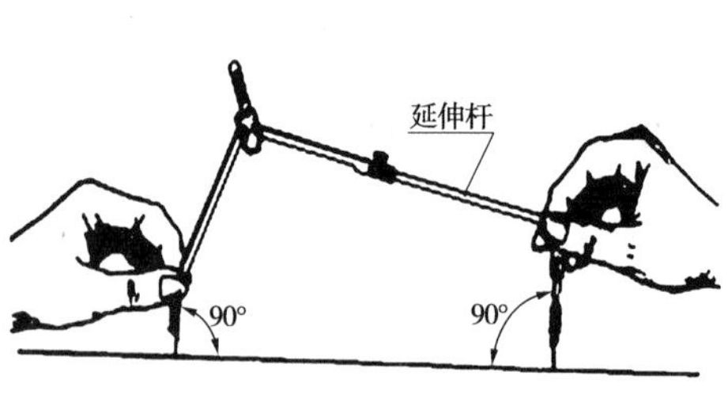

(a) 画较小圆的用法　　(b) 画较大圆的用法

图 1-1-11　画较小、较大圆的用法

3.5.2　分规

分规主要用来量取线段长度或等分已知线段。分规的两个针尖应调整平齐。用分规等分线段时,通常采用试分法,如图 1-1-12(a) 所示;从比例尺上量取长度时,针尖不要正对尺面,应使针尖与尺面保持倾斜,如图 1-1-12(b)所示。

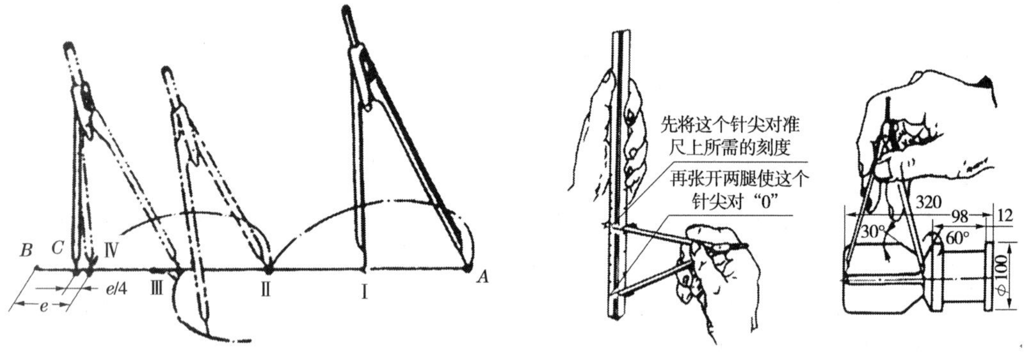

(a) 等分线段　　(b) 量取长度

图 1-1-12　分规的用法

3.6　曲线板

曲线板用来画非圆曲线。描绘曲线时,先徒手将已求出的各点按顺序轻轻地连成曲线,再根据曲线曲率大小和弯曲方向,从曲线板上选取与所绘曲线相吻合的一段与其贴合,每次至少对准四个点,并且只描中间一段,前面一段为上次所画,后面一段留待下次连接,以保证连接光滑流畅。曲线板的用法如图 1-1-13 所示。

3.7　其他用品

其他绘图工具如图 1-1-14 所示。

(1)橡皮:应选用绘图橡皮。

(2)磨铅板:用于修磨铅芯头。

(3)擦图片:用于修改图线时遮盖不需擦掉的图线。

(4)胶带纸:用于将图纸固定在图板上。

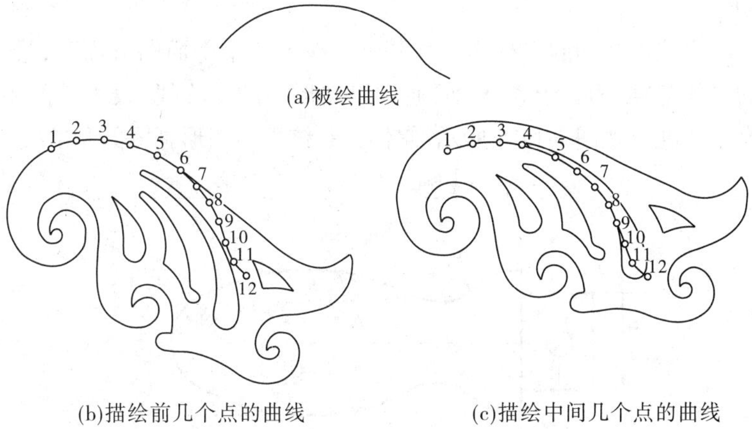

图 1-1-13　曲线板的用法

(5)毛刷:用于清扫图面上的灰尘及橡皮屑等。

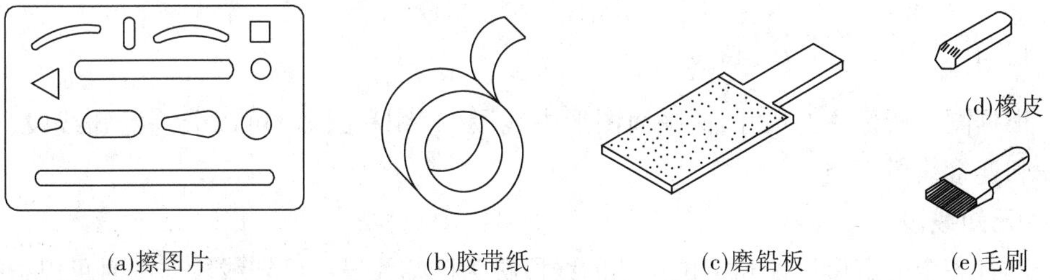

图 1-1-14　其他绘图工具

任务实施

任何平面图形都是由若干线段(包括直线段、圆弧、曲线)连接而成的,每条线段又由相应的尺寸来决定其长短(或大小)和位置。一个平面图形能否正确地被绘制出来,要看图中所给的尺寸是否齐全和正确。因此,绘制平面图形时应先进行尺寸分析和线段分析,以明确作图步骤。

1　平面图形的尺寸分析

1.1　定形尺寸

确定平面图形中几何元素大小的尺寸称为定形尺寸,例如直线的长短、圆的直径(或半径)等。图 1-1-15 中的尺寸ϕ20、ϕ5、15、R15、R12、R10、R50 都是定形尺寸。

1.2　定位尺寸

确定几何元素位置的尺寸称为定位尺寸,例如圆心的位置尺寸、直线与中心线的距离尺寸等。图 1-1-15 中的尺寸 8、75、ϕ30 都是定位尺寸。

1.3 尺寸基准

测量和标注定位尺寸的起点称为尺寸基准。对于一个平面图形而言，具有上下和左右两个方向的尺寸基准，相当于 X、Y 轴，通常以图形中的对称线、较大圆的中心线、较长的直线作为尺寸基准。如图 1-1-15 所示，它们也是该平面图形画图的基准线。

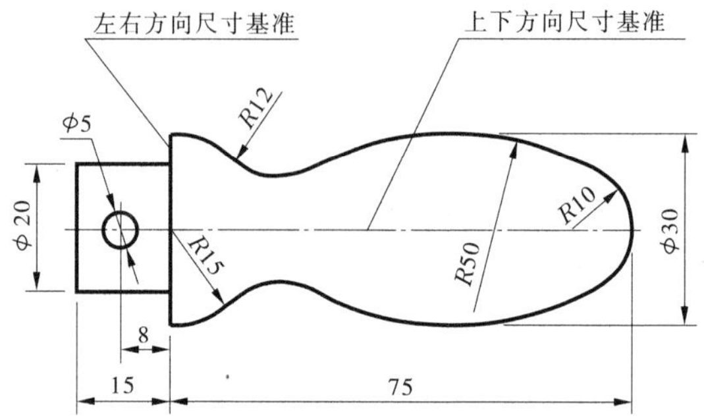

图 1-1-15　手柄平面图形的尺寸和线段分析

2　平面图形的线段分析

根据图中所标注的尺寸，该平面图形中线段（直线和圆弧）可以分为已知线段、中间线段和连接线段三类。

2.1　已知线段

具有齐全的定形尺寸和定位尺寸的线段称为已知线段。已知线段作图时可以根据已知基准线的位置和图中所注尺寸直接绘出。图 1-1-15 中的所有直线段、$\phi 5$ 的圆、$R10$ 和 $R15$ 的圆弧就是已知线段。

2.2　中间线段

只给出定形尺寸和一个定位尺寸的线段称为中间线段。中间线段的另一个定位尺寸可依靠与相邻已知线段的几何关系求出。图 1-1-15 中的 $R50$ 圆弧就是中间线段。

2.3　连接线段

只给出线段的定形尺寸，定位尺寸需依靠其两端相邻的已知线段求出的线段称为连接线段。图 1-1-15 中 $R12$ 的圆弧就是连接线段。

仔细分析上述三类线段的定义，不难得出线段连接的一般规律：在两条已知线段之间可以有任意个中间线段，但必须有且只能有一条连接线段。

3　绘制手柄平面图形

绘制平面图形的作图步骤是：先画基准线、中心线；再按已知线段、中间线段、连接线段的顺序依次画出各线段；最后检查全图，擦去多余的作图线，描深图形。绘制手柄平面图形线段的具体步骤如图 1-1-16 所示。

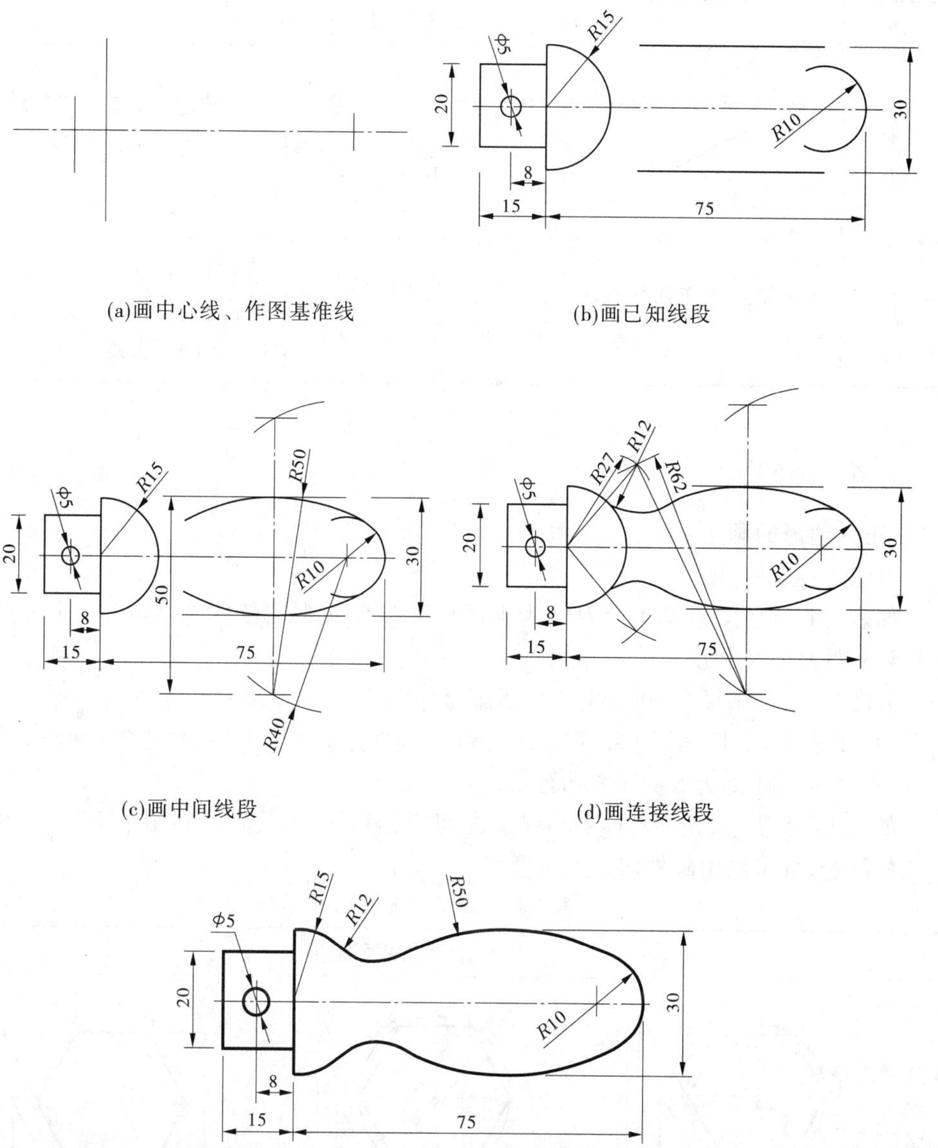

(a)画中心线、作图基准线　(b)画已知线段

(c)画中间线段　(d)画连接线段

(e)擦去多余作图线，描深图形

图 1-1-16　绘制手柄平面图形线段顺序示例

知识拓展

1　等分直线段

将一条已知的直线段进行几等分,等分的方法是相同的。下面以五等分为例,将直线段进行等分。表 1-1-4 所示是线段 *AB* 五等分的作图方法。

表 1-1-4　等分直线段示例

项目	五等分 AB 线段		
作图步骤	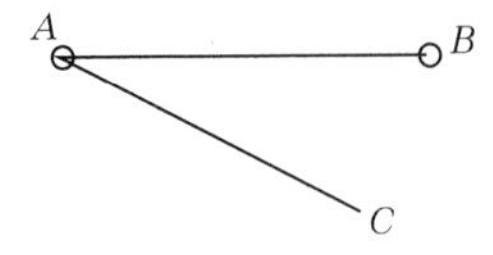	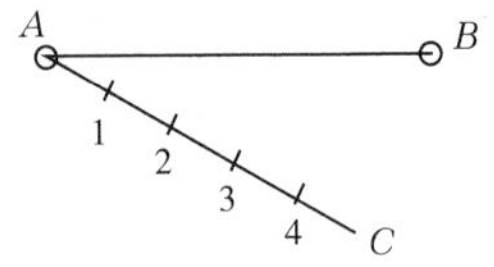	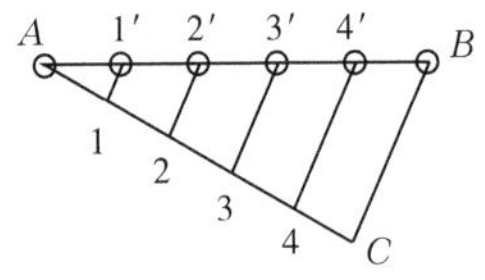
说明	过端点 A 作任一直线段 AC	以任意长度为单位，在 AC 上量取 1、2、3、4 点	连接 CB，过 1、2、3、4 点作 CB 的平行线与 AB 相交得 1′、2′、3′、4′点，即为等分点

2　正多边形的画法

2.1　正六边形的画法

方法一：圆规作图。

如表 1-1-5 所示，在圆上以 $D/2$ 为半径画弧六等分圆周，依次连接圆上六个分点 1、2、3、4、5、6 即为正六边形。

方法二：用丁字尺与 30°、60°三角板配合作图。

(1) 如表 1-1-5 所示用丁字尺与 30°、60°三角板配合，作出圆内接正六边形。

(2) 作对边距离为 S 的正六边形。

如表 1-1-5 所示，先画对称中心线及内切圆(直径为 S)，然后利用丁字尺与 30°、60°三角板配合，即可画出圆外切正六边形。

表 1-1-5　正六边形的画法

项目	作图步骤及图例		
六等分圆周及圆内接六边形	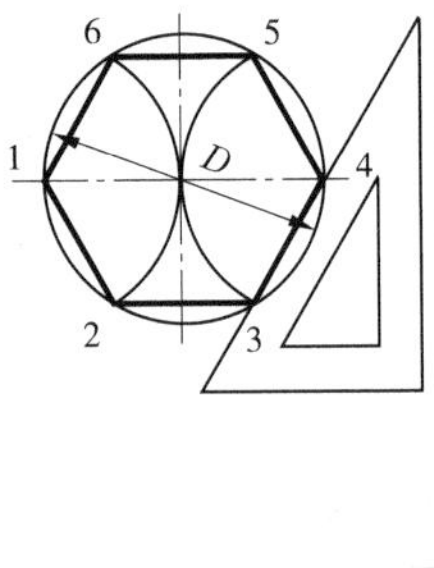	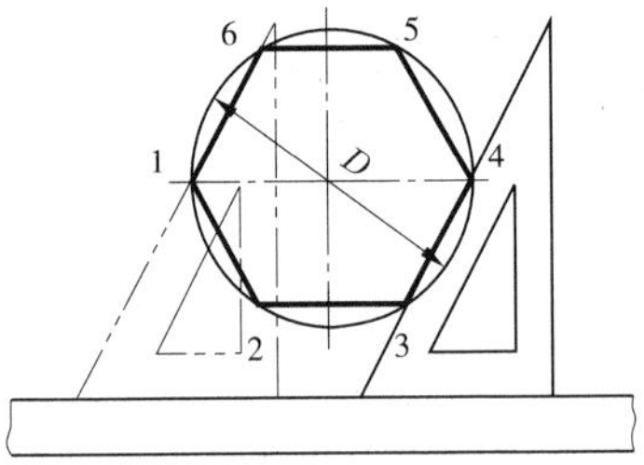	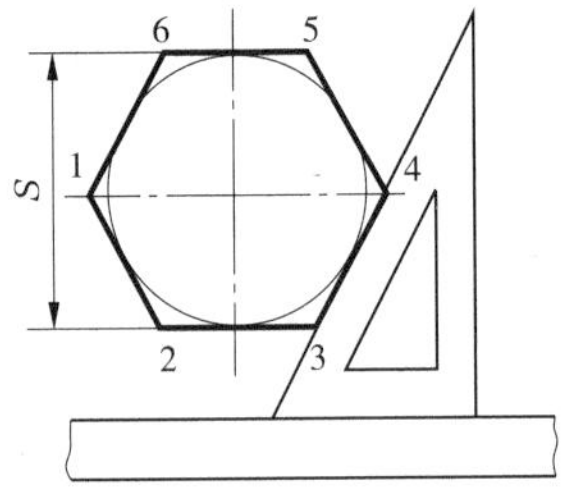
	方法一：圆规作图	方法二：用丁字尺与 30°、60°三角板配合作图	

2.2　正五边形的画法

(1) 已知正五边形的边长 AB 及一圆，绘制圆内接正五边形。

具体方法如图 1-1-17(a) 所示。在圆上以边长 AB 为半径画弧交圆周 B、E 点，再在圆周分别以 B、E 点为圆心、边长 AB 为半径画弧交圆周 C、D 点，依次连接圆周上 A、B、C、D、

E 五点,即为圆内接正五边形。

(2)已知圆心 O 的圆及其直径 MN,绘制圆内接正五边形。

具体方法如下所述(见图 1-1-17(b)):

①平分 ON 交 MN 于 K 点;

②以 K 为圆心、KE 为半径画弧,交 MN 于 P 点,直线段 EP 即为内接正五边形的边长;

③以 E 点为圆心、EP 为半径画弧,交圆于 A、D 两点,再分别以 A、D 点为圆心,EP 为半径画弧,分别交圆于 B、C 两点;

④依次连接圆周上点 E、A、B、C、D 五点,即得到所绘制的圆内接正五边形。

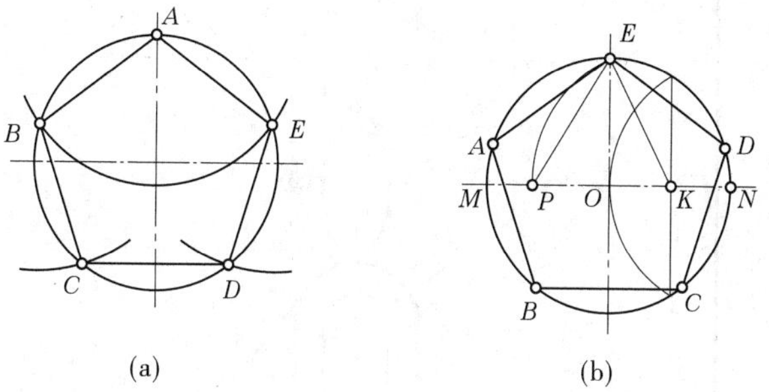

图 1-1-17 正五边形的画法

课堂练习

绘制如图 1-1-18 所示的平面图形。

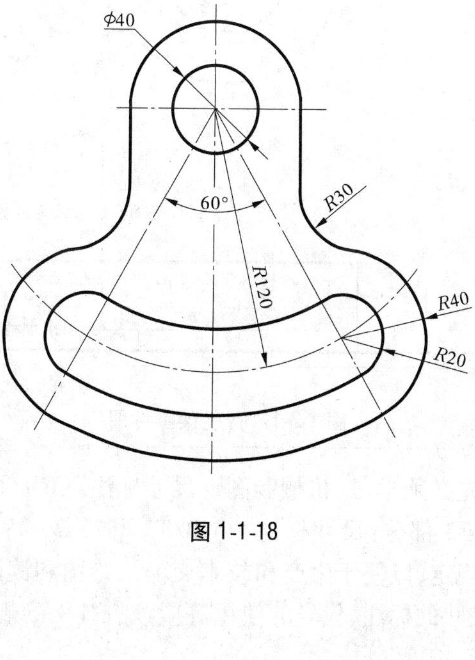

图 1-1-18

任务2 认识吊钩机械图样绘制其平面图形

任务导入

如图1-2-1所示为挂轮架零件的立体图和机械图样，本任务是在手柄平面图形绘制的基础上，进一步学习有关平面图形绘制的全过程，从而掌握平面图形的绘制方法。

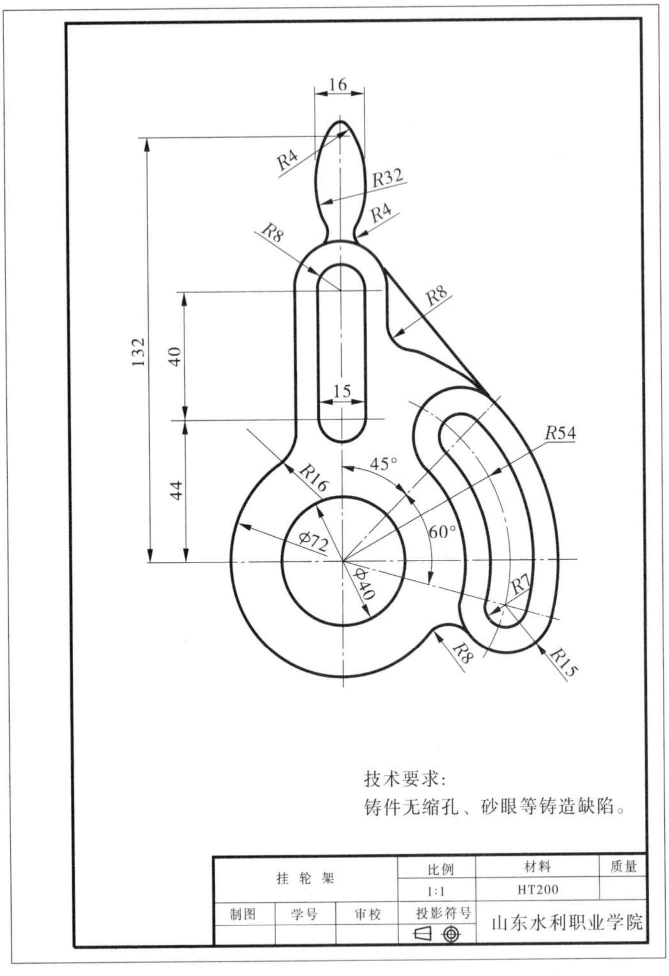

图1-2-1 挂轮架零件图

要完成本任务，首先必须学习《机械制图 尺寸标注》（GB/T 4458.4—2003）和《技术制图 简化表示法 第2部分：尺寸标注》（GB/T 16675.2—1996）中有关图纸幅面、比例、字体等内容的基本规定，以便于生产和技术交流。绘图和读图应该有共同的准则，也就是说，图样的画法、尺寸的标注、代号的使用等应该有统一的规定。为此，国家标准《技术制图》和《机械制图》对机械图样作了统一的技术规定。所以,必须树立严格标准化的观念,在绘图时认真执行国家标准。我国的国家标准简称国标,代号为“GB/T”。其中,GB/T 14689—2003 是《技术制图》中图纸幅面和格式的标准代号:“GB”为国家标准中“国”与“标”的第一个汉语拼音字母的组合;“T”为“推荐”中“推”的第一个汉语拼音字母;“14689”为国家标准的编号;“—”为分隔号;“2003”为发布该标准的公元年号。

相关知识

1 图纸幅面及格式(GB/T 14689—2008)

1.1 图纸幅面

图纸幅面为图纸面积,即图纸的短边 × 长边,用 $B \times L$ 表示(见表 1-2-1)。

表 1-2-1 基本幅面及图框尺寸（单位:mm）

幅面代号		A0	A1	A2	A3	A4
尺寸 $B \times L$		841 × 1 189	594 × 841	420 × 594	297 × 420	210 × 297
边框	a	25				
	c	10			5	
	e	20		10		

基本幅面的代号为 A0、A1、A2、A3、A4,加长幅面是基本幅面短边的整数倍。为了便于绘制、使用和保管图样,绘制图样时,应优先采用表 1-2-1 规定的基本幅面尺寸。基本图幅尺寸见图 1-2-2。

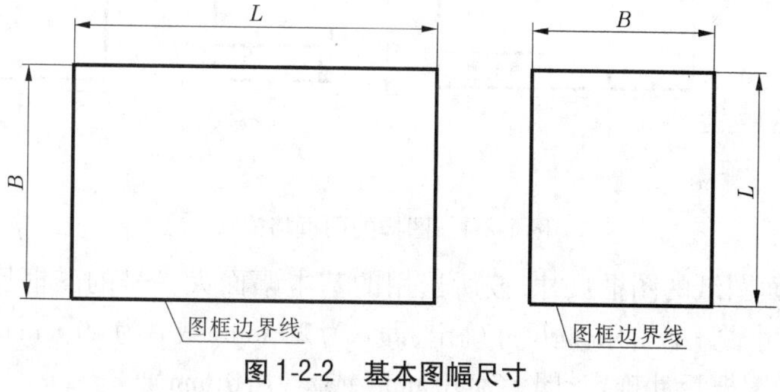

图 1-2-2 基本图幅尺寸

必要时,也允许由基本幅面的短边成整数倍增加后得出新的幅面。图 1-2-3 中粗实线所示为基本幅面(优先选择);细实线所示为第一种加长幅面(第二选择);虚线所示为第二种加长幅面(第三选择)。

1.2 图框格式

绘制图样时,每幅图必须用粗实线画出图框,图框尺寸有留装订边和不留装订边两种。但一般采用 A4 竖装或 A3 横装。装订边预留 25 mm 宽。图框距图纸边界的尺寸视图大小及有无装订边而定。

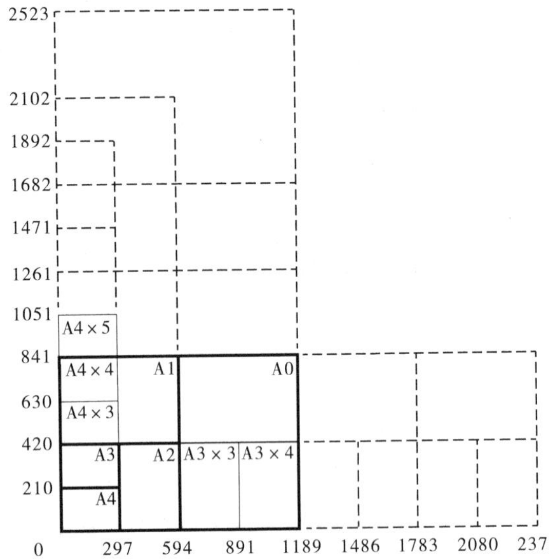

图 1-2-3　加长图幅

(1)留有装订边的图纸的图框格式如图 1-2-4(a)所示,图中尺寸 a、c 按表 1-2-1 的规定选用。

(2)不留装订边的图纸的图框格式如图 1-2-4(b)所示,图中尺寸 e 按表 1-2-1 的规定选用。

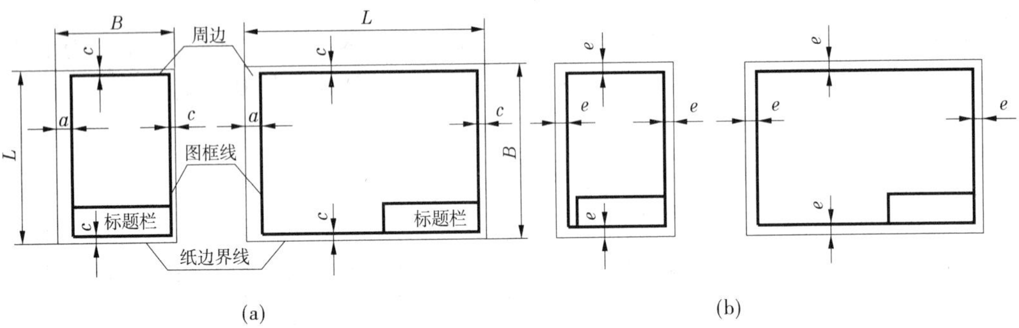

图 1-2-4　图样的图框格式

(3)加长幅面图纸的图框尺寸,按所选用的基本幅面大一号的图框尺寸确定。例如 A2 ×3 的图框尺寸,按 A1 的图框尺寸确定,即 e 为 20 mm(或 c 为 10 mm),而 A3 ×4 的图框尺寸,按 A2 的图框尺寸确定,即 e 为 10 mm(或 c 为 10 mm)。

1.3　标题栏

标题栏一般位于每张图样的右下角,且标题栏中的文字方向为看图方向,如图 1-2-4(a)所示。标题栏的外框用粗实线绘制,其右边和底边与图框线重合,其余为细实线。标题栏格式、内容、尺寸在国家标准《技术制图　标题栏》(GB 10609. 1—2008)中有明确规定,如图 1-2-5 所示。

学生在学校制图作业中建议采用简化格式,如图 1-2-6 所示。

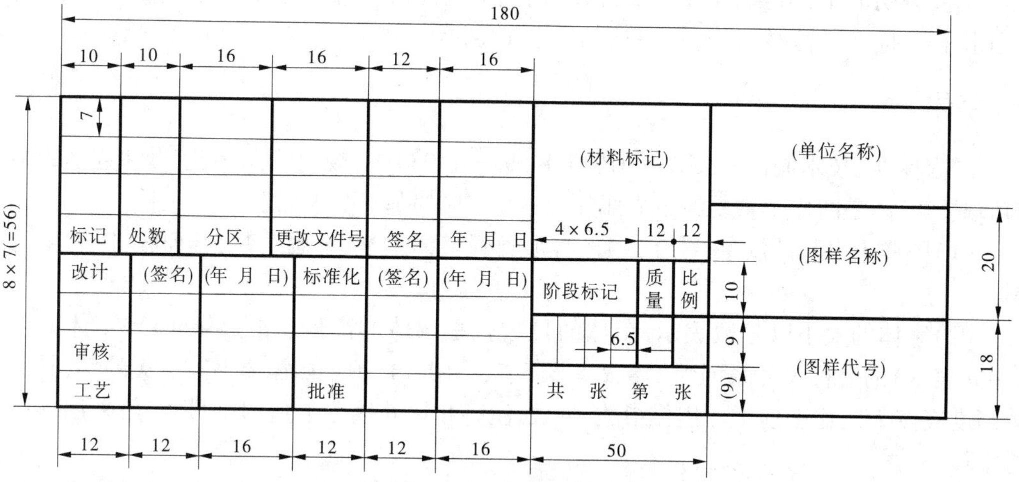

图 1-2-5　国标规定用标题栏格式

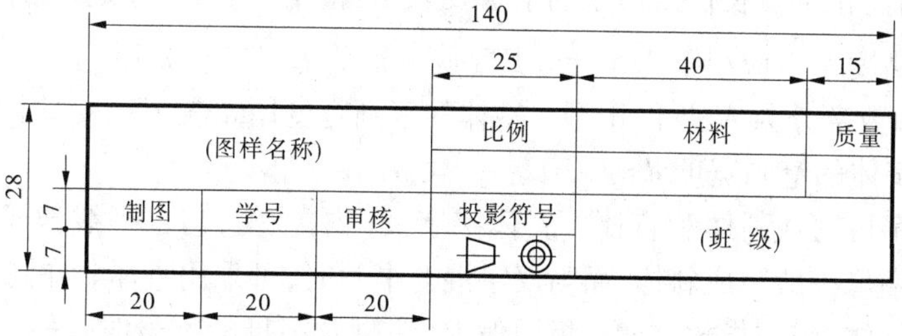

图 1-2-6　学生作业用标题栏格式

1.4　比例

图样中图形与其实物相应要素的线性尺寸之比称为图样的比例。绘制图样时，优先采用 GB/T 规定的比例。表 1-2-2 是 GB/T 规定的比例值。比例分原值比例、缩小比例、放大比例三种。绘图时所选比例应符合表 1-2-2 中的规定，优先选用第一系列比例，尽量采用 1∶1的比例。

表 1-2-2　比例

种类	比例	
	第一系列	第二系列
原值比例	1∶1	
缩小比例	1∶2　1∶5 $1:1\times10^n$　$1:2\times10^n$　$1:5\times10^n$	1∶1.5　1∶2.5　1∶3　1∶4　1∶6 $1:1.5\times10^n$　$1:2.5\times10^n$　$1:3\times10^n$　$1:4\times10^n$　$1:6\times10^n$
放大比例	2∶1　5∶1 $1\times10^n:1$　$2\times10^n:1$　$5\times10^n:1$	2.5∶1　4∶1 $2.5\times10^n:1$　$4\times10^n:1$

注：n 为正整数。

需要说明的是:图样不论放大或缩小比例,在标注尺寸时,应按机件的实际尺寸标注。每张图样上应在标题栏的“比例”一栏中填写比例。

2　字体

国家标准《技术制图　字体》(GB/T 14691—1993)中,规定了汉字、字母和数字的结构形式。字体是图样中重要的组成部分。书写字体的基本要求如下:

(1)图样中书写的汉字、数字、字母必须做到字体工整、笔画清楚、排列整齐、间隔均匀。

(2)字体的大小以号数表示,字体的号数就是字体的高度(单位为 mm),字体高度(用 h 表示)的公称尺寸系列为 1.8、2.5、3.5、5、7、10、14、20。如需要书写更大的字,其字体高度应按 2 的比率递增。用作指数、分数、注脚和尺寸偏差数值的字号,一般采用小一号字体。

(3)汉字应写成长仿宋体字,并应采用中华人民共和国国务院正式推行的《汉字简化方案》中规定的简化字。长仿宋体字的书写要领是:横平竖直、注意起落、结构均匀、填满方格。汉字的高度 h 不应小于 3.5 mm,其字宽一般为 $h/\sqrt{2}$($\approx 0.7h$)。

(4)字母和数字分为 A 型和 B 型。字体的笔画宽度用 d 表示。A 型字体的笔画宽度 $d=h/14$,B 型字体的笔画宽度 $d=h/10$。

字母和数字可写成斜体和直体。斜体字字头向右倾斜,与水平线约成 75°。在技术文件中数字和字母一般写成斜体,而与汉字混合书写时,可采用直体。在同一图样中应采用同一型号的字体,用作指数、分数、极限偏差、注脚及字母的字号时,一般采用比基本尺寸数字小一号的字体。

2.1　长仿宋字汉字示例

10 号字

字体端正　笔画清楚

排列整齐　间隔均匀

7 号字

结构匀称　填满方格　横平竖直　注意起落

5 号字

国家标准机械制图技术要求公差配合表面粗糙度倒角其余

2.2　阿拉伯数字示例

A 型斜体

0123456789

B 型斜体

0123456789

2.3　拉丁字母

A 型大写斜体

ABCDEFGHIJKLMN

OPQRSTUVWXYZ

A 型小写斜体

abcdefghijklmn

opqrstuvwxyz

B 型大写斜体

ABCDEFGHIJKLMN

OPQRSTUVWXYZ

B 型小写斜体

abcdefghijklmn

opqrstuvwxyz

2.4　罗马数字示例

I II III IV V VI VII VIII IX X

2.5　部分希腊字母

A 型小写斜体

$\alpha\beta\gamma\delta\lambda\mu\phi\varphi\psi\omega$

B 型小写斜体

$\alpha\beta\gamma\delta\lambda\mu\phi\varphi\psi\omega$

2.6　应用示例

10^3　S^{-1}　D_1　T_d

$\Phi 20^{+0.010}_{-0.023}$　$7^{\circ}{}^{+1^{\circ}}_{-2^{\circ}}$　$\frac{3}{5}$

10Js5(±0.003)　M24-6h

$\Phi 25\frac{H6}{m5}$　$\frac{II}{2:1}$　$\frac{A向旋转}{5:1}$

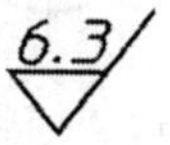

R8　5%

3　尺寸注法(GB/T 4458.4—2003、GB/T 16675.2—1996)

图形只能表达机件的结构形状,其真实大小由尺寸确定。一张完整的图样,其尺寸注写应做到正确、完整、清晰、合理。本节只针对尺寸的正确注法简要介绍国家标准有关注写尺寸的一些规定,对尺寸注写的其他要求将在后续章节中介绍。

3.1　基本规则

(1)机件的真实大小应以图样上所注的尺寸数值为依据,与图形的大小及绘图的准确度无关。

(2)图样中(包括技术要求和其他说明)的尺寸,以 mm 为单位,不需标注计量单位的代号或名称,如采用其他单位,则必须注明相应的计量单位的代号或名称。

(3)图样中所标注的尺寸,为该图样所示机件的最后完工尺寸,否则应另加说明。

(4)机件的每一尺寸,一般只标注一次,并应标注在反映该结构最清晰的图形上。

(5)绘图时都是按理想关系绘制的,如相互平行平面和相互垂直平面的关系均按图形所示几何关系处理,一般不需标注尺寸,如垂直不需标注 90°。

3.2　尺寸组成及其注法

一个完整的尺寸,一般由尺寸界线、尺寸线、尺寸线终端和尺寸数字四要素组成,如图 1-2-7所示,其基本标注方法见图 1-2-7(a)。

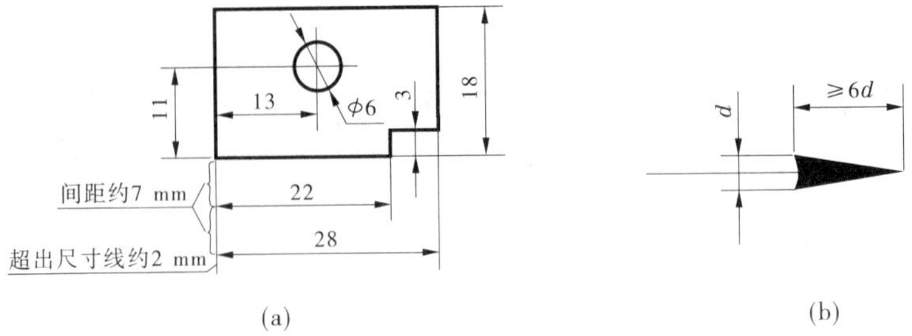

图 1-2-7　尺寸线的组成

3.2.1　尺寸界线

尺寸界线表明所注尺寸的范围。尺寸界线用细实线绘制,并应自图形的轮廓线、轴线或对称中心线引出,也可以用轮廓线、轴线或对称中心线做尺寸界线。一般与尺寸线垂直,且超过尺寸线 2 ~3 mm,一般取 2 mm,如图 1-2-7(a) 所示。若在光滑过渡处标注尺寸,必须用细实线将轮廓线延长,并从它们的交点引出尺寸界线,如图 1-2-8(a)、(b)所示。

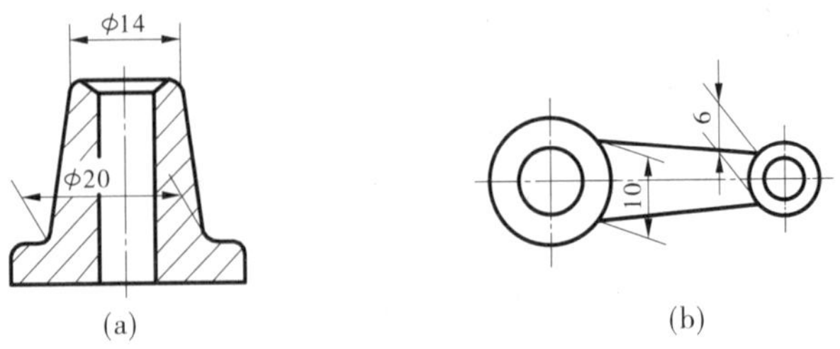

图 1-2-8　光滑过渡处的尺寸界线

3.2.2 尺寸线

尺寸线表明度量尺寸的方向。尺寸线必须用细实线画出，不得用其他图线代替或画成其他图线的延长线，也不能与其他图线重合。尺寸线的终端应画出箭头，并与尺寸界线相接触。通常尺寸线应垂直于尺寸界线。标注线性尺寸时，尺寸线必须与所标注的线段平行。尺寸线与轮廓线以及两平行尺寸线的间距为5～10 mm，一般取7 mm左右，如图1-2-7(a)所示。

3.2.3 尺寸线终端

尺寸线终端表明尺寸的起、止。尺寸线终端的箭头如图1-2-7(b)所示，箭头最粗处的宽度为d(d为粗实线宽度)，其长度≥$6d$。同一图样中所有尺寸箭头的大小应大致相同。当尺寸界线内侧没有足够位置画箭头时，可将箭头画在尺寸界线的外侧；当尺寸界线内、外侧均无法画箭头时，可用圆点代替，圆点必须画在用细实线引出的尺寸界线上，圆点的直径为粗实线的宽度d。

3.2.4 尺寸数字

尺寸数字表示机件的实际大小。线性尺寸的尺寸数字一般应注写在尺寸线的上方，如图1-2-7(a)所示，也允许注写在尺寸线的中断处。当没有足够的位置注写尺寸数字时，可引出标注。线性尺寸的尺寸数字应按图1-2-9(b)所示的方向注写。水平方向的尺寸数字字头朝上；垂直方向的尺寸数字字头朝左；倾斜方向的尺寸数字字头趋于朝上。当必须在图1-2-9(a)中所示30°范围内标注尺寸时，可按图1-2-9(a)的形式标注。尺寸数字不允许被任何图线穿过，当不可避免时，必须将图线断开，如图1-2-9(c)所示。

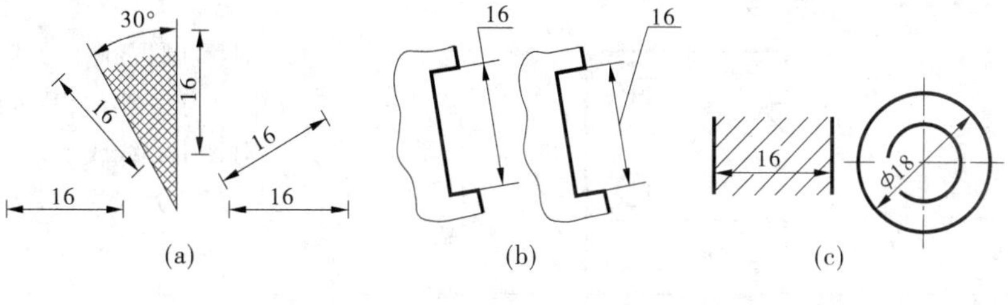

图1-2-9 尺寸数字注写

线性尺寸、圆和圆弧尺寸、球面尺寸、弧长尺寸、角度尺寸等标注方法及规定见表1-2-3。

表1-2-3 常用尺寸标注方法

尺寸种类	图例	说明
圆和圆弧	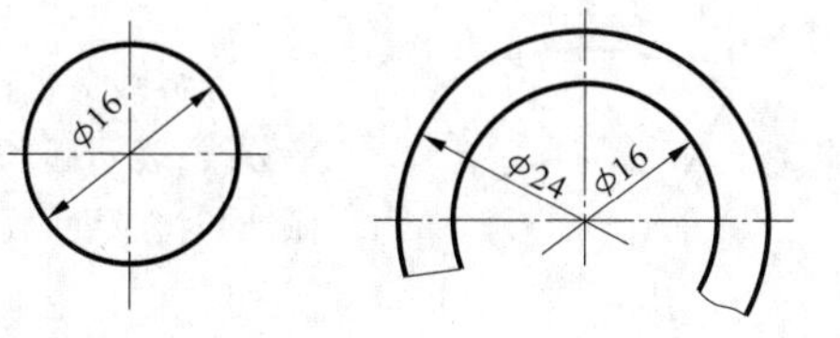	在直径、半径尺寸数字前，分别加注符号φ、R； 尺寸线应通过圆心(对于直径)或从圆心画出(对于半径)

续表 1-2-3

尺寸种类	图例	说明
大圆弧	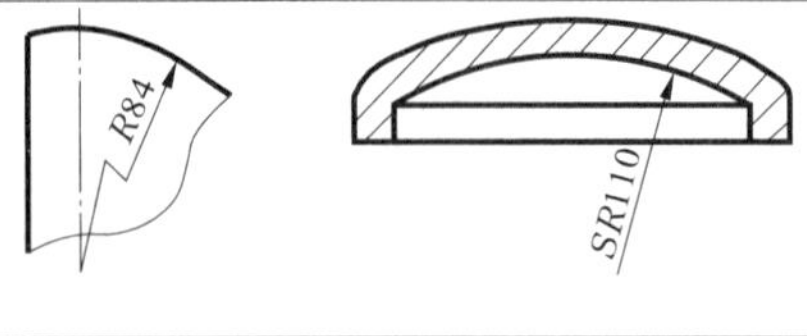	需要标明圆心位置，但圆弧半径过大，在图纸范围内又无法标出其圆心位置时，用左图； 不需标明圆心位置时，用右图
角度	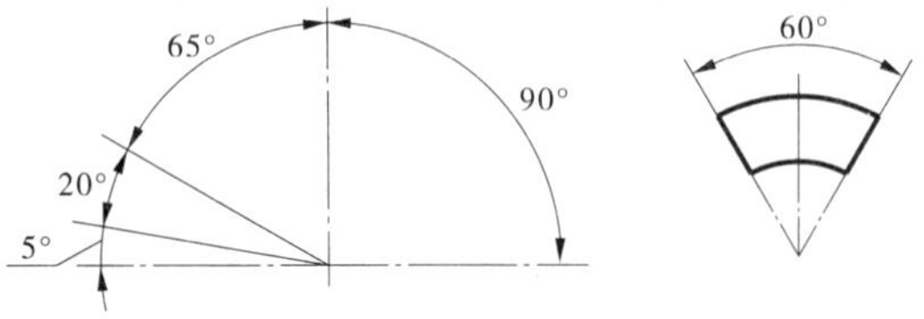	尺寸界线沿径向引出；尺寸线是以角度顶点为圆心的圆弧。尺寸数字一律水平书写，一般写在尺寸线的中断处，也可注在外边或引出标注
小尺寸和小圆弧	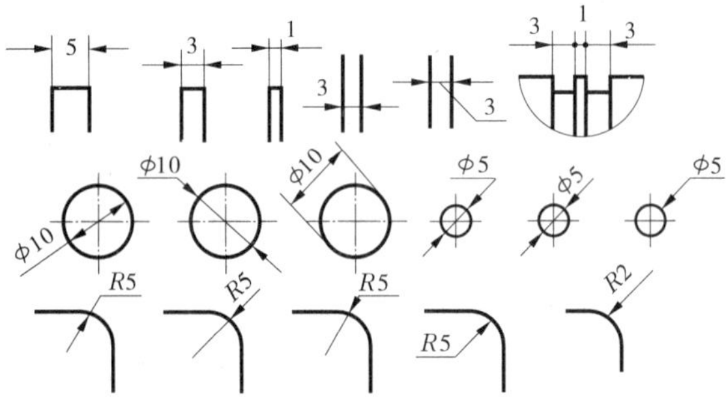	位置不够时，箭头可画在外边，允许用小圆点或斜线代替两个连续尺寸间的箭头。 在特殊情况下，标注小圆的直径允许只画一个箭头；有时为了避免产生误解，可将尺寸线断开
对称尺寸	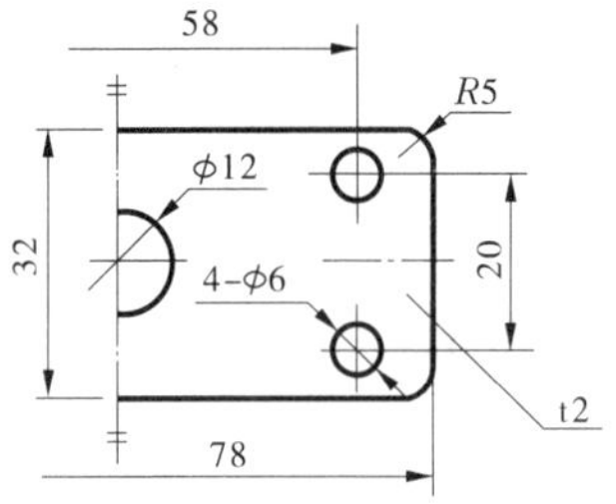	对称机件的图形如只画出一半或略大于一半时，尺寸线应略超过对称中心线或断裂线。此时只在靠尺寸界线的一端画出箭头
球面		一般应在“ϕ”或“R”前面加注符号“S”。但在不致引起误解的情况下，也可不加注
弧长和弦长	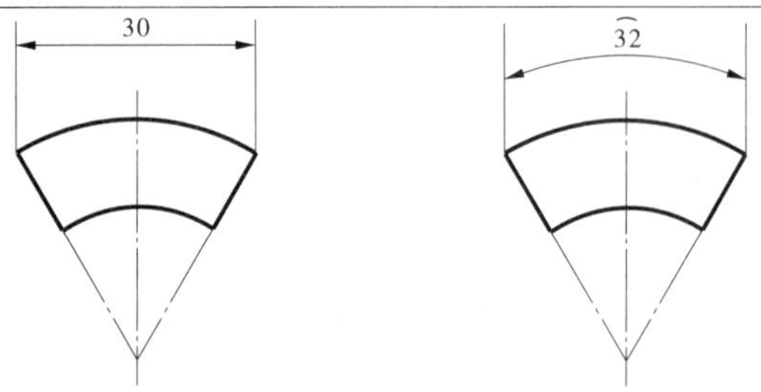	尺寸界线应平行于该弦的垂直平分线；表示弧长的尺寸线用圆弧，同时在尺寸数字上加注“⌒”

标注尺寸的符号及缩写词应符合表 1-2-4 的规定。

表1-2-4　尺寸标注常用符号及缩写词

名词	直径	半径	球直径	球半径	厚度	正方形	45°倒角	深度	沉孔或锪平	埋头孔	均布
符号或缩写词	*Φ*	*R*	*SΦ*	*SR*	*t*	□	*C*	↧	⌴	⌵	*EQS*

4　绘制平面图形的一般步骤

4.1　准备工作

(1)准备好绘图工具,将绘图工具、仪器和绘图桌擦拭干净,按各种线型的要求磨削好铅笔和铅芯。

(2)根据绘制图形大小、复杂程度及数量选取比例,确定图幅。

(3)用橡皮擦拭图纸,鉴别图纸正面(反面易起毛),并将图纸用胶带纸固定在图板左下方适当位置。图纸要放正,并使图纸下边缘距图板下缘宽于一个丁字尺的尺身。

4.2　布局

三个图形之间的间隔一般采用3∶4∶3布局法,如图1-2-10所示。

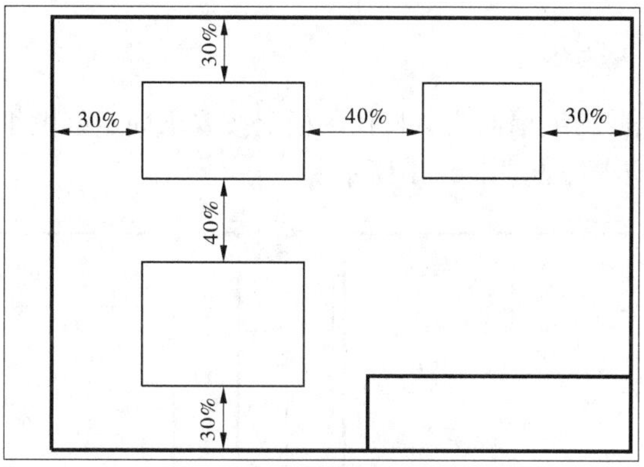

图1-2-10　图形布局

4.3　画底稿

用2H或H的铅笔画底稿,图线要画得细、轻、准。具体步骤如下:

(1)画图幅线、图框及标题栏。首先按国标规定的图幅尺寸画出图幅线,再按国标规定的图幅幅面格式画出图框线,之后按规定画出标题栏。

(2)画图形。在布置好的各图形位置上,先画出各图形基准线,如对称中心线等。

(3)画尺寸界线和尺寸线(不画尺寸线的终端符号即箭头)。

(4)检查图形。仔细检查所画图形底稿的正误、是否有遗漏,擦去多余作图线,并将底稿清理干净。

4.4　加深图线

用HB或B的铅笔,圆规用B或2B的铅芯,按各种图线规定的粗细规格加深。加深图线的要求:同一种宽度图线的加深顺序为:先圆弧(圆)后直线,同一种图线的粗细应基本一致。粗实线应尽可能“黑、光、亮”;其他细线应“细、清”。

4.5 注写文本

画箭头,注写尺寸数字,填写标题栏及其他文字。

4.6 整理图纸

校核全图,取下图纸,沿图幅边框裁边。

任务实施

本任务实施分两个部分,首先认识挂轮架机械图样,然后按照图样绘制平面图形。

1 认识挂轮架机械图样

(1)图幅:挂轮架零件的总高为172 mm,总长为69 mm,零件不是很大,且不是特别复杂,故采用1:1的原值比例绘图,图纸幅面采用A4图纸的装订形式。

(2)标题栏:标题栏位于图幅的右下角,采用学生作业用标题栏格式。从标题栏中可以看出,该零件名称为挂轮架;材料用灰铸铁,牌号为HT200(材料及牌号在金属材料学中学习);绘图比例为1:1。

(3)技术要求:保证铸件使用的力学性能。

2 绘制挂轮架平面图形

(1)选择比例1:1,图纸幅面为A4,在图板上按要求固定好图纸。

(2)作图方法及步骤,如图1-2-11所示。

(a)画图框和标题栏

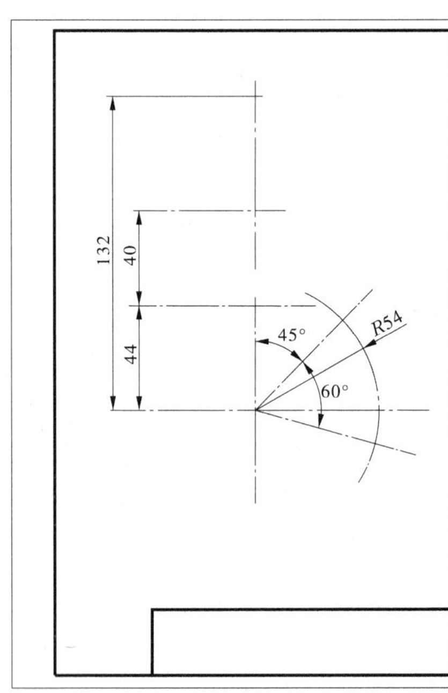

(b)画图形的定位基准线

图1-2-11 挂轮架平面图形作图步骤

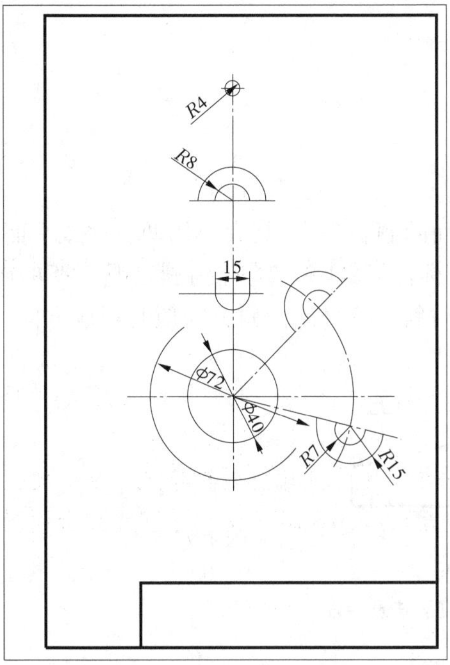

(c)画已知线段

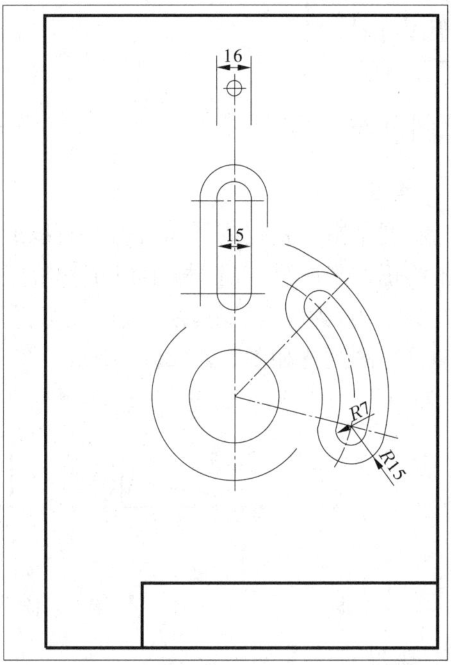

(d)画中间线段

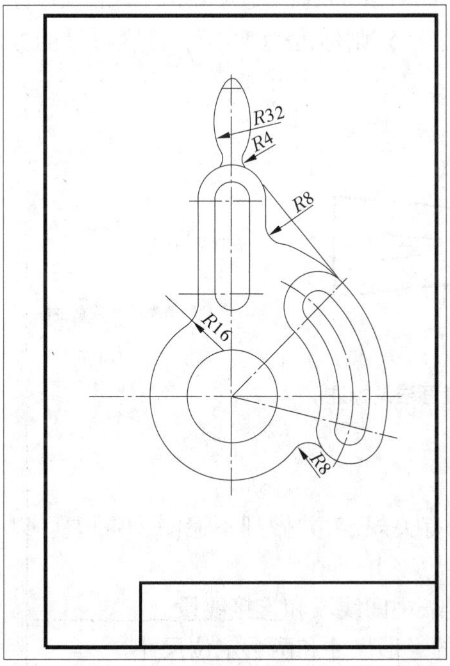

(e)画连接线段

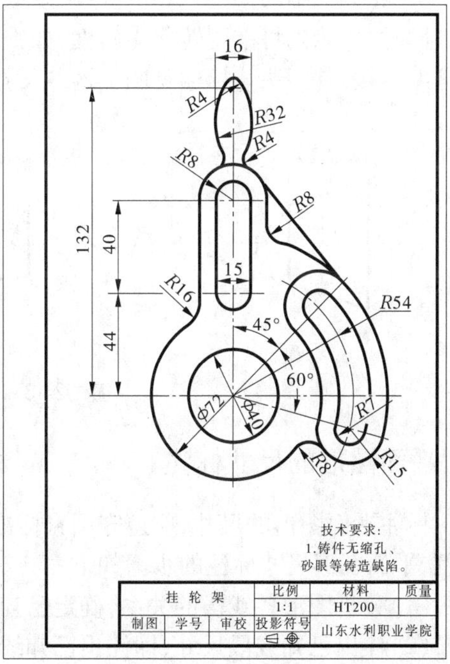

(f)检查、加深、完成全图

续图 1-2-11

知识拓展

1　斜度与锥度

1.1　斜度

斜度是指一直线或平面对另一直线或平面的倾斜程度,其大小用两直线或平面间的夹角的正切来度量,在图样中以 1∶n 的形式标注。图 1-2-12(a)为斜度是 1∶5的画法。图 1-2-12(b)为斜度的标注方法。注意:标注时斜度符号的倾斜方向应与斜度方向一致。斜度符号的画法如图 1-2-12(c)所示。

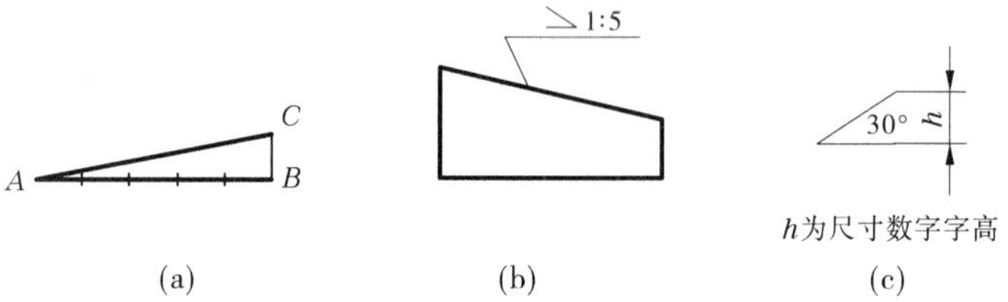

图 1-2-12　斜度画法及标注

1.2　锥度

锥度是指正圆锥底圆直径与其高度或圆锥台两底圆直径之差与其高度之比,即为图 1-2-13(a)所示的 $\tan\alpha = (D - d)/l$ 数值,图 1-2-13(b)为锥度为 1∶5的画法及标注。在画锥度时,一般先将锥度转化为斜度,如锥度为 1∶5,则斜度为 1∶10。锥度符号的方向应与锥度一致,其画法与标注见图 1-2-13(c)。

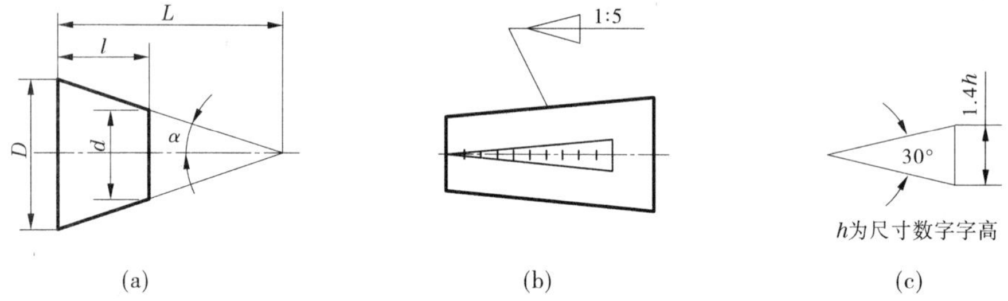

图 1-2-13　锥度画法及标注

2　平面图形的尺寸标注

标注平面图形的尺寸,应遵守国家标准的有关规定,并做到不遗漏、不重复。以手柄为例,平面图形尺寸标注的步骤如下:

(1)分析图形各线段的关系,确定已知线段、中间线段和连接线段。

(2)注出已知线段尺寸,即注出已知线段的定形尺寸和两个定位尺寸。

(3)注出中间线段尺寸,即注出中间线段的定形尺寸和一个定位尺寸。

(4)注出连接线段尺寸,即注出连接线段的定形尺寸。

当若干线段处于光滑连接(相切)关系时,确定每个线段的性质应遵循的规律是:在两个已知线段间,可有任意个中间线段,但必须有且只能有一个连接线段。

常见平面图形的尺寸标注示例如表1-2-5所示。

表1-2-5　常见平面图形的尺寸标注

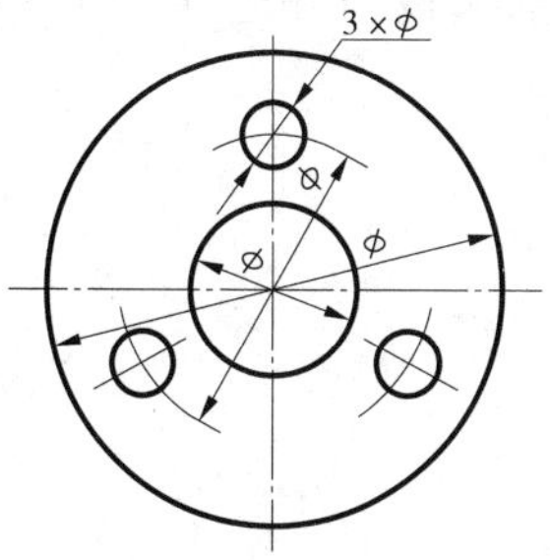

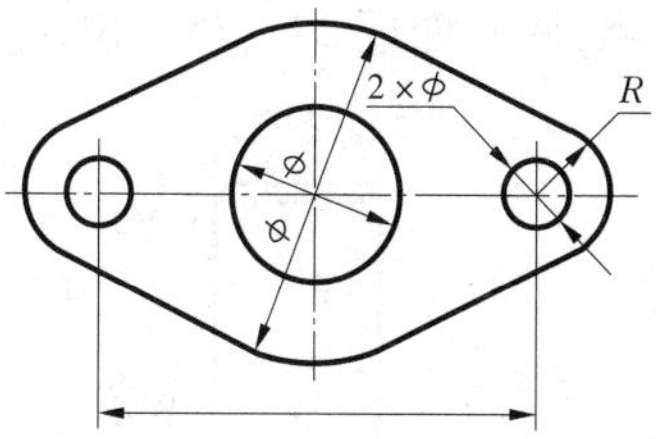

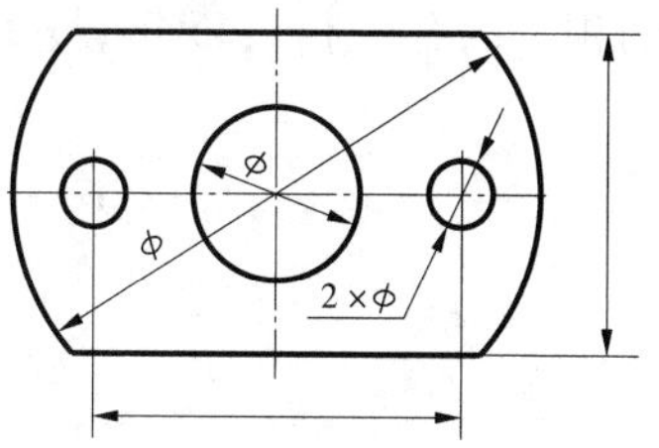

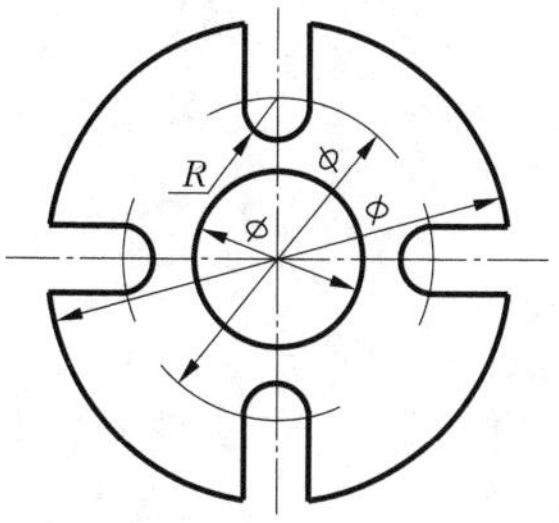

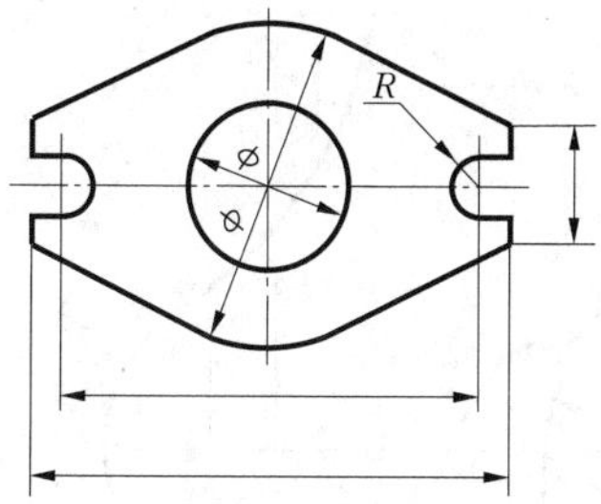

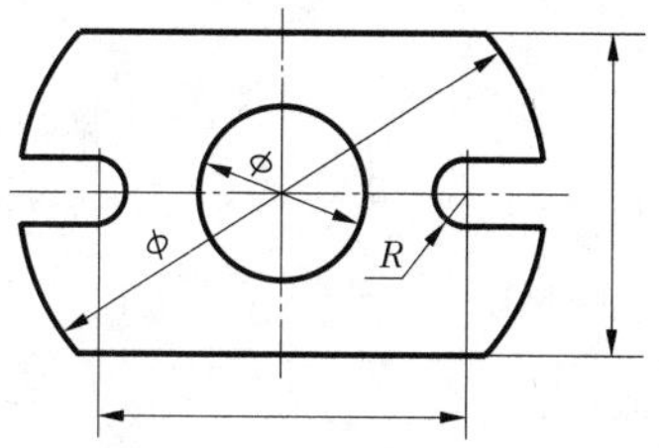

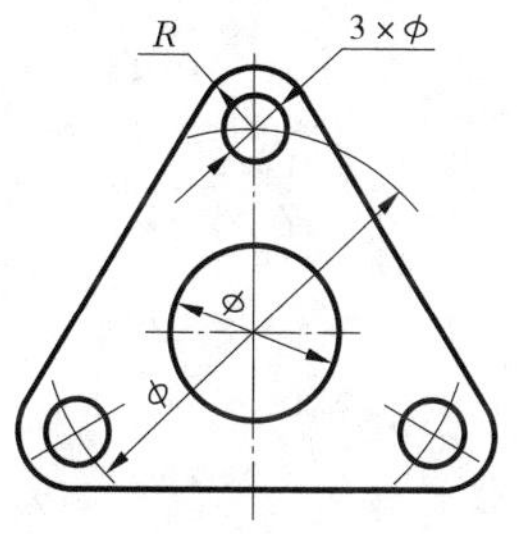

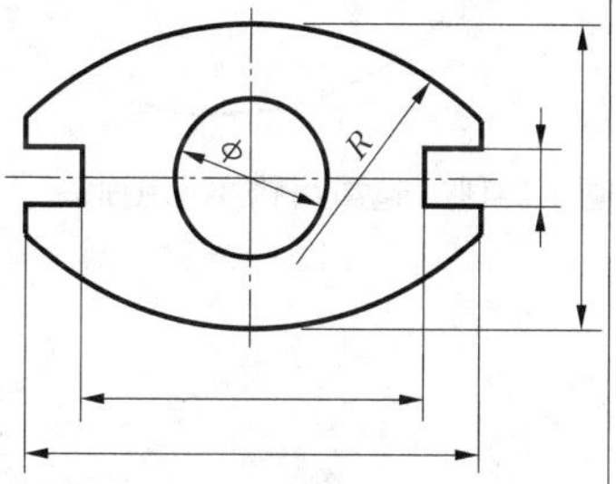

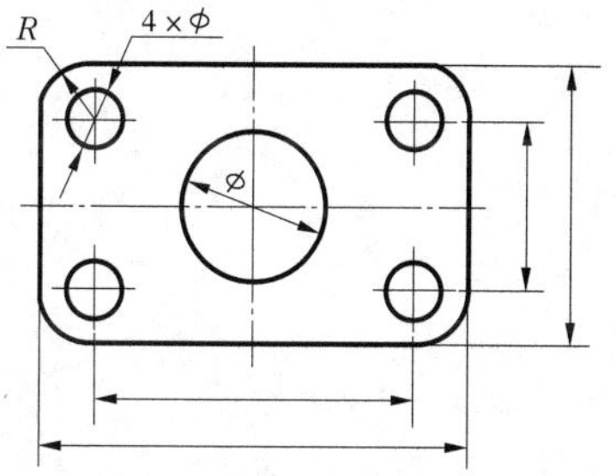

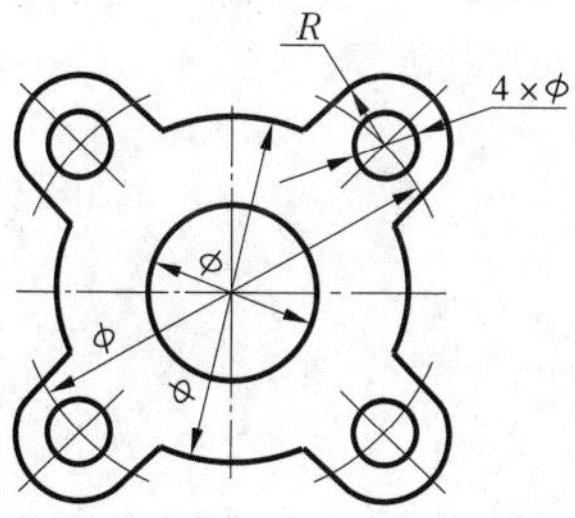

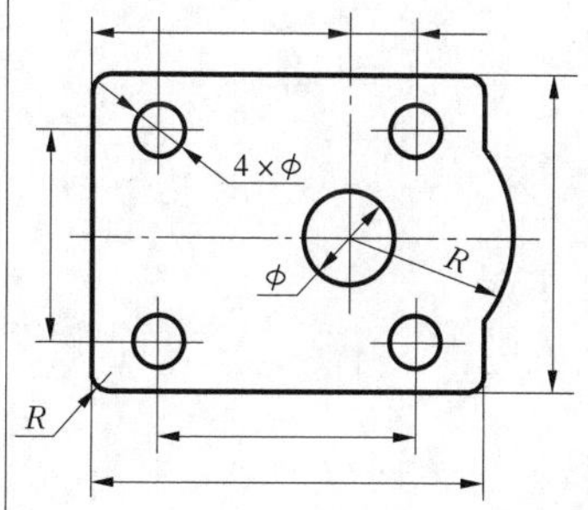

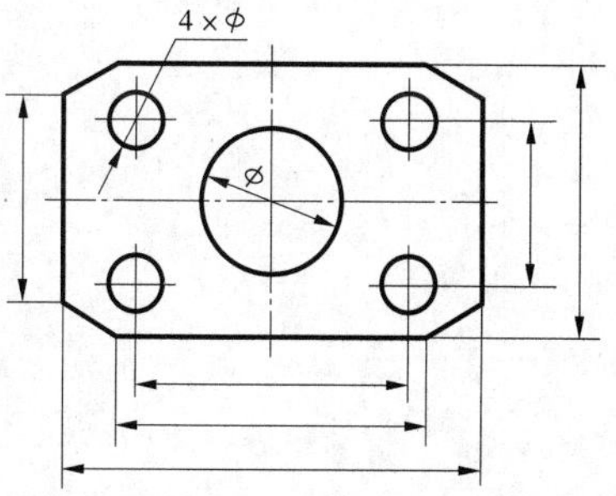

课堂练习

按照 1:1比例,用 A4 图绘制如图 1-2-14 所示的起重吊钩平面图形,并填写标题栏中的相关内容(材料:45 钢;技术要求:调质处理 28 ~35 HRC)。

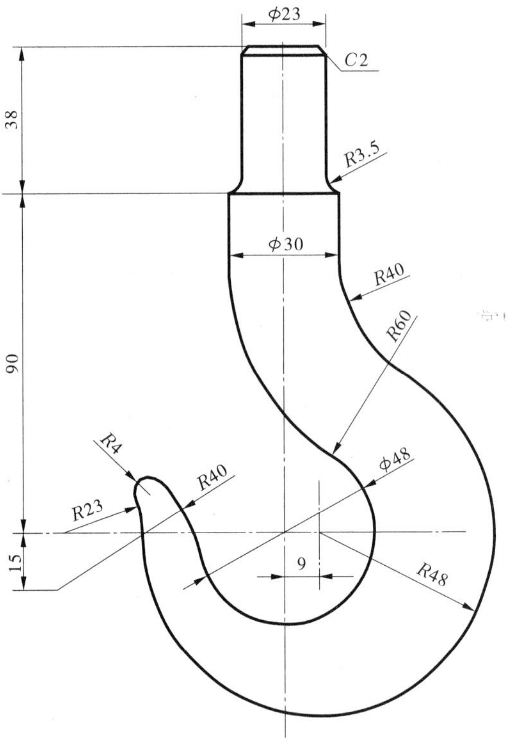

图 1-2-14　起重吊钩平面图形

项目 2　绘制与识读基本体的三视图

任何复杂的物体都可以分解成一些简单的立体。最常用的简单立体,也就是单一的几何形体,称为基本几何形体,简称基本体。基本体根据表面性质的不同又可分为平面立体和曲面立体两种。

平面立体是指由平面包围而成的形体,其表面都是平面,基本形式有两类,即棱柱和棱锥。如三棱柱、四棱锥等。

曲面立体是由回转曲面或平面与回转曲面围成的立体。在工程上,最常见的曲面立体是回转体。工程中常见的回转体有圆柱、圆锥、圆球、圆环等。

【学习目标】

1. 了解投影法,理解并熟记正投影的基本性质。

2. 理解三视图与空间物体的对应关系,熟记三视图间的投影规律。

3. 掌握点的投影规律,理解点的坐标含义,能根据点的投影判定点的空间位置。

4. 理解零件直线、平面的分类和定义,能根据点的坐标或两面投影,绘制直线和平面的第三面投影。

5. 熟记并掌握各种位置直线和平面的投影特征,能根据直线和平面的投影图,判定出它们的空间位置。

任务 1　绘制正三棱锥顶点的三面投影

任务导入

如图 2-1-1 所示为正三棱锥立体图,正三棱锥是最常见的基本体中的平面立体之一,其三条侧棱有一个公共顶点 A,而点又是组成物体的最基本的几何要素。通过对点的三面投影知识的学习,完成绘制正三棱锥体上顶点的三面投影的任务。

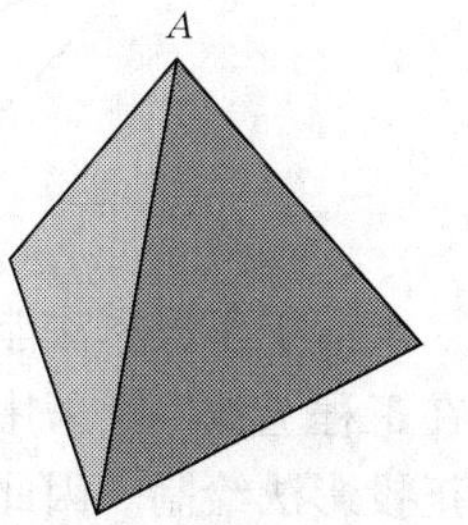

图 2-1-1　正三棱锥立体图

相关知识

1　投影法及三视图

光线照射物体时,可在预设的面上产生影子。利用这个原理可在平面上绘制出物体的图像，以表示物体的形状和大小，这种方法称为投影法。工程上应用投影法获得工程图样的方法，是从日常生活中自然界的一种光照投影现象抽象出来的。

1.1　投影法分类

由投影中心、投影线和投影面三要素决定的投影法，可分为中心投影法和平行投影法。

1.1.1　中心投影法

如图 2-1-2 所示，投影线自投影中心 S 出发，将空间 $\triangle ABC$ 投射到投影面 P 上，所得 $\triangle abc$ 即为 $\triangle ABC$ 的投影。这种投影线自投影中心出发的投影法称为中心投影法，所得投影称为中心投影。

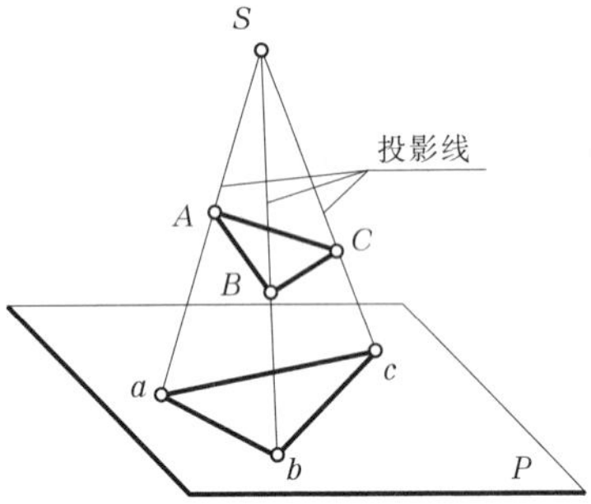

图 2-1-2　中心投影法

1.1.2　平行投影法

若将投影中心 S 移到离投影面无穷远处，则所有的投影线都相互平行，这种投影线相互平行的投影方法，称为平行投影法，所得投影称为平行投影。根据投影线是否垂直于投影面，平行投影法分为正投影法和斜投影法。若投影线垂直于投影面，称为正投影法，所得投影称为正投影，如图 2-1-3(a) 所示；若投影线倾斜于投影面，称为斜投影法，所得投影称为斜投影，如图 2-1-3(b) 所示。

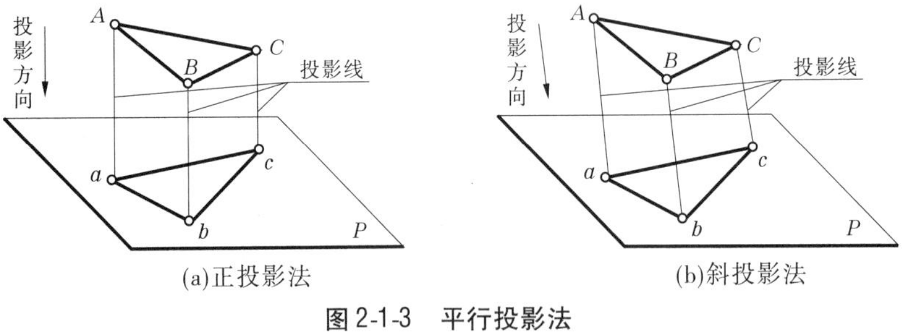

图 2-1-3　平行投影法

由于正投影法能准确、完整地表达出形体的形状和结构，且作图简便，度量性好，因而在工程上被广泛采用。国家标准《机械制图》(GB 4458.1—2003) 中规定，机件的图形按正投影法绘制。因此，正投影法是本书研究和讨论的主要内容。以后本书中除特别指明外，所提及的投影均指正投影和正投影图。

1.2　投影的特性

1.2.1　真实性

如图 2-1-4(a)所示，当直线 AB 或平面 CDE 平行于投影面 H 时，其在所平行的投影面上的投影反映直线 *AB* 的实长或平面 *CDE* 的实形。我们称正投影的这种性质为真实性。

1.2.2　积聚性

如图 2-1-4(b)所示,当直线 *AB* 或平面 *CDE* 垂直于投影面 *H* 时,它在所垂直的投影面上的投影为一点或一条直线。我们称正投影的这种性质为积聚性。

1.2.3　类似收缩性

如图 2-1-4(c)所示,当直线 *AB* 或平面 *CDE* 倾斜于投影面 *H* 时,它在该投影面上的正投影仍为直线或与之类似的平面图形,其投影的长度变短或面积变小。我们称正投影的这种性质为类似收缩性。

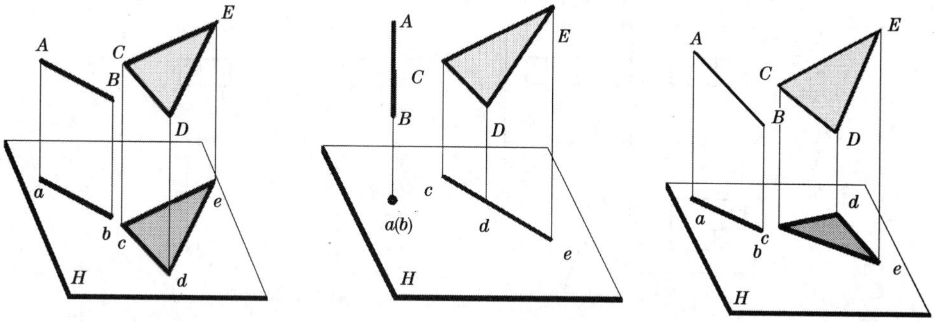

(a) 真实性　(b) 积聚性　(c) 类似收缩性

图 2-1-4　投影的性质

2　三视图

2.1　三视图的形成

在许多情况下,只用一个投影不加任何注解,是不能完整清晰地表达和确定形体的形状和结构的。如图 2-1-5 所示,三个形体在同一个方向的投影完全相同,但三个形体的空间结构却不相同,可见只用一个方向的投影来表达形体形状是不行的。一般必须将形体向几个方向投影,才能完整清晰地表达出形体的形状和结构。

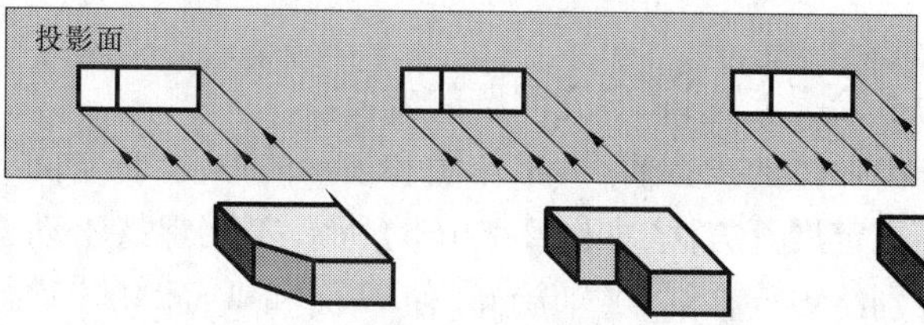

图 2-1-5　立体投影

2.1.1　三投影面体系的建立

三投影面体系是由三个互相垂直的平面组成的,如图 2-1-6(a)所示。它们分别是:正对着我们的正面称为正立投影面,用 *V* 标记(称 *V* 面);水平面称为水平位置的投影面,用 *H* 标记(称 *H* 面);右边的侧面称为侧立投影面,用 *W* 标记(称 *W* 面)。投影面与投影面的交线称为投影轴,相互垂直的三根投影轴分别用 *OX*、*OY*、*OZ* 标记。三根投影轴的交点

O 称为原点。

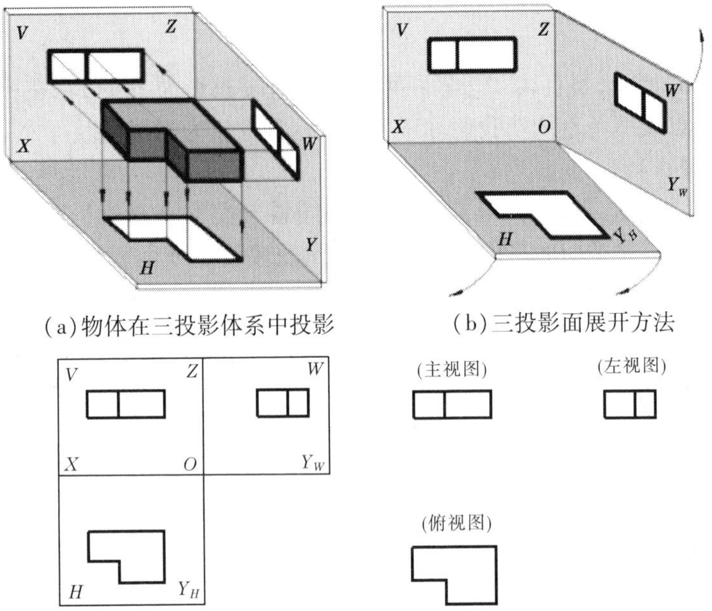

(a)物体在三投影体系中投影　(b)三投影面展开方法

(c)展开后的三视图　(d)三视图的命名

图 2-1-6　三视图的形成及投影规律

2.1.2　三视图的形成

如图 2-1-6(a)所示,首先将形体放置在三投影面体系中,长、宽、高及上下、左右、前后方位即确定,然后将形体分别向三个投影面进行投射作正投影,得到形体的三视图。

从物体的前面向后投影,在 V 投影面上得到的投影图称为主视图。

从物体的上面向下投影,在 H 投影面上得到的投影图称为俯视图。

从物体的左面向右投影,在 W 投影面上得到的投影图称为左视图。

形体在三投影面体系中的摆放位置应注意以下两点:

(1)应使形体的多数表面(或主要表面)平行或垂直于投影面(即形体正放)。

(2)形体在三投影面体系中的位置一经选定,在投影过程中是不能移动或变更的,直到所有投影都进行完毕。

这样规定主要是为了绘图、读图和研究问题的方便。

在三个投影面上作出形体的投影后,为了作图和表示的方便,将空间三个投影面展开摊平在一个平面上。其规定展开方法,如图 2-1-6(b)所示:V 面保持不动,将 H 面和 W 面按图中箭头所指方向分别绕 OX 轴和 OY 轴旋转,使 H 面和 W 面均与 V 面处于同一平面内,即得如图 2-1-6(c)所示的形体的三面投影图。

从上述三面投影图的形成过程可知,各面投影图的形状和大小均与投影面的大小无关。另外,我们可以想象,如果形体上、下、前、后、左、右平行移动,该形体的三面投影图仅在投影面上的位置有所变化,而其形状和大小是不会发生变化的,即三面投影图的形状和大小与形体和投影面的距离即与投影轴的距离无关。因此,在画三面投影图时,一般不画出投影面的大小(即不画出投影面的边框线),也不画出投影轴。

如图2-1-6(d)所示，工程上，习惯将投影图称为视图，国家标准规定：V面投影图称为主视图；H面投影图称为俯视图；W面投影图称为左视图。

2.2　三视图的分析

2.2.1　三视图与空间物体间的关系

由三视图的形成可知，每个视图都表示物体两个方向的尺寸和四个方位。

(1)三视图间的位置关系：俯视图在主视图的正下方，左视图在主视图的正右方。

(2)视图之间的对应关系，如图2-1-7所示。

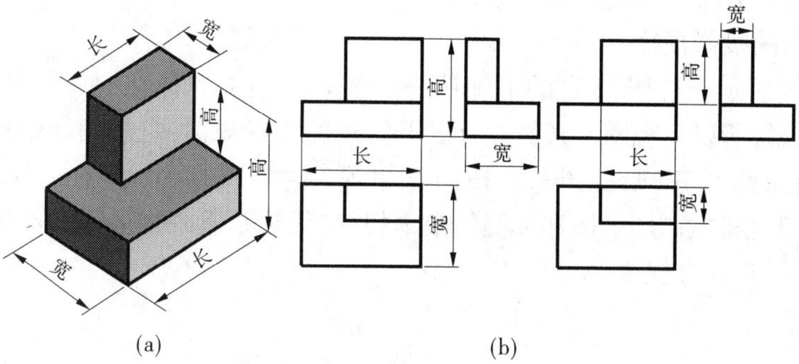

图2-1-7　三视图尺寸分析

每个视图所反映的形体尺寸情况如下：

(1)主视图反映了形体上下方向的高度尺寸和左右方向的长度尺寸。

(2)俯视图反映了形体左右方向的长度尺寸和前后方向的宽度尺寸。

(3)左视图反映了形体上下方向的高度尺寸和前后方向的宽度尺寸。

视图之间的关系如下：

(1)主、俯视图中相应投影(整体或局部)的长度相等，并且对正。

(2)主、左视图中相应投影(整体或局部)的高度相等，并且平齐。

(3)俯、左视图中相应投影(整体或局部)的宽度相等。

2.2.2　形体与视图的方位关系

任何形体在空间都具有上、下、左、右、前、后六个方位，形体在空间的六个方位和三视图所反映形体的方位如图2-1-8所示。

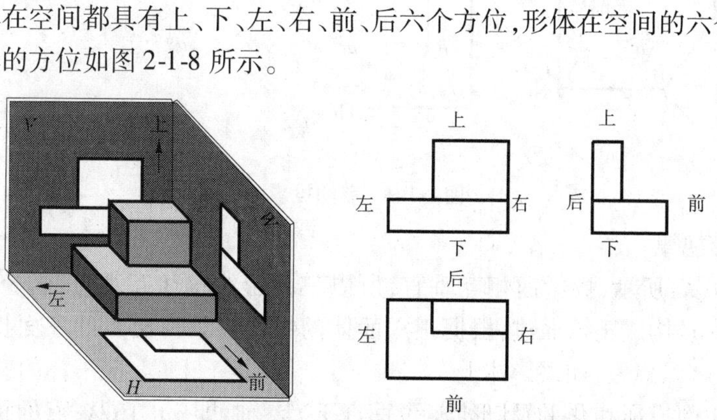

图2-1-8　三视图方位分析

主视图反映了形体的上、下和左、右方位关系。

俯视图反映了形体的左、右和前、后方位关系。

左视图反映了形体的上、下和前、后方位关系。

比较形体与视图,可以看出:

(1)主视图的上、下、左、右方位与形体的上、下、左、右方位一致。

(2)俯视图的左、右方位与形体的左、右方位一致,而俯视图的上方反映的是形体的后方,俯视图的下方反映的是形体的前方。

(3)左视图的上、下方位与形体的上、下方位一致,而左视图的左方反映的是形体的后方,左视图的右方反映的是形体的前方。

2.3 三视图间的投影规律

如图 2-1-8 所示,三视图表达的不仅是同一物体,而且是物体在同一位置分别向三投影面所作的投影,所以三视图间必然具有以下所述的投影规律:主视图和俯视图长对正;主视图和左视图高平齐;俯视图和左视图宽相等。通常概括为“长对正、高平齐、宽相等”。这个规律是机械制图画图和读图的根本规律,无论是整个物体还是物体的局部,三视图间都必须符合这个规律。

3 点的投影

3.1 点的投影及标记

为了统一起见,规定空间点用大写字母表示,如 A、B、C 等;水平投影用相应的小写字母表示,如 a、b、c 等;正面投影用相应的小写字母加撇表示,如 a'、b'、c';侧面投影用相应的小写字母加两撇表示,如 a''、b''、c''。如图 2-1-9(b)所示,三投影面体系展开后,点的三个投影在同一平面内,得到了点的三面投影图。应注意的是:投影面展开后,同一条 OY 轴旋转后出现了两个位置。

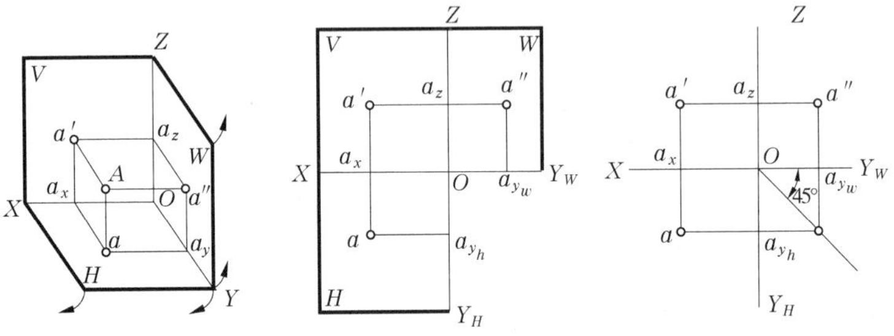

(a) (b) (c)

图 2-1-9 点的投影

3.2 点的投影规律

如图 2-1-9(a)所示,投影面相互垂直,所以三投影线也相互垂直,则 8 个顶点 A、a、a_y、a'、a''、a_x、O、a_z 构成正六面体,根据正六面体的性质可以得出点的三面投影的特性如下:

(1)点的正面投影和水平投影的连线垂直于 OX 轴,即 $aa' \perp OX$;点的正面投影和侧面投影的连线垂直于 OZ 轴,即 $a'a'' \perp OZ$;同时 $aa_{y_h} \perp OY_H$,$a''a_{y_w} \perp OY_W$。

(2)点的投影到投影轴的距离,反映空间点到以投影轴为界的另一投影面的距离,即

$a'a_z = Aa'' = aa_{y_h} = x$ 坐标；$aa_x = Aa' = a''a_z = y$ 坐标；$a'a_x = Aa = a''a_{y_w} = z$ 坐标。为了表示点的水平投影到 OX 轴的距离等于侧面投影到 OZ 轴的距离，即 $aa_x = a''a_z$，点的水平投影和侧面投影的连线相交于自点 O 所作的45°角平分线，如图2-1-9(c) 所示。

任务实施

绘制正三棱锥顶点 A 的三面投影的步骤如图2-1-10所示。

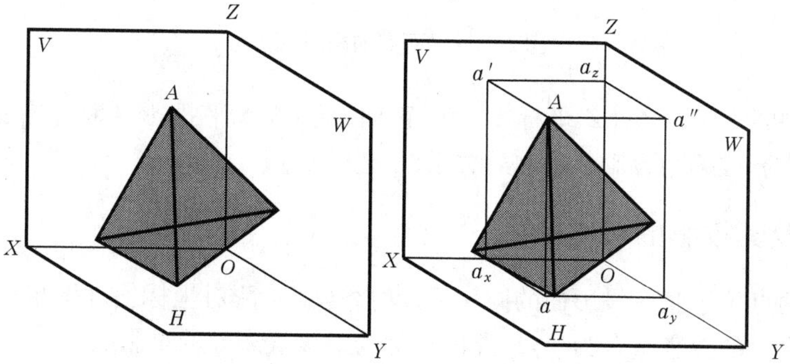

(a)正三棱锥放入三面投影体系中　(b)点A向三投影面的投影直观图

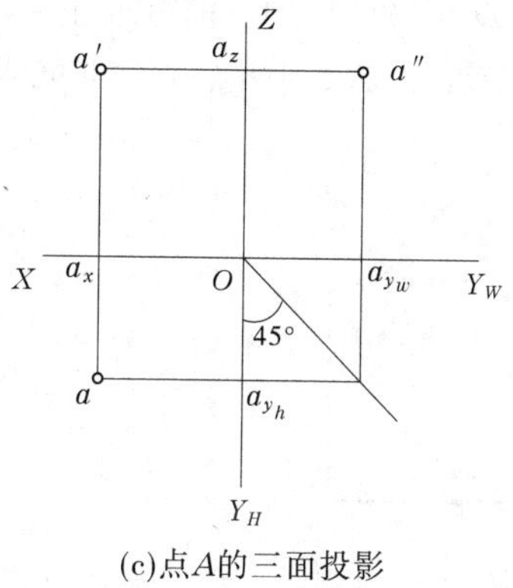

(c)点A的三面投影

图2-1-10　绘制正三棱锥顶点 A 的三面投影

知识拓展

1　两点的相对位置

观察分析两点的各个同面投影之间的坐标关系，可以判断空间两点的相对位置，从而分析两点之间上下、左右和前后的关系，即根据 x 坐标值的大小可以判断两点的左右位置，根据 z 坐标值的大小可以判断两点的上下位置，根据 y 坐标值的大小可以判断两点的前后位置。如图2-1-11所示，点 B 的 x 坐标均小于点 A 的 x 相应坐标，而点 B 的 y、z 坐标大于点 A 的 y、z 坐标，因而点 B 在点 A 的右方、上方、前方。

根据上述可以看出，两点的相对位置是由两点的 x、y、z 坐标值决定的，即由正面投影

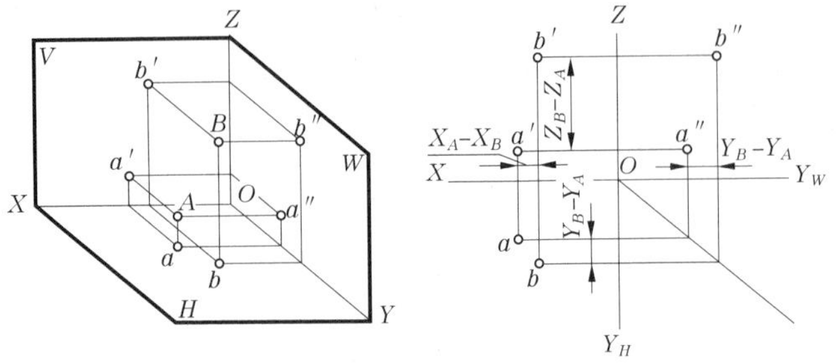

图 2-1-11　两点的相对位置

或侧面投影判断上下关系（Z 坐标差）；由正面投影或水平投影判断左右关系（X 坐标差）；由水平投影或侧面投影判断前后关系（Y 坐标差）。

2　重影点及其投影的可见性

当空间两点位于某一投影面的同一条投射线（其有两对坐标值分别相等）上时，此两点在该投影面上的投影重合为一点，此两点称为对该投影面的重影点。

如图 2-1-12 所示，A、B 两点是对 H 面的重影点。因此，两点的 H 面投影重合称为对 H 面投影的重影点。同理，若一点在另一点的正前方或正后方，则两点是对 V 面投影的重影点；若一点在另一点的正左方或正右方，则两点是对 W 面投影的重影点。

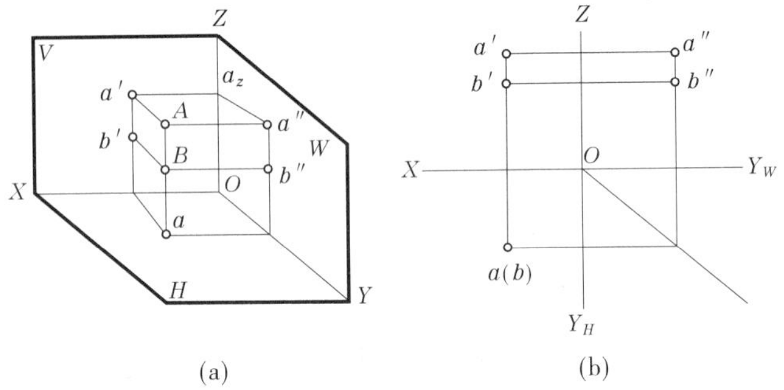

(a)　(b)

图 2-1-12　重影点

从图 2-1-12 中可以看出，当两点的投影在某一投影面上重合时，必有一点遮住了另一点，这就需要进行可见性判断。为判断重影点的可见性，规定观察方向与投影面的投射方向一致，即对 V 面由前向后，对 H 面由上向下，对 W 面由左向右。因此，距观察者近的点的投影，即坐标大的为可见；反之，坐标小的为不可见。重影点中不可见点的字母应加括号表示。

课堂练习

已知点 A 和点 B 的两面投影，分别求其第三投影，并比较两点的位置，如图 2-1-13 所示。

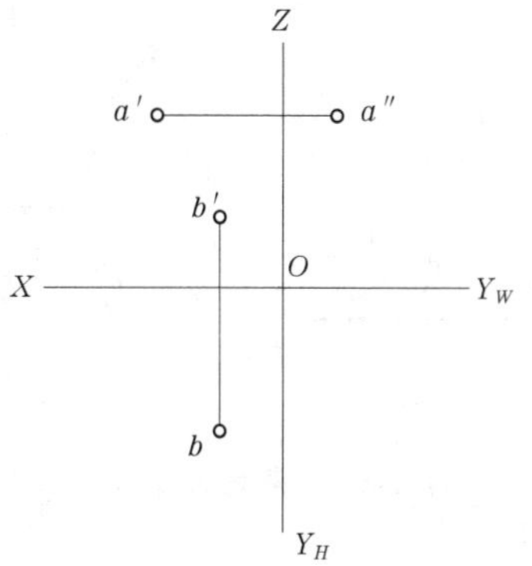

图 2-1-13　绘制 A、B 点的第三投影

任务 2　绘制正三棱锥侧棱的三面投影

任务导入

如图 2-2-1 所示为正三棱锥上侧棱 AB 的直观图,从图中不难看出正三棱锥有三条侧棱,而侧棱 AB 是正三棱锥的一个侧棱。通过对直线的三面投影知识的学习,完成绘制正三棱锥体侧棱 AB——直线的三面投影的任务。

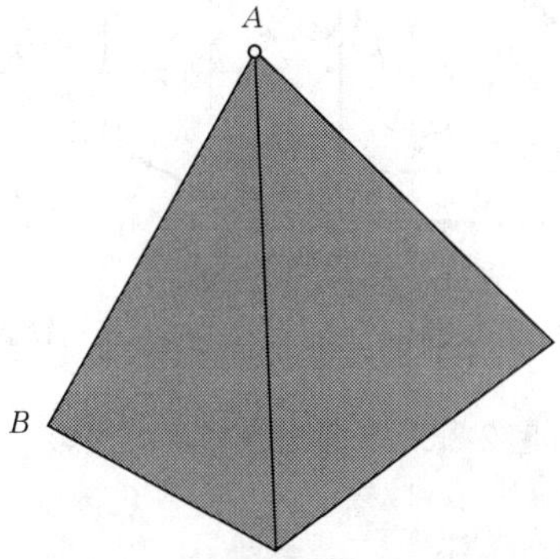

图 2-2-1　正三棱锥上侧棱 AB 的直观图

相关知识

1　直线投影

一般情况下,直线的投影仍是直线,如图 2-2-2(a) 中的直线 AB。在特殊情况下,若直线垂直于投影面,直线的投影可积聚为一点,如图 2-2-2(a)中的直线 CD。

直线的投影可由直线上两点的同面投影连接得到。如图 2-2-2(b)所示,分别作出直线上两点 A、B 的三面投影,将其同面投影相连,即得到直线 AB 的三面投影图。

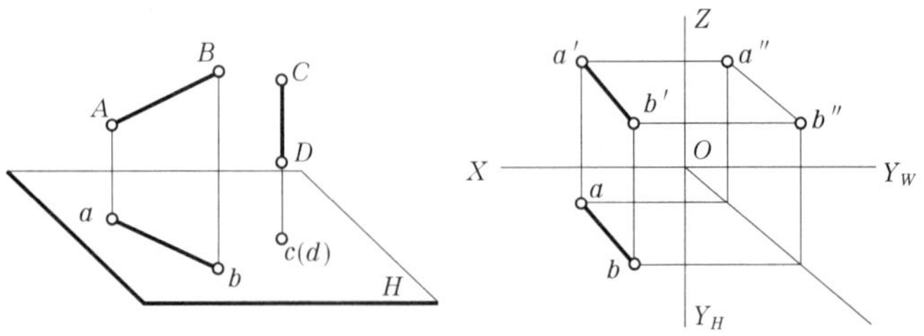

(a)　　　　(b)

图 2-2-2　直线的投影

2　各种位置直线的投影特性

在三投影面体系中，直线和投影面的相对位置可以分为三种：投影面倾斜线、投影面平行线、投影面垂直线。前一种为投影面一般位置直线，后两种为投影面特殊位置直线。

2.1　一般位置直线

一般位置直线与三个投影面都倾斜，因此在三个投影面上的投影都不反映实长，投影与投影轴之间的夹角也不反映直线与投影面之间的倾角，如图 2-2-3 所示。

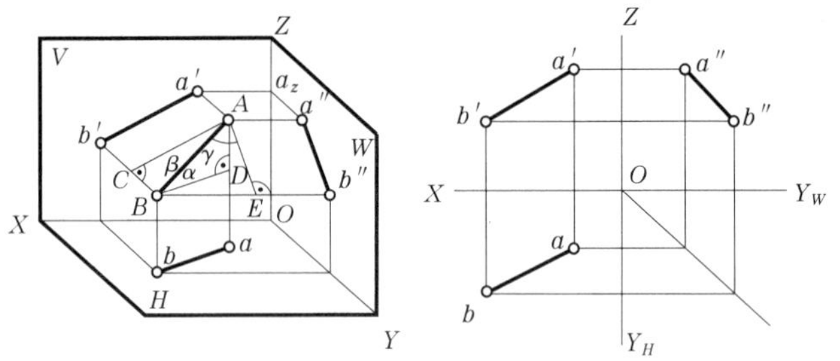

(a)直观图　　　　(b)投影图

图 2-2-3　一般位置直线的投影

2.2　投影面平行线

与一个投影面平行、与另外两个投影面倾斜的直线称为投影面平行线。投影面平行线分以下三种：

(1)水平线——平行于 H 面，倾斜于 V、W 面的直线。

(2)正平线——平行于 V 面，倾斜于 H、W 面的直线。

(3)侧平线——平行于 W 面，倾斜于 H、V 面的直线。

规定直线（或平面）对 H、V、W 面的倾角分别用 α、β、γ 表示。各种投影面平行线的直观图、投影图及投影特性见表 2-2-1。

表 2-2-1　投影面平行线的投影特性

名称	水平线	正平线	侧平线
直观图	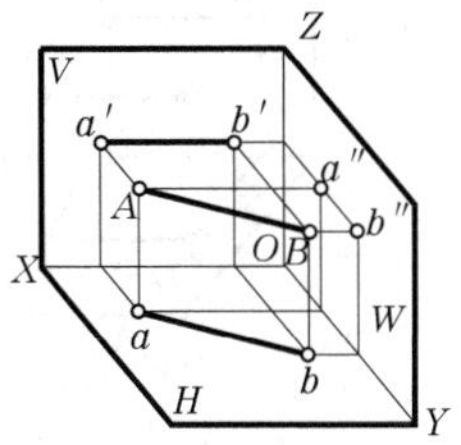	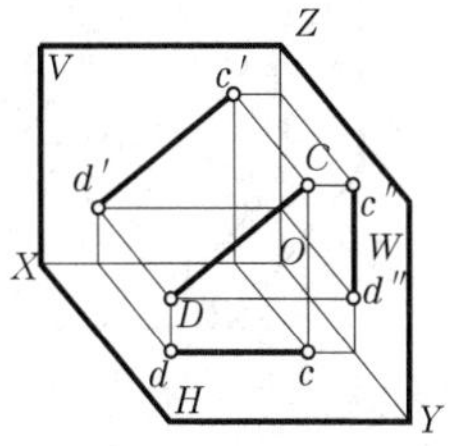	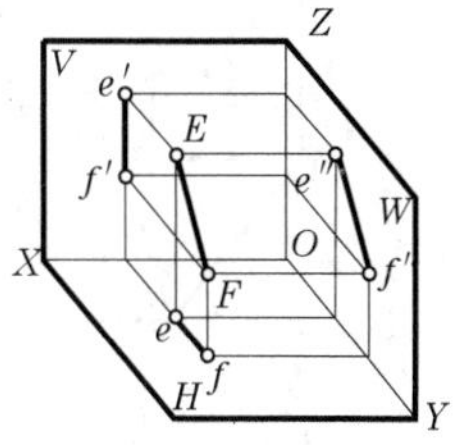
投影图	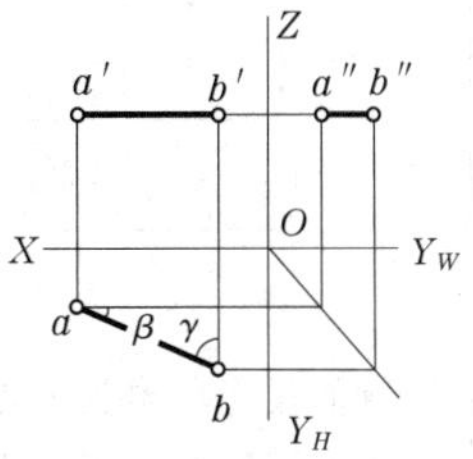	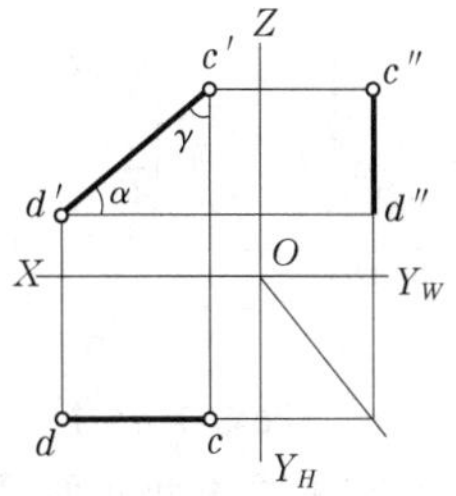	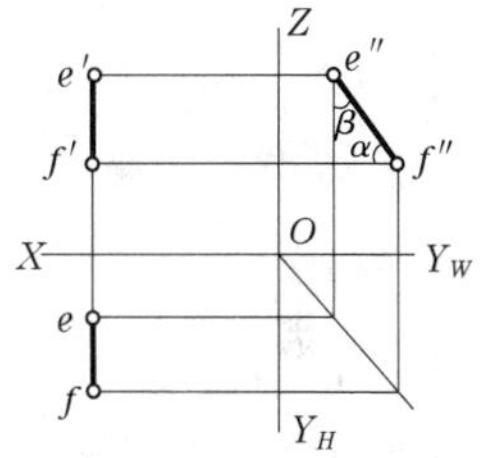
投影特性	1. 水平投影反映实长，与 X 轴夹角为 β，与 Y 轴夹角为 γ。 2. 正面投影平行 X 轴。 3. 侧面投影平行 Y 轴	1. 正面投影反映实长，与 X 轴夹角为 α，与 Z 轴夹角为 γ。 2. 水平投影平行 X 轴。 3. 侧面投影平行 Z 轴	1. 侧面投影反映实长，与 Y 轴夹角为 α，与 Z 轴夹角为 β。 2. 正面投影平行 Z 轴。 3. 水平投影平行 Y 轴

投影面平行线的投影特征：

1. 在与直线平行的投影面上的投影为一斜线，且反映实长和真实倾角。
2. 在与直线不平行的两个投影面上的投影的长度小于实长，并平行于相应的投影轴

2.3　投影面垂直线

垂直一个投影面、平行于另外两个投影面的直线称为投影面垂直线。投影面垂直线分为以下三种：

(1)铅垂线——垂直于 H 面，平行于 V、W 面的直线。

(2)正垂线——垂直于 V 面，平行于 H、W 面的直线。

(3)侧垂线——垂直于 W 面，平行于 H、V 面的直线。

各种投影面垂直线的直观图、投影图及投影特性见表 2-2-2。

表 2-2-2　投影面垂直线的投影特性

名称	铅垂线	正垂线	侧垂线
直观图	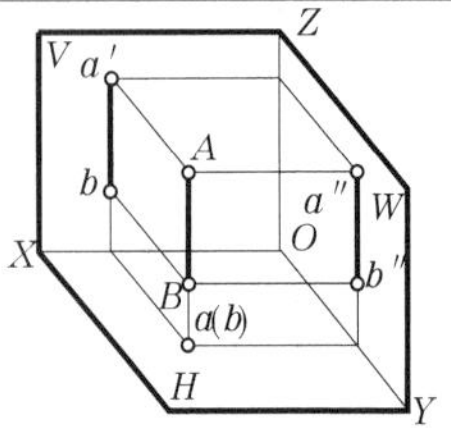	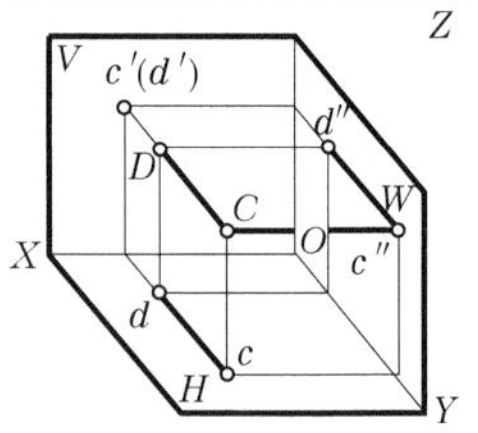	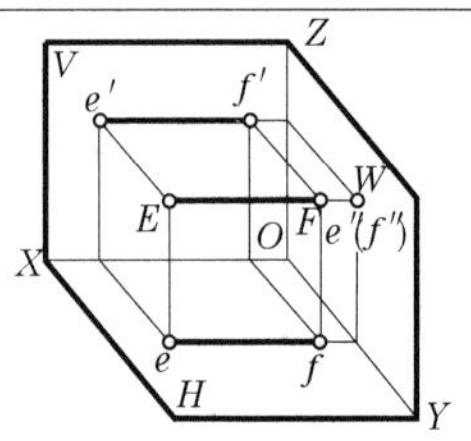
投影图	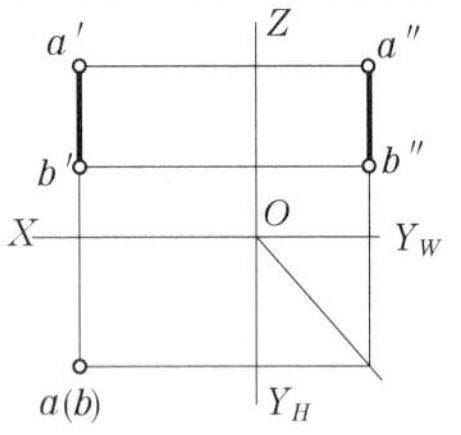	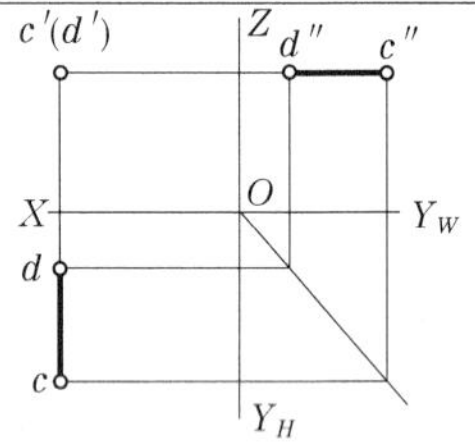	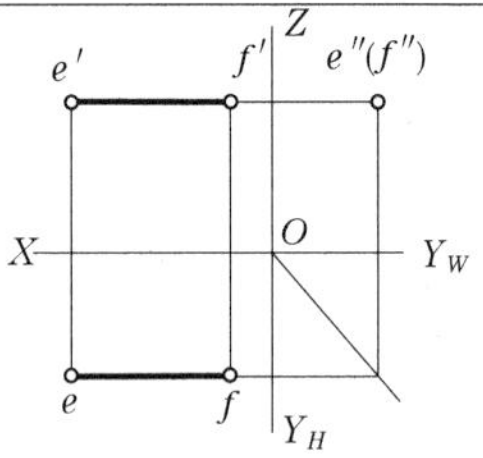
投影特性	1. 水平投影积聚为一点。 2. 正面投影和侧面投影都平行于 *Z* 轴，并反映实长	1. 正面投影积聚为一点。 2. 水平投影和侧面投影都平行于 *Y* 轴，并反映实长	1. 侧面投影积聚为一点。 2. 正面投影和水平投影都平行于 *X* 轴，并反映实长

投影面的垂直线的投影特征：

1. 在与直线垂直的投影面上的投影积聚为一点，具有积聚性。
2. 在其余两个投影面上的投影反映该实长，具有真实性，并分别垂直于相应的投影轴

任务实施

绘制正三棱锥侧棱 *AB* 的三面投影的步骤如图 2-2-4 所示。

知识拓展

1　直线上点的从属性

点在直线上，点的各面投影必在该直线的同面投影上，这个特性称为从属性。反之，点的各面投影只要有一个不在直线的同面投影上，则点就一定不在该直线上。

如图 2-2-5 所示，*M* 点的三面投影 m、m'、m''必定分别在直线 *AB* 的同面投影 ab、$a'b'$、$a''b''$上，并且三投影间符合点的投影规律，由此可判定 *M* 点在直线 *AB* 上。

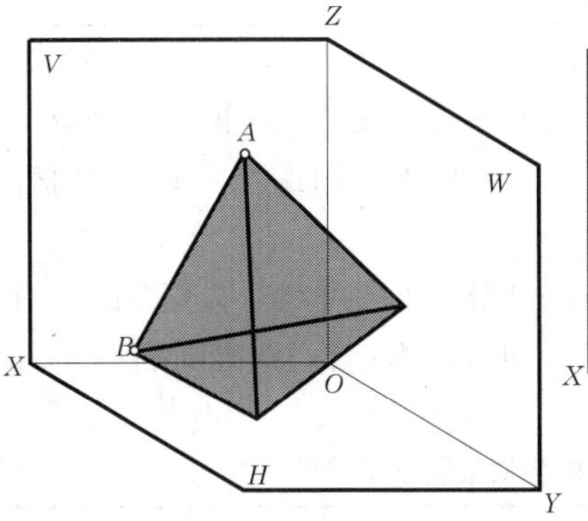

(a)正三棱锥放入三面投影体系中

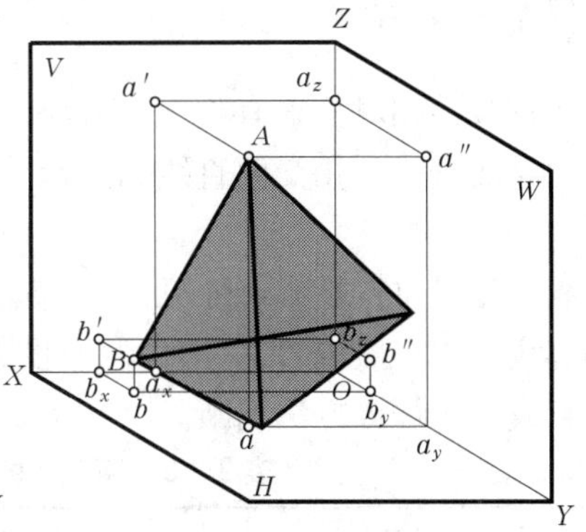

(b)直线AB向三投影面的投影的直观图

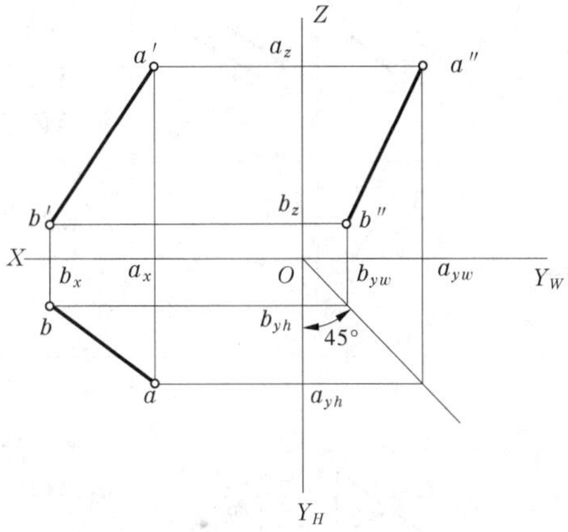

(c)直线AB的三面投影

图 2-2-4　绘制正三棱锥侧棱 AB 的三面投影

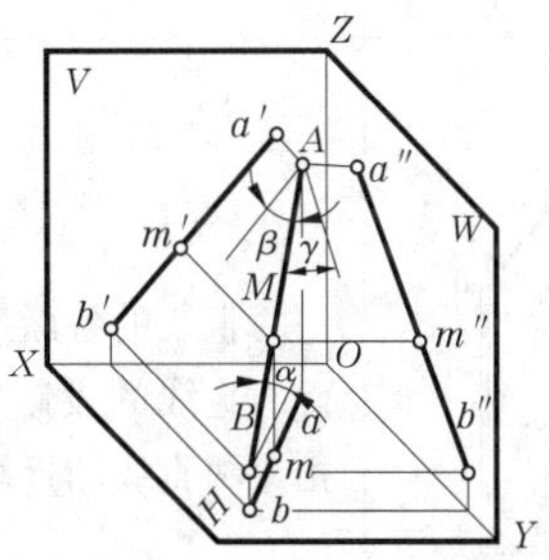

(a)直观图

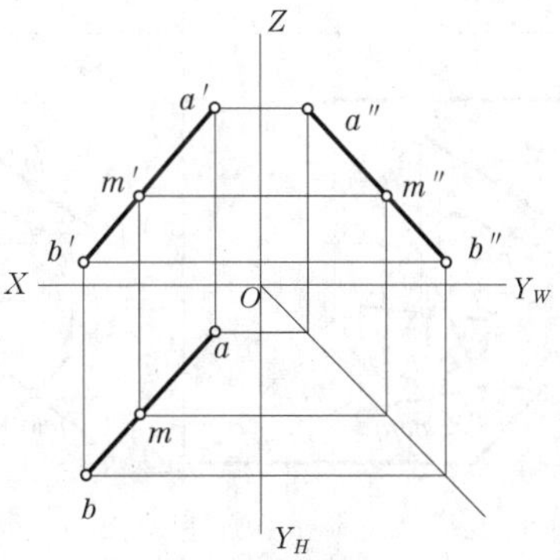

(b)投影图

图 2-2-5　直线上点的从属性

2　两直线的相对位置

空间两直线的相对位置有相交、平行和交叉三种情况。交叉两直线不在同一平面上，所以称之为异面直线。相交两直线和平行两直线在同一平面上，所以又称它们为共面直线。

两直线的相对位置投影特性见表 2-2-3。根据投影图可判断两直线的相对位置。

若两直线处于一般位置，一般由两面投影即可判断；若直线处于特殊位置，则需要利用三面投影或定比性等方法判断。

表 2-2-3　两直线的相对位置投影特性

名称	立体图	投影图	投影特性
平行两直线	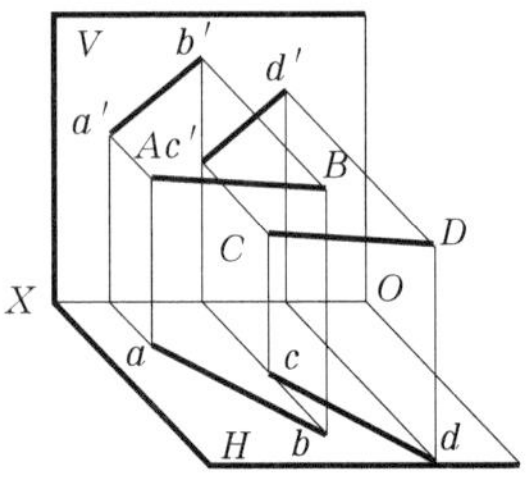	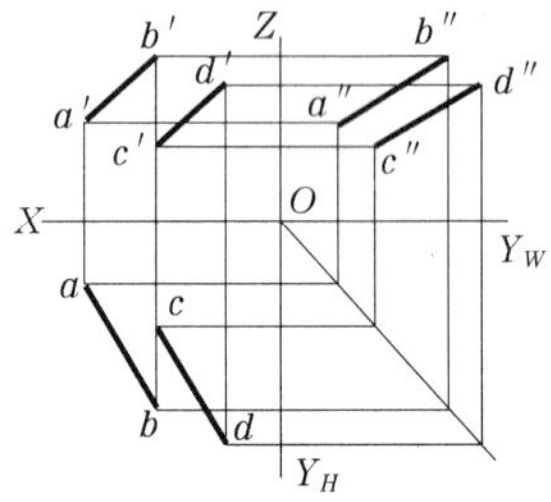	空间两直线平行，它们的同面投影必定相互平行；反之，各组同面投影都相互平行，两直线在空间必然平行
相交两直线	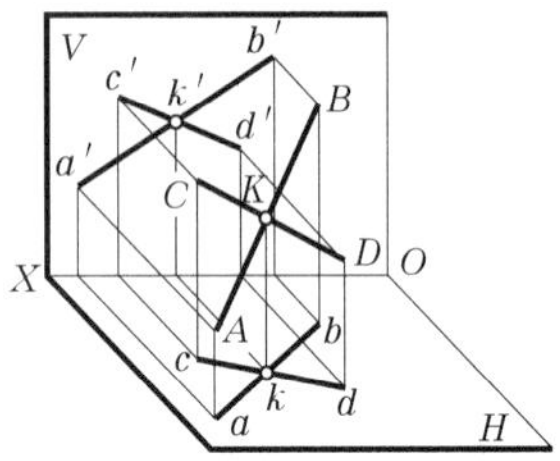	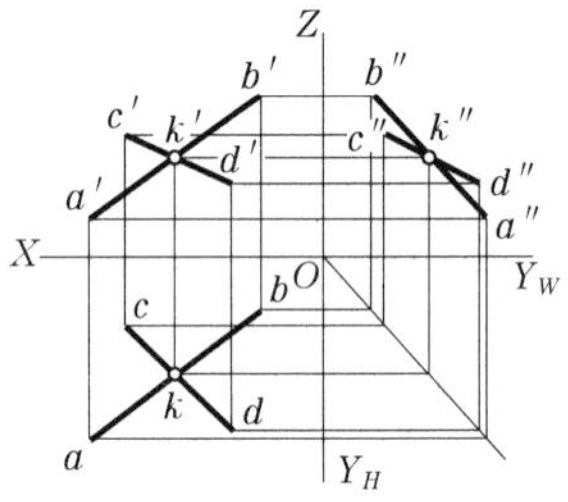	若空间两直线相交，它们的同面投影必定相交，且交点符合投影规律；反之，两直线的各组同面投影都相交，且交点符合点的投影规律，这两直线在空间一定相交
交叉两直线	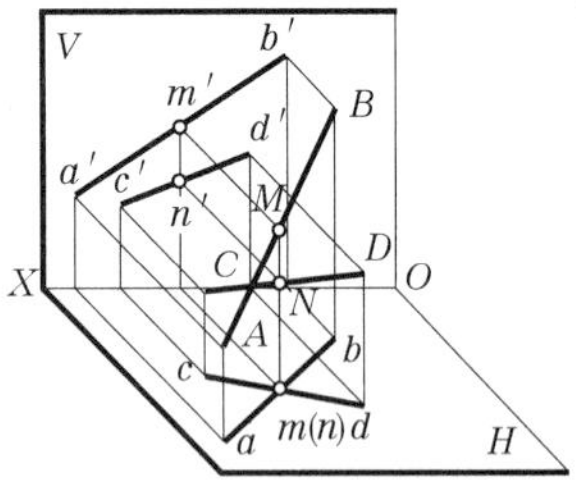	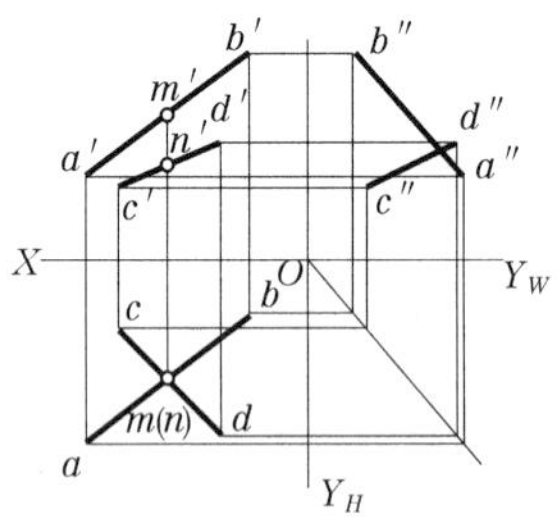	两直线的各面投影既不符合平行两直线的投影特性，又不符合相交两直线的投影特性

课堂练习

如图 2-2-6 所示，已知直线 AB 为正平线,距离 V 面 20 mm,求画直线 AB 的另两面投影。

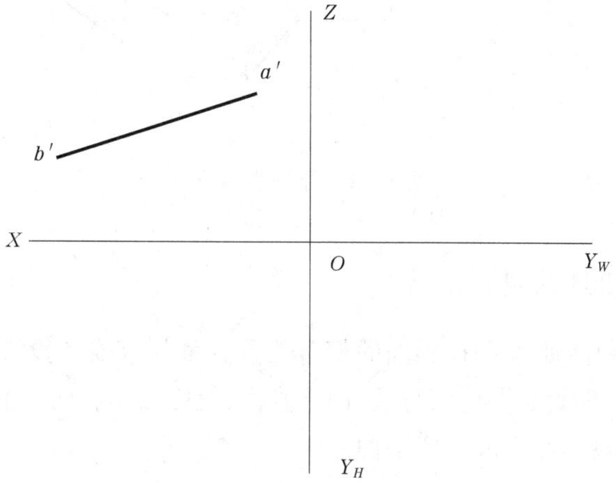

图 2-2-6　绘制直线 AB 三面投影

任务 3　绘制正三棱锥侧面的三面投影

任务导入

如图 2-3-1 所示为正三棱锥立体图,平面 ABC 是正三棱锥的其中一个侧面。通过对平面的三面投影知识的学习,完成绘制正三棱锥体侧面 ABC 的三面投影的任务。

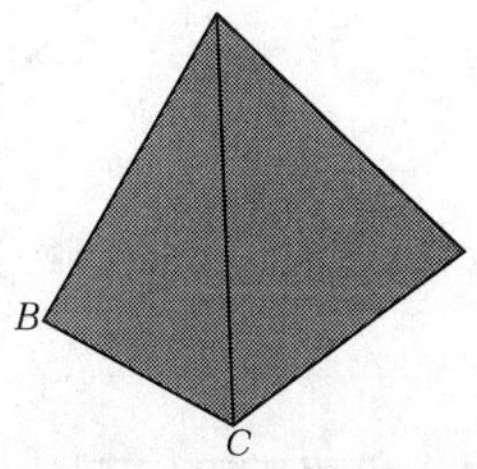

图 2-3-1　正三棱锥立体图

相关知识

1　平面的表示法

由初等几何可知,不属于同一直线的三点确定一平面。因此,可由下列任意一组几何元素的投影表示平面:不在同一直线上的三个点,如图 2-3-2(a)所示;一直线和不属于该直线的一点,如图 2-3-2(b)所示;相交两直线,如图 2-3-2(c)所示;平行两直线,如图 2-3-2(d)所示;任意平面图形,如图 2-3-2(e)所示。

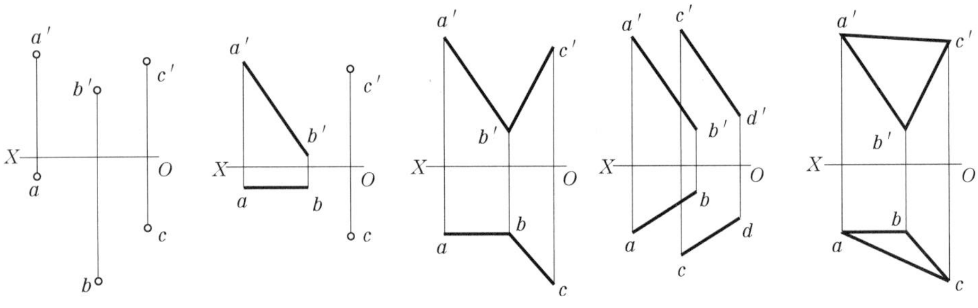

(a) (b) (c) (d) (e)

图 2-3-2　平面表示法

2　各种位置平面的投影特性

在三投影面体系中,平面和投影面的相对位置关系与直线和投影面的相对位置关系相同,可以分为三种:投影面平行面、投影面垂直面、投影面倾斜面。前两种为投影面特殊位置平面,后一种为投影面一般位置平面。

2.1　一般位置平面

一般位置平面与三个投影面都倾斜,因此在三个投影面上的投影都不反映实形,而是缩小了的类似形,如图 2-3-3 所示。

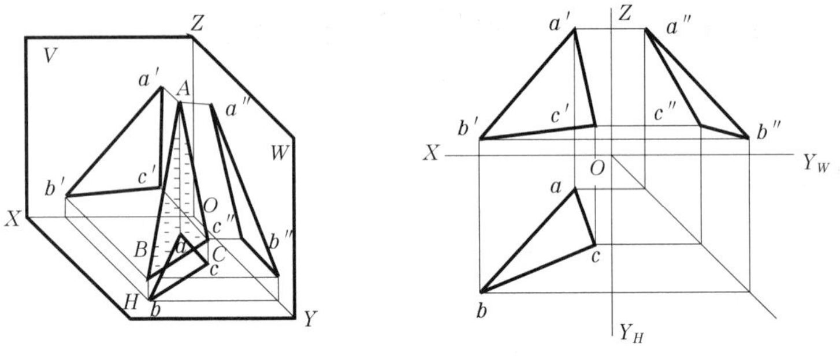

(a)直观图　(b)投影图

图 2-3-3　一般位置平面的投影

2.2　投影面平行面

投影面平行面是平行于一个投影面,并与另外两个投影面垂直的平面。与 H 面平行的平面称为水平面,与 V 面平行的平面称为正平面,与 W 面平行的平面称为侧平面。它们的立体图、投影图及投影特性见表 2-3-1。

表 2-3-1　投影面平行面的投影特性

名称	正平面	水平面	侧平面
立体图	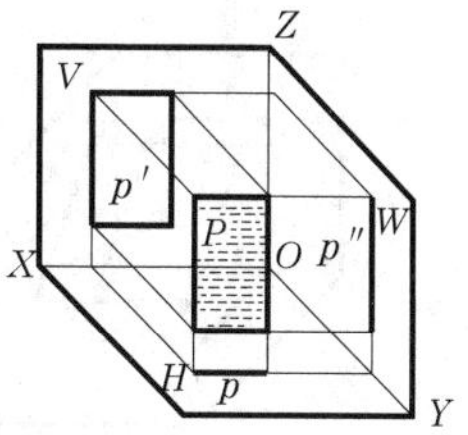	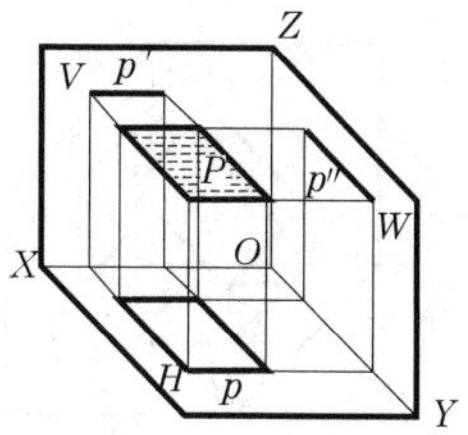	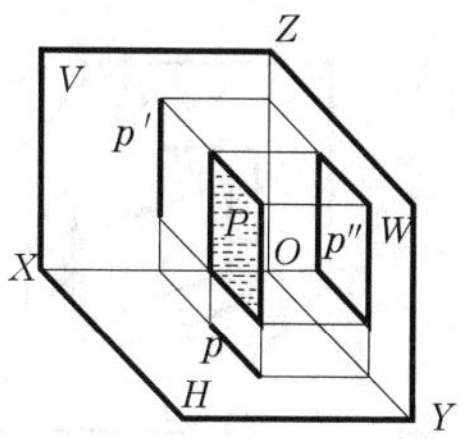
投影图	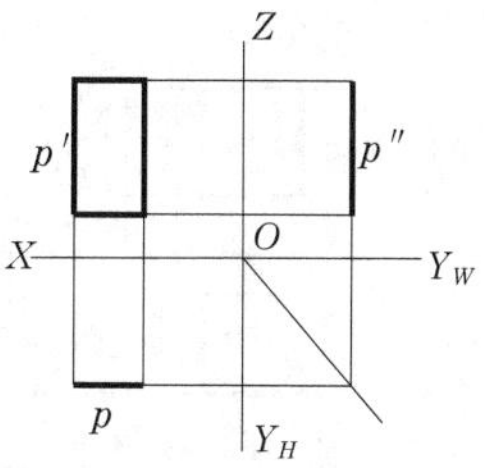	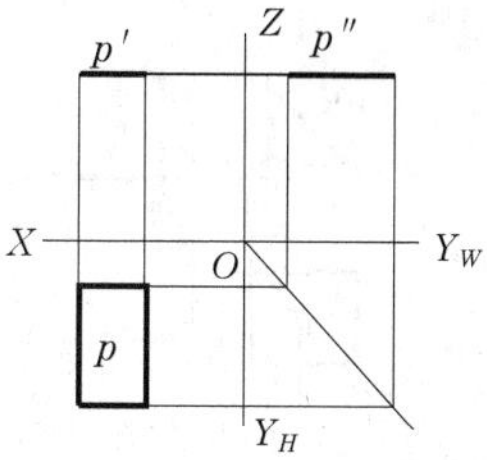	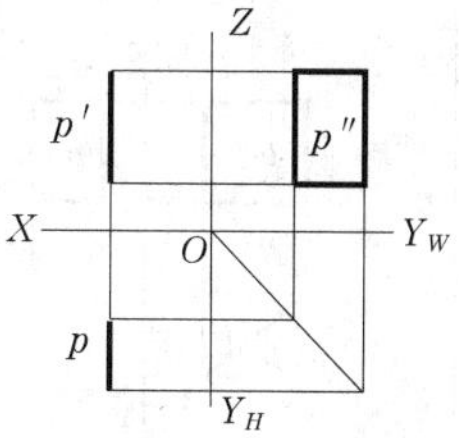
投影特性	1. 正面投影反映实形。 2. 水平投影积聚成平行于 X 轴的直线。 3. 侧面投影积聚成平行于 Z 轴的直线	1. 水平投影反映实形。 2. 正面投影积聚成平行于 X 轴的直线。 3. 侧面投影积聚成平行于 Y 轴的直线	1. 侧面投影反映实形。 2. 正面投影积聚成平行于 Z 轴的直线。 3. 水平投影积聚成平行于 Y 轴的直线

投影面平行面的投影特性：

1. 平面在与其平行的投影面上的投影反映平面实形。
2. 平面在其他两个投影面的投影都积聚成平行于相应投影轴的直线

2.3　投影面垂直面

投影面垂直面是垂直于一个投影面，并与另外两个投影面倾斜的平面。与 H 面垂直的平面称为铅垂面，与 V 面垂直的平面称为正垂面，与 W 面垂直的平面称为侧垂面。它们的立体图、投影图及投影特性见表 2-3-2。

表 2-3-2　投影面垂直面的投影特性

名称	铅垂面	正垂面	侧垂面
立体图	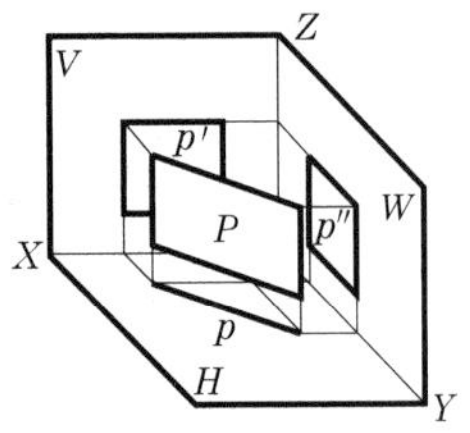	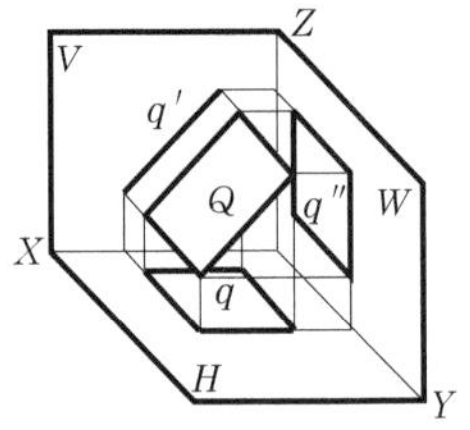	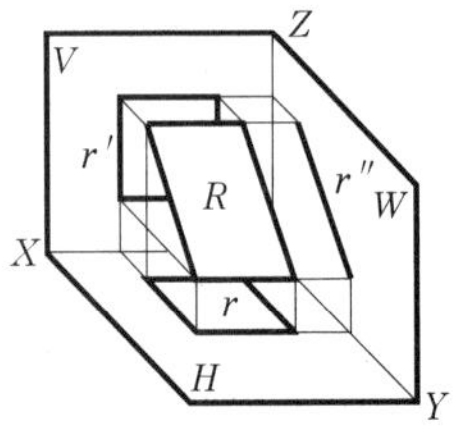
投影图	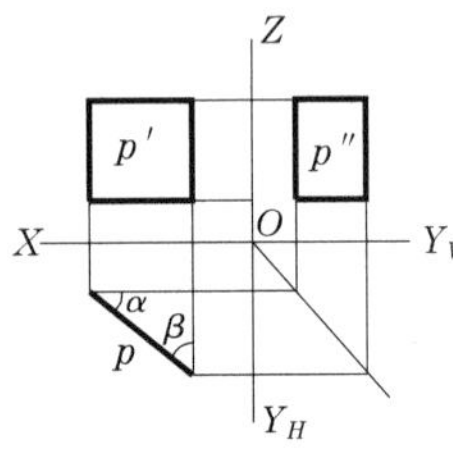	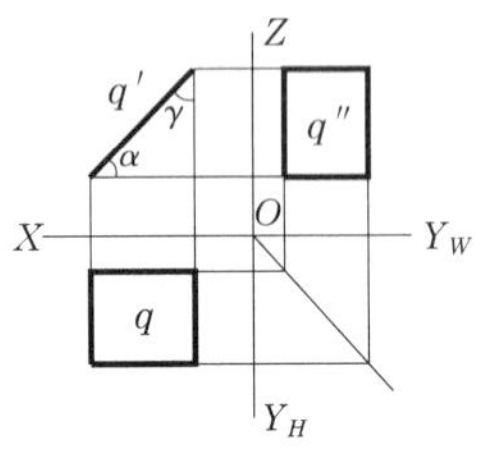	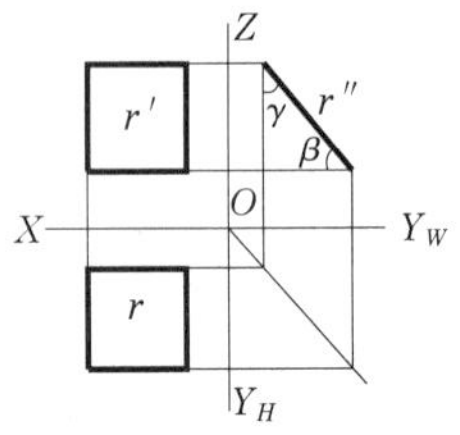
投影特性	1. 水平投影积聚成直线，与 X 轴夹角为 α，与 Y 轴夹角为 β。 2. 正面投影和侧面投影具有类似性	1. 正面投影积聚成直线，与 X 轴夹角为 α，与 Z 轴夹角为 γ。 2. 水平投影和侧面投影具有类似性	1. 侧面投影积聚成直线，与 Y 轴夹角为 β，与 Z 轴夹角为 γ。 2. 正面投影和水平投影具有类似性

投影面垂直面的投影特性：

1. 平面在与其垂直的投影面上的投影积聚成一直线，并反映该平面对其他两个投影面的倾角。
2. 平面在其他两个投影面的投影都是面积小于原平面图形的类似形

任务实施

正三棱锥侧面 ABC 的三面投影的绘制步骤如图 2-3-4 所示。

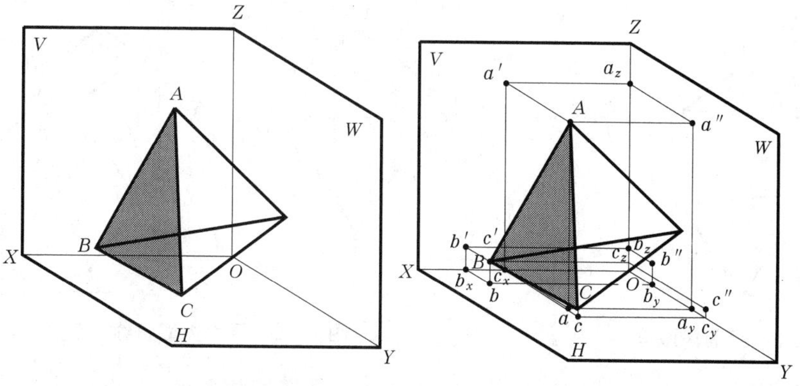

(a)正三棱锥放入三面投影体系中　　(b)侧面ABC三点向三投影面的投影的直观图

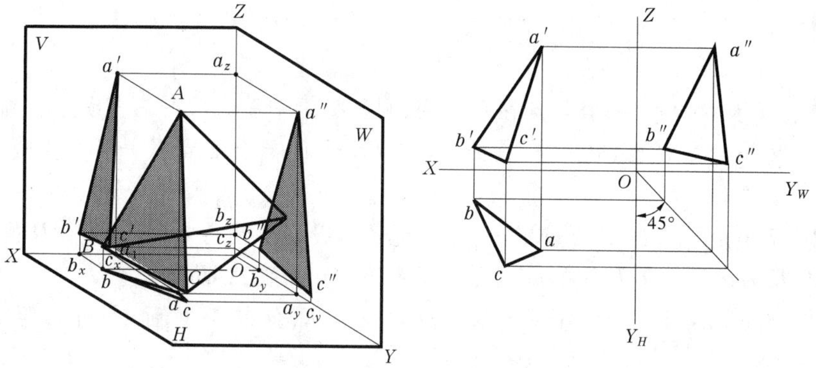

(c)侧面ABC三投影面的投影的直观图　　(d)侧面ABC三投影面的投影

图 2-3-4　绘制正三棱锥侧面 ABC 的三面投影

知识拓展

1　平面内取点和直线

点属于平面的几何条件是:点在平面内的任一条直线上,则该点必在此平面上。因此,要在平面内取点,必须过点在平面内取一条已知直线。如图 2-3-5 所示,在$\triangle ABC$所确定的平面内取一点 N,点 N 取在已知直线 AB 上,即在 $a'b'$上取 n',在 ab 上求取 n,因此点 N 必在该平面内。

2　平面上直线

直线属于平面的几何条件是:如果一条直线通过平面上的两点,或通过该平面内一点且平行于该平面内的任一直线,则此直线必在该平面上。

依此条件,可在平面内取直线,如图 2-3-6(a)所示,在 DE 和 EF 相交直线所确定的平面内取两点 M 和 N ,直线 MN 必在该平面内。如图 2-3-6(b)所示,过点 M 作直线 $MN /\!/ EF$,则直线 MN 必在该平面内。

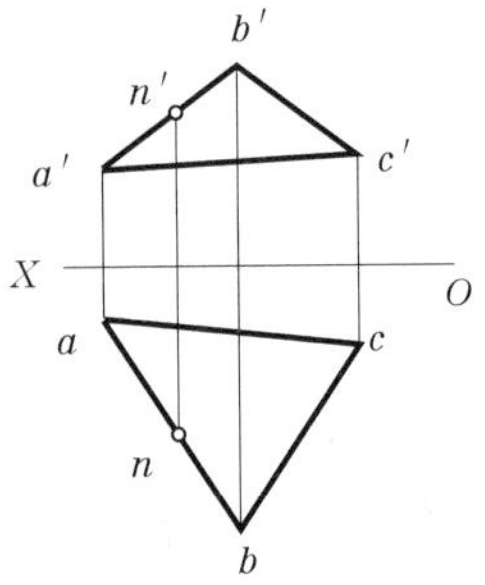

图 2-3-5　平面内取点

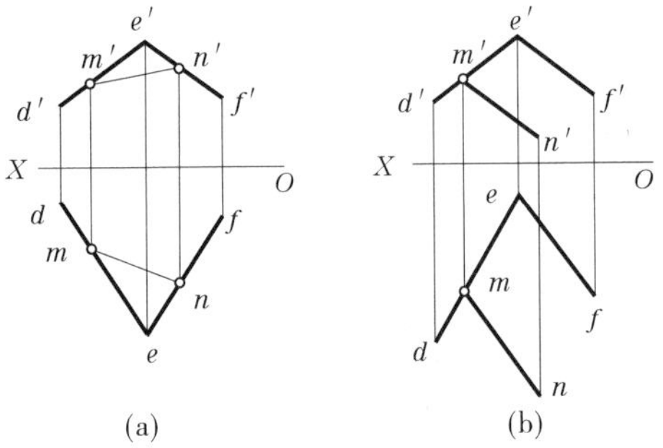

图 2-3-6　平面内取直线

值得注意的是：在平面内取点和在平面内取直线是密切相关的，取点要先取直线，而取直线又离不开取点。

【例 1】　如图 2-3-7(a) 所示，判断点 *K* 是否属于△*ABC* 所确定的平面。

分析：

根据点在平面内的条件，假如点在平面内，则必属于平面内的一条直线上。判断方法是：过点 *K* 的一个投影在△*ABC* 作一直线 *AK* 交 *BC* 于 *D*，再判断点 *K* 是否在直线 *AD* 上。

作图：

如图 2-3-7(b) 所示，连 *a'*、*k'* 交 *b'c'* 于 *d'*，过 *d'* 作投影连线得 *d*，即求得 *AD* 的水平投影 *ad*。而点 *K* 的水平投影 *k* 不在 *ad* 上，故 *K* 点不属于平面△*ABC*。

【例 2】　如图 2-3-8 所示，在平面 *ABCD* 内求点 *K*，使其距 *V* 面 15 mm、距 *H* 面 12 mm。

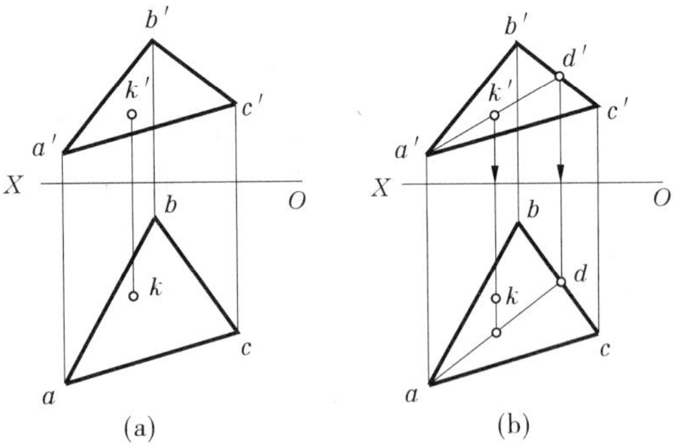

图 2-3-7　判断点属于平面

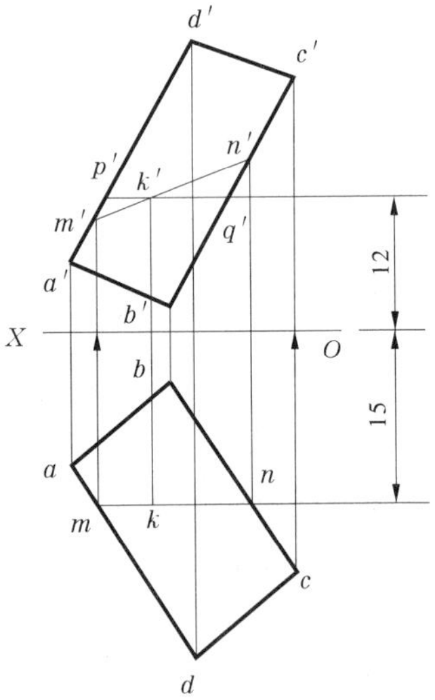

图 2-3-8　平面内投影面平行线应用

分析：

在平面 *ABCD* 内求点 *K* 距 *V* 面 15 mm，则点一定在距 *V* 面 15 mm 的正平线上。同理，又因点距 *H* 面 12 mm，则点一定在距 *H* 面 12 mm 的水平线上。平面上的正平线与水平线的交点即为所求点 K。

作图：

如图2-3-8所示：先作正平线 MN 的水平投影 $mn /\!/ OX$，且距 OX 轴15 mm，并作出 MN 的正面投影 $m'n'$。

同理，作水平线 PQ 的正面投影 $p'q' /\!/ OX$，且距 OX 轴12 mm。$m'n'$ 与 $p'q'$ 的交点即为点 K 的正面投影 k'，作投影连线交 mn 于 k，则点 K (k,k') 即为所求。

课堂练习

完成图2-3-9所示平面 $ABCD$ 的水平投影。

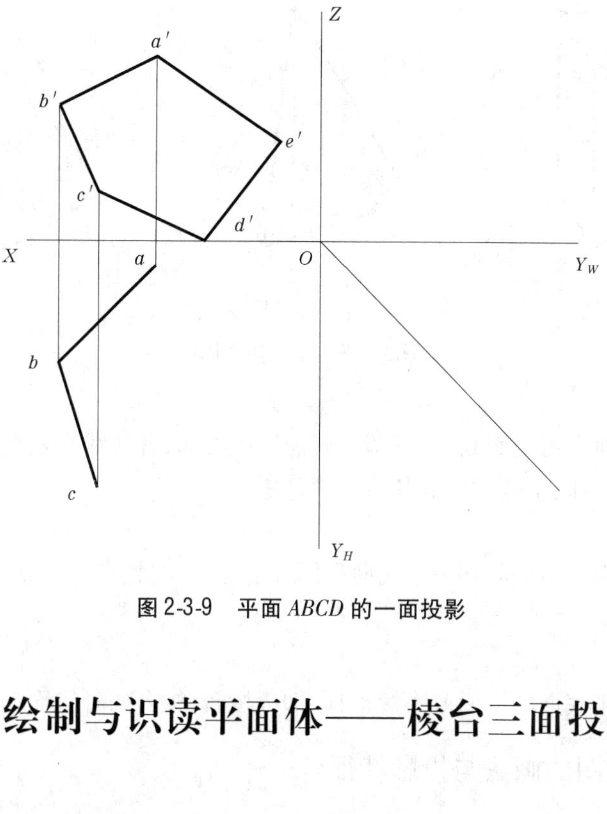

图2-3-9 平面 $ABCD$ 的一面投影

任务4 绘制与识读平面体——棱台三面投影

任务导入

本任务是在研究点、线、面的基础上进一步学习平面体投影的作图方法。通过对图2-4-1所示的上底边长为 b、下底边长为 a 的正三棱台的投影的作图分析与绘制，掌握绘制各种平面体的三视图。同时也能根据三视图的投影特征，准确地判断出平面立体的空间形状。

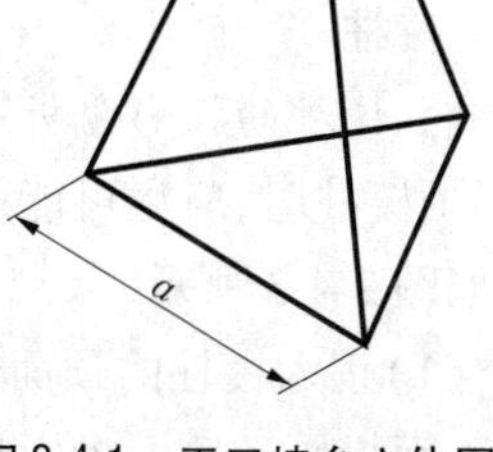

图2-4-1 正三棱台立体图

相关知识

1 平面立体概述

平面立体是指由平面包围而成的形体，其表面都是平面，其基本形式有棱柱、棱锥和棱台。平面立体的侧面叫棱面，棱面与棱面的交线是棱线，底面与棱面的交线是底面的边。平面立体通常以底面的边数来命名棱柱、棱锥和棱台，如图 2-4-2 所示的三棱柱、三棱锥、四棱台。

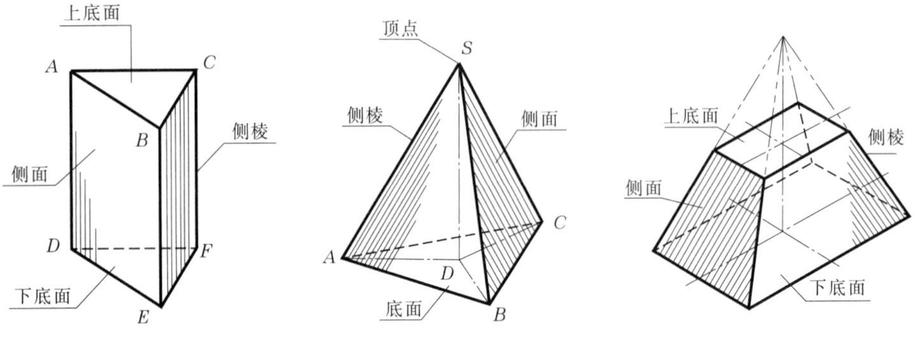

图 2-4-2 平面体立体图

1.1 棱柱体

棱柱体的表面是由棱面和上、下两个底面所围成的，各棱线互相平行且垂直于底面的棱柱体称为正棱柱体，正棱柱体的各棱面都是矩形。

1.2 棱锥体

棱锥体的表面是由棱面和一个底面所围成的，各棱线相交于一点，棱锥体的各棱面都是三角形。

1.3 棱台体

若用一平行于底面的平面截去棱锥顶，即成棱台，棱台的各侧面都是梯形。

2 平面体三视图的画法与投影特征

画平面体的三视图，就是画出围成平面立体的各棱面和底面的投影，或者说画出围成平面体的各棱线和顶点的投影，然后判别可见性。

2.1 棱柱

2.1.1 棱柱的投影分析

画棱柱时，应尽可能多地让棱柱的主要表面和棱线与投影面平行，以方便作图和看图，如图 2-4-3 所示。

(1) 正六棱柱的顶面、底面均为水平面，其水平投影反映顶面、底面的实形，且互相重合；正面投影和侧面投影均积聚为平行于相应投影轴的直线。

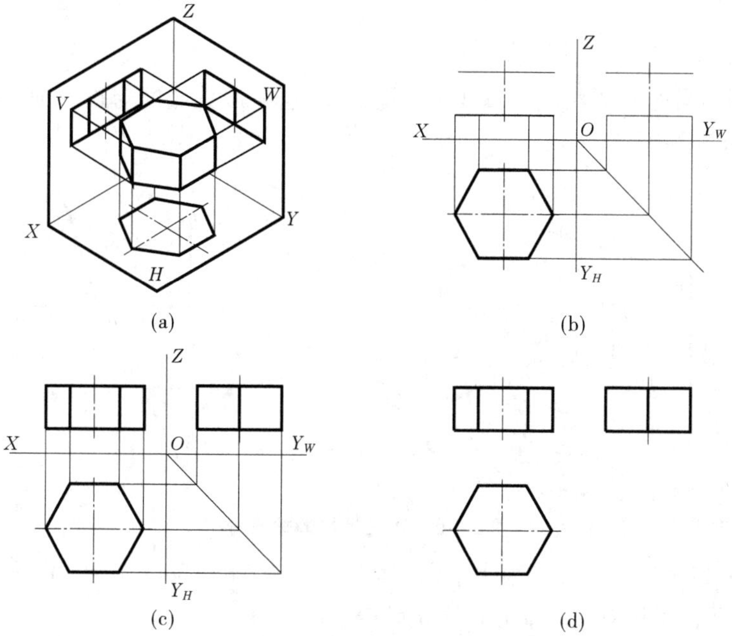

图2-4-3 正六棱柱的投影分析

(2)正六棱柱的前后两个棱面为正平面，其水平投影重合，且反映实形；水平投影和侧面投影都积聚成平行于相应轴的直线。其余四个侧棱面都为铅垂面，其水平投影分别积聚成倾斜直线；正面投影和侧面投影均为类似图形(矩形)，且两侧棱面投影对应重合。由于六个侧棱面的水平投影均有积聚性，故与顶面、底面边线(底棱线)的水平投影重合。

(3)正六棱柱的顶、底面各有六条底棱线，其中前、后两条为侧垂线，四条为水平线；而六条侧棱线均为铅垂线。它们的三面投影，请读者自行分析。

2.1.2 棱柱的投影特征

从图2-4-4所示各种棱柱的投影可以看出，棱柱的投影具有以下特征：一面投影为多边形，多边形的各边和各侧面的投影具有积聚性，另两面投影均为一个或多个矩形线框组成的矩形框。

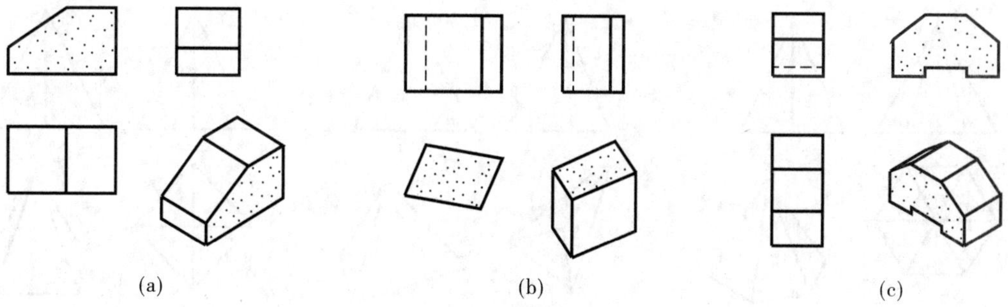

图2-4-4 棱柱的投影特征

2.2 棱锥

2.2.1 棱锥的投影分析

画棱锥投影时，首先将其放置在一个适当位置，一般让底面与投影面平行，以方便作图与看图，如图 2-4-5 所示。

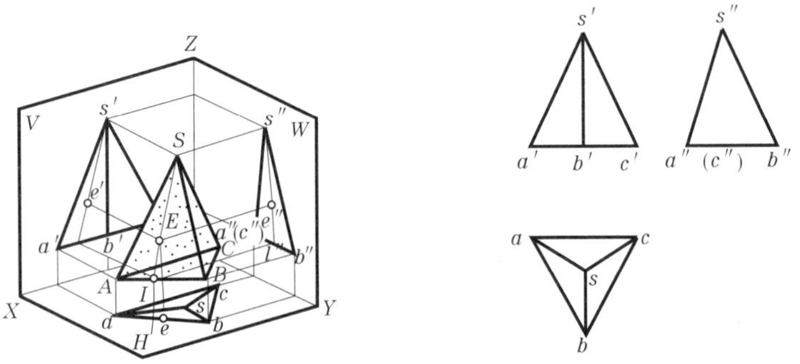

图 2-4-5　正三棱锥的投影分析

(1) 正三棱锥底面△*ABC* 为水平面，其水平投影△*abc* 反映实形，正面投影和侧面投影均积聚为平行于相应投影轴的直线 *a′b′c′* 和 *a″*(*c″*)*b″*。

(2) 三个侧棱面中的左右两个侧棱面△*SAB* 和△*SBC* 为一般位置平面，其三面投影均不反映实形，且侧面投影重合。

(3) 后侧棱面△*SAC* 为侧垂面(因含侧垂线 *AC*)，其侧面投影积聚成斜向直线 *s″a″*(*c″*)，正面投影△*s′a′c′* 和水平投影△*sac* 均不反映实形，且正面投影△*s′a′c′* 与△*s′a′b′*、△ *s′b′c′* 重合。

(4) 三个侧棱面△*SAB*、△*SBC*、△*SCA* 的水平投影△*sab*、△*sbc* 、△*sca* 与底面△*ABC* 的水平投影△*abc* 重合。

(5) 底面的三条底棱线中有两条是水平线 *AB* 和 *BC*，一条是侧垂线 *AC*，而三条侧棱有两条是一般位置直线 *SA* 和 *SC* ，一条是侧平线 *SB*。它们的三面投影，请读者自行分析。

2.2.2 棱锥的投影特征

棱锥的一面投影是共顶点的三角形拼合成的多边形，另两面投影均为共顶点且底边重合于一条线的三角形拼合成的三角形，如图 2-4-6 所示。

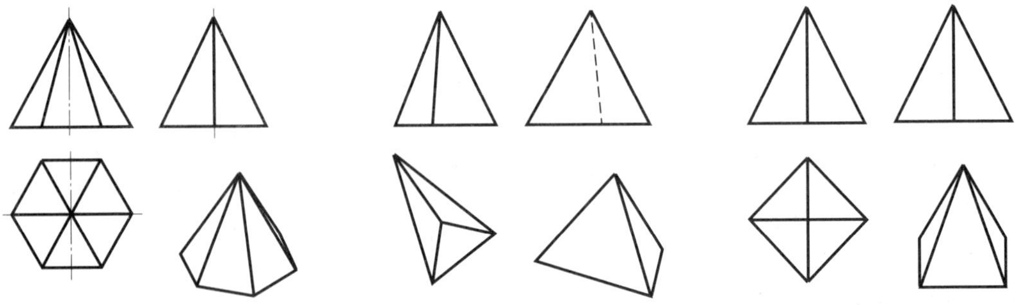

(a)　　(b)　　(c)

图 2-4-6　棱锥的投影特征

任务实施

绘制上底边长 b、下底边长 a 的正三棱台的各面投影的作图步骤如图 2-4-7 所示。

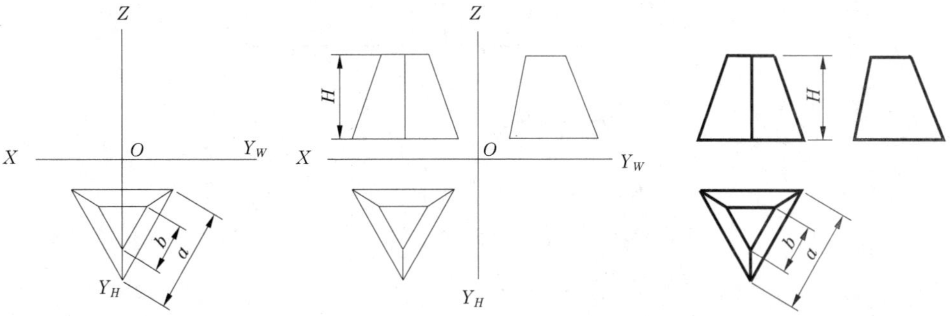

(a)画基准线及反映上、下底面实形的水平投影　(b)按投影关系及三棱台的高作其他两个投影　(c)检查底图，整理并描深图线,并标注尺寸

图 2-4-7　正三棱台投影图的画法

知识拓展

在平面立体表面上取点,首先要根据点的已知投影的位置和可见性,确定点所在平面,然后用平面上取点、取线的作图方法来进行投影作图。对于特殊位置棱面上的点或线,可以利用平面的积聚性直接作出,一般位置平面上的点或线,则需要作辅助线求出。点成线可见性判别的依据是:当点或线所在平面的投影可见时,则它们的投影可见,否则为不可见。不可见点的投影标记应加括号,但面的积聚性投影上不可见的点,则可省略括号。

1　积聚性法

面相对投影面处于特殊位置时,投影具有积聚性,该表面上所有点的投影都在面的积聚投影上。投影面的平行面和垂直面都是特殊位置面,求这些面上点的投影,可利用积聚性直接求,这种方法称为积聚性法。

【例 1】　在图 2-4-8 中,已知六棱柱表面上点 E、F、G 的正面投影 e'、f'、g',求此三点在另外两个视图上的投影,并判断可见性。

分析:

由图 2-4-8 可知,E 点在左前棱面上,其俯视图 e 点可利用积聚性直接作出,其左视图可利用点的投影规律作出,e''点在左视图上为可见点;F 点在正后棱面上,其俯视图 f 点和左视图 f''点均可利用积聚性直接作出。G 点在右后棱面上,其作图方法与 E 点相同,g''点不可见。

2　辅助线法

当物体表面为一般位置面时,其三面投影均没有积聚性,在这些面上取点应用辅助直线法。例如,在棱锥体表面上取点时,可利用直线上取点或平面上作辅助线的方法来作图。

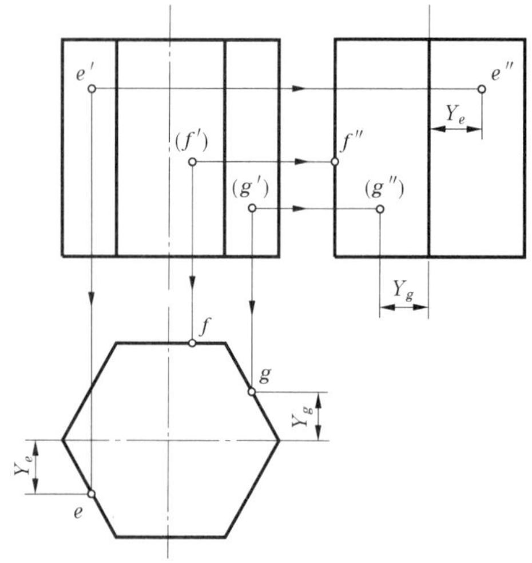

图 2-4-8　正六棱柱表面上点的投影

【例 2】　如图 2-4-9(a)所示,已知正三棱锥表面上 M 点的正面投影 m',求其余两面投影。

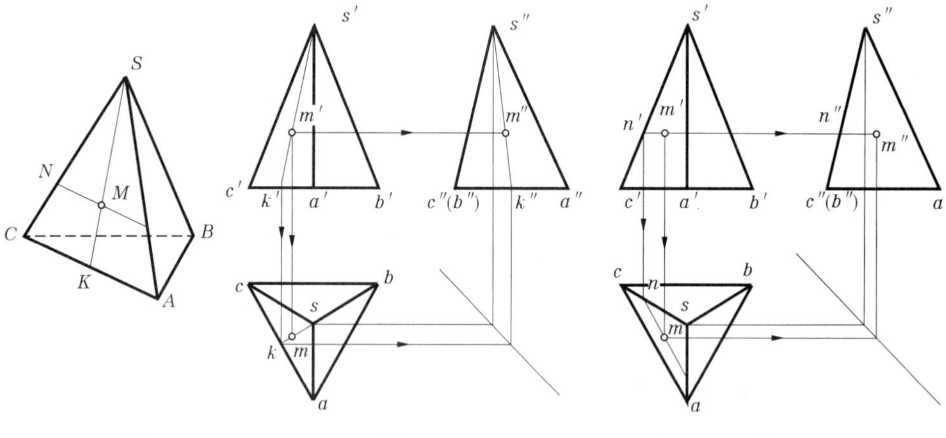

(a)　　(b)　　(c)

图 2-4-9　正三棱锥表面上点的投影

分析:

因为点所在的左侧棱面是一般位置平面,因此需用辅助线法求 M 点的其余投影。

方法 1:过锥顶 S 和 M 点作一辅助线 SK,求出 SK 的三个投影,然后根据属于直线的点的投影特性,可分别在 sk 和 $s''k''$ 上求出 m 和 m'',如图 2-4-9(b)所示。

方法 2:过 M 点作与底边 AC 平行的辅助线 MN,求出 MN 的三个投影,然后分别在 MN 的水平投影 mn 和侧面投影 $m''n''$ 上求出 m 和 m'',如图 2-4-9(c)所示。因为点所在的左侧棱面的三个投影均为可见,故 M 点的三个投影都为可见。

课堂练习

根据给出的三棱锥的两面投影(见图 2-4-10),作三棱锥的侧面投影,并作出表面上

的折线 *ABCD* 的正面投影和侧面投影。

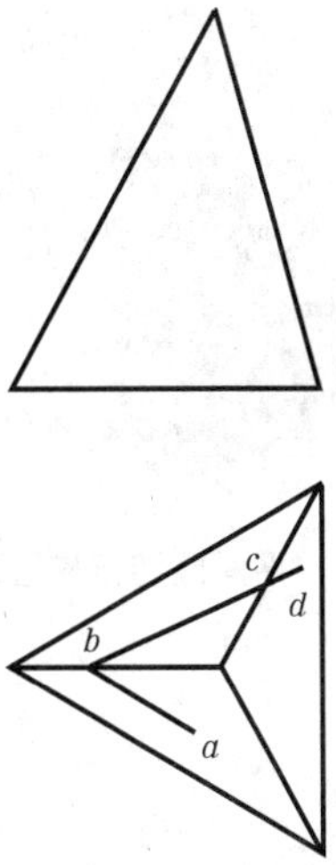

图 2-4-10

任务5 绘制平面体——正六棱柱截切后的三视图

任务导入

工程实际中，单独出现基本体的情况很少，常见到的某些物体的形状往往可以分析成立体被平面截切的结果，如图 2-5-1 所示。

图 2-5-1 平面截切平面体的立体图

本任务是在研究点、线、面以及基本体投影的基础上，通过绘制正五棱柱被一平面截切后所得立体的三视图，学习平面与立体相交的投影特性及作图方法，如图 2-5-2 所示。

相关知识

1 截交线的基本知识

用平面与立体相交，截去立体的一部分称为截切。与立体相交的平面称为截平面。截平面与被截立体表面产生的交线称为截交线。截切后的立体叫截断体。截平面与截交线如图 2-5-3 所示。

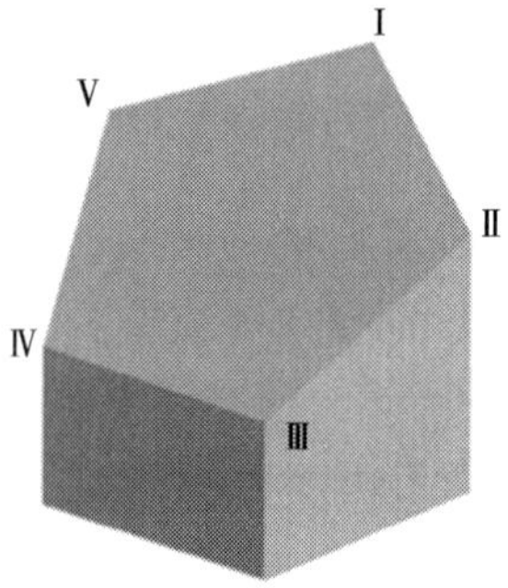

图 2-5-2　平面截切五棱柱立体图

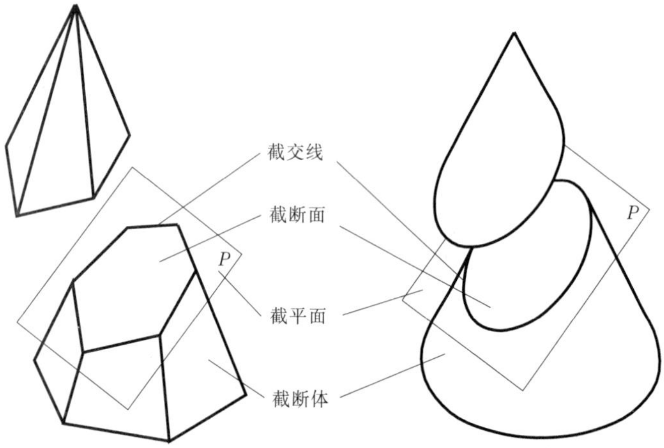

图 2-5-3　截平面与截交线

由于立体的表面形状及截平面与立体的相对位置不同,其截交线的形状也不同。任何截交线都具有下列两个基本性质:

(1)封闭性。平面立体的表面由若干平面图形组成,因此平面与平面立体相交时,其截交线必为封闭的平面图形。

(2)共有性。截交线是截平面与立体表面的共有线,截交线上点是两面共有点。求作立体表面的截交线,实质就是求出截平面与立体表面的一系列共有点的投影。

截交线可见性的判别原则是:当立体表面为可见时,该表面上的截交线为可见,否则为不可见。可见的截交线画成粗实线,不可见的截交线画成虚线。

2　平面体截交线的画法

求平面体被平面截切后的投影,关键是求截交线的投影。平面体的截交线是一个封闭的平面折线,求平面体截交线的投影,就是求平面体上被截棱线的截断点的投影,然后依次连接而成。

【例 1】　完成图 2-5-4(a)所示切割三棱锥的 H 面投影和 W 面投影。

分析:

三棱锥的上部被一个正垂面 P 切割。P 与三个棱面都相交,交线是一个封闭的三角

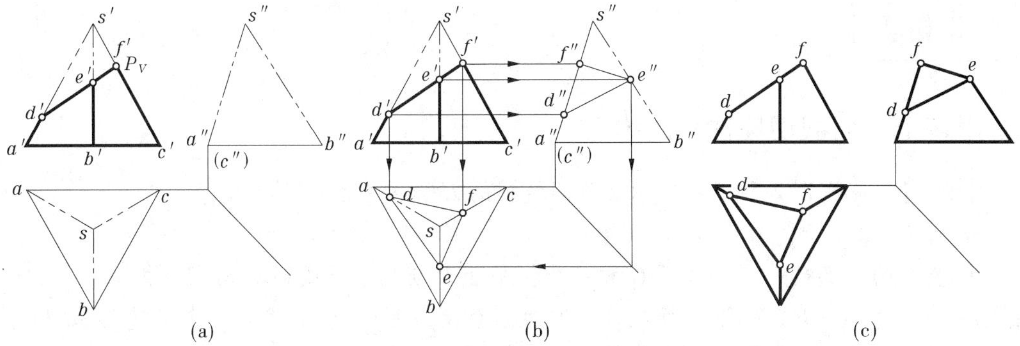

图 2-5-4　完成切割三棱锥的投影

形，三角形的顶点 *D*、*E*、*F* 是截平面 *P* 与三条棱线的交点，如图 2-5-4(a)所示。

作图：

(1)补画完整三棱锥的 *H* 面投影和 *W* 面投影，如图 2-5-4(a)所示。

(2)求交线的投影。交线 *DEF* 构成的截断面是正垂面，根据直线上点的投影特性，首先由 d'、e'、f' 求出 d''、e''、f'' 及 d、e、f，再将各棱面上两交点的同面投影依次相连，即得交线的三面投影，如图 2-5-4(b)所示。

(3)判断可见性。*SD*、*SE*、*SF* 被切割掉，擦去它的三面投影，加粗可见轮廓线的投影，不可见轮廓线用细虚线，完成切割体投影，如图 2-5-4(c)所示。

任务实施

正五棱柱被一正垂面截切后，截平面与各侧棱的交点分别为Ⅰ、Ⅱ、Ⅲ、Ⅳ、Ⅴ。其三视图绘制过程如图 2-5-5 所示。

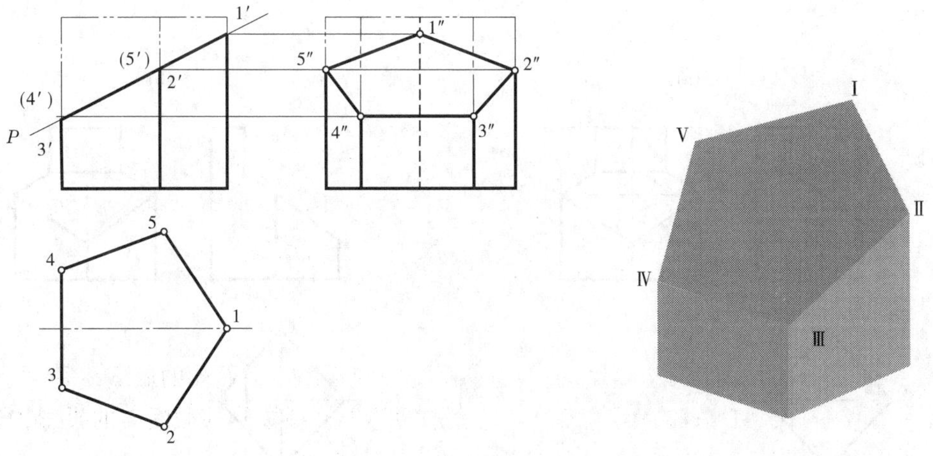

图 2-5-5　完成切割五棱柱的投影

知识拓展

1 用多个平面截切棱柱平面体

【例 2】 完成图 2-5-6(a)所示切割四棱柱的 H 面投影和 W 面投影。

分析：

四棱柱的上部被一个正垂面 Q 和一个侧平面 P 切割。正垂面 Q 与四个棱面相交，交线是一个五边形 $ABCDE$；侧平面 P 与右侧两棱面及顶面相交，交线是一个四边形 $AEFG$；两组交线的公共边 AE 是两个截平面的交线，如图 2-5-6(a)所示。

作图：

(1) 补画完整四棱柱的 H 面、W 面投影，如图 2-5-6(a)所示。

(2) 求平面 P 产生交线 $AEFG$ 的投影。交线 $AEFG$ 构成的截断面是侧平面。因此，交线的 V 面投影与 P_V 重合，H 面投影与 P_H 重合。由交线的 V 面投影 $g'f'$、$g'a'$、$f'e'$、$a'e'$ 和 H 面投影 gf、ga、fe、ae，求出交线的 W 面投影 $g''f''$、$g''a''$、$f''e''$、$a''e''$。W 面投影可见，如

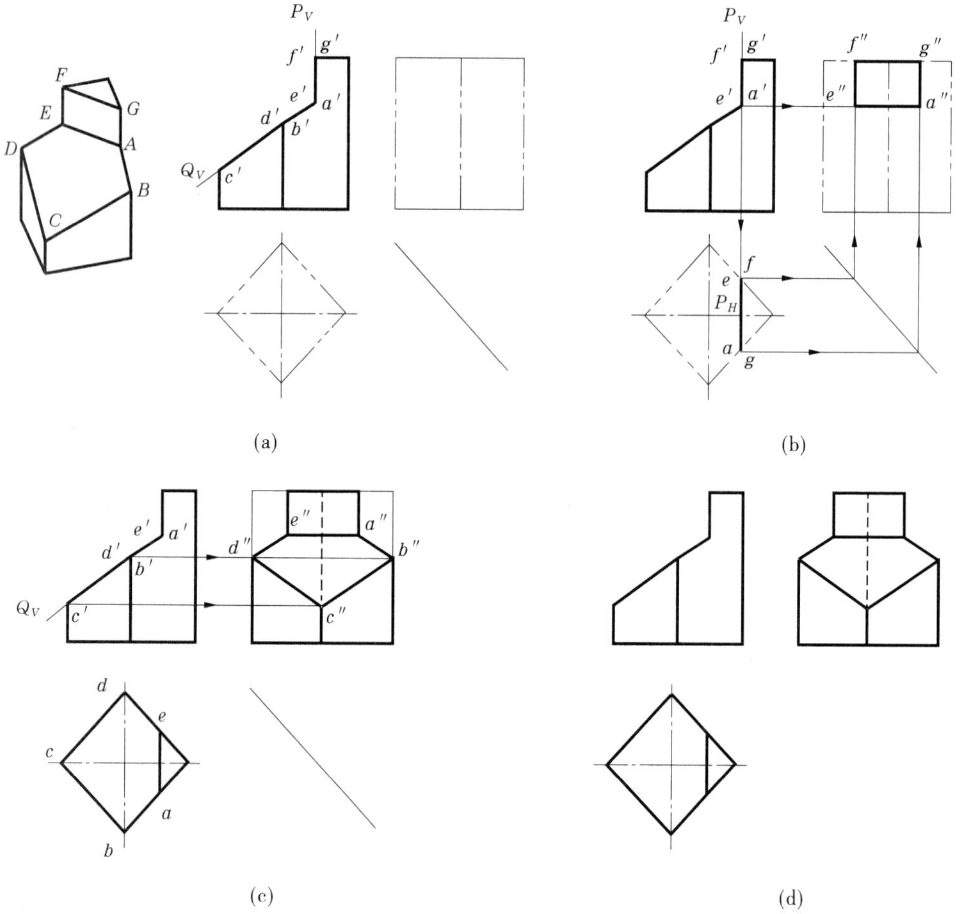

图 2-5-6 完成切割四棱柱的投影

图 2-5-6(b)所示。

(3)求平面 Q 产生交线 $ABCDE$ 的投影。交线 $ABCDE$ 构成的截断面是正垂面。因此,交线的 V 面投影与 Q_V 重合,交线的 H 面投影与四棱面的 H 面投影重合。由交线的 V 面投影 $a'b'$、$b'c'$、$c'd'$、$d'e'$和 H 面投影 ab、bc、cd、de,求出其 W 面投影 $a''b''$、$b''c''$、$c''d''$、$d''e''$。W 面投影可见,如图 2-5-6(c)所示。

(4)判断可见性。该四棱柱被切割后,左侧棱线及前后棱线的上部被切掉。因此,擦去相应部分的投影,加粗其余可见轮廓线的投影。在左视图中,右侧棱线的投影不可见,应用细虚线画出,左右两侧棱线投影的重合部分按粗实线画出,如图 2-5-6(d)所示。

2 用多个平面截切棱锥平面体

【例 3】 完成图 2-5-7(a)所示切割四棱柱的俯视图和左视图。

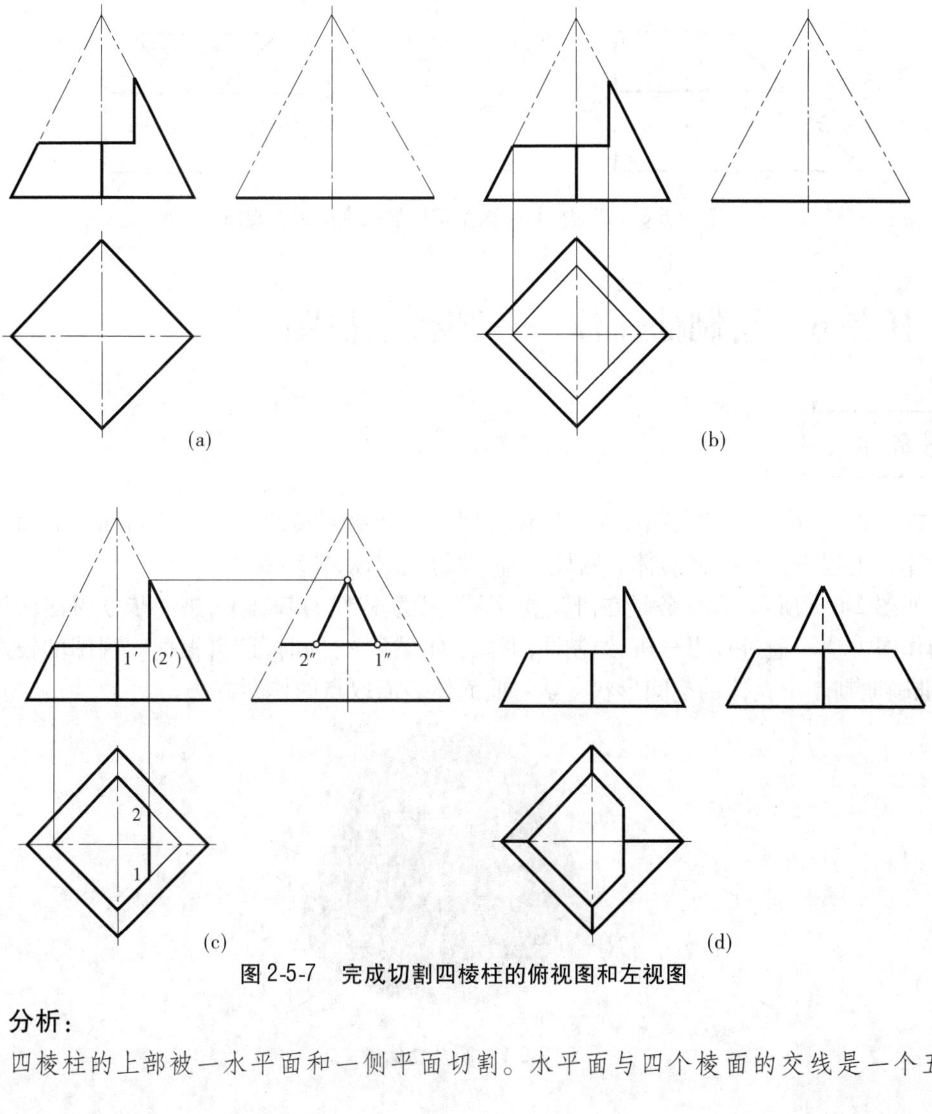

图 2-5-7 完成切割四棱柱的俯视图和左视图

分析:

四棱柱的上部被一水平面和一侧平面切割。水平面与四个棱面的交线是一个五边形;侧平面与右侧两棱面的交线是一个三角形;两组交线的公共边是两个截平面的交线,如图 2-5-7(a)所示。

作图:

(1)要逐个分析截平面和绘制截交线。当平面体只有局部被截切时,先假想为整体被截切,求出截交线后再取局部,如图 2-5-7(b)所示。

(2)完成截交线的投影。三面共点,1、2 两点分别同时位于三个面上,如图 2-5-7(c)所示。

(3)完成其余棱线的投影,并判断可见性,如图 2-5-7(d)所示。

课堂练习

完成图 2-5-8 所示八棱柱被平面截切后的俯视图。

图 2-5-8　八棱柱被平面截切后的主视图和左视图

任务 6　绘制曲面体——圆台三视图

任务导入

在工程上,最常见的曲面体是回转体。回转体是由回转曲面或平面与回转曲面围成的立体。工程中常见的回转体有圆柱、圆锥、圆台、圆球、圆环等。

如图 2-6-1 所示,本任务是在研究点、线、面投影特性的基础上,进一步学习曲面体投影的作图方法。通过投影分析,绘制曲面体三面投影图;同时,还可根据三视图的投影特征,准确地判断出立体的空间形状。学习曲面体表面取点的作图方法。

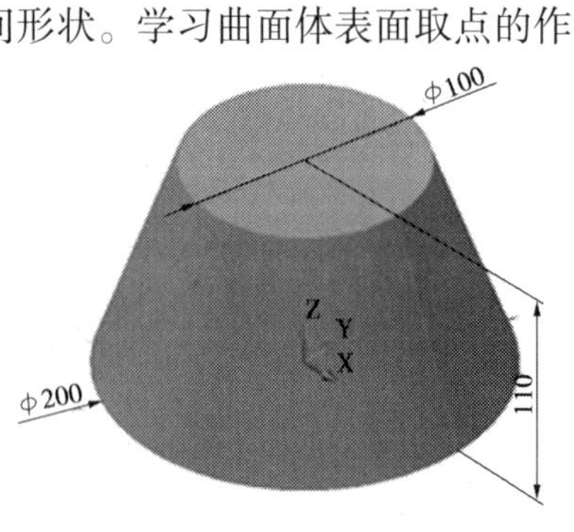

图 2-6-1　圆台立体图

相关知识

1　回转曲面的形成

回转体的回转面是由母线(动线)绕轴线(定线)回转一周而形成的。母线在回转时的任一位置称为素线;母线上任一点的运动轨迹都是圆,这个圆叫纬圆,纬圆平面垂直于回转轴线。

回转曲面的形状取决于母线的形状及母线与轴线的相对位置。常见的回转曲面有圆柱面、圆锥面、球面、圆环面等,其形成如图 2-6-2 所示。

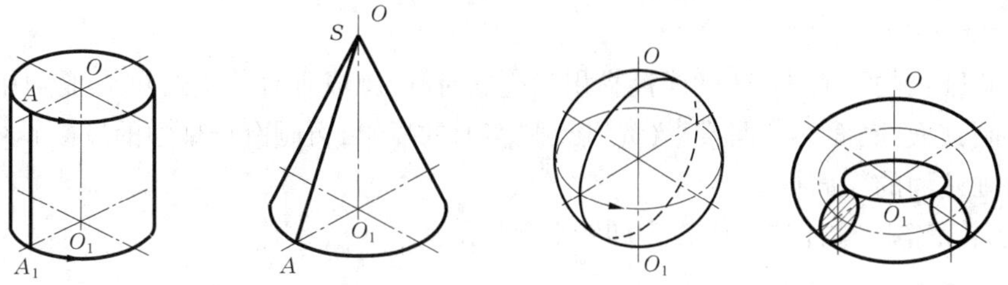

(a)圆柱面　(b)圆锥面　(c)球面　(d)圆环面

图 2-6-2　常见回转曲面的形成

2　曲面体三视图的画法

2.1　圆柱

2.1.1　圆柱表面的形成

圆柱是由圆柱面和上、下底面围成的。圆柱面是由一直线绕与它平行的轴线旋转而成的,圆柱面上的所有素线都与轴线相互平行;母线两端点旋转形成的上、下两个圆周称为上、下底圆,上、下底面均为圆形平面且垂直于轴线。画圆柱的三面投影时,应尽可能将圆柱面的轴线放置为投影面垂直线,其轴线为铅垂线,如图 2-6-3(a)所示。

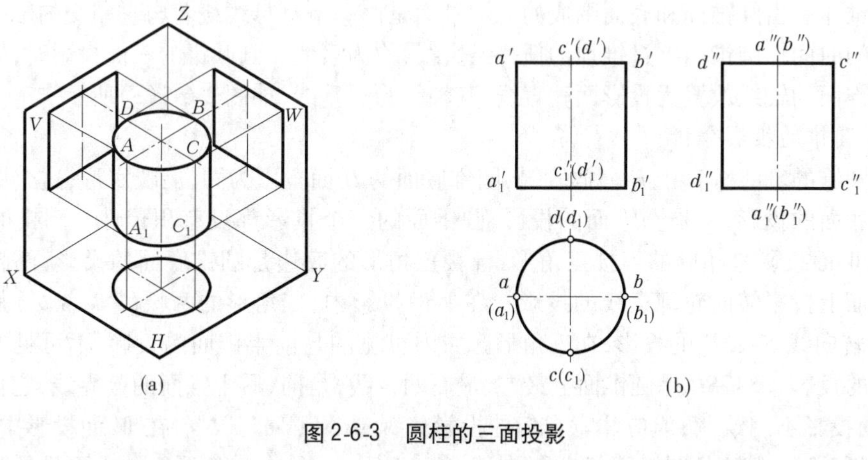

图 2-6-3　圆柱的三面投影

2.1.2　圆柱的投影分析

轴线为铅垂线的圆柱，其顶面、底面是水平面，圆柱面是铅垂面。此时，圆柱体的轴线为铅垂线，圆柱面上的所有素线均为铅垂线，因此圆柱面的俯视图积聚为一圆，反映底面的实形。主视图和左视图是大小相同的矩形，圆柱底面积聚为矩形的上、下两条边，在主视图和左视图中，圆柱体的轴线用点画线画出，对于圆柱面上的素线，只画出转向轮廓素线的投影，其他素线不画。主视图只画出最左、最右转向轮廓素线 AA_1、BB_1 的投影，左视图只画出最前、最后转向轮廓素线 CC_1、DD_1 投影。在主视图中转向轮廓素线 AA_1、BB_1 的投影把圆柱面分为前、后两个半圆柱面，前半圆柱面可见，后半圆柱面不可见；在左视图中转向轮廓素线 CC_1、DD_1 的投影把圆柱面分为左、右两个半圆柱面，左半圆柱面可见，右半圆柱面不可见。圆柱体的三视图如图 2-6-3(b) 所示。

2.1.3　圆柱的投影作图

(1)画轴线的三面投影(轴线投影积聚成点时，应画成垂直相交的两条细点画线)。

(2)画顶面、底面的三面投影(先画反映实形的投影，再画有积聚性的投影)。

(3)画柱面的三面投影。

常见不完整圆柱体的三面投影如图 2-6-4 所示。

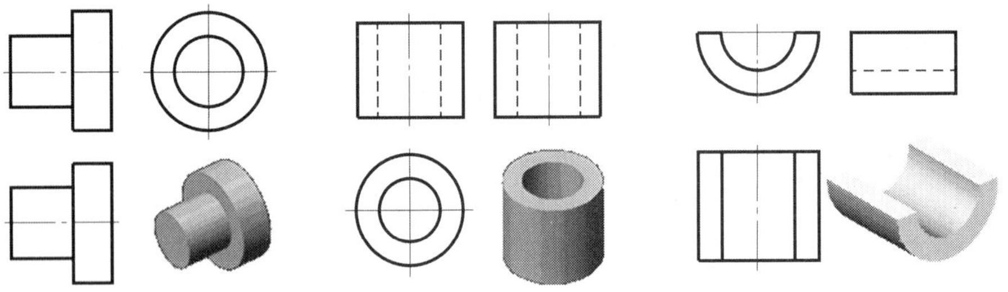

(a)　(b)　(c)

图 2-6-4　常见不完整圆柱的三面投影

2.2　圆锥

2.2.1　圆锥表面的形成

圆锥体是由圆锥面和底面围成的。圆锥面是由一条直母线绕着与它相交的轴线回转而形成的曲面。圆锥面上过锥顶的任一条直线，称为素线。画圆锥的三面投影时，应尽可能将圆锥面的轴线放置为投影面垂直线，其轴线为铅垂线，如图 2-6-5(a)所示。

2.2.2　圆锥的投影分析

当圆锥的轴线垂直于 H 面放置时，圆锥底面的 H 面投影为圆，反映实形，这个圆既是圆锥体底面的投影，又是圆锥面的投影，圆锥面的三个投影都没有积聚性。圆锥的 V 面投影和 W 面投影是相同的等腰三角形，等腰三角形的底边是圆锥底面的投影，两腰分别为圆锥面上投影转向轮廓素线的投影。在 V 面投影中，三角形的两腰($s'a'$、$s'b'$)是圆锥面 V 面转向线 SA、SB 的投影，在三角形区域内可见的是前半锥面的投影，不可见的是后半锥面的投影。SA、SB 是圆锥面上最左、最右两素线，是前、后半锥面的分界线，它们的 H 面、W 面投影不用绘制，但应注意它们的投影位置 sa、sb，$s''a''$、$s''b''$。在 W 面投影中，三角形的两腰($s''c''$、$s''d''$)是圆锥面 W 面转向线 SC、SD 的投影，在三角形区域内可见的是左半

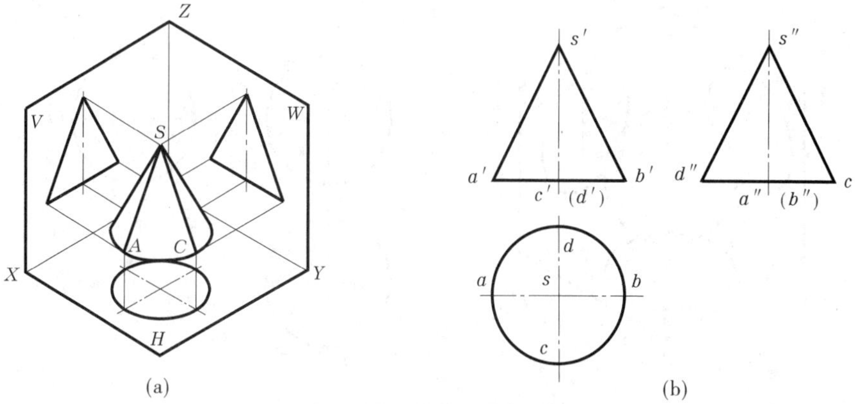

图 2-6-5 圆锥体的三面投影

锥面的投影,不可见的是右半锥面的投影。SC、SD 是圆锥面上最前、最后两素线,是左、右半锥面的分界线,它们的 H 面、V 面投影不用绘制,但应注意它们的投影位置 sc、sd、s′c′、s′d′,如图 2-6-5(b)所示。

2.2.3 圆锥的投影作图

(1)画轴线的三面投影。

(2)画底面的三面投影(先画反映实形的 H 面投影,再画有积聚性的 V 面、W 面投影)。

(3)画圆锥面的三面投影(画 SA、SB 的 V 面投影,画 SC、SD 的 W 面投影)。

常见不完整圆锥的三面投影如图 2-6-6 所示。

图 2-6-6 常见不完整圆锥的三面投影

2.3 圆球

2.3.1 圆球面的形成

圆球体是由球面所围成的立体。以半圆为母线,绕其直径所在轴线回转一周形成的面称为球面。圆球面有一个特点,即过球心的任一直线均可看作为圆球面的回转轴。圆球面三面投影均无积聚性,是三个全等的圆,圆的直径就是圆球的直径,如图 2-6-7(a)所示。

2.3.2 圆球的投影分析

如图 2-6-7(b)所示,圆球体在三个投影面的投影都是直径相同的圆,并且是圆球上平行于相应投影面的三个不同位置的最大轮廓圆。V 面投影的轮廓圆 M 是前、后两半球

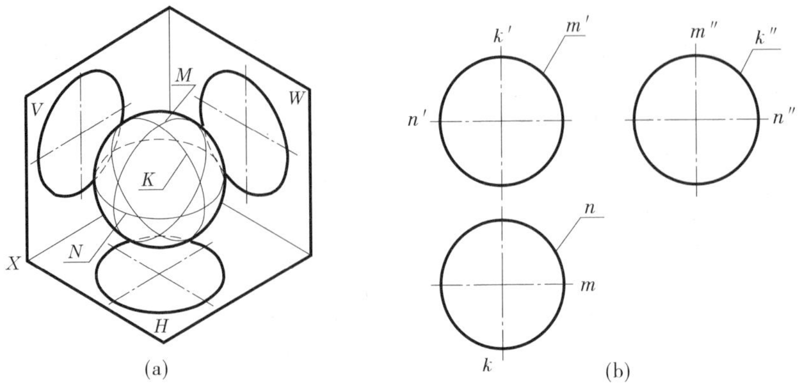

(a) (b)

图 2-6-7 圆球的三面投影

的可见与不可见的分界线；H 面投影的轮廓圆 N 是上、下两半球的可见与不可见的分界线；W 面投影的轮廓圆 K 是左、右两半球的可见与不可见的分界线。这三条轮廓素线圆的其他投影都与圆的相应中心线重合。M 的 H 面、W 面投影不用画，但应注意它们的投影位置 m、m''；K 的 H 面、V 面投影不用画，但应注意它们的投影位置 k、k'；N 的 V 面、W 面投影不用画，但应注意它们的投影位置 n'、n''。

2.3.3 圆球的投影作图

(1)用细点画线画出对称中心线，确定球心的三个投影位置。

(2)画出三个与球直径相等的圆。

常见不完整圆球的三面投影如图 2-6-8 所示。

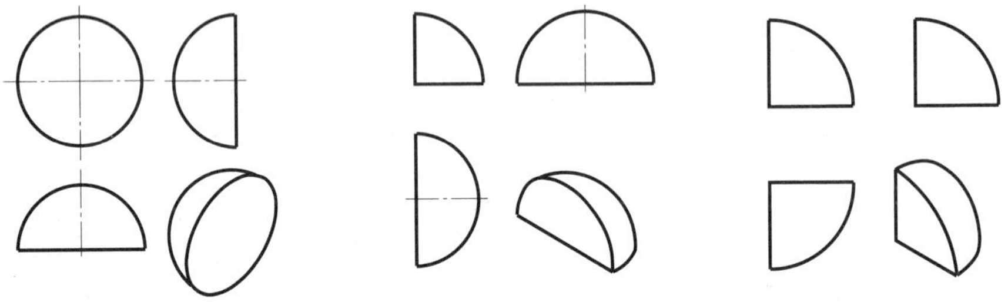

(a) (b) (c)

图 2-6-8 常见不完整圆球的三面投影

2.4 圆环

2.4.1 圆环表面的形成

圆环体的表面是圆环面。圆环面是由一母线圆，绕与该圆在同一平面内，并相距一定距离的轴线回转一周所形成的面。由母线的外半圆(远离轴线)回转形成的曲面称为外环面，母线的内半圆(靠近轴线)回转形成的曲面称为内环面，母线上每一点的运动轨迹都是圆，如图 2-6-9(a)所示。画圆环的三面投影时，应将圆环轴线放置为投影面垂直线。

2.4.2 圆环的投影分析

如图 2-6-9(b)所示，当圆环的轴线为铅垂线时，圆环的 H 面投影是三个同心圆。其中，细点画线圆是母线圆心轨迹的投影，另两个圆是上、下半环面分界线(即母线圆上最外点 A、最内点 B 形成的两纬圆)的投影，在这两个圆的区域内可见的是上半环面的投影，不可见的是下半环面的投影。如图2-6-9(c)所示,圆环面的V面投影是两个圆及与之相切的两条直线。这两个圆是前、后半环面的分界线(即平行于V面的两素线圆)的投影。这两条直线是内、外环面分界线(即母线圆上最高点C、最低点D形成的两纬圆)的投影。如图2-6-9(d)所示,圆环面的W面投影是V面投影的全等形,这两个圆是左、右半环面的分界线(即平行于W面的两素线圆)的投影。

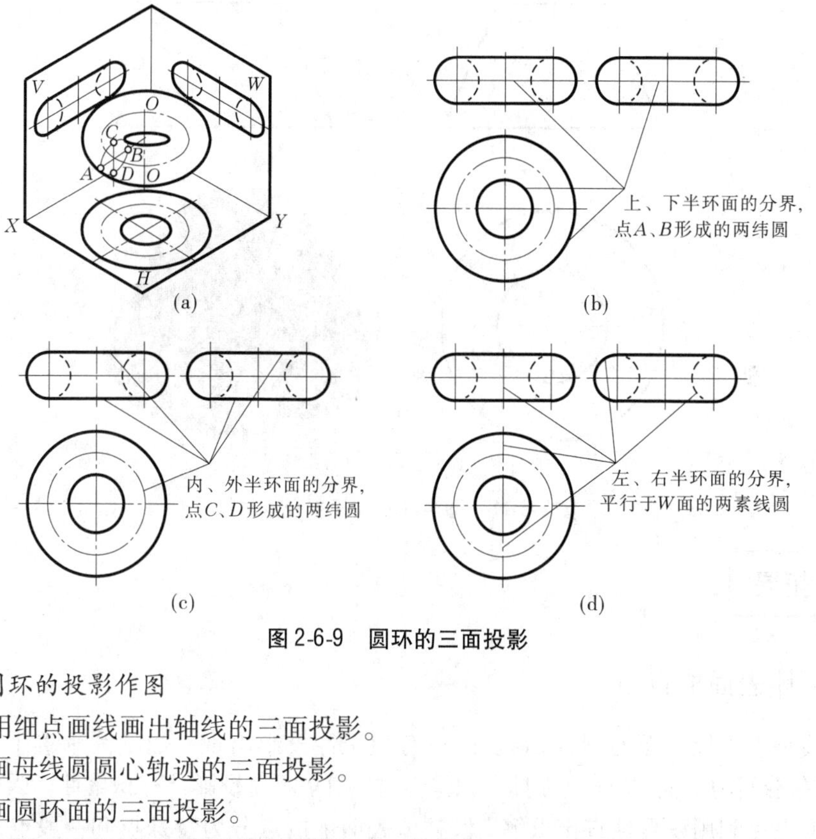

图2-6-9　圆环的三面投影

2.4.3　圆环的投影作图

(1)用细点画线画出轴线的三面投影。

(2)画母线圆圆心轨迹的三面投影。

(3)画圆环面的三面投影。

常见不完整圆环的三面投影如图2-6-10所示。

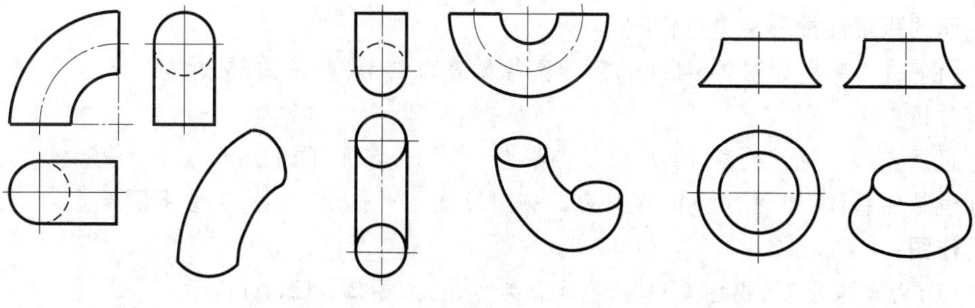

图2-6-10　常见不完整圆环的三面投影

任务实施

圆台的正面投影和侧面投影相同,均为等腰梯形,水平投影为同心圆,如图 2-6-11 所示。

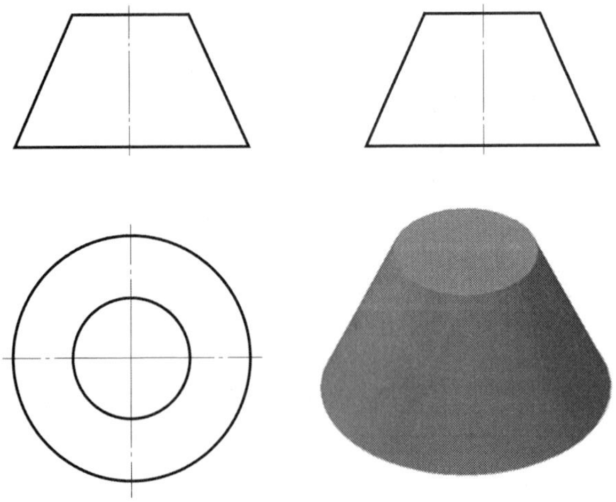

图 2-6-11　圆台的三面投影及立体图

知识拓展

1　圆柱体表面取点

轴线垂直于投影面的圆柱,其表面总有积聚性投影出现。如轴线垂直于 W 面的圆柱, 左、右端面的 V 面、H 面投影具有积聚性,柱面的 W 面投影具有积聚性。因此,在圆柱体表面取点可利用积聚性直接求解。圆柱体表面上的点分为特殊点和一般点,位于四条转向轮廓素线上的点是特殊点,这些点可利用直线的投影特性直接作出,一般点则需利用圆柱面的积聚性投影来进行作图。

【例 1】　完成如图 2-6-12(a)所示圆柱体表面点 M、点 K 的其余投影。

分析:

根据点的可见性判断,点 K 位于上半圆柱面上,点 M 位于圆柱最下边的素线上。圆柱轴线是侧垂线,圆柱面的 W 面投影具有积聚性。因此,k''、m''均应位于圆周上。

作图:

(1)由 k'求出 k'',再由 k'、k''求出 k,k 为可见,如图 2-6-12(b)所示。

(2)由(m)求出 m'及 m'',m'、m''都可见,如图 2-6-12(b)所示。

注意:当空间的点位于具有积聚性投影面上时,则点的投影必在具有积聚性的投影面上,其面投影可见,则面上的投影点可见,如本例中的 k''。

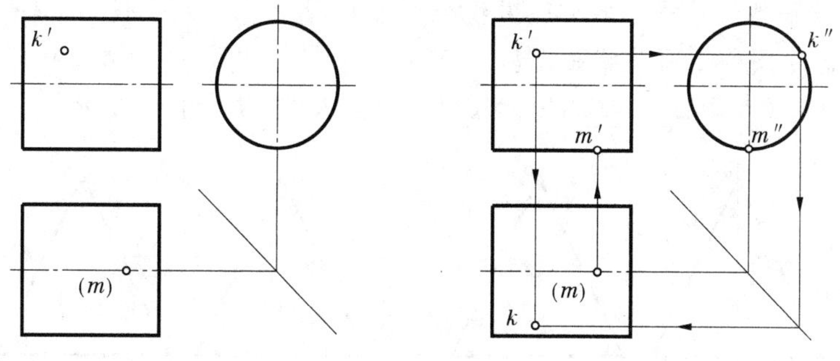

(a)　　　　(b)

图 2-6-12　圆柱体表面取点

2　圆锥体表面取点

圆锥体表面由圆锥面及底面构成，当圆锥轴线垂直于投影面时，底面的投影有积聚性，圆锥面三面投影均无积聚性。因此，在圆锥面上取点，除四条特殊素线外，需要先作辅助线，再在辅助线上取点，这与在平面内取点的作图方法类似，主要有辅助素线法和辅助纬圆法。

【例 2】　已知圆锥体表面上 A 点的水平投影 a，求其余两面投影，如图 2-6-13 所示。

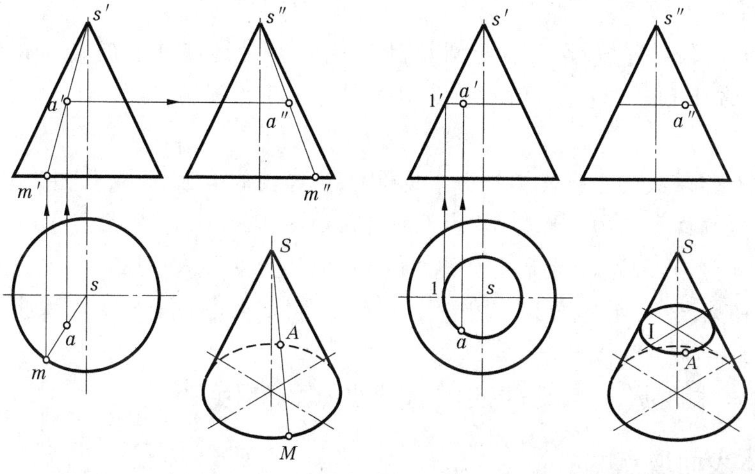

(a)辅助素线法　　　　(b)辅助纬圆法

图 2-6-13　圆锥体表面取点

分析：

根据点的可见性判断，点 A 位于前半圆锥面的一般位置素线上，不能直接求点的另两面投影。

作图：

(1)辅助素线法：过锥顶 S 和锥面上 A 点作直线 SA，作图时，连 sa 交圆锥底面圆周于点 m，求出 $s'm'$ 及 $s''m''$，根据点的从属性，即可求出 a' 和 a''。因 A 点在左前圆锥面上，而左前圆锥面的 H 和 W 面投影均是可见的，所以 m 和 m'' 也均可见，如图 2-6-13(a)所示。

(2)辅助纬圆法：过 A 点在圆锥面上作一垂直于圆锥轴线的圆，则点 A 的各个投影必在圆的同面投影上。作图时，以 s 为圆心，以 sa 为半径画圆，此即过点 A 的纬圆的水平投影；此圆与圆锥面的正面投影转向轮廓线交于点Ⅰ，由点Ⅰ的水平投影1定出其正面投影1′，即可作出此纬圆的正面及侧面投影，并可在其上定出 a' 及 a''，如图2-6-13(b)所示。

【例3】 完成如图2-6-14(a)所示圆锥面上点 K、点 M 的其余投影。

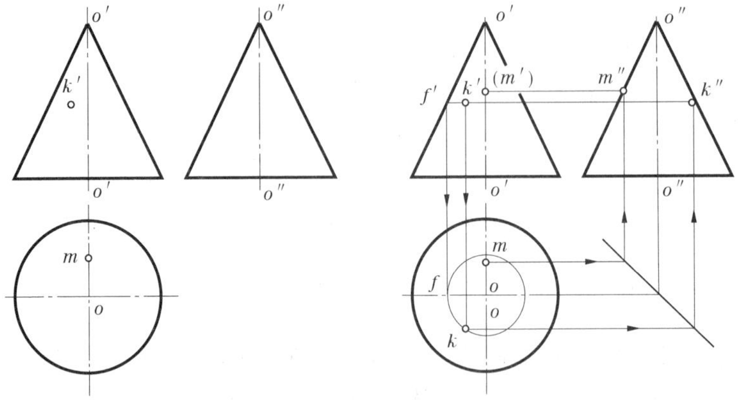

(a)　　(b)

图2-6-14　圆锥体表面取点

分析：

从 k'、m 的位置可知，点 K 位于圆锥面上，可采用辅助纬圆法确定点 K 的投影；点 M 位于圆锥面的 W 面转向线上，因此求点 M 的投影不用作辅助线。

作图：

(1) 过 k' 作轴线的垂线交圆锥面素线于 f'，得纬圆的 V 面投影，如图2-6-14(b)所示。

(2) 根据直线上点的投影特征，由 f' 求出 f，如图2-6-14(b)所示。

(3) 以 o 为圆心，以 of 为半径画圆，得纬圆的 H 面投影，如图2-6-14(b)所示。

(4) k' 可见，所以点 K 位于左、前半圆锥面上，由 k' 求出 k，再由 k、k' 求出 k''。k、k'' 均为可见，如图2-6-14(b)所示。

(5) 由 m 求出 m''，m'' 可见；再由 m、m'' 求出 m'，m' 不可见。

3　圆球体表面取点

由于圆球面的各个投影都没有积聚性，且球面上不能作出直线，因此要在圆球体表面上取点，一般需要采用辅助纬圆法，采用的纬圆可以是正平圆、水平圆或侧平圆。位于圆球体表面上三个投影转向轮廓圆上的点是特殊点，这些点可利用投影特性直接作出。

【例4】 完成如图2-6-15(a)所示圆球表面上点 N、点 K 的其余投影。

分析：

根据可见性判断，点 K 位于上、前、右半球面，点 N 位于圆球面 W 面转向线(左、右半球面分界线)上。确定 k、k'' 必须先作辅助纬圆。而 W 面转向线的三面投影位置确定，所以确定 n'、n'' 时不必作辅助线。

作图：

(1) 完成点 N 的投影。先由 n 求出 n''，再由 n'' 求出 n'，n' 不可见。如图2-6-15(b)所

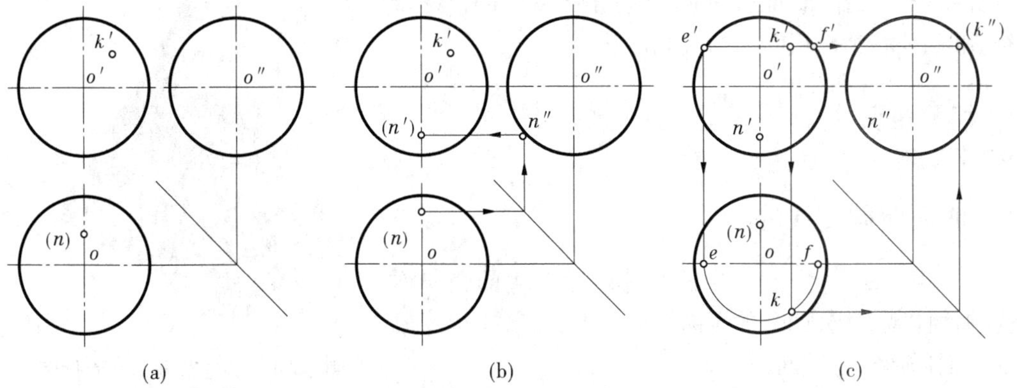

图 2-6-15　圆球体表面取点

示。

(2) 完成点 K 的投影。先过 k' 作水平纬圆的正面投影 $e'f'$，再以 o 为圆心，以 $e'f'$ 为直径画圆，得到该纬圆的水平投影 ef。点 K 在该纬圆上，水平投影 k 必在纬圆的水平投影 ef 上。由 k' 求出 k 及 k''。k 可见，k'' 不可见，如图 2-6-15(c) 所示。

课堂练习

已知圆柱面上 M 点和 N 点的正面投影，求水平投影和侧面投影，如图 2-6-16 所示。

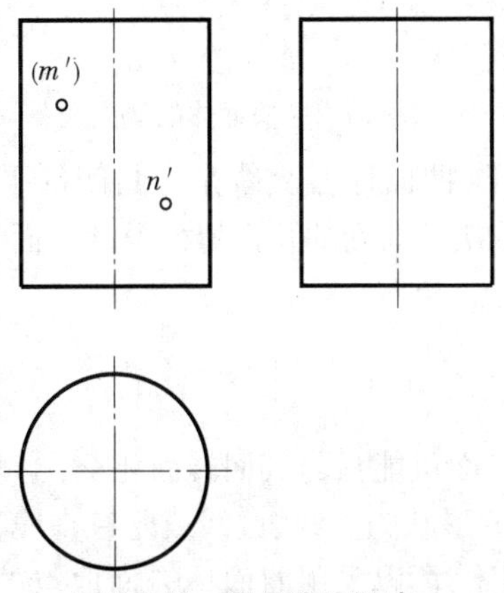

图 2-6-16　圆柱表面取点

任务 7　绘制曲面体——圆锥截断体的三视图

任务导入

图 2-7-1 所示为一正圆锥被一正平面截切后形成的曲面截断体，求作该立体三面投影的关键是先求出截交线的投影。

本任务是在研究曲面体的投影特性及曲面体表面取点的基础上，进一步学习曲面体截交线投影的作图方法;同时,还可根据视图的投影特征,准确地判断出截断体的空间形状。

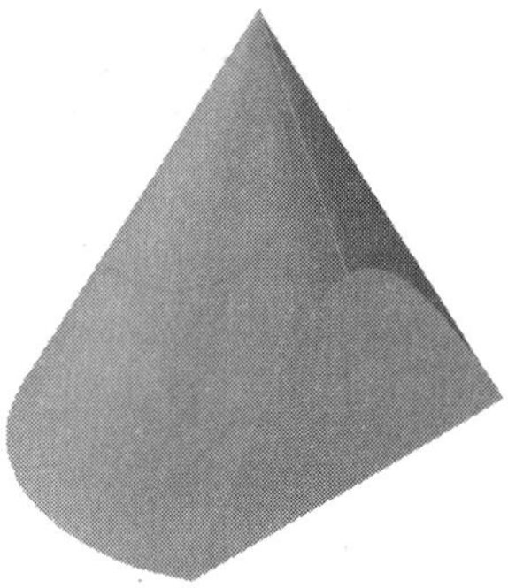

图 2-7-1 圆锥截断体的立体图

相关知识

1 曲面体截交线的性质

平面与曲面体相交,在曲面体表面产生的交线称为曲面体截交线,这个平面称为截平面,由截交线围成的平面图形称为截断面。

曲面体截交线具有以下两个性质:

(1)共有性。曲面体截交线是截平面与曲面体表面的共有线,截交线的每个点都是截平面与曲面体表面的共有点,如图 2-7-2(a)所示。

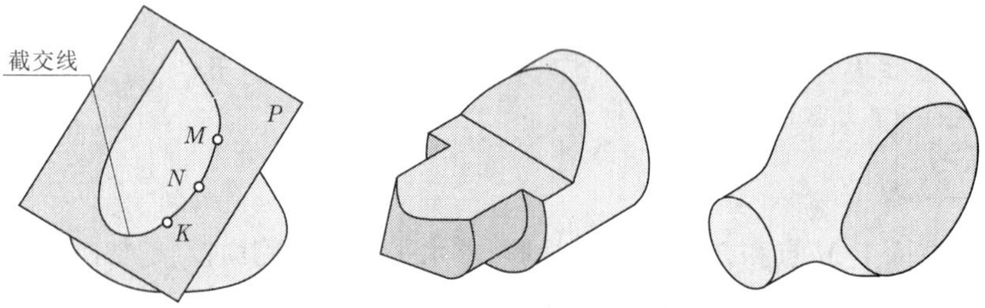

图 2-7-2 曲面体的截交线

(2)封闭性。一般情况下,曲面体截交线是一封闭的平面曲线或平面曲线和直线围成的封闭平面图形,其形状取决于曲面的几何特征及截平面与曲面的相对位置,如图 2-7-2(b)、(c)所示。

2 曲面体截交线的画法

平面与回转体相交时,平面可能只与其回转面相交,也可能既与其回转面相交又与其平面(端面)相交,故截交线的形状为直线、曲线或既有直线又有曲线。

根据截交线的定义和性质,可以采用曲面体表面取点的方法求截交线。当截交线为非圆曲线时,一般按下述步骤作出截交线的投影:

(1)作特殊点。即确定截交线的形状和范围的点,如极限位置(最上、最下、最前、最后、最左、最右)点,投影可见与不可见分界点。这些特殊点的投影多数在回转体的转向轮廓线上。

(2)作一般点。为较准确地画出截交线的投影,再作出若干一般位置点。

(3)将各点依次光滑连接成曲线,并判别可见性。

2.1 圆柱体的截交线

2.1.1 圆柱体截交线的形状

根据截平面与圆柱轴线的相对位置不同,圆柱体截交线的空间形状有三种,见表 2-7-1。

表2-7-1　圆柱体截交线的形状

截平面位置	截平面与轴线平行	截平面与轴线垂直	截平面与轴线倾斜
截交线形状	矩形	圆	椭圆
直观图	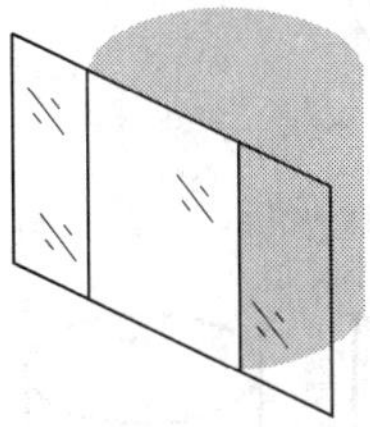		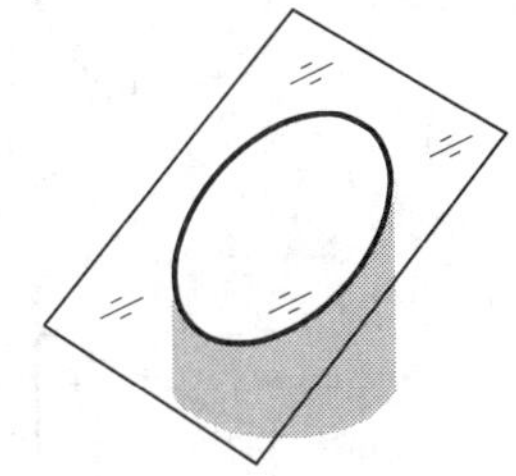
正投影图	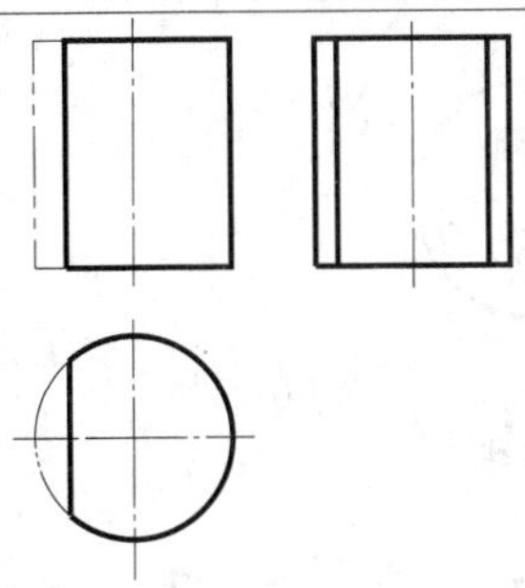	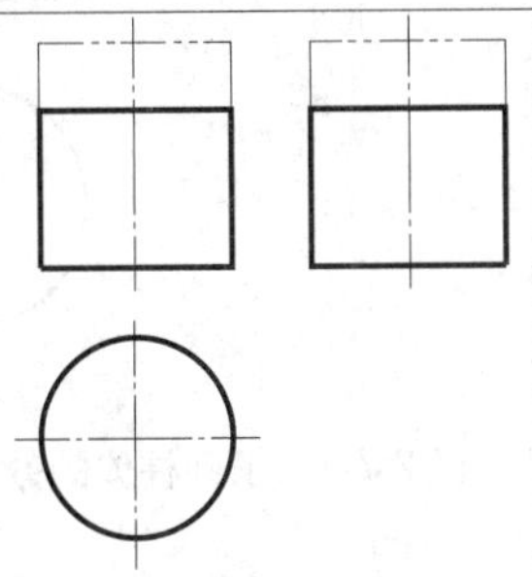	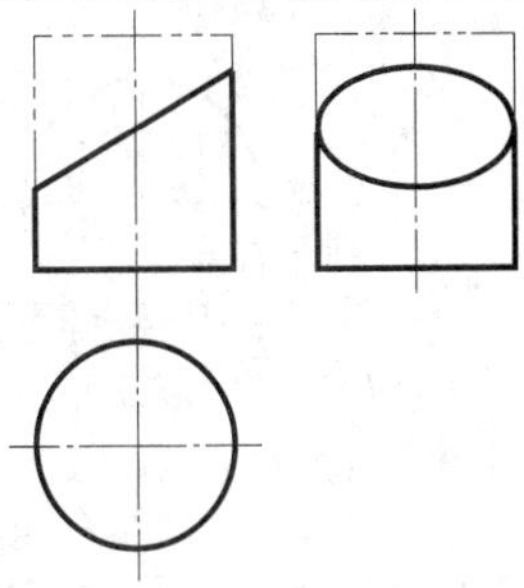

2.1.2　圆柱体截交线的画法

【例1】　完成如图2-7-3(a)所示斜切圆柱体的截交线，完成三视图。

分析：

该圆柱被正垂面 P 截切去上部，由于截平面 P 与圆柱轴线倾斜，所以截交线为一椭圆。该椭圆的 V 投影与 P_V 重合；H 面投影与圆柱面投影积聚的圆周重合；W 面投影仍为椭圆。

作图：

(1) 画完整圆柱的 W 面投影，如图2-7-3(a)所示。

(2) 画交线椭圆的投影。先求特殊点 A、B、C、D，它们分别是圆柱面 V 面及 W 面转向线与截平面 P 的交点，由 a'、b'、c'、d' 求出 a、b、c、d 及 a''、b''、c''、d''，如图2-7-3(b)所示。然后，在圆周上取适当的一般点Ⅰ、Ⅱ、Ⅲ、Ⅳ，由 $1'$、$2'$、$3'$、$4'$ 求出1、2、3、4及 $1''$、$2''$、$3''$、$4''$，如图2-7-3(c)所示。

(3) 判断可见性，并光滑连接交线各点的同面投影点完成作图，如图2-7-3(d)所示。

应注意，当截平面与圆柱轴线斜交的夹角发生变化时，其侧面投影上椭圆的形状也随之变化，如图2-7-4所示。当夹角为45°时，截交线的侧面投影为圆，如图2-7-4(b)所示。

【例2】　完成如图2-7-5(a)所示切割圆柱体的 W 面投影。

分析：该圆柱上部被两个左、右对称的侧平面 P_1、P_2 和一个水平面 Q 切去一通槽。

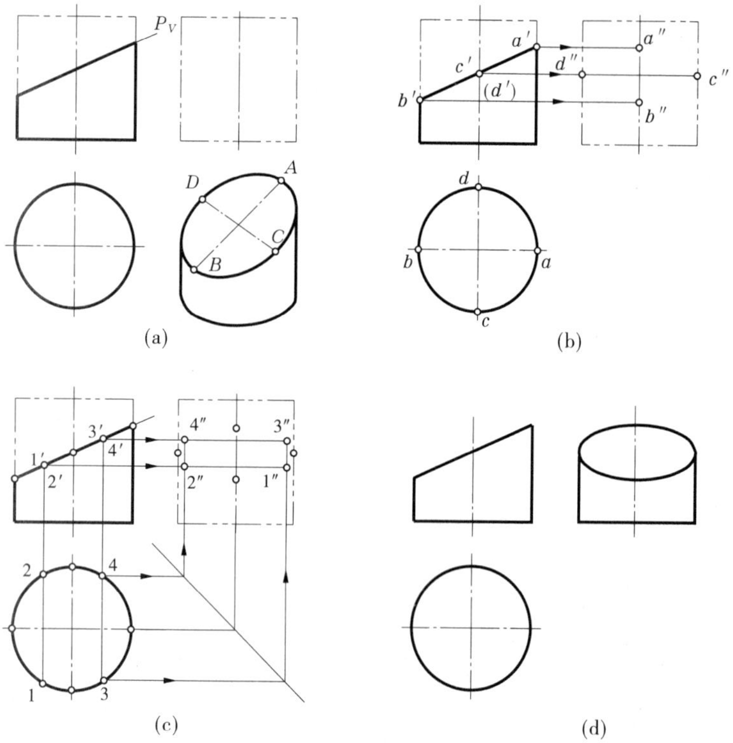

图 2-7-3　求圆柱体的截交线

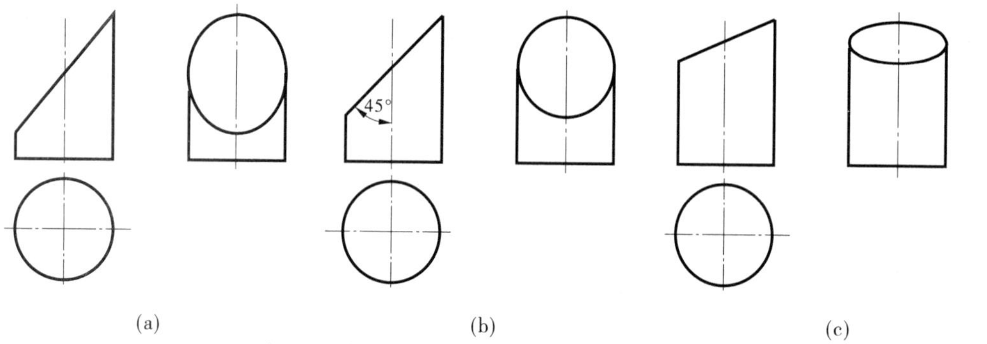

图 2-7-4　截平面倾斜角度对截交线投影的影响

作图：

(1) 画完整圆柱的 W 面投影，如图 2-7-5(a) 所示。

(2) 画三个截平面切割产生交线的投影。求平面 Q 产生交线的投影：交线由两段圆弧与两段直线构成。两段圆弧是平面 Q 与圆柱面的交线，两段直线是平面 Q 与截平面 P_1、P_2 的交线。交线的 H 面投影反映截断面实形，如图 2-7-5(b) 所示。由于平面 P_1、P_2 左右对称，因此 P_1、P_2 产生交线的 W 面投影完全重合。求平面 P_1 产生交线的投影：交线是一矩形 $ABEF$。AB、FE 边是平面 P_1 与圆柱面的交线，AF 边是平面 P_1 与圆柱顶面的交线；BE 边是平面 P_1 与截平面 Q 的交线。矩形的 V 面投影与 P_{1V} 重合，H 面投影与 P_{1H} 重合，W 面投影反映截断面实形，由 a'、b'、e'、f' 及 a、b、e、f 求得，如图 2-7-5(c) 所示。

(3) 判断可见性，整理加深，如图 2-7-5(c) 所示。

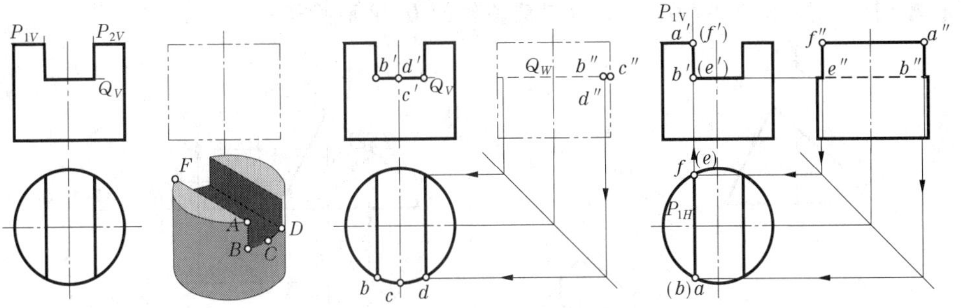

(a)　(b)　(c)

图 2-7-5　求圆柱体的截交线

2.2　圆锥体的截交线

2.2.1　圆锥体截交线的形状

假设截平面与圆锥轴线的夹角为 θ，半锥角为 α，根据截平面与圆锥轴线的相对位置不同，圆锥体截交线的空间形状有五种情形，见表 2-7-2。

表 2-7-2　圆锥体截交线的形状

截平面位置	过锥顶 $\theta<\alpha$	与轴线垂直 $\theta=90°$	与全部素线相交 $\theta>\alpha$	与一条素线平行 $\theta=\alpha$	与轴线平行 $\theta=0°$
截平面形状	等腰三角形	圆	椭圆	由抛物线与直线组成	由双曲线与直线组成
直观图	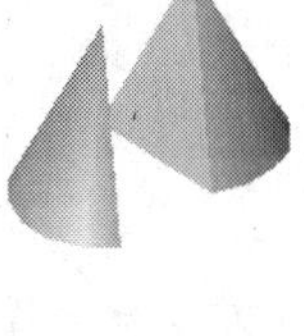	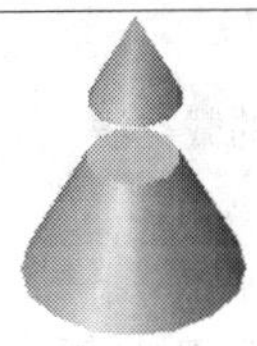		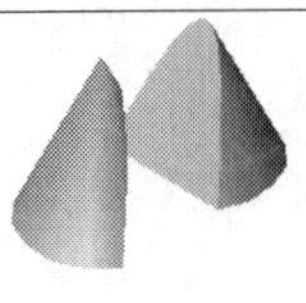	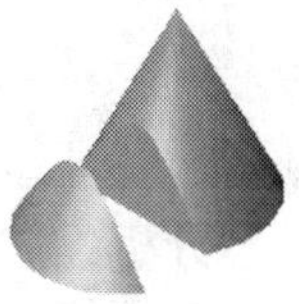
正投影图	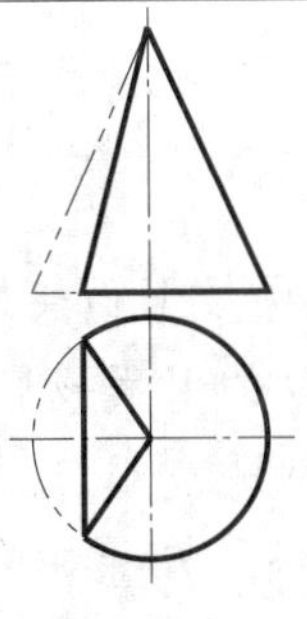	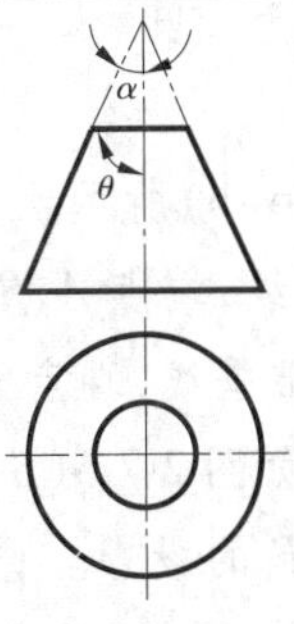	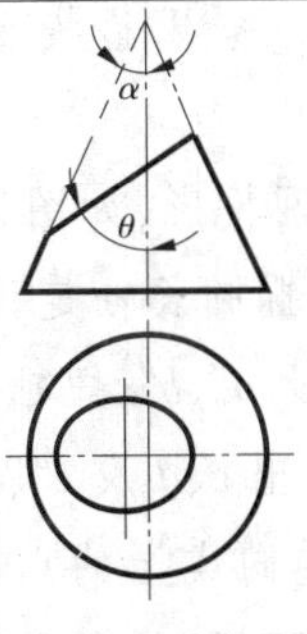	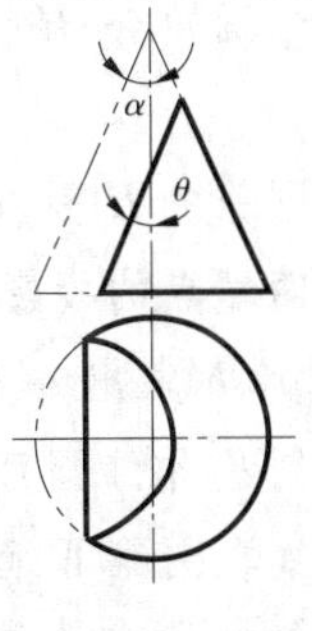	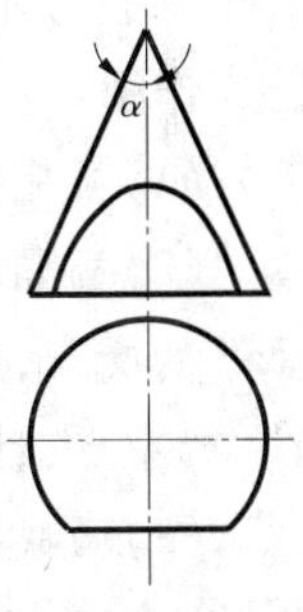

2.2.2　圆锥体截交线的画法

当截交线为直线和圆时，其投影可以直接画出。但当截交线为椭圆、抛物线、双曲线时，需先求出若干个共有点的投影，由于圆锥面的三个投影都没有积聚性，求共有点的投影一般采用圆锥表面取点的方法，即辅助素线法和辅助纬圆法。

【例 3】 完成如图 2-7-6(a)所示切割圆锥的 H、W 面投影。

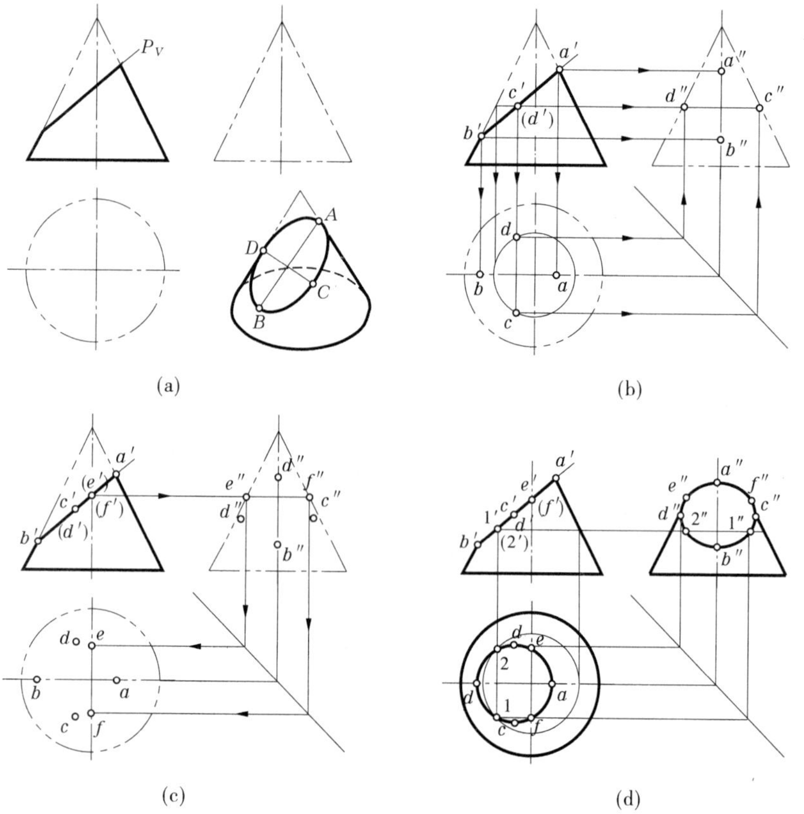

图 2-7-6 求圆锥体的截交线

分析：

该圆锥被截平面 P（正垂面）切去头部，截平面 P 与圆锥面的交线为一椭圆，该椭圆的 V 面投影与 P_V 面重合；H 面投影、W 面投影仍为椭圆。

作图：

(1) 画完整圆锥的 H 面、W 面投影，如图 2-7-6(b)所示。

(2) 画椭圆四端点的投影。椭圆长轴是正平线，端点 A、B 是圆锥 V 面转向线与截平面 P 的交点，由 a'、b' 求出 a、b 及 a''、b''；短轴为正垂线，端点 C、D 的 V 面投影 c'、d' 位于 $a'b'$ 的中点，过 c'、d' 作纬圆可求出 c、d 及 c''、d''，如图 2-7-6(b)所示。

(3) 画截交线在圆锥 W 面转向线上的点 E、F 的投影。先由 e'、f' 求出 e''、f''，再由 e'、f' 及 e''、f'' 求出 e、f，如图 2-7-6(c)所示。

(4) 画一般点。在上述各特殊点之间用纬圆取若干个一般点，如图 2-7-6(d)所示的点Ⅰ、Ⅱ。判断可见性，依次光滑连接交线各点的同面投影点。

(5) 判断可见性，整理、加深，如图 2-7-6(d)所示。

任务实施

圆锥切割体的三面投影图的求解过程如图 2-7-7 所示。首先,取 A、B、E 三个特殊位置点,其三面投影可以直接求出;然后,取 C、D 两个一般位置点,利用辅助纬圆法求其三面投影,如图 2-7-7(a)所示。最后将 a'、c'、e'、d'、b'各点顺次光滑连接起来,整理后,如图 2-7-7(b)所示。

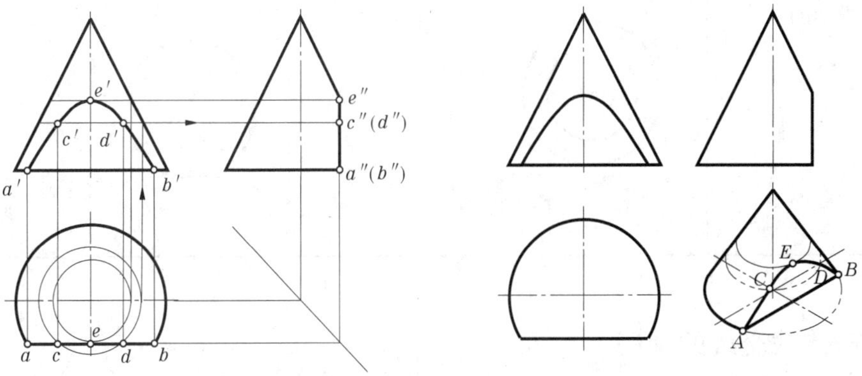

(a)圆锥截交线上取点　　(b)光滑连接并整理

图 2-7-7　圆锥截交线的绘制

知识拓展

1　圆球体的截交线的形状

平面与圆球相交,不论截平面与圆球的相对位置如何,其截交线的空间形状总是圆。当截平面通过球心时,截交线圆的直径最大,即等于球的直径。截平面离球心越远,截交线圆的直径越小。由于截平面相对投影面位置的不同,截交线圆的投影也不相同,当截平面与投影面垂直、平行和倾斜时,截交线的投影分别为直线段、圆和椭圆,见表 2-7-3。

表 2-7-3　圆球体的截交线形状

截平面位置	投影面平行面	投影面垂直面
截交线形状	圆	圆
直观图	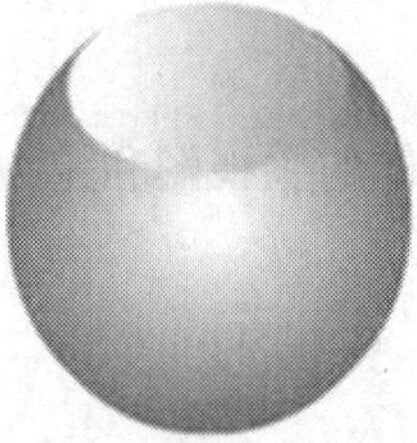	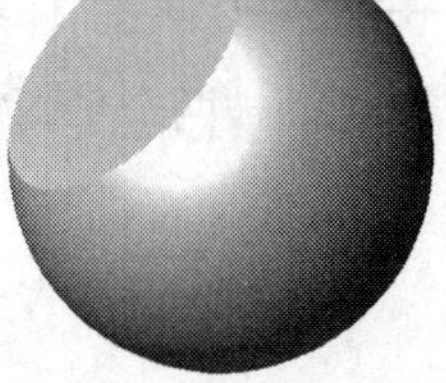

续表 2-7-3

截平面位置	投影面平行面	投影面垂直面
投影图	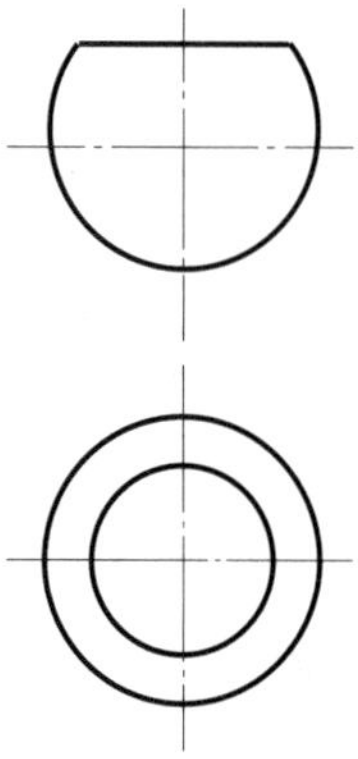	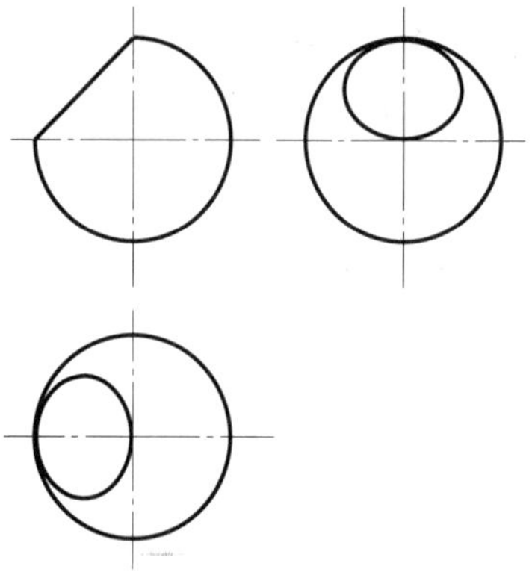

2 圆球体截交线的画法

【例 4】 已知带切槽半圆球的正面投影,如图 2-7-8(a)所示,补全水平投影和侧面投影。

分析:

如图 2-7-8(a)所示,半圆球被两个侧平面和一个水平面所截切,截交线均为圆弧的一部分,其正面投影与截平面的正面投影重合。两个侧平面截切半圆球所得截交线的侧面投影,均为一段反映实形的圆弧并且重合,其水平投影与截平面的水平投影重合。水平截平面的侧面投影,积聚为一直线并且中间一段不可见,截交线水平投影为两段同心的圆弧。

作图:

(1)画两侧平面截切半圆球的截交线的投影,如图 2-7-8(b)所示。

(2)画水平面截切半圆球的截交线的投影,如图 2-7-8(c)所示。

(3)擦去切掉的部分和多余图线,加深,完成作图,如图 2-7-8(d)所示。

课堂练习

已知圆筒被两个平面截切后形成的立体的主视图和俯视图,完成其左视图,如图 2-7-9 所示。

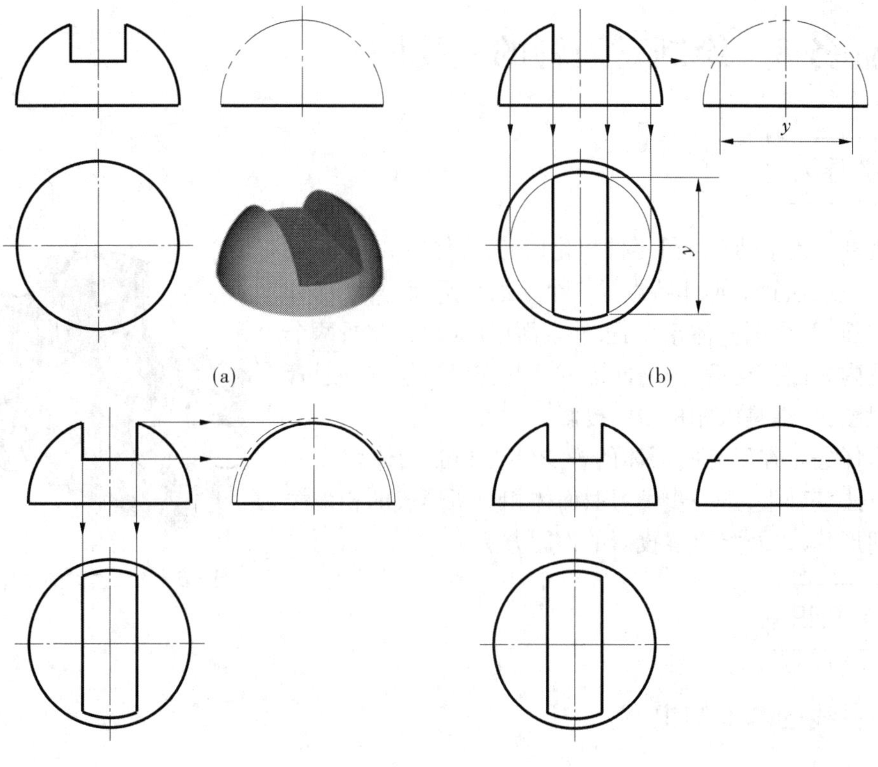

图 2-7-8 求圆球体切槽的截交线

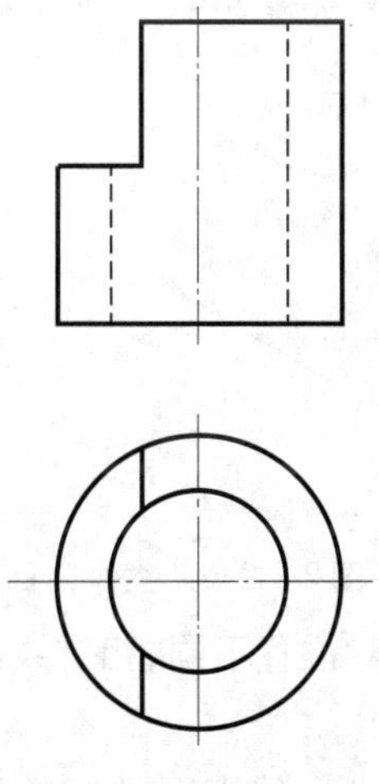

图 2-7-9 圆筒截断体的投影

任务8　绘制三通管的三视图

任务导入

机械工程中的三通管零件简化后,其立体图如图2-8-1所示。该三通管的形体特点是三个端面为平面,其余部分为圆柱面;两个圆柱体相交后,外表面形成公共交线;两个圆柱孔内表面相交后,内表面形成公共交线。绘制三通管的三视图,关键是求相贯线的投影。

本任务是在研究曲面体的投影特性和曲面体表面取点的方法基础上,进一步学习曲面体相交所形成的相贯线的空间形状,以及相贯线投影的作图方法。

图2-8-1　三通管的立体图

相关知识

1　相贯线的基本知识

立体相交又称立体相贯，其表面的交线称为相贯线。立体的相贯概括起来主要有平面体与平面体相交、平面体与曲面体相交、曲面体与曲面体相交三类,如图2-8-2所示。平面立体相交可归结为求两平面的交线问题,或求棱线与平面的交点问题;平面与曲面立体相交可归结为求平面与曲面立体截交线问题。下面主要讨论曲面立体的相贯线问题。

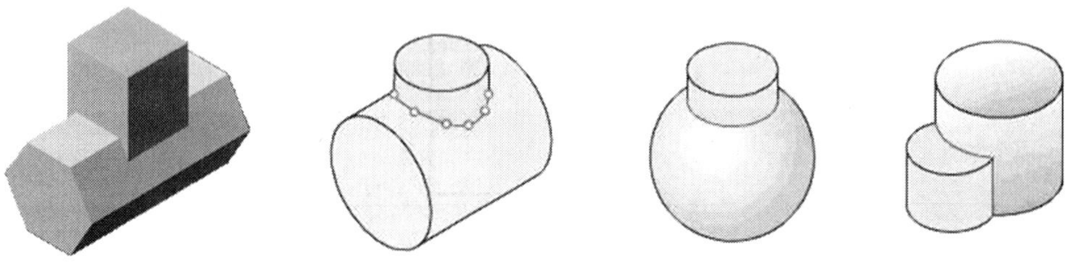

(a)　(b)　(c)　(d)

图2-8-2　两立体相贯

由于各立体的形状、大小和相对位置不同,相贯线的形状也不相同。但任何相贯线都具有下列三个基本性质:

(1)表面性。相贯线位于相贯两立体表面,如2-8-2所示。

(2)共有性。相贯线是相贯两立体表面的共有线,也是相贯两立体表面的分界线,它由相贯两立体表面的一系列共有点组成,如图2-8-2(b)所示。

(3)封闭性。因为立体是由一些表面所围成的封闭空间,因此在一般情况下,相贯线是封闭的空间曲线,特殊情况下可不封闭或为平面曲线或直线,如图2-8-2(c)、图2-8-2

(d)所示。

2 两曲面体相贯线的画法

由于相贯线是相交两立体表面的共有线,求相贯线的投影实质上就是求相贯两立体表面一系列共有点的投影。常用的方法有表面取点法和辅助平面法。首先求出相贯线上一系列的共有点,然后用光滑曲线将各共有点顺次相连,并根据其可见性画成粗实线或虚线。求相贯线上的点时,一般应先求出特殊点(如最高、最低点,最左、最右点,最前、最后点,回转体投影转向轮廓线上终止点,可见与不可见分界点等),再求出若干中间点。

2.1 表面取点法

因为相贯线是相交两立体表面的共有线,所以当相交两立体中一个表面的投影有积聚性时,相贯线的这个投影已知,相贯线的其余投影,可利用曲面立体表面取点的方法求出。

【例1】 完成如图2-8-3(a)所示两圆柱正交相贯线的投影。

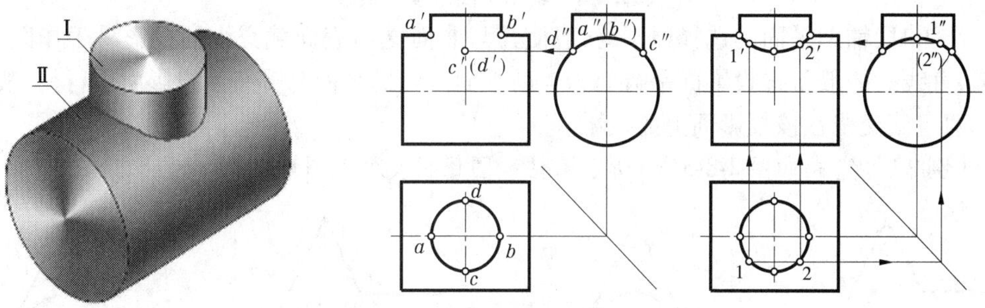

(a) (b) (c)

图2-8-3 两圆柱正交相贯线的投影

分析:

将相贯线看成圆柱面Ⅰ上的线,则相贯线的 H 面投影与圆柱面Ⅰ的 H 面投影积聚的圆周重合;将相贯线看成圆柱面Ⅱ上的线,则相贯线的 W 面投影与圆柱面Ⅱ的 W 面投影积聚的圆上的一段弧重合。这里只需求相贯线的 V 面投影。

作图:

(1)求特殊点。求圆柱面Ⅰ的 V 面转向线上的点 A、B,W 面转向线上的点 C、D 的投影。其中,应先求出 c''、d'',再求出 c'、d',如图2-8-3(a)所示。

(2)求一般点。在相贯线的 H 面投影上任取对称的1、2两点,先求出1″、2″,再求出1′、2′,同理可取一系列的一般点,如图2-8-3(c)所示。

(3)判断可见性,整理。依次光滑连接各点的 V 面投影,判断点的可见性,加粗可见轮廓线的投影,即得相贯线的 V 面投影,如图2-8-3(c)所示。

2.2 辅助平面法

辅助平面法是求相贯线的基本方法,它是利用三面共点原理求出共有点的。如图2-8-4所示,作一个辅助平面同时与相贯的两回转体相交,作出辅助平面与两回转体的截交线,这两条截交线的交点必为两立体表面的共有点,即为相贯线上的点。作一系列辅助平面,即可得相贯线上的若干点,依次连接各点,即可得到相贯线。通常选用投影面平行面作为辅助平面。

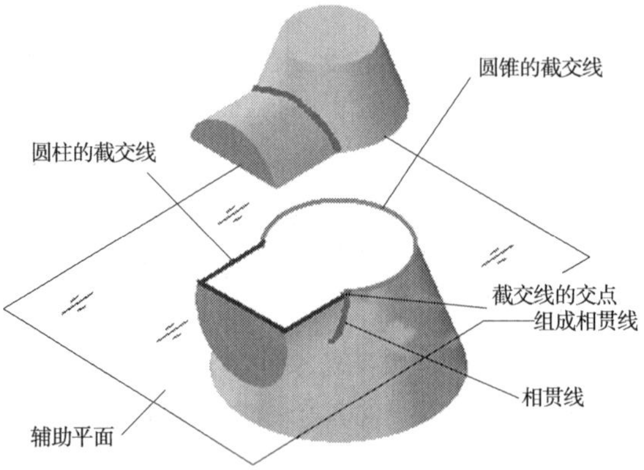

图 2-8-4 辅助平面法求相贯线

作图时,辅助平面的选择原则为:应使其与曲面立体表面截交线的投影易于作图,例如圆、直线。一般常选投影面平行面为辅助平面。辅助平面与哪一个投影面平行,一般就先求两组截交线在该投影面上的投影。

【例 2】 完成如图 2-8-5(a)所示圆柱和圆锥正交的相贯线投影。

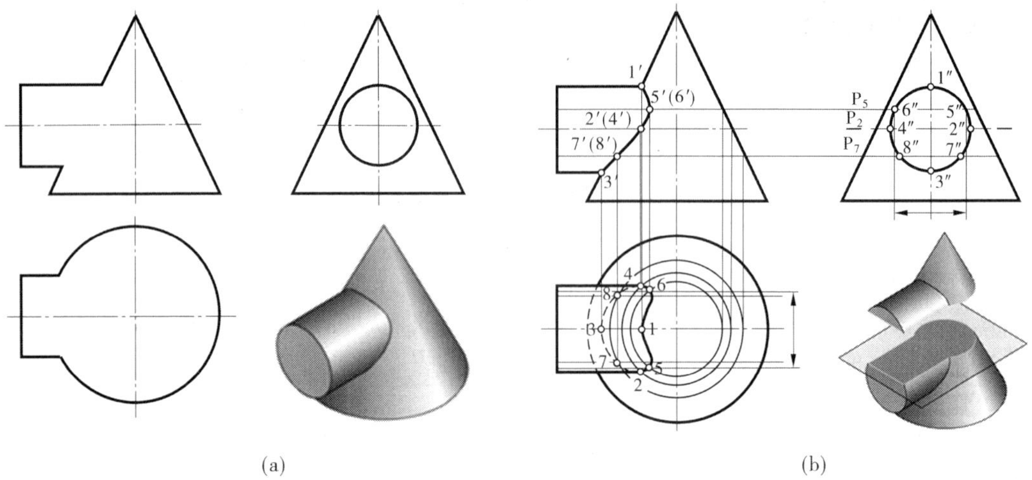

图 2-8-5 采用辅助平面法求圆柱与圆锥正交的相贯线

分析:

圆柱轴线为侧垂线,圆锥的轴线为铅垂线,选用水平面作为辅助平面,它与圆柱面的截交线是与轴线平行的两直线,与圆锥面的截交线为圆;两直线与圆的交点即为相贯线上的点。相贯线的侧面投影在圆柱的侧面投影上,所以只需求相贯线的水平投影和正面投影。

作图:

(1)求特殊点。通过圆柱轴线的水平辅助平面 P_2 截切两相贯体,得交点Ⅱ、Ⅳ,为圆柱的最前、最后点,先求出侧面投影 2″、4″,然后在 H 面上通过圆锥的辅助纬圆法,求出水平投影2、4;通过圆锥轴线的正平面截切两相贯体,得交点Ⅰ、Ⅲ,为圆柱的最上、最下点,V面投影1′、3′和W面投影1″、3″可直接求出,然后求出水平投影1、3。

(2)求一般点。通过水平辅助平面P_5、P_7截切两相贯体,得交点Ⅴ、Ⅵ、Ⅶ、Ⅷ四点,根据辅助纬圆法求圆锥表面点的方法,分别求出前述四点的三面投影。

(3)整理加深。判断点的可见性,将点的同面投影依次光滑连接,不可见线为虚线,可见线加深,完成作图,如图2-8-5(b)所示。

2.3 正交两圆柱相贯线变化趋势

(1)直径不相等的两正交圆柱相贯,相贯线在平行于两圆柱轴线的投影面上的投影为双曲线,曲线的弯曲趋势总是向大圆柱投影内弯曲,如图2-8-6(a)、(b)所示。

(2)当两正交圆柱直径相等时,这些相贯线为两条平面曲线——椭圆,相贯线在平行于两圆柱轴线的投影面上的投影为相交两直线,如图2-8-6(c)所示。

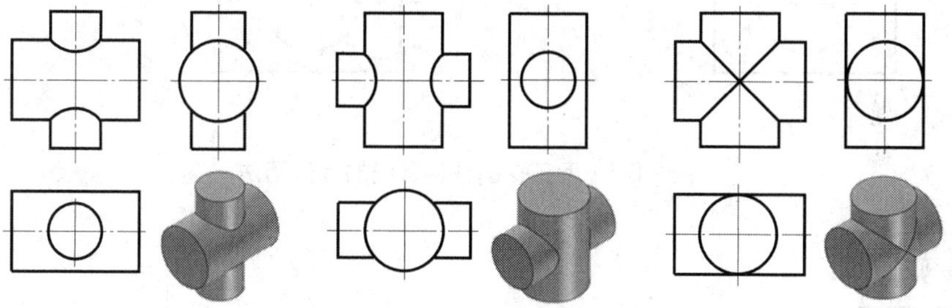

(a) (b) (c)

图2-8-6 两正交圆柱相贯线变化趋势

2.4 正交两圆柱相贯线的三种形式

两轴线垂直相交的圆柱在零件上是最常见的,其相贯线的形式有三种:两外表面相交、外表面和内表面相交、两内表面相交,如图2-8-7所示。这些相贯线的形状和作图方法都是相同的,相贯线是封闭的空间曲线。

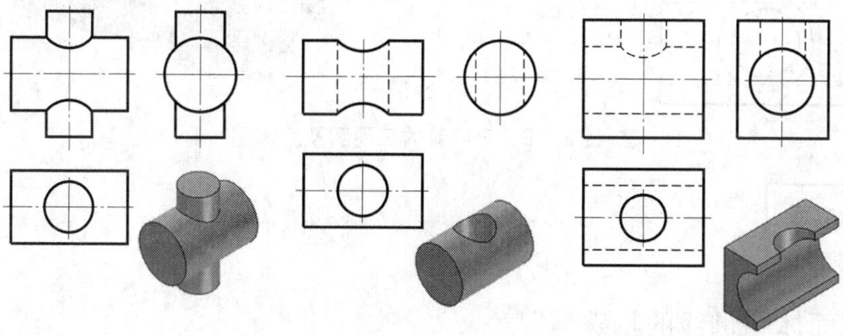

(a) (b) (c)

图2-8-7 两正交圆柱相贯线的三种形式

2.5 相贯线的近似画法

大多数情况下,对于一般的铸、锻、机械加工的零件,相贯线会在生产的过程中自然形成，对其表面的相贯线画法的准确度要求不高。对直径不等且轴线垂直相交的两圆柱面，在不致引起误解的前提下，其相贯线的投影允许采用近似画法。即用圆心位于小圆柱面的轴线上、半径等于大圆柱半径的圆弧代替相贯线的投影，画图过程如图 2-8-8 所示。

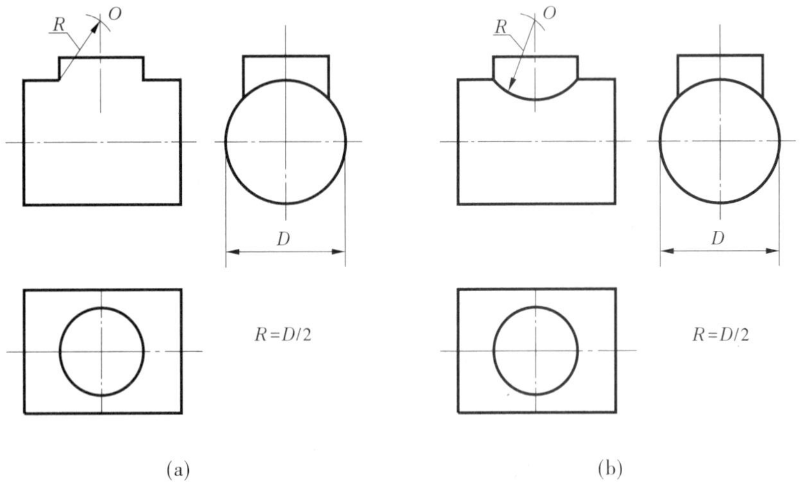

图 2-8-8　两正交圆柱相贯线的近似画法

任务实施

三通管的相贯线形状及立体图、三视图如图 2-8-9 所示作图过程略。

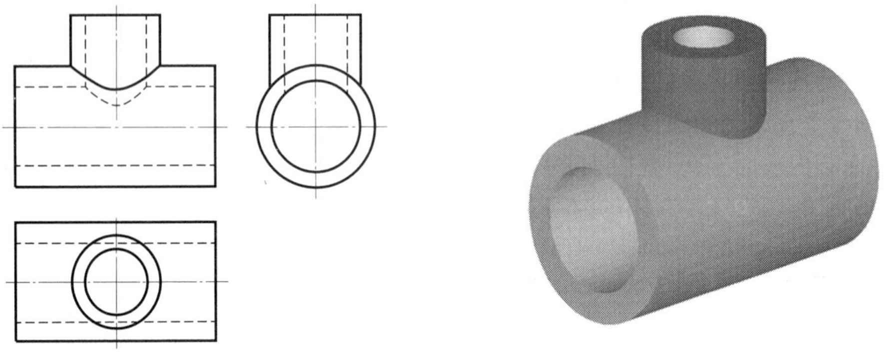

图 2-8-9　三通管的三视图及立体图

知识拓展

1　两曲面体相贯线的特殊情况

两回转体相交，其相贯线一般是封闭的空间曲线。但在某些特殊情况下，相贯线是平面曲线或直线。常见的特殊相贯线有以下三种情况。

1.1　同轴回转体的相贯线

两同轴回转体相交，其相贯线是垂直于轴线的圆。当轴线平行于某一投影面时，交线圆在该投影面上的投影是过两立体投影轮廓线交点的直线段。如图 2-8-10 所示。

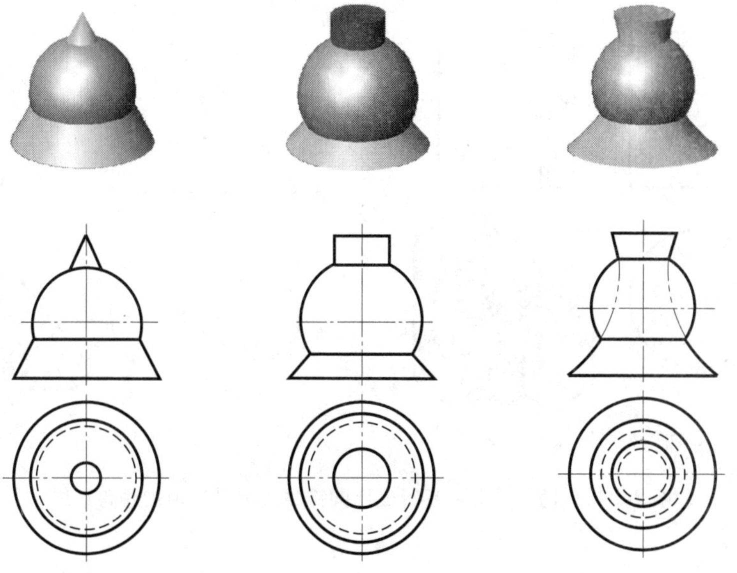

(a)　(b)　(c)

图 2-8-10　同轴回转体的相贯线为圆

1.2　两个外切于同一球面的回转体的相贯线

外切于同一球面的圆锥、圆柱相交时，其相贯线为椭圆，如图 2-8-11 所示。

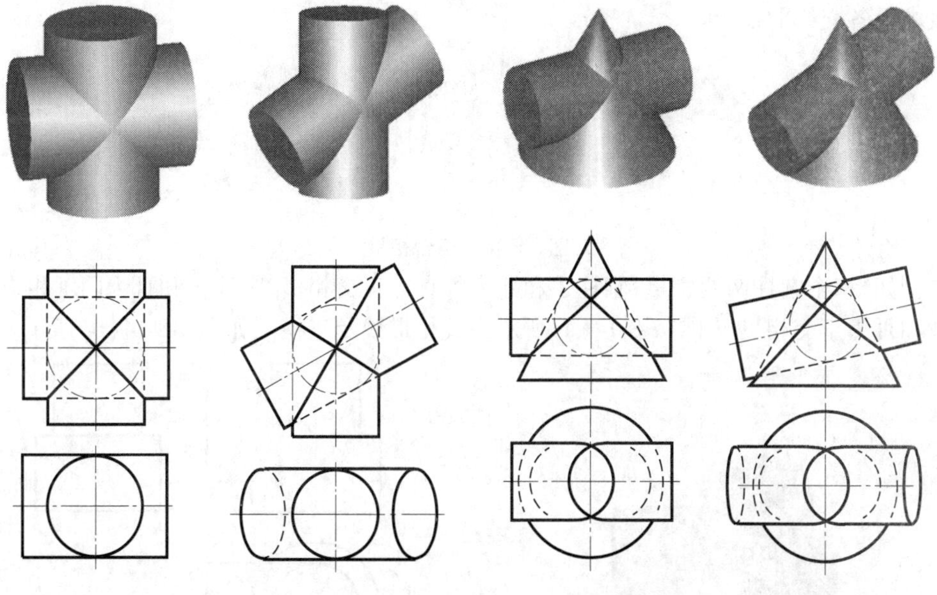

(a)两圆柱正交　(b)两圆柱斜交　(c)圆柱圆锥正交　(d)圆柱圆锥斜交

图 2-8-11　两曲面体共切于一圆球的相贯线为椭圆

1.3　两轴线平行的圆柱、两共顶圆锥的相贯线

两轴线平行的圆柱相交时，其相贯线为平行于圆柱轴线的直线，如图 2-8-12(a)所示。

两圆锥共顶相交时，其相贯线为过锥顶的直线，如图 2-8-12（b）所示。

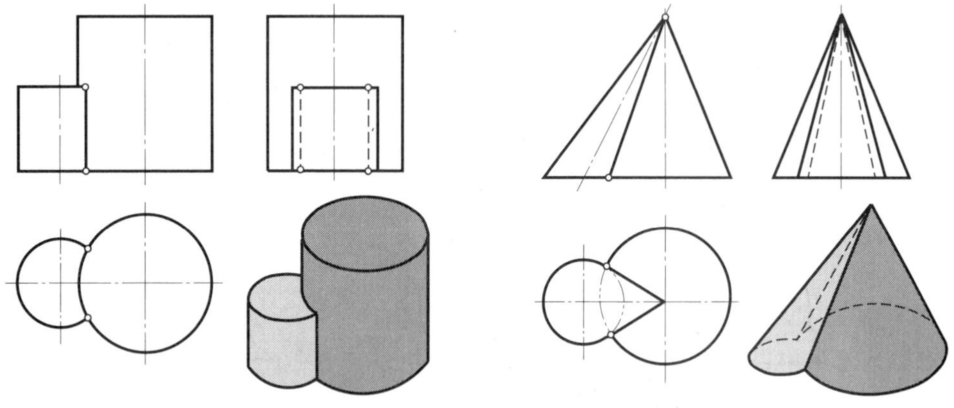

(a)两圆柱轴线平行相交　　(b)两圆锥共顶相交

图 2-8-12　两圆柱轴线平行或两圆锥共顶相交的相贯线为直线

2　组合相贯

在工程中，经常会遇到两个以上的基本立体相贯的情况，称为组合相贯，如图 2-8-13 所示。这时相贯线由若干段相贯线组合而成，结合处的点称为结合点。在求作组合相贯线时，常采用分段处理的方法，即将组合相贯体分解为几段，然后运用相贯线投影的求法，逐段求出各交线的投影。

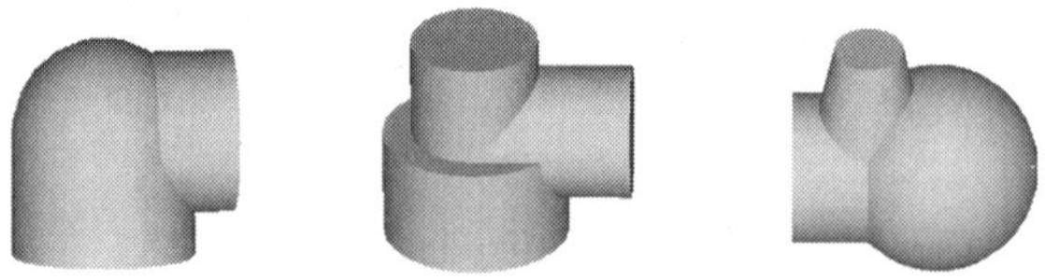

图 2-8-13　组合相贯

例如，三个圆柱两两相贯，圆柱Ⅰ和Ⅱ为等直径正交相贯，圆柱Ⅰ和Ⅲ为同轴相贯，圆柱Ⅱ和Ⅲ为正交相贯，如图 2-8-14（a）所示。其相贯线及三视图如图 2-8-14（b）所示。

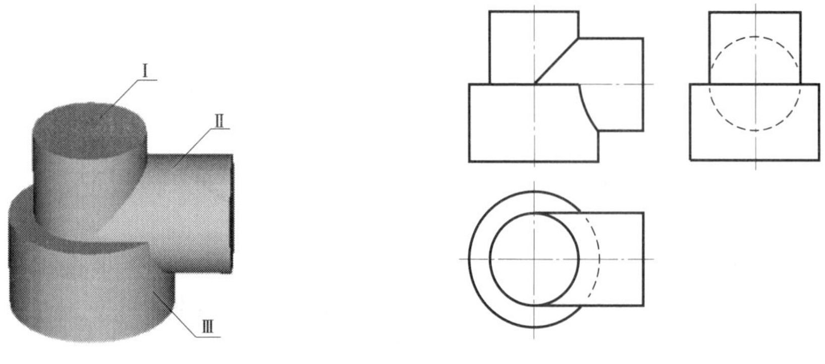

(a)直观图　　(b)三视图

图 2-8-14　组合相贯示例

课堂练习

已知两个圆柱体内外表面正交相贯，补画主视图中缺少的图线，如图 2-8-15 所示。

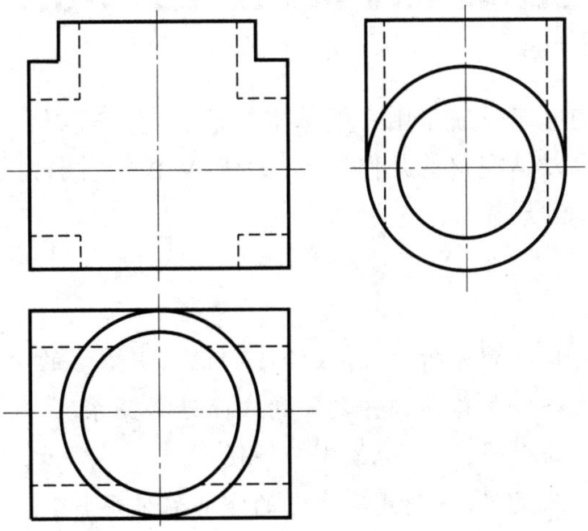

图 2-8-15　两圆柱正交相贯体的三视图

项目 3 绘制与识读组合体的三视图

形状复杂的形体均可以看成是由一些基本体按一定方式组合而成的，这种形体称为组合体。这些基本体可以是完整的几何形体，如棱体、棱锥、圆柱、圆球等，也可以是不完整的几何体或它们简单的形体。

【学习目标】

1. 理解形体分析法和线面分析法，并在绘图和识图中恰当的运用。
2. 理解组合体的组合形式与各部分之间的表面连接关系。
3. 能依据组合体的轴测图，正确地绘制三视图。
4. 能看懂组合体的三视图，正确想象出它的空间立体形状。
5. 明确尺寸基准的概念，掌握组合体尺寸标注的基本要求。
6. 掌握组合体尺寸标注方法，能依据制图标准，正确、完整、清晰地标注组合体的尺寸。

任务 1 绘制支架组合体三视图

任务导入

如图 3-1-1 所示为支架立体图，此形体较前面学习的简单体复杂，它是由四个基本体组合而成的形体。因此，把由两个或两个以上的基本体组合或切割而成的形体称为组合体。通过对支架组合体三视图的绘制，将前面所学的知识有效地综合运用，为后续学习绘制零件图打下基础。

相关知识

1 组合体组合形式

组合体的组合形式一般可分为叠加式和挖切式两种形式，而最常见的是两种形式之综合，又称综合式。

(1)叠加式。构成组合体的各基本体相互堆积，如图 3-1-2(a)所示。

(2)挖切式。从基本形体中切去较小的基本形体，如图 3-1-2(b)所示。

(3)综合式。既有叠加又有挖切的形式，如图 3-1-2(c)所示。

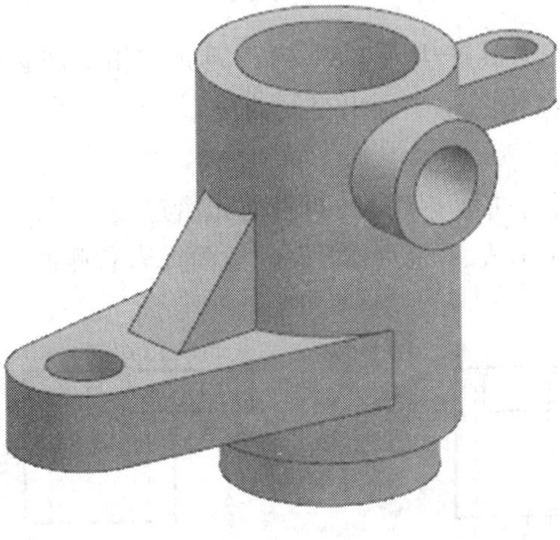

图 3-1-1 支架

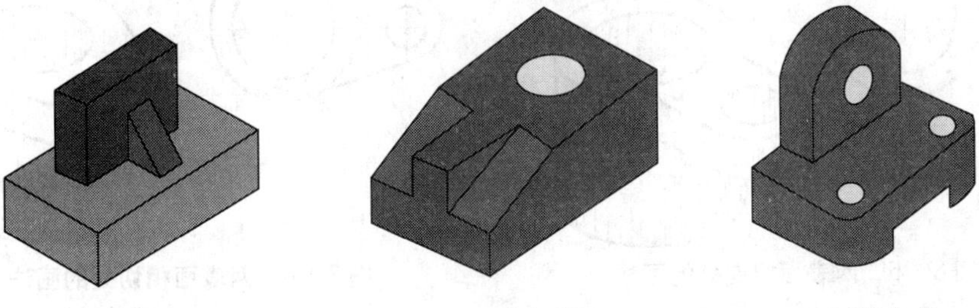

(a)叠加式 (b)挖切式 (c)综合式

图 3-1-2 组合体的形式

1.1 叠加式

叠加式是指把各组成部分相互堆积起来。当各组成部分叠加时,它们贴合处的两表面之间有四种情况:平齐,不平齐,相交,相切。

1.1.1 平齐

两表面平齐如图 3-1-3 所示,组成物体的底板和支座两部分宽度相等,叠加时,前后两个面平齐,所以在正面投影中,贴合处不画出分界线。

1.1.2 不平齐

两表面不平齐如图 3-1-4 所示,底板和支座两部分的宽度不等,前表面不平齐,在正面投影中,贴合处必须画出分界线。

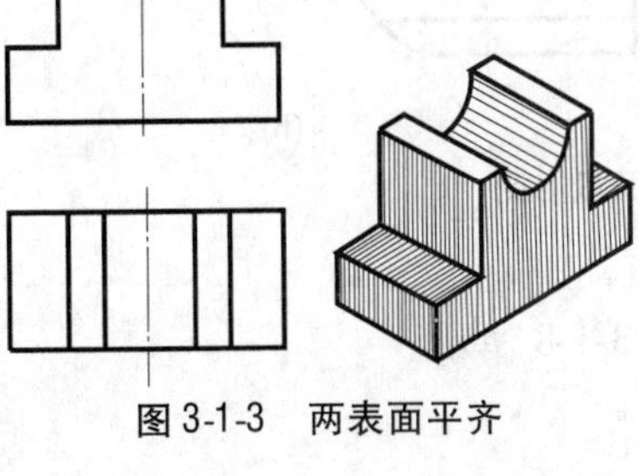

图 3-1-3 两表面平齐

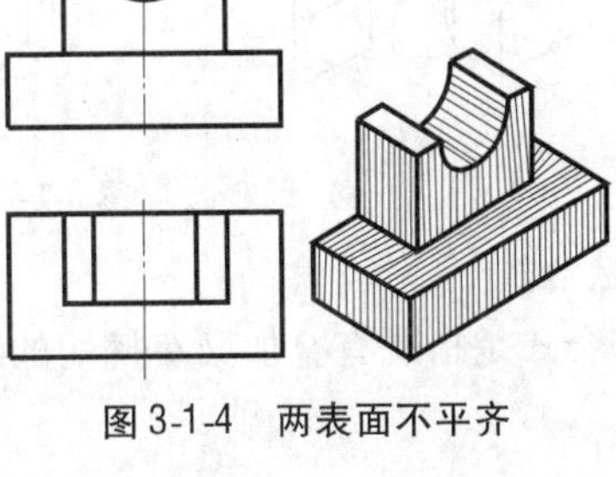

图 3-1-4 两表面不平齐

1.1.3 相交

当两表面相交时,它们之间产生明显的转折,因此在相交处必须画出交(截交线或相贯线)。如图 3-1-5 所示,在作图时应画出交线的投影。

1.1.4 相切

当平面与曲面或曲面与曲面相切时,两表面光滑过渡,如图 3-1-6 所示,顶板的侧面与圆柱面相切,相切处不应画线,顶板上、下面的正面投影和侧面投影画到切点 A 为止。

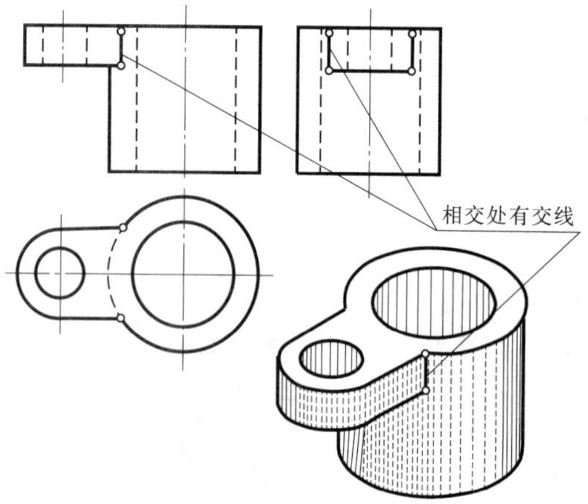

图 3-1-5 两表面相交处的画法

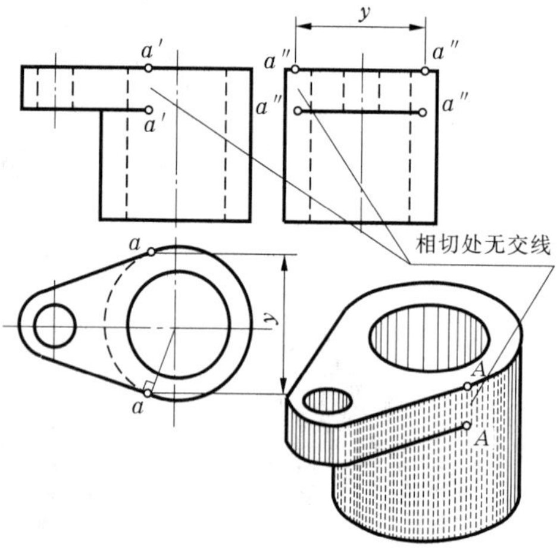

图 3-1-6 两表面相切处的画法

1.2 挖切式

挖切式是指把物体用平面或曲面切割去若干部分。如图 3-1-7(a)所示的镶块,就属于这种组成方式。图 3-1-7(b)是镶块的三面投影图。

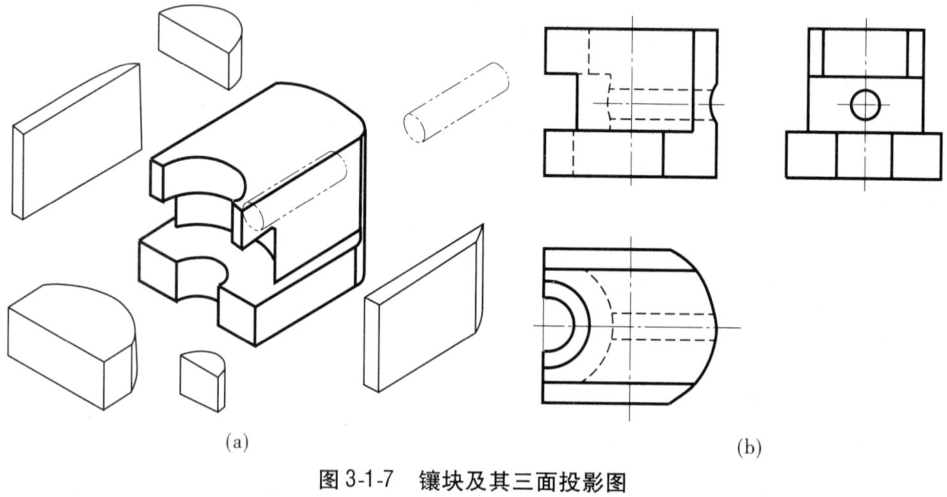

图 3-1-7 镶块及其三面投影图

1.3 综合式

综合式是指既有叠加又有挖切的综合式,如图 3-1-8 所示。

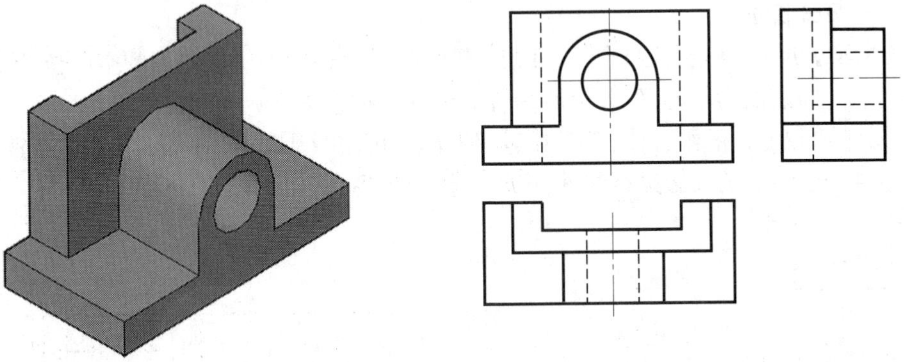

图 3-1-8　综合式实体及其三面投影图

说明：组合体是一个整体，所谓“叠加”“挖切”，只是形体分析的具体体现，不能因此而增加组合体本身不存在的轮廓线。在许多情况下，同一组合体，既可以按“叠加”进行分析，也可以按“挖切”进行分析，还可以视为综合式进行分析。如图 3-1-7 所示的镶块，组成方式为挖切式，其实质与叠加式基本相同。不过，其组成部分是虚体而不是实体罢了。因此，在具体分析时，应以便于画图、看图和易于理解为原则。

2　组合体的形体分析方法

分析形体常见的方法有形体分析法和线面分析法。

2.1　形体分析法

形体分析法是将组合体分解为若干基本形体，通过分析各基本形体的形状、相对位置和表面连接关系，达到分析组合体的目的，这种方法称为形体分析法。

形体分析法的实质是将组合体化整为零，即将一个复杂的问题分解为若干个简单问题。形体分析法是解决组合体问题的基本方法，在画图、读图和标注尺寸时常常要运用此方法。如图 3-1-9(a)所示的轴承座组合体，可以分解成五个简单的基本形体：底板、大圆筒、支承板、肋板、小圆筒凸台，如图 3-1-9(b)所示。

(a) 实体图　　(b) 实体分解图

图 3-1-9　综合式实体及分解图

2.2 线面分析法

线面分析法是假想把组合体分解为若干个面,并逐一分析这些面的空间位置、形状和相对位置,即以面为单元,先分解后综合的一种分析方法。

对于比较复杂的组合体,常常在运用形体分析法的基础上,对于不易表达或读懂的局部,还要结合线面的投影进行线面分析,具体应用将在后面作详细介绍。

任务实施

1 形体分析

对支架进行形体分析可知,该支架是由直立空心圆柱Ⅰ、扁空心圆柱Ⅱ、水平空心圆柱Ⅲ、底板Ⅳ、搭子Ⅴ和肋板Ⅵ六部分组成的。根据正面投影和水平投影,分别想象出各组成部分的空间形状(见图3-1-10),并补画出它们的侧面投影。

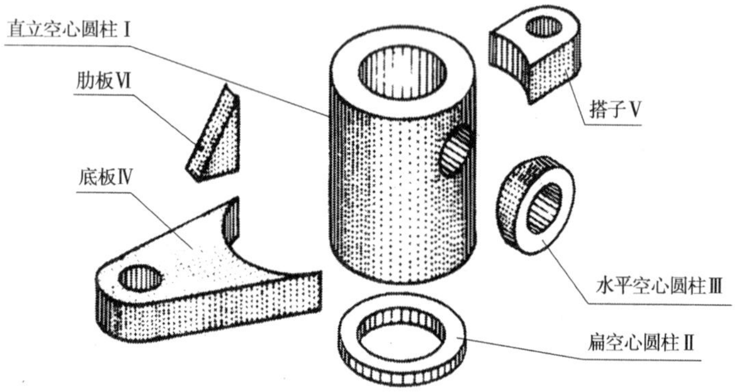

图3-1-10　支架各部分组成

2 主视图的选择

主视图的选择应考虑选择主视图的投射方向和确定组合体的摆放位置两方面问题。

(1)主视图投影方向的选择:应以能较好地表达物体的形状特征为主要原则,同时尽量使其他视图减少虚线,方便其他视图的表达。所谓组合体的形状特征,包含了形体的形状和各形体的相对位置两个方面的内容。

(2)组合体的摆放位置的确定:一般是将组合体的主要表面或主要轴线放置在与投影面平行或垂直的位置。

3 作图步骤

(1)支架的Ⅰ、Ⅱ两部分叠加在一起,故先画直立空心圆柱Ⅰ和扁空心圆柱Ⅱ的三面投影,见图3-1-11(a)。

(2)画水平空心圆柱Ⅲ的三面投影,见图3-1-11 (b)。

(3)画底板Ⅳ和搭子Ⅴ的三面投影,见图3-1-11 (c)。

(4)画肋板Ⅵ的三面投影,见图3-1-11(d)。

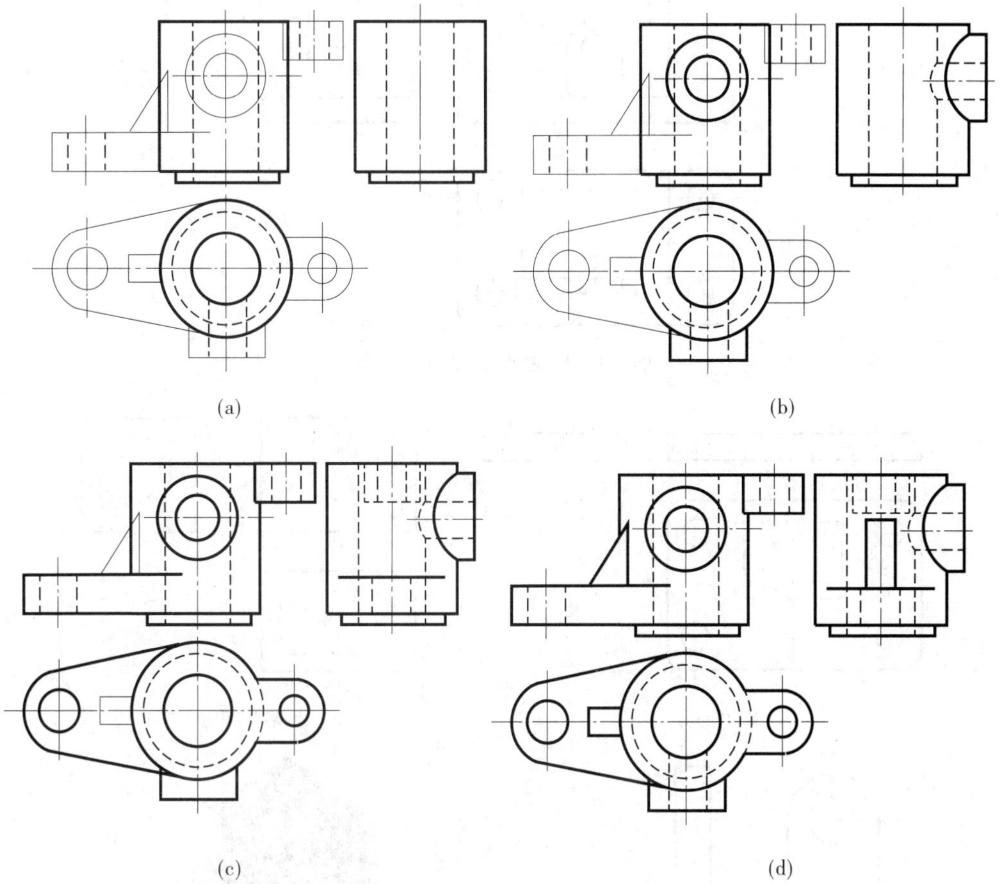

图3-1-11 支架三视图绘制步骤

知识拓展

1 形体分析法和线面分析法的选用

形体分析法是画图、读图以及对三视图尺寸标注最基本的方法之一,在对组合体进行形体分析时,根据实际形状分解为比较简单的形体即可。如图3-1-12所示的组合体,可以分解成Ⅰ、Ⅱ、Ⅲ三个组成部分,如图3-1-13所示。

第Ⅰ部分:根据三视图线框的形状可判断出这一部分是长方体形状的底板,底板四角为圆角,并有四个等直径的圆孔,底板上的矩形孔与第Ⅱ部分相通。

第Ⅱ部分:根据三个视图中外线框(粗实线)的形状,可判断这一部分是四棱柱,从内线框(虚线)的形状,可判断出内表面是与外表面相似的空腔,但空腔的下方与底板相通,而上方是封闭的。前方的圆孔与第Ⅲ部分相通。

第Ⅲ部分:根据三个视图的线框的形状,可判断出这一部分是半圆顶凸台,凸台上的圆孔与第Ⅱ部分的内腔相通。

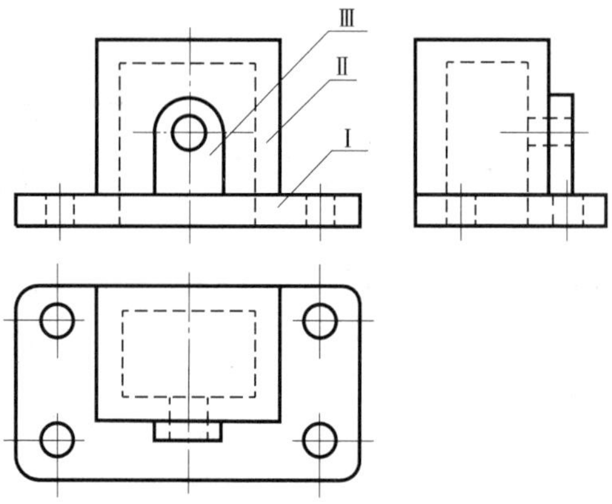

图 3-1-12　叠加式组合体视图

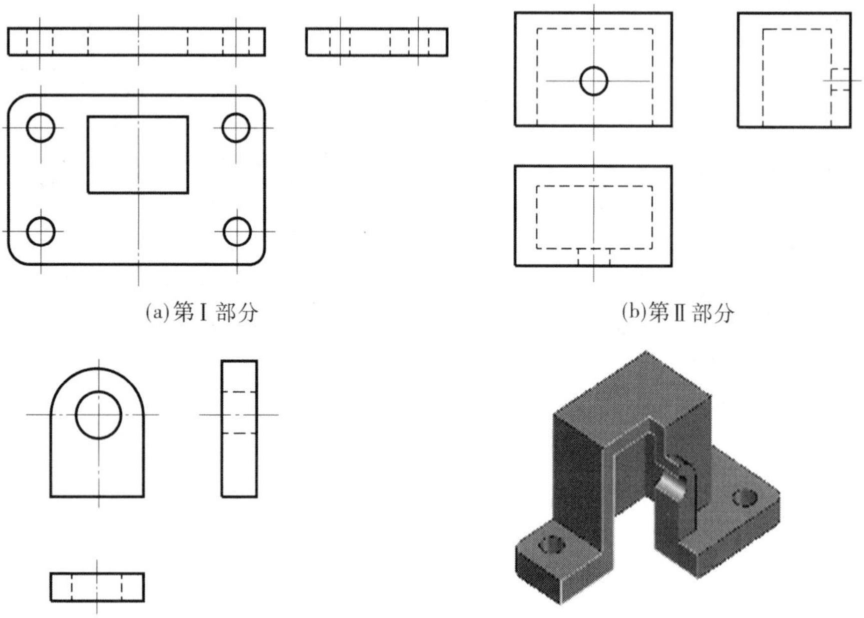

(a)第Ⅰ部分　(b)第Ⅱ部分　(c)第Ⅲ部分　(d)实体图

图 3-1-13　叠加式组合体形体分析

确定了三个组成部分的形状后，把各组成部分综合起来，并分析它们的相对位置，即第Ⅱ部分位于底板上左右对称的位置，它的后面与底板的后面对齐，第Ⅲ部分位于底板之上，且在第Ⅱ部分的前边。经过上述分析可以想象出组合体的整体形状。

采用形体分析法读图，实质上是分析三个视图中各组成部分的对应线框，是从"体"的角度出发的。在采用形体分析法的基础上，对于视图局部较难看懂的地方，尤其是出现了面与面的交线时，采用线面分析法读图，帮助想象出其形状。

首先初步了解各个视图，从图 3-1-14 中可以看出该组合体为一长方体被平面切割而成。下面分别分析各部分有关平面及其交线的投影。

从主视图上的直线段 p' 对应俯视图的线框 p 和左视图的线框 p''，易判断该平面为正

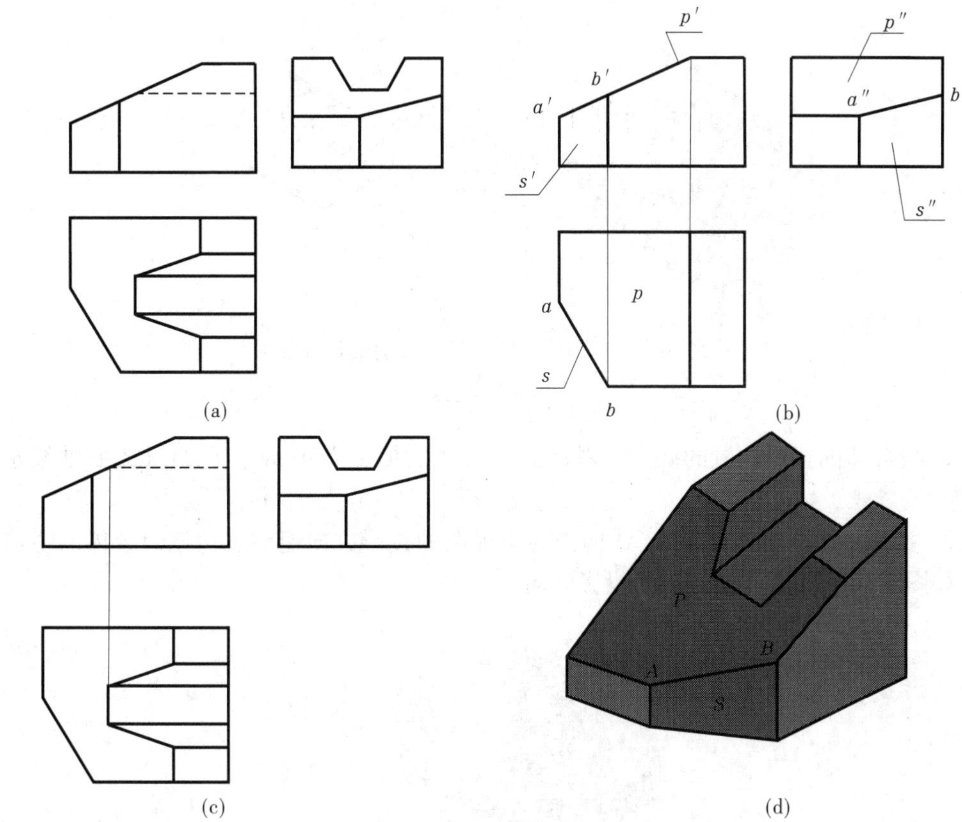

图 3-1-14　切割式组合体

垂面 P;从主视图的线框 s'、俯视图直线段 s 和相对应左视图线框 s'',可判断该平面为铅垂面 S。正垂面 P 与铅垂面 S 的交线为 AB,先定出 ab 和 $a'b'$,再求出 $a''b''$,交线 AB 的三个投影均倾斜,故为一般位置直线。

在左视图中 V 形槽的特征明显,可判断 V 形槽的两侧面为侧垂面,其底面为水平面,侧垂面与水平面的交线为侧垂线,V 形槽与正垂面 P 交线的求法如图 3-1-14 中所示。经过上述分析之后,就可综合起来想象出该组合体的整体形状。

2　形体分析法的应用

如图 3-1-15 所示的组合体,可以看作是由一个基本体切去一部分或几部分后构成的形体。这种形体特征的组合体一般采用形体分析法。

2.1　形体分析

用形体分析法可将该组合体看作是由圆柱左侧上下各被切去两个弓形块Ⅰ、Ⅱ,右侧切去一个两端是圆柱面的长方块Ⅲ,并钻了一个圆孔Ⅳ而成的,如图 3-1-15(b)所示。

2.2　主视图的选择

主视图的选择应考虑确定组合体的摆放位置和选择主视图的投射方向两方面问题。

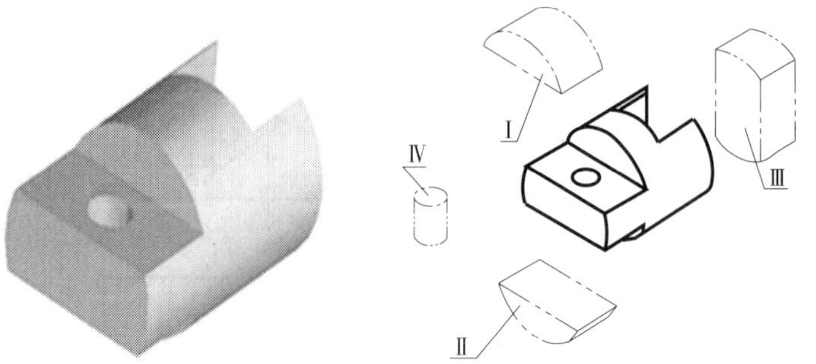

(a)实体图　　(b)实体分解图

图 3-1-15　组合体

(1)组合体的摆放位置的确定。考虑到组合体的加工方法,应使此组合体的轴线水平放置。

(2)主视图投影方向的选择。*A* 向作为主视图的投影方向能够表达该组合体的主体形状,如图 3-1-16 组合体的摆放及投影方向。

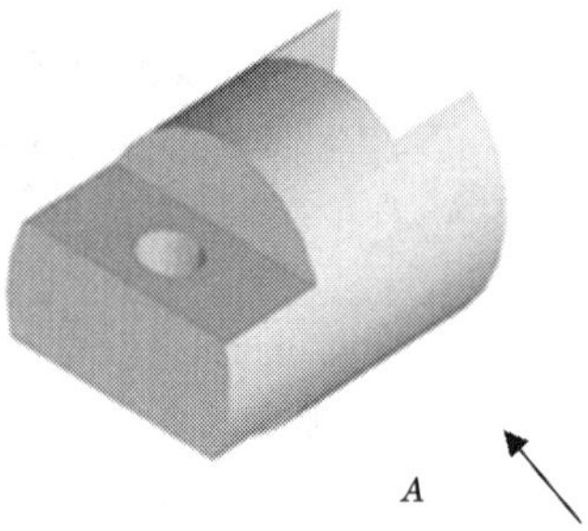

图 3-1-16　组合体的摆放及投影方向

2.3　画图步骤

(1)先画原体。切割组合体画图时,一般先画出一个完整的基本体(圆柱),如图 3-1-17 所示的圆柱体实体图及三视图。

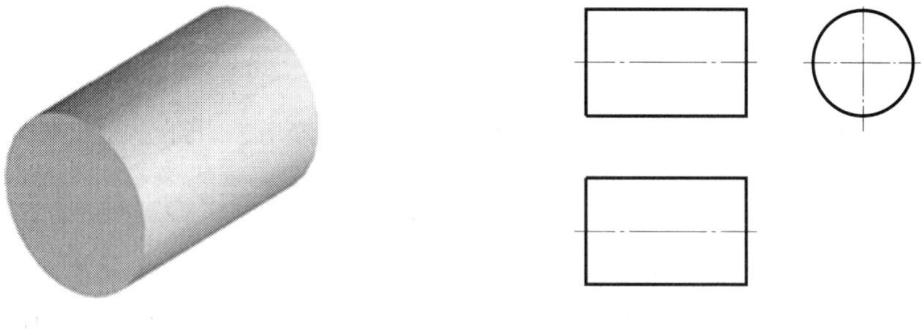

(a)实体图　　(b)三视图

图 3-1-17　圆柱体实体图及三视图

(2)画切去Ⅰ、Ⅱ部分视图。先画表示被截去的那一部分的形状特征的实体图,方便绘图,如图 3-1-18(b)所示。

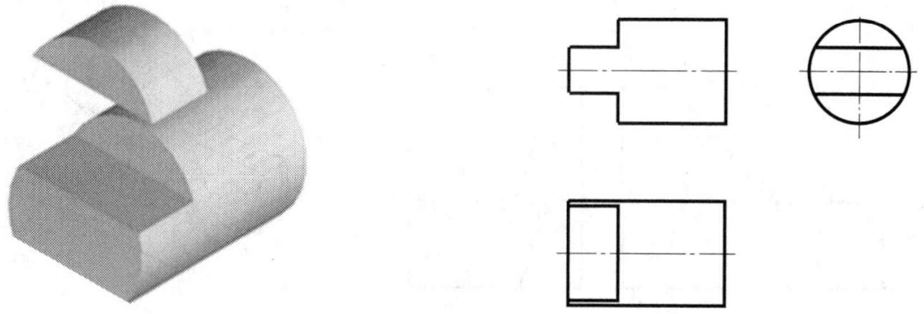

(a)实体图　　(b)三视图

图 3-1-18　圆柱切去¢æ、Ⅱ后实体图及三视图

(3)画切去Ⅲ部分的视图。此部分也是先画实体图,再根据投影关系画出投影,如图 3-1-19(b)所示。

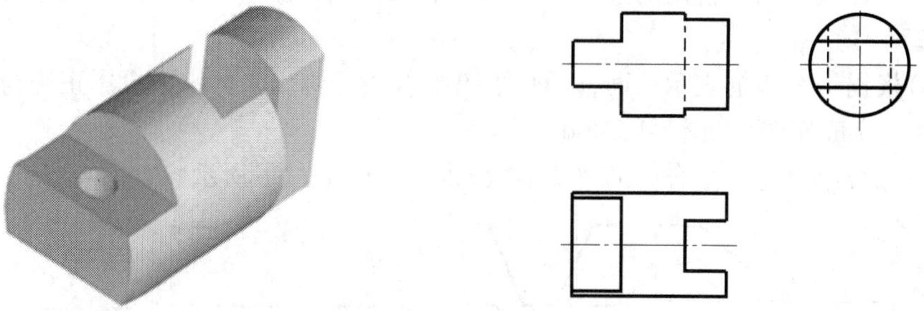

(a)实体图　　(b)三视图

图 3-1-19　圆柱切去¢ 后实体图及三视图

(4)最后画切去的圆柱Ⅳ部分,检查加深完成视图,如图 3-1-20(b)所示。

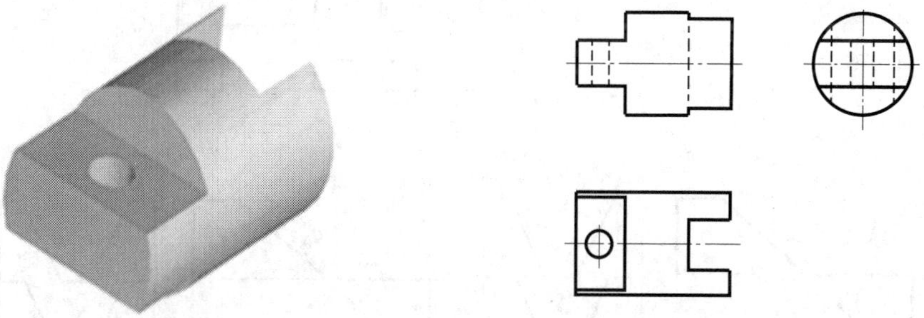

(a)　　(b)

图 3-1-20　组合体三视图及实体图

3　线面分析法的应用

根据如图 3-1-21 所示的组合体两个视图及实体图,不难看出该组合体属切割式,是由四棱柱被水平面 P、正垂面 Q 和侧垂面 R 等平面切割而成的,故宜用线面分析法。

作图步骤如下所述:

(1)补画出切割前原体四棱柱的水平投影(见图 3-1-22(a))。

(2)依据投影面平行面的投影特性,补画出组合体上 5 个水平面的水平投影(见

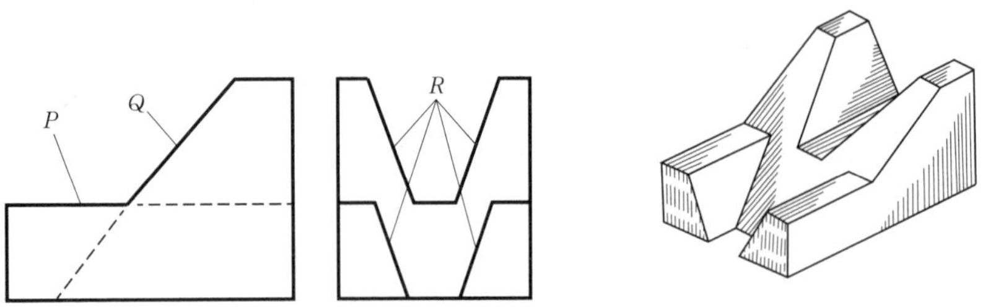

(a)　　(b)

图 3-1-21　组合体视图及实体图

图 3-1-22(b))。

(3)依据投影面垂直面的投影特性,补画出组合体上 4 个侧垂面 R 的水平投影(见图 3-1-22(c))。

(4)根据一个线框表示一面,以 Q 面为例,检查补画出来的水平投影正确与否。然后加深图线,完成作图(见图 3-1-22(d))。

(5)综合起来想该组合体的整体形状,如图 3-1-21 (b) 所示。

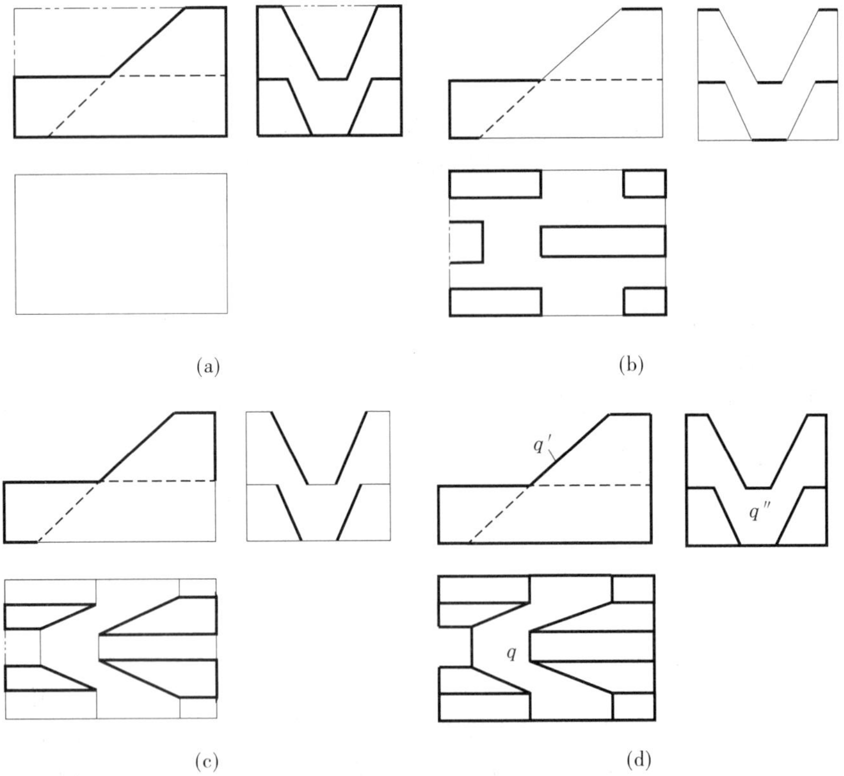

(a)　　(b)

(c)　　(d)

图 3-1-22　补画组合体的水平投影

课堂练习

根据图 3-1-23 所示视图,补画三视图所缺的图线。

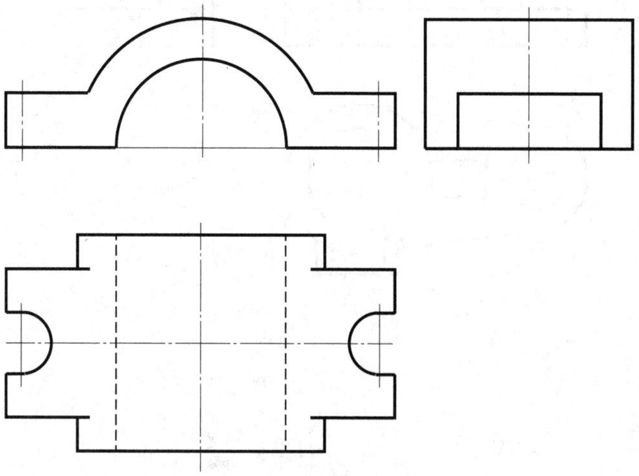

图 3-1-23　补画组合体三视图所缺图线

任务2　支座组合体视图的尺寸标注

任务导入

通过前面的学习可知,视图只能表达组合体的形状,而各部分的大小及相关位置是要通过尺寸来反映的。产品制造时也要根据图样上所标注的尺寸进行加工。因此,尺寸的标注十分重要。如图 3-2-1 所示为支座实体图和三视图,本任务是对照实体图中的尺寸将三视图进行尺寸标注,其目的是学会对组合体视图进行正确的尺寸标注。

相关知识

1　标注尺寸的基本要求

组合体的形状由它的视图来反映,组合体的大小则由所标注的尺寸来确定。因此,标注组合体尺寸的基本要求是:

(1)正确——所注的尺寸要正确无误,注法要符合国家标准中的有关规定。

(2)完整——所注的尺寸必须能完全确定组合体的大小、形状及相互位置,不遗漏,不重复。

(3)清晰——尺寸的布置要整齐清晰,便于看图。

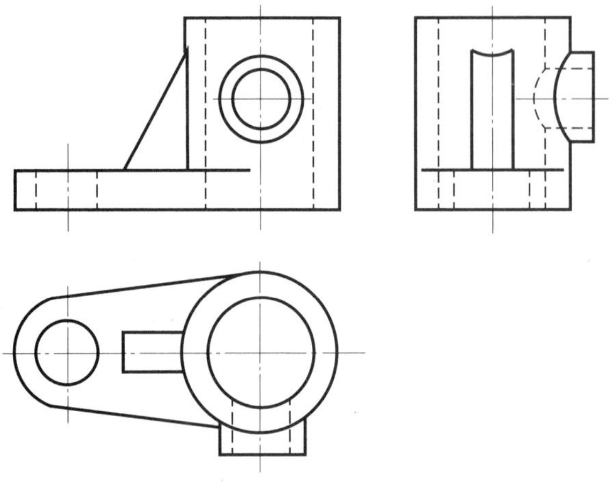
(a)

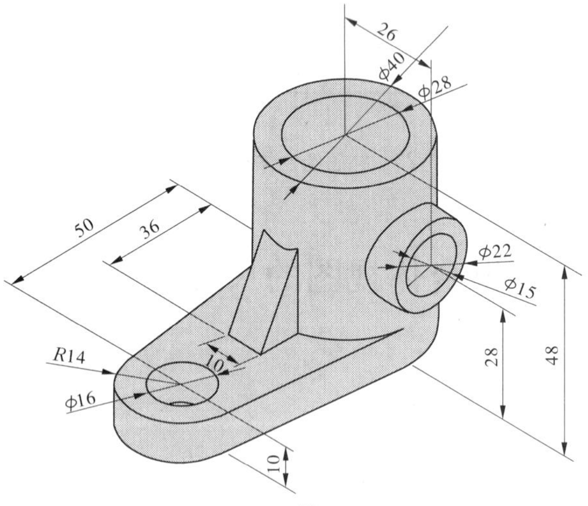

(b)

图 3-2-1　支座实体图和视图

(4)合理——所注尺寸既能保证设计要求,又能满足加工、装配、测量等生产工艺的要求(这一要求,将在后续项目中讲述)。

2　基本几何体的尺寸注法

常见基本几何体的尺寸注法:一般平面立体要标注长、宽、高三个方向的尺寸;回转体要标注径向和轴向两个方向的尺寸,并加上尺寸符号(直径符号“ϕ”或“$S\phi$”)。对圆柱、圆锥、圆球、圆环等回转体,一般在不反映为圆的视图上标注出带有直径符号的直径和轴向尺寸,就能确定它们的形状和大小,其余视图可省略不画。带有小括号的尺寸为参考尺寸。基本几何体的尺寸标注如图 3-2-2 所示。

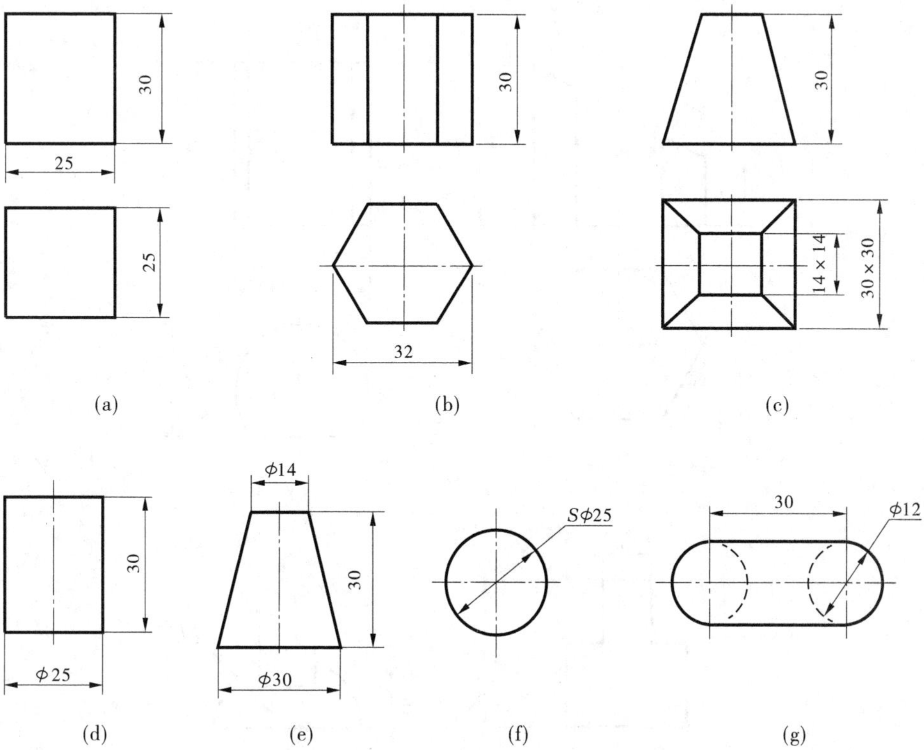

图 3-2-2　基本几何体的尺寸标注

3　切割体和相贯体的尺寸标注

标注被平面截切后的立体尺寸时,除注出基本立体的定形尺寸外,还应注出确定截平面位置的定位尺寸。立体被投影面的平行面切割,应加注一个定位尺寸;立体被投影面的垂直面切割,应加注两个定位尺寸;立体被一般位置平面切割,则应加注三个定位尺寸。

对于相贯的立体,应加注各相贯立体之间相对位置的定位尺寸。这些尺寸注全后截交线、相贯线就随之确定了。因此,截交线、相贯线上一律不注尺寸。

对于不完整的圆柱面、球面,一般大于一半者标注直径尺寸,尺寸数字前加"φ";等于或小于一半者标注半径尺寸,尺寸数字前加"R",半径尺寸必须注在反映圆弧实际形状的视图上。尺寸标注如图 3-2-3 所示。

尺寸不能标注在被平面截切的截交线上和两立体相交的相贯线上,正确的注法应是标注截平面的位置尺寸,不标注截平面形状尺寸。如图 3-2-4(a)所示是正确的。

又如图 3-2-5(a)所示的两圆柱体、轴线垂直相交图中,尺寸 20、38 是以轴线为基准确定两圆柱的位置的,而图 3-2-5(b)中的尺寸 15、8 则是错误的,R23 标注相贯线尺寸更是严重错误。

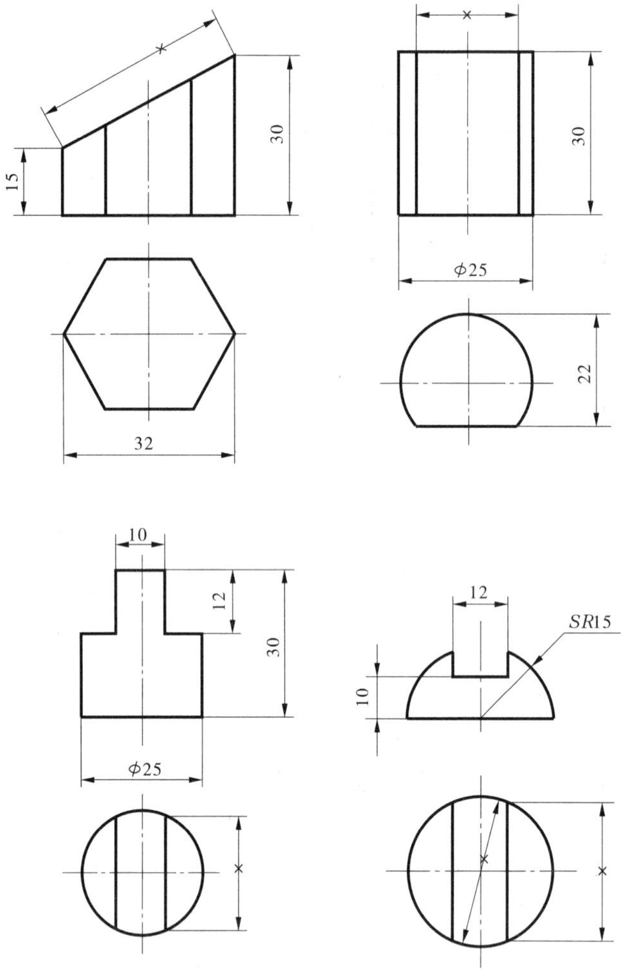

图 3-2-3　尺寸标注

4　组合体的尺寸标注

4.1　形体分析和尺寸基准

确定组合体各组成部分之间的相互位置,需要有标注尺寸的基准,即尺寸基准。因为立体需要从长、宽、高三个方向确定各基本体的相对位置,显然需要在长、宽、高三个方向选取尺寸基准。一般情况下,选取组合体的底面、对称平面、端面及主要轴线作为尺寸基准。

图 3-2-6 是一个支架的立体图,通过形体分析可看出它由三部分组成:底板、竖板和肋板。它在长度方向具有对称平面,在高度方向具有能使立体平稳放置的底面,在宽度方向上底板和竖板的后表面平齐(共面)。因此,组合体上的点、线、平面都可以选作为尺寸基准,曲面一般不能作为尺寸基准。通常采用较大的平面(对称面、底面、端面)、直线(回转轴线、转向轮廓线)、点(球心)等作为尺寸基准,其三视图标注尺寸如图 3-2-7 所示。

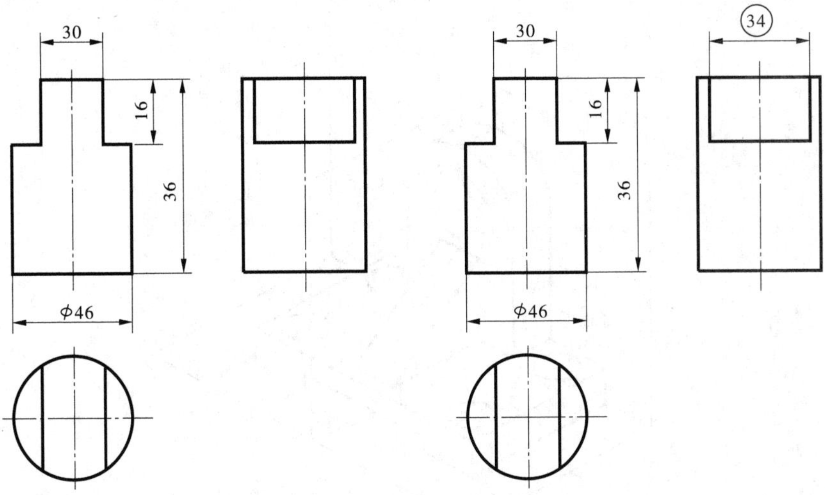

(a)正确注法　　　　(b)错误注法

图3-2-4　具有切口的基本体的尺寸标注

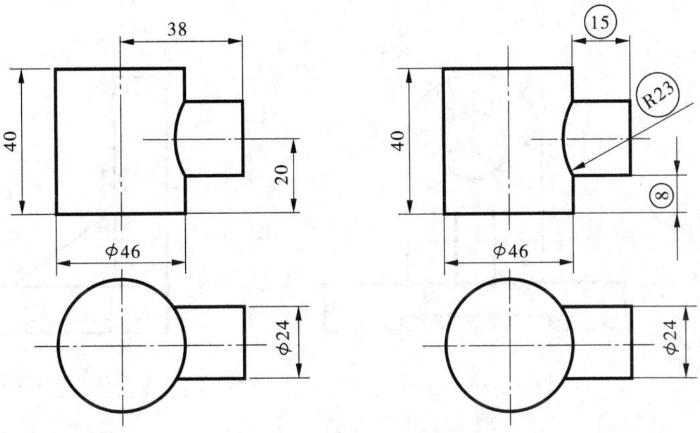

(a)　　　　(b)

图3-2-5　相贯体的尺寸标注

4.2　组合体的尺寸种类

4.2.1　定形尺寸

定形尺寸是指用来确定组合体上各基本体形状和大小的尺寸。注出支架的各基本体立体图的尺寸,其中图3-2-8(a)中的尺寸80、48、12、40、4及4-φ10是定形尺寸,图3-2-8(b)(除36外)、图3-2-8(c)的尺寸均为定形尺寸。

4.2.2　定位尺寸

定位尺寸是指确定构成组合体的各基本形体之间(包括孔、槽等)相对位置的尺寸。图3-2-8(d)给出了各基本形体间的定位尺寸。而单个形体如底板、竖板中的孔、槽的定位尺寸在图3-2-8(a)、(b)中已注出,如底板孔的定位尺寸60、28、10,竖板孔的定位尺寸

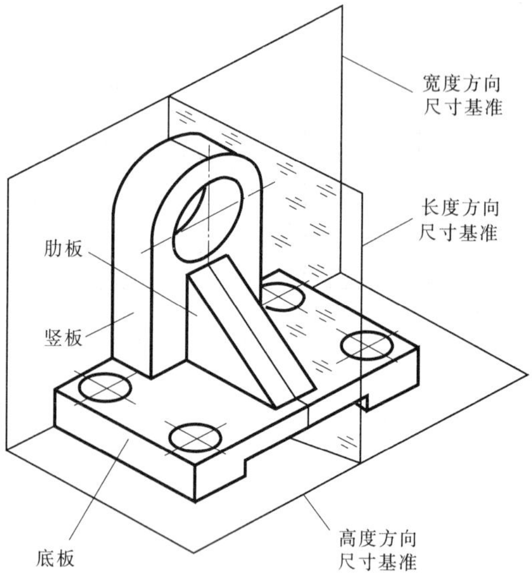

图 3-2-6 支架立体图

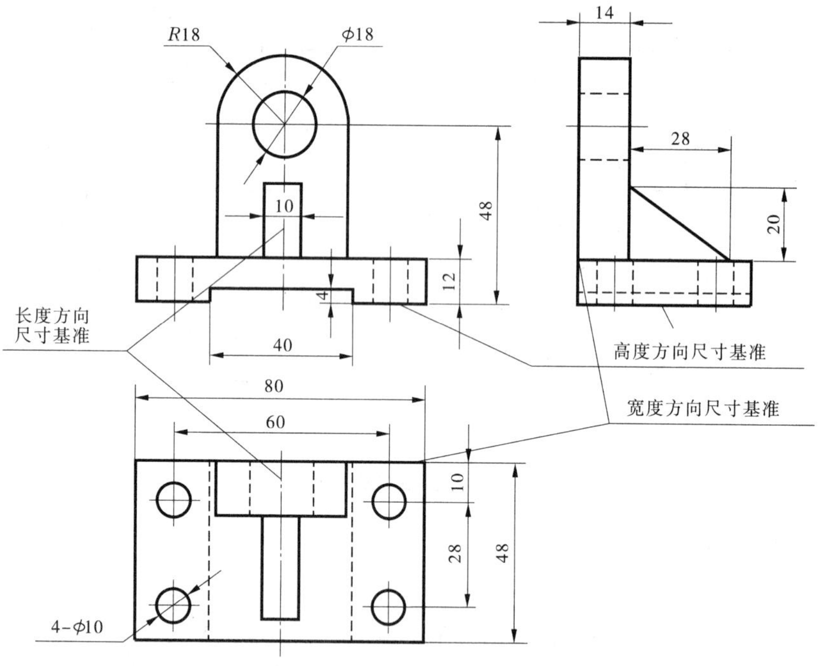

图 3-2-7 形体分析和尺寸基准

36 等。若两基本形体在某一方向处于对称、叠加(或切割)、同轴、平齐四种位置之一,就可省略该方向的一个定位尺寸。回转体的定位尺寸必须直接确定其轴线的位置。

4.2.3 总体尺寸

用来确定组合体的总长、总宽、总高的尺寸为总体尺寸。组合体一般要标注总体尺

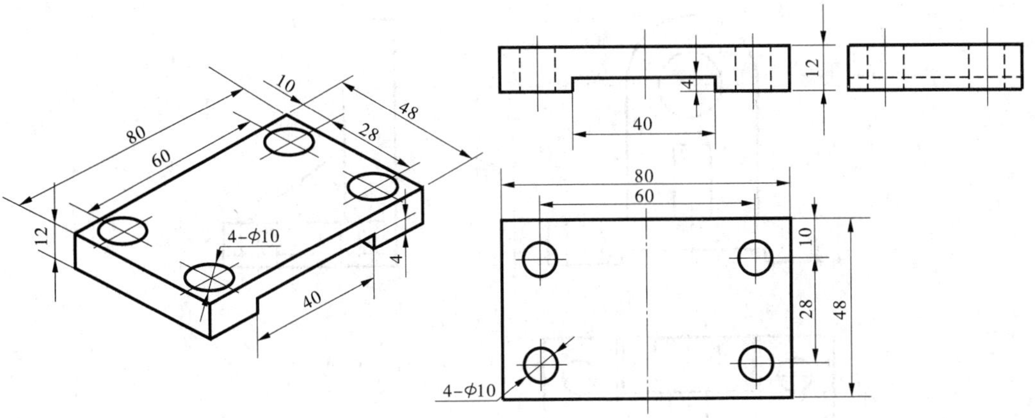

(a)底板的尺寸

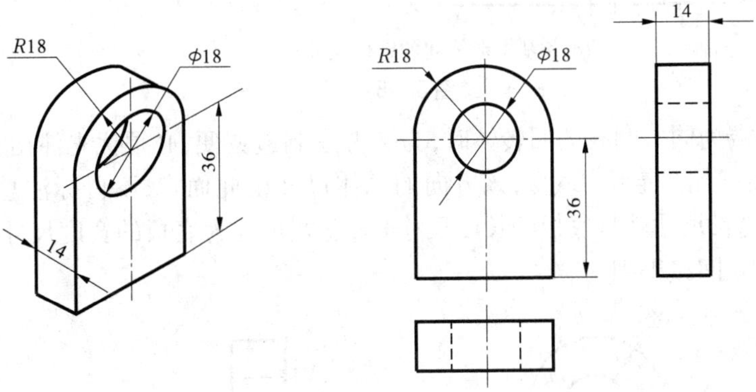

(b)竖板的尺寸

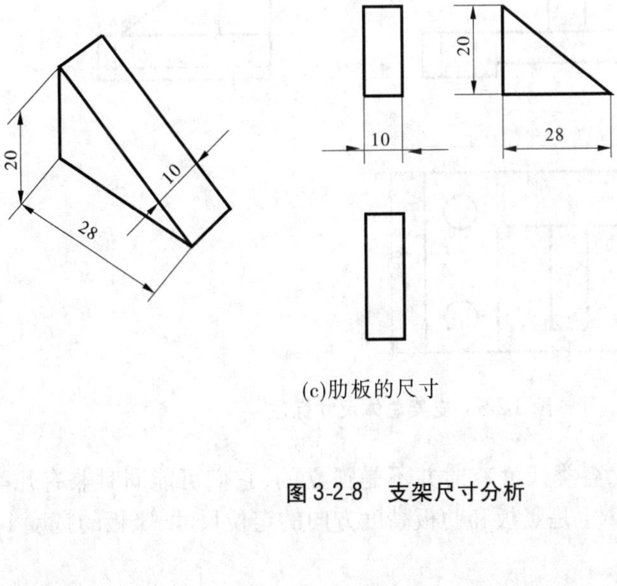

(c)肋板的尺寸

图 3-2-8 支架尺寸分析

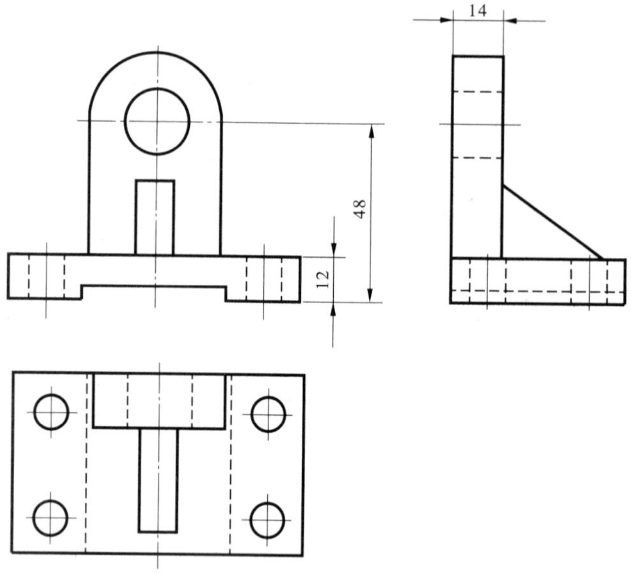

(d)各基本形体间的定位尺寸

续图 3-2-8

寸，当组合体的一端为同心圆孔的回转体时，为了考虑制造方便，必须优先注出直径或半径（定形尺寸）和中心距（定位尺寸），该方向的总体尺寸由此而定，不再标注总体尺寸。如图 3-2-9 所示，总长尺寸就是底板的长度尺寸 80，总宽尺寸为底板的宽度尺寸 48，总高尺寸是由 48 和 *R*18 间接得到的。

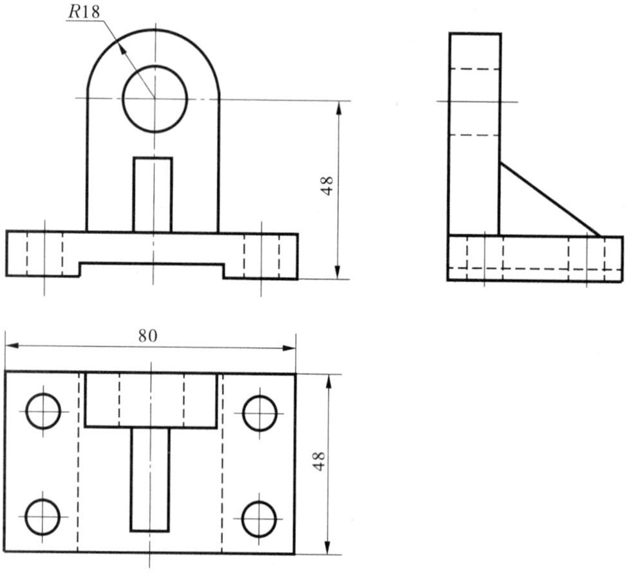

图 3-2-9　支架总体尺寸标注

由上述尺寸分析可知，各类尺寸有时并不是孤立的，它们可能同时兼有几类尺寸的功能，如底板的厚度尺寸 12 也是竖板和肋板高度方向的定位尺寸，竖板的宽度 14 也是肋板宽度方向的定位尺寸等。只要正确地选择尺寸基准，注全定形尺寸和定位尺寸及总体尺寸，就能做到尺寸齐全。当然，组合体的尺寸标注并不是几个基本形体尺寸的机械组合，有时为了避免重复尺寸以及尺寸布置的清晰问题，还要对所注尺寸作适当调整，完整的尺寸标注见图3-2-9。

4.3　组合体尺寸标注应注意的问题

（1）组合体的端部都是回转体时，该处的总体尺寸一般不直接注出，如图3-2-10（a）是正确的标注，图3-2-10（b）是错误的标注。

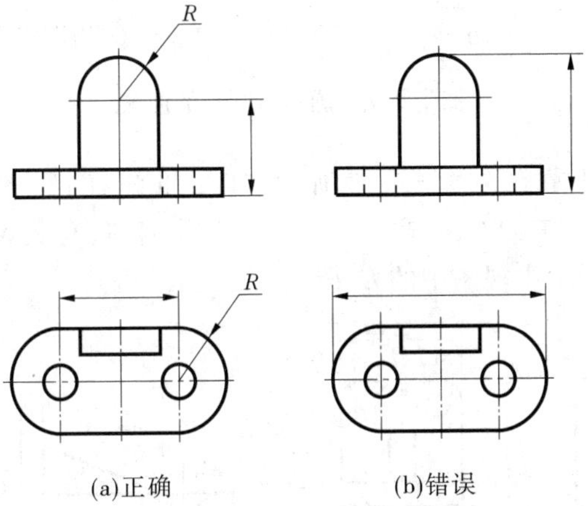

图3-2-10　总体尺寸不直接标注的注法

（2）对称的定位尺寸应以尺寸基准为对称中心直接注出，不应在尺寸基准两边分别注出，正误对比见图3-2-11。

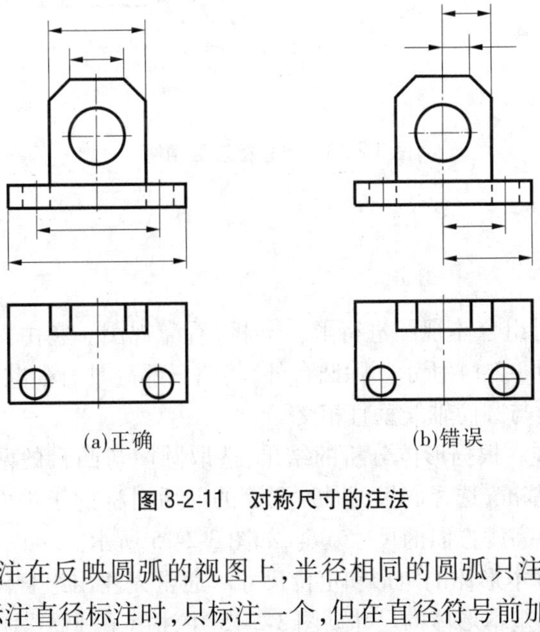

图3-2-11　对称尺寸的注法

（3）半径尺寸应注在反映圆弧的视图上，半径相同的圆弧只注一个，并不加任何说明。几个相同圆孔标注直径标注时，只标注一个，但在直径符号前加上孔的个数，正误对比见图3-2-12 。

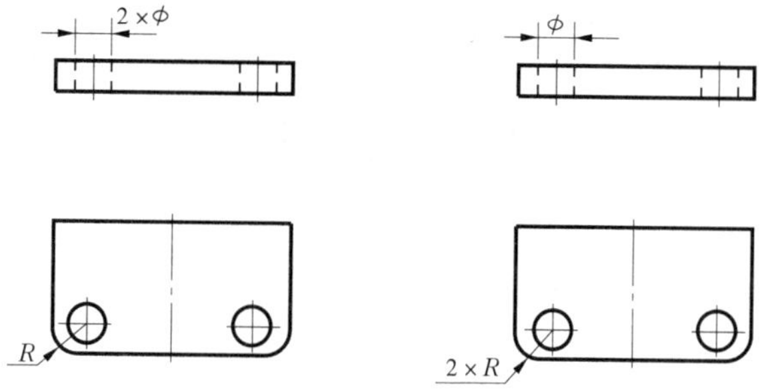

(a)正确　　(b)错误

图 3-2-12　圆弧与圆孔的注法

(4)标注尺寸要注意排列整齐、清晰,尺寸尽量注在视图之外、两视图之间,如图 3-2-13(a)所示左视图中的 C、D 等。对于每一个几何体,有关尺寸尽量集中在特征视图上,如图 3-2-13(a)所示主视图中的 E、F 等。

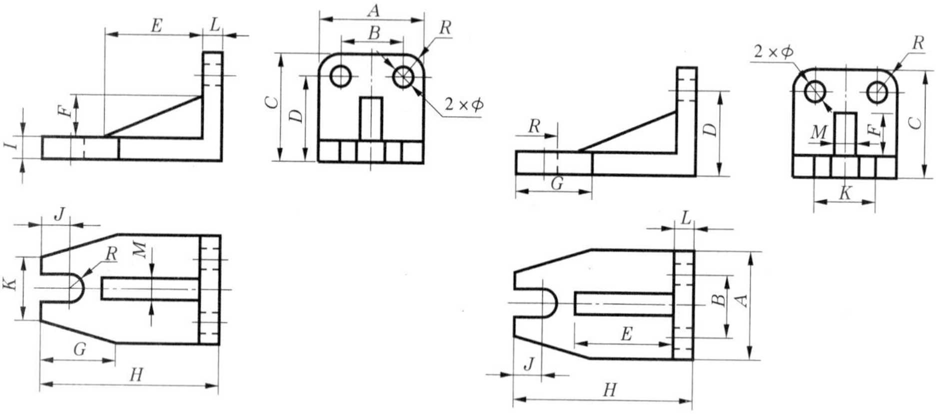

(a)清晰　　(b)不清晰

图 3-2-13　尺寸标注要清晰

任务实施

(1)形体分析。对组合体视图进行形体分析,看懂视图。它由四个部分组成:底板、圆筒、凸台、肋板,如图 3-2-14 所示。除凸台外,其他三部分具有公共的前后对称平面,圆筒与底板共底面,凸台与圆筒轴线垂直相交。

(2)选择尺寸基准。根据形体分析的结果,选取圆筒与凸台的两条轴线所确定的侧平面为长度方向尺寸基准,选择底板、肋板、圆筒的前后对称的正平面为宽度方向的尺寸基准,选取底板底面为高度方向的尺寸基准,如图 3-2-15 所示。

(3)分别注出各基本形体的定形和定位尺寸。通常先注出组合体中最主要基本形体的尺寸,然后注出其余基本形体的尺寸。图 3-2-15 中注出了圆筒(主要基本形体)和凸台的定形、定位尺寸,图 3-2-16(a)中注出了底板和肋板的定形、定位尺寸。

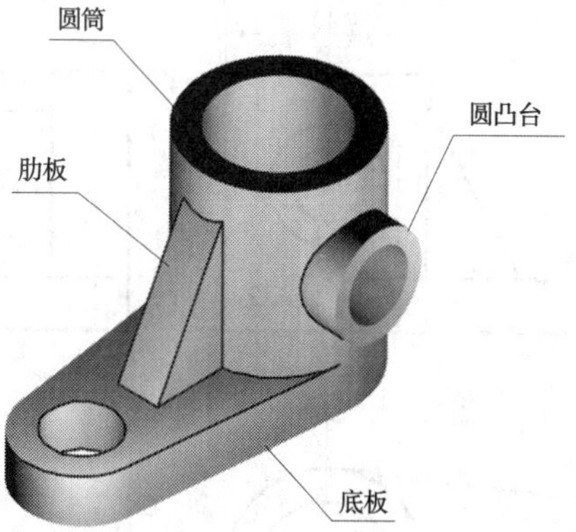

图 3-2-14 支座组合体形体分析

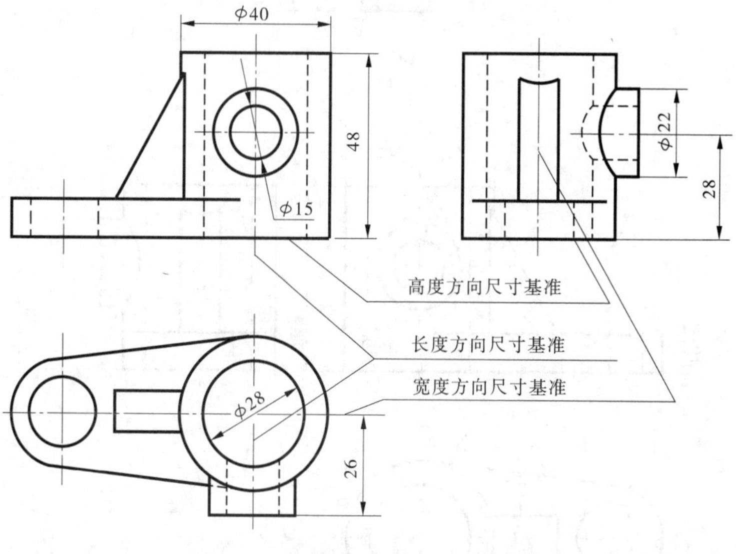

图 3-2-15 支座尺寸标注基准的选择

(4)注出总体尺寸。在注基本形体定形和定位尺寸时已同时得到了总体尺寸:总长为 50 + 14 + 40/2,总宽为 40/2 + 26,总高 48,见图 3-2-16 (b) 。

为了使尺寸布置得清晰,便于看图,有时要对已注尺寸作适当调整,如尺寸 26 原注在俯视图上现调整注在左视图上,28 由俯视图调整到了主视图上。该组合体完成后的尺寸标注如图 3-2-16(b)所示。

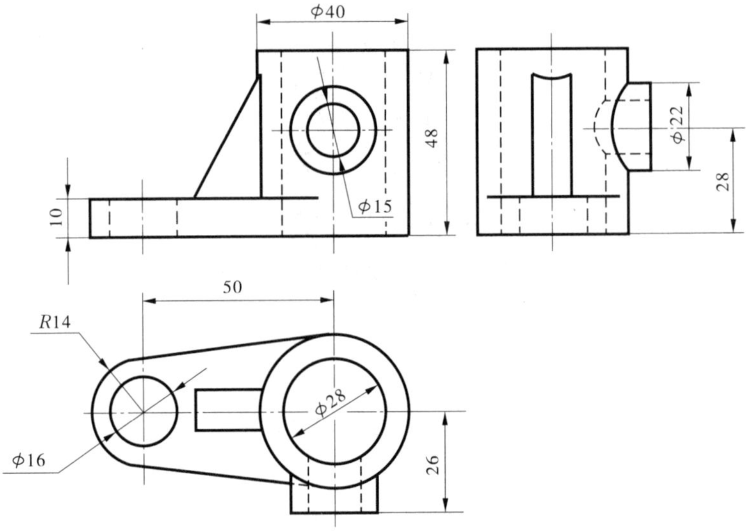

(a)

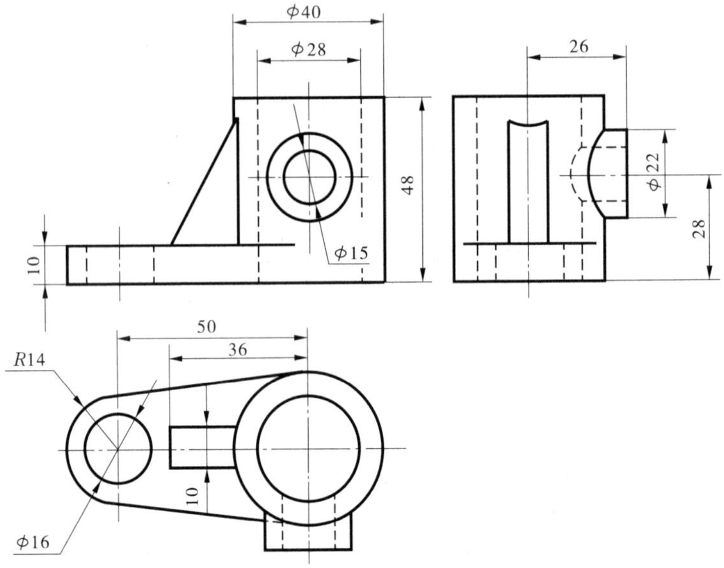

(b)

图 3-2-16　支座组合体尺寸标注步骤

知识拓展

1　机械零件上常见孔的标注方法

表 3-2-1 列出了机械零件上常见孔的一般标注与简化标注方法，表中主要符号说明如下：

↧——深度；⌴——沉孔或锪平；*C*——45°倒角；∨——埋头孔；EQS——均布。

表 3-2-1 常见孔的尺寸标注

简化标注	一般标注
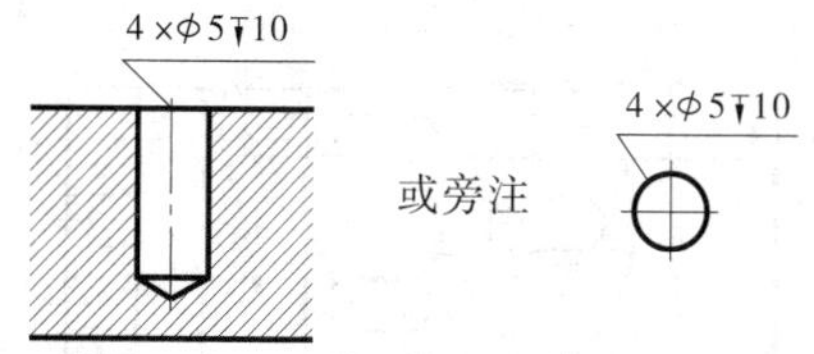	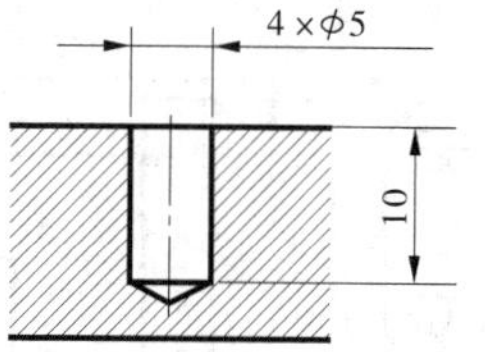
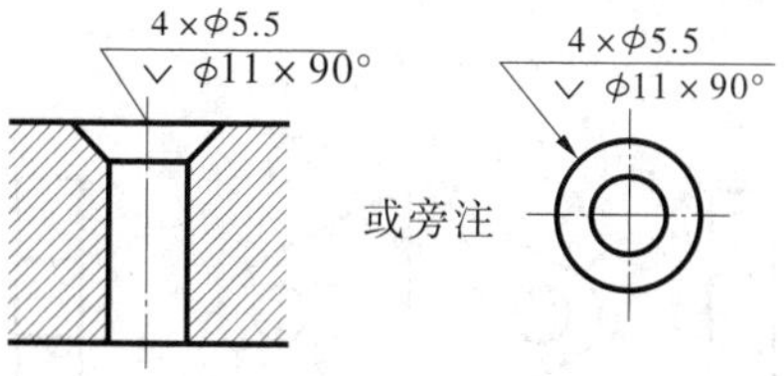	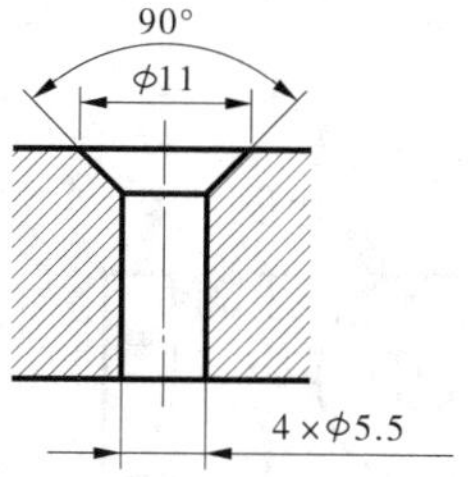
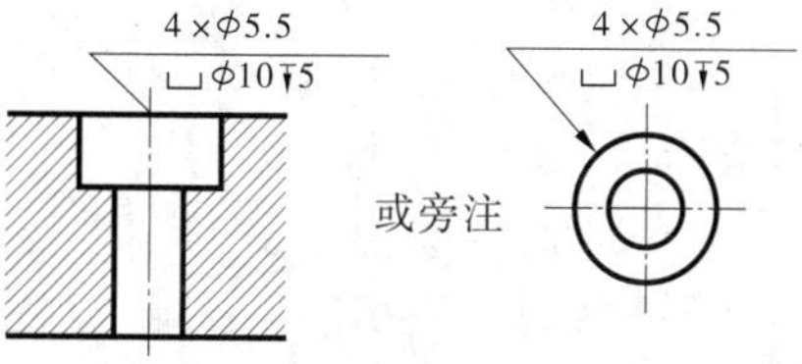	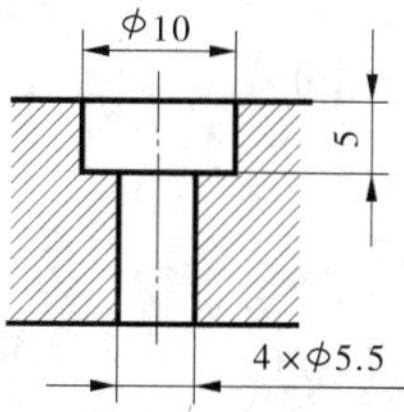
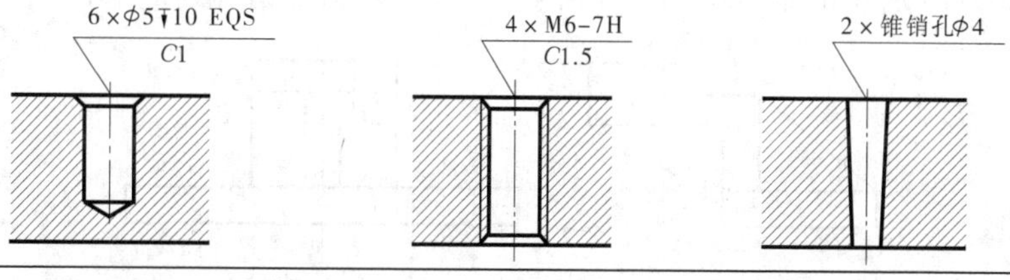	

注：均布孔、螺纹孔、锥销孔等也可按照光孔等的旁注法标注。

2 常见薄板结构的尺寸标注

图 3-2-17 是几种常见薄板的尺寸标注，这些薄板是机件中底板、竖板和法兰的常见形式。从图中可以看出，这些薄板为顶面和底面具有相同形状的柱体，只要按照平面图形的尺寸注法注出顶面和底面的尺寸，再注出板的厚度就可以了。图中略去了反映薄板厚度的视图。图 3-2-17(a)中所示底板的四个圆角，无论与小孔是否同心，整个形体的长度尺寸和宽度尺寸、圆角半径，以及确定小孔位置的尺寸都要注出。当圆角与小孔同心时，应注意上述尺寸间不要发生矛盾。图 3-2-17(b)中板的前后对称圆弧位于同一直径的圆上，应标注直径“ϕ”，长度方向的总体尺寸由小孔中心距与两个圆弧半径之和得到，不允

许直接注出。图 3-2-17(c)中底板是由直径“ϕ”的圆柱体切割得到的,应注出直径“ϕ”,左右两端分别被两个正平面和一个半圆柱面开了两个槽,使圆柱的左右两端产生了截交线,截交线不能标注尺寸,因此不应该注总长尺寸。在图 3-2-17 (d)中,底板上两个小孔的圆心在同一个直径的圆上,应注出其直径“ϕ”。

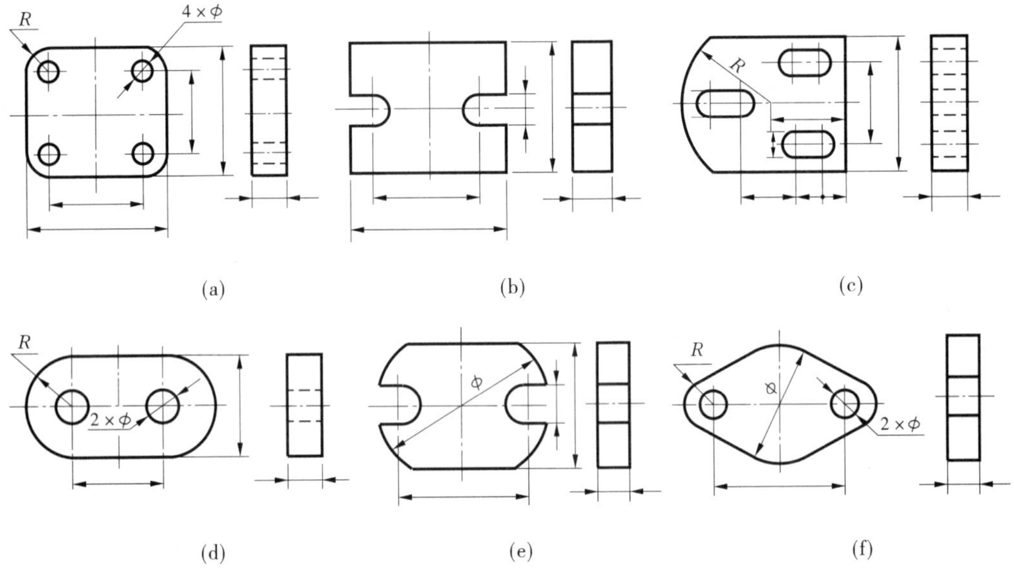

图 3-2-17　常见薄板尺寸标注

课堂练习

标注图 3-2-18 所示的组合体的尺寸(测量尺寸时圆整并精确到毫米)。

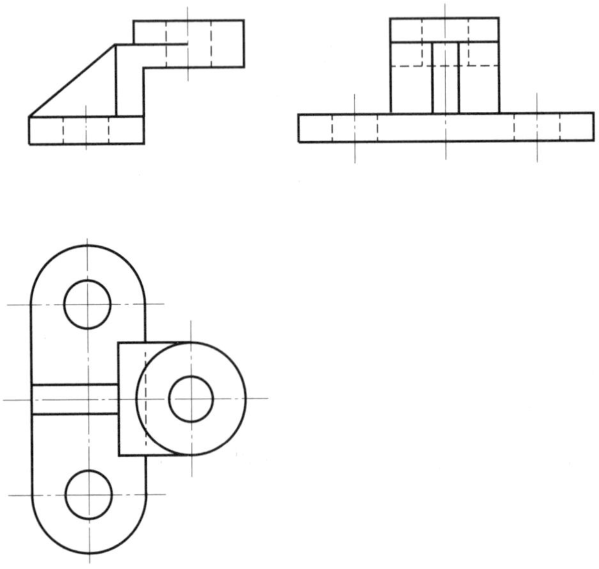

图 3-2-18　组合体视图

任务 3　识读支撑座组合体三视图

任务导入

绘图和读图是学习机械制图的两大任务，绘图是根据正投影把空间物体绘制成平面三视图，如图 3-3-1(b)所示的支撑座立体图，即由物体到平面图形；而读图是根据正投影的规律和特性，通过对视图的分析，想象出空间形体的结构和形状的过程，如图 3-3-1(a)所示的支撑座三视图，即由平面图形到物体，所以读图是绘图的逆过程。通过对支撑座三视图的识读任务的实施，逐步培养读者的空间想象能力，达到独立读图的目的。

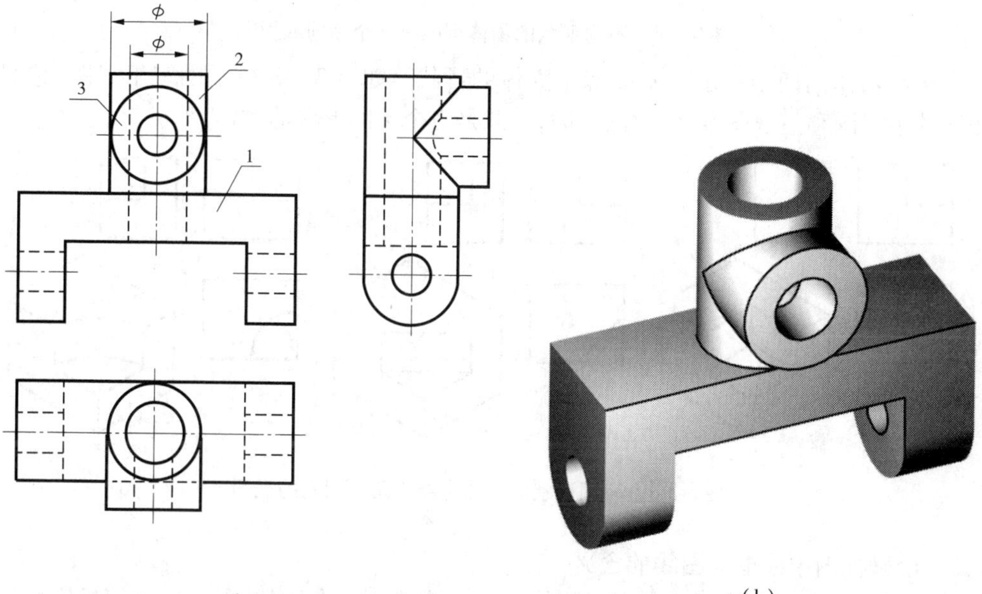

(a)　　(b)

图 3-3-1　支撑座三视图和立体图

相关知识

1　读图准则

在组合体的三视图中，主视图是最能反映物体的形状和位置特征的视图，但一个视图往往不能完全确定物体的形状和位置，必须按照投影关系与其他视图结合起来看才能完整、正确地反映物体的形状特征和位置。

1.1　几个视图要联系起来看

看图是一个构思过程，它的依据是前面学过的投影知识以及从画图实践中总结归纳出的一些规律。在工程中，机件的形状是通过几个视图来表达的，每个视图只能反映机件一个方向的形状。因此,仅仅由一个视图往往不能唯一地表达某一机件的结构。

如图 3-3-2 所示的四种立体,其主视图完全相同,但是联系俯视图来看,就知道它们表达的是四个不同的物体。

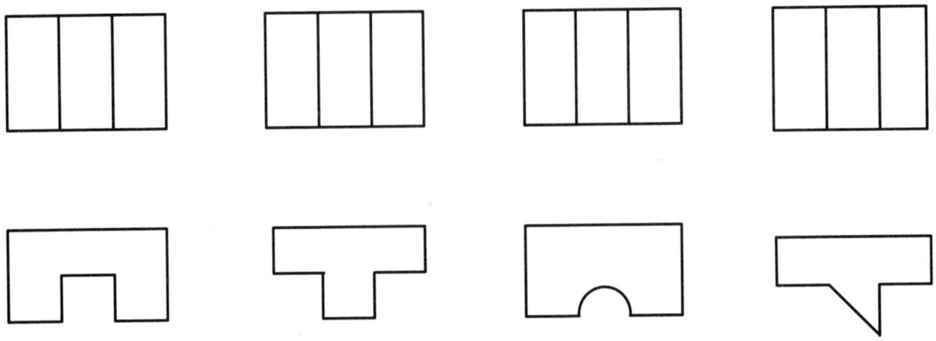

图 3-3-2　不同形状的物体可能有一个相同的视图

有时物体的两个视图也不能确定立体的形状。如图 3-3-3 所示的三组视图,它们有相同的主视图和左视图,但俯视图不同,因此是三个不同形状的物体。

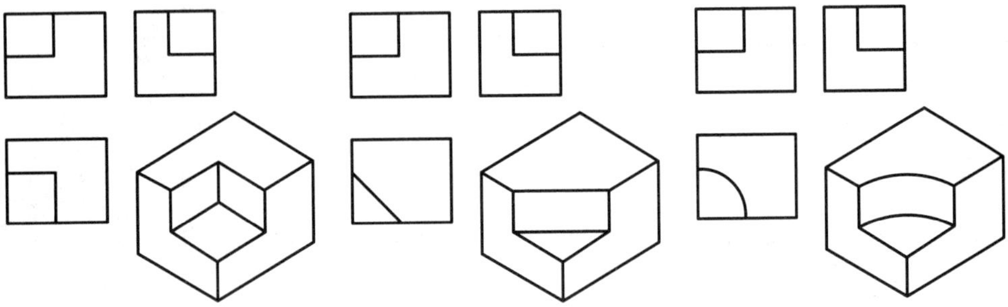

图 3-3-3　不同形状的物体可能有两个相同的视图

1.2　明确视图中线框和图线的含义

视图中每个封闭线框通常表示物体上的一个表面(平面或曲面)或孔的投影。视图中的每条图线则可能是平面或曲面的积聚性投影,也可能是线的投影。因此,必须将几个视图联系起来对照分析,才能明确视图中的线框和图线的含义。

1.2.1　线框的含义

视图中每个封闭的线框可能表示三种情况:

(1)平面。如图 3-3-4(a)所示,主视图中的线框 B' 对应俯视图中的斜线 B,表示四棱柱左前棱面的投影。

(2)曲面。如图 3-3-4(a)所示,线框 D' 对应俯视图中的圆线框 D,表示一个圆柱面的投影。

(3)基本形体。如俯视图中的四边形,对照主视图可知为一个四棱柱。

1.2.2　图线的含义

视图中的每条图线可能表示以下三种情况:

(1)垂直于投影面的平面或曲面的投影。图 3-3-4(b)俯视图中的直线 A,对应着主视

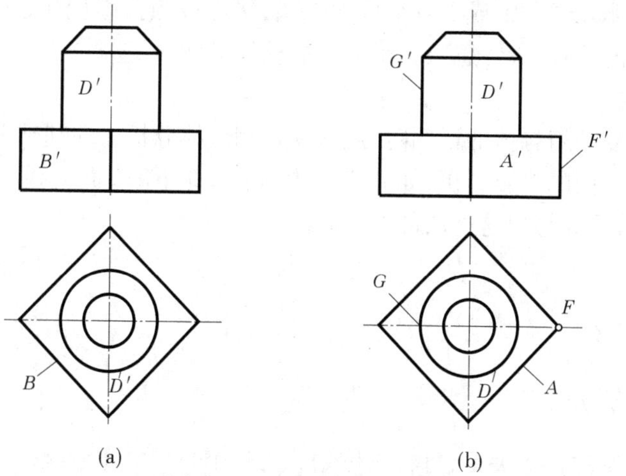

图 3-3-4　线框和图线的含义

图中的四边形 A'，它是四棱柱右前棱面(铅垂面)的投影；俯视图中的圆 D，对应着主视图中的线框 D'，表示一个圆柱面(曲面)。

(2)两个面交线的投影。图 3-3-4(b)主视图中的直线 F'，对应着俯视图中积聚成一点的 F，它是四棱柱右前和右后两棱面交线的投影。

(3)回转体转向轮廓线的投影。图 3-3-4(b)主视图中的直线 G'，对应着俯视图中圆的最左点 G，显然，它表示的是圆柱面对正面的转向轮廓线。用同样的方法也可以分析其他图线的性质。

2　读图的依据

(1)三视图的投影规律：长对正，高平齐，宽相等。

(2)基本体的三视图图形特征如下所示：

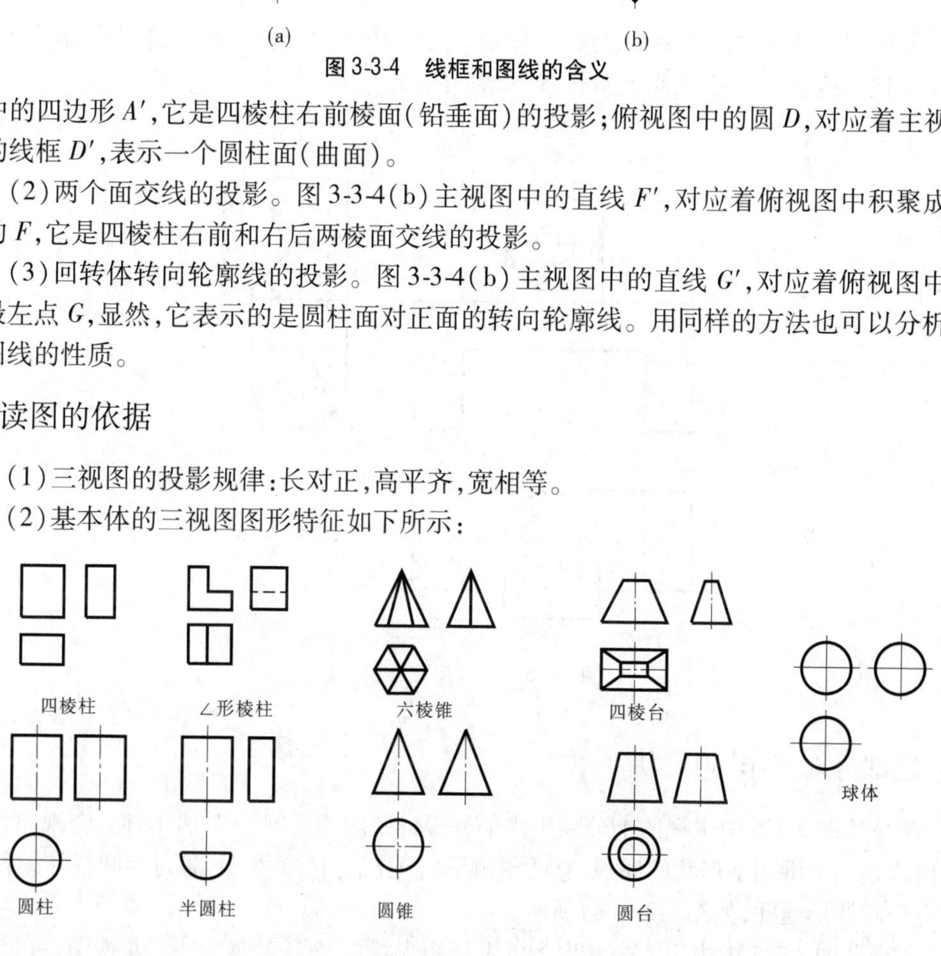

(3)各种位置的直线、平面的投影特征，见项目 2 中的任务 2 及任务 3。

3　读图的基本方法

3.1　形体分析法

形体分析法是看图的基本方法，通常是从最能反映该组合体形状特征的视图着手，分析该组合体是由哪几部分组成以及组成的方式，然后按照投影规律逐个找出每一基本形体在其他视图中的位置，最终想象出组合体的整体形状。

3.2 线面分析法

在识读比较复杂组合体的视图时，通常在运用形体分析法的基础上，对于不易看懂的局部，还要结合线、面的投影分析，如分析立体的表面形状、表面交线、面与面之间的相对位置等，来帮助看懂和想象这些局部的形状。

任务实施

1 识视图，分部分

根据三个视图的投影关系，可将物体划分为三个封闭的实线线框，这三个封闭的线框表示了这个组合体的三个部分，如图 3-3-5 所示。

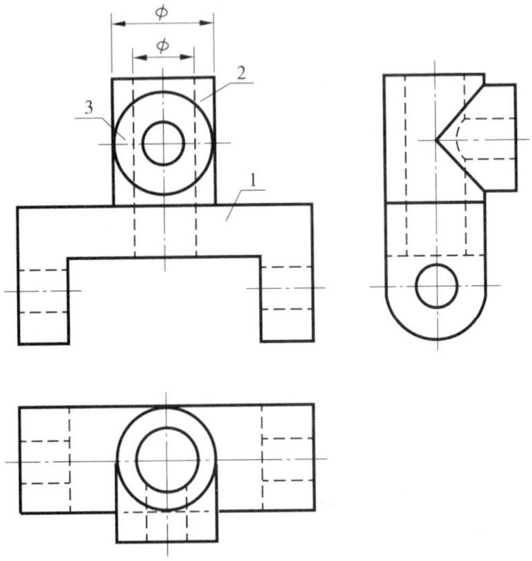

图 3-3-5 支撑座三视图分析

2 逐部分对投影，想形状

(1)从图 3-3-5 中主视图上分离出来的底板的封闭线框“1”，对照主、俯、左视图，可想象出这是一个倒凹字形状的底板，它的两侧耳板上部为长方体，下部为半圆柱体，耳板上各有一圆柱形通孔，如图 3-3-6(a)所示。

(2)从图 3-3-5 中主视图分离出来的上部矩形线框“2”，对照主、俯、左视图，可想象出这是个矩形，但从图 3-3-5 左视图“2”与“3”的交线形状分析，表明它是一个轴线为铅垂线的圆柱体。在该圆柱体中间有一个与其共轴线的穿通底板的圆柱孔，底板的前面和后面分别与圆柱体相切，底板的宽度等于圆柱体的直径，如图 3-3-6(b)所示。

(3)从图 3-3-5 中主视图上分离出来上部的圆形线框(包括框中小圆)“3”，对照主、俯、左视图可知，它是一个中间有圆柱孔的轴线垂直于正面的圆柱体，它的直径与轴线垂直于水平面的圆柱体的直径相等，且轴线垂直相交，这从左视图中的相贯线投影成直线（相贯线为平面曲线）形式也可看出，因为只有当两圆柱直径相等、轴线垂直相交时才会产生这种相贯线。轴线为正垂线的圆柱孔与轴线为铅垂线的圆柱孔正贯（轴线垂直相交），垂直于正面的圆柱孔的直径小于铅垂的圆柱孔的直径，主视图、左视图中的孔与孔为相贯线形式，如图 3-3-6(c)所示。

3 综合起来想形体

根据底板和两个圆柱体以及几个孔的形状与位置，可以想象出这个支撑座的整体形状。如图 3-3-6(d)所示，经认真检查校核底稿后，按规定线型加深各图线即完成该题。

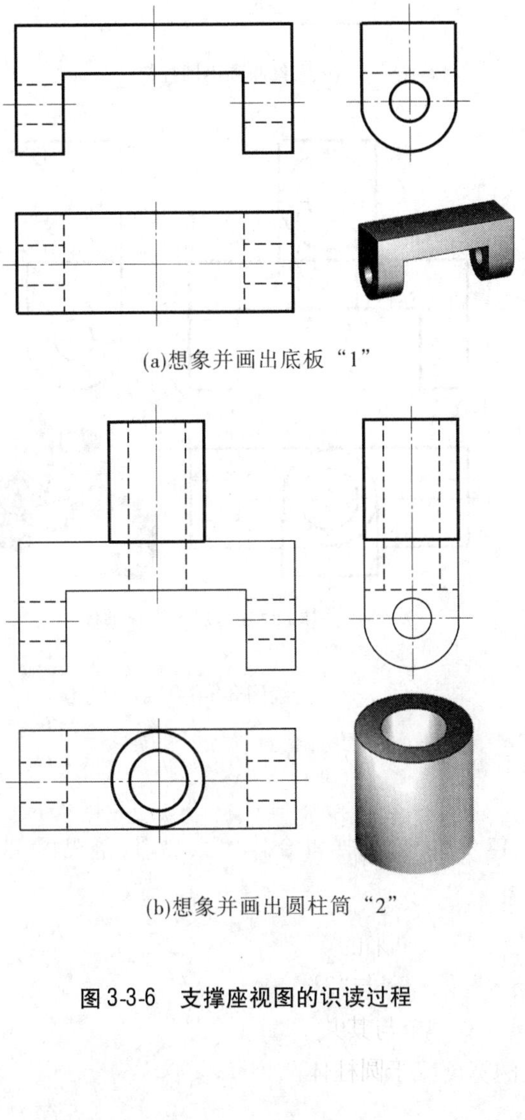

(a)想象并画出底板“1”

(b)想象并画出圆柱筒“2”

图 3-3-6 支撑座视图的识读过程

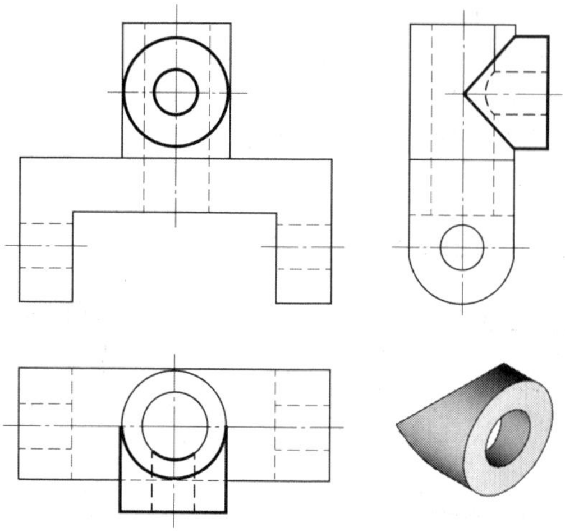

(c)想象并画出圆柱筒“3”

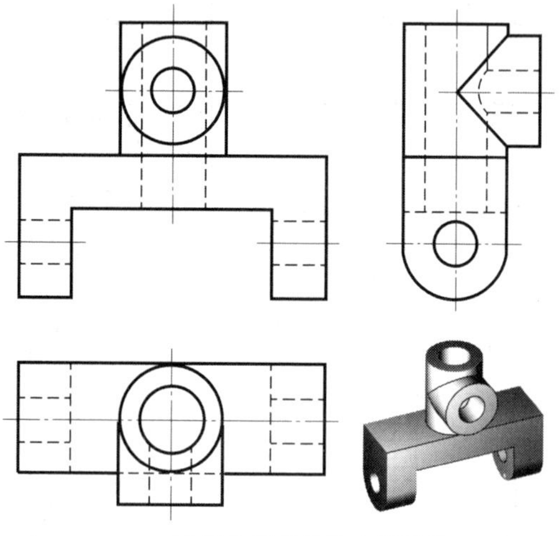

(d)综合起来想象支撑形体

续图 3-3-6

知识拓展

【例 1】 采用形体分析法，根据组合体的主视图、俯视图(见图 3-3-7(a))，补画左视图。

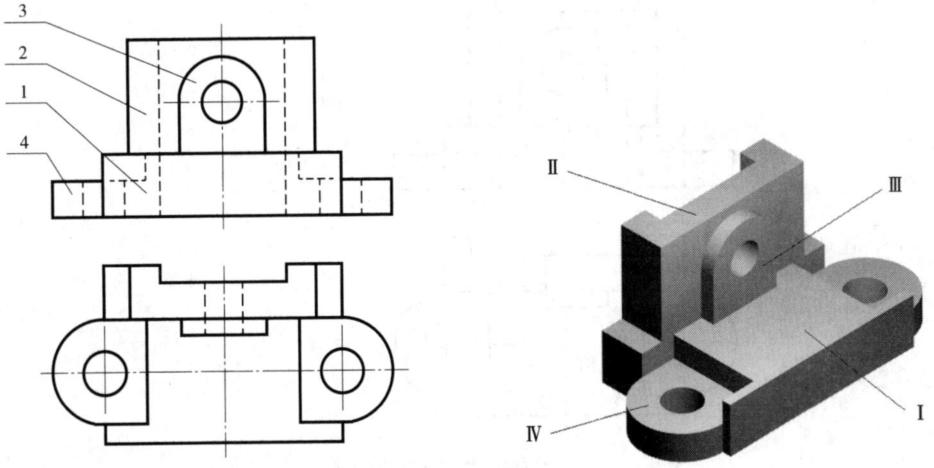

(a)组合体的主、俯视图　　(b)立体图

图 3-3-7　由组合体的主、俯视图补画左视图

形体分析：

从主、俯两个视图可以看出，该组合体左右对称，组成它的四个简单形体中，形体 1 的基本形状是以水平投影形状为底面的柱体(上下底面形状相同的立体称为柱体)，左右两边各有一方槽。形体 4 是带有半圆面的柱体，其下底面与形体 1 上的方槽底面平齐，前、后与方槽等宽，其中还有与形体 4 的半圆柱面共轴线的小圆柱孔。形体 2、3 的形状和位置，读者可自行分析。该组合体的形状如图 3-3-7(b)所示。

作图步骤：

由分析可看懂组合体的形状，便可按形体分析法逐步补画出左视图，具体作图步骤如图 3-3-8 所示。

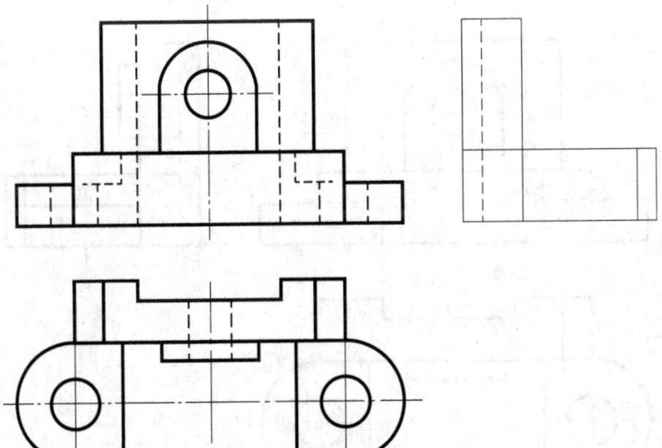

(a)画形体1和2的投影

图 3-3-8　根据主、俯两个视图补画左视图的作图过程

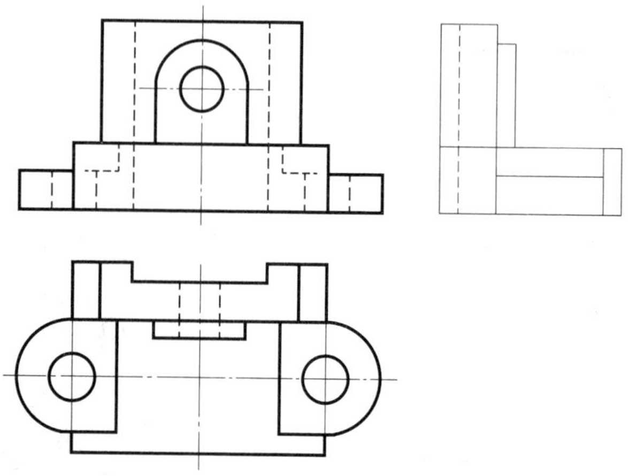

(b)画形体3和4的投影

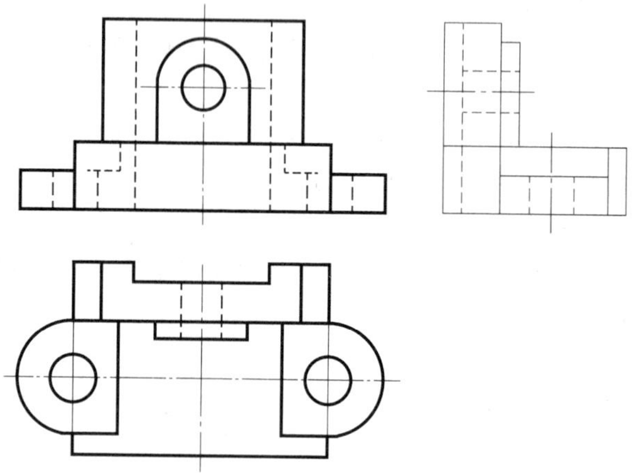

(c)画形体3和4上圆柱孔的投影

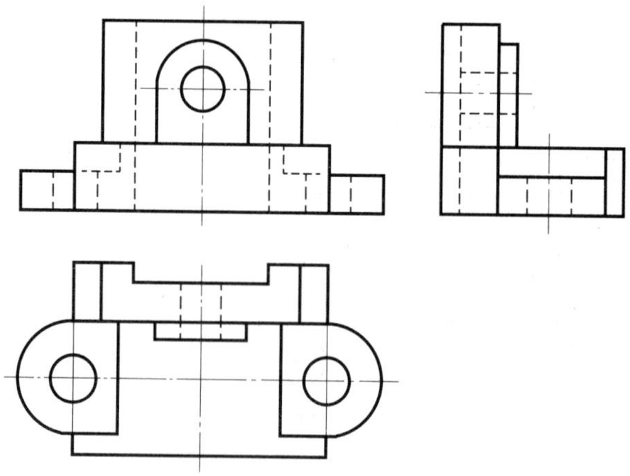

(d)检查、加深

续图 3-3-8

【例2】 采用线面分析法,由主、俯视图想象出它的整体形状,并画出左视图,如图3-3-9(a)所示。

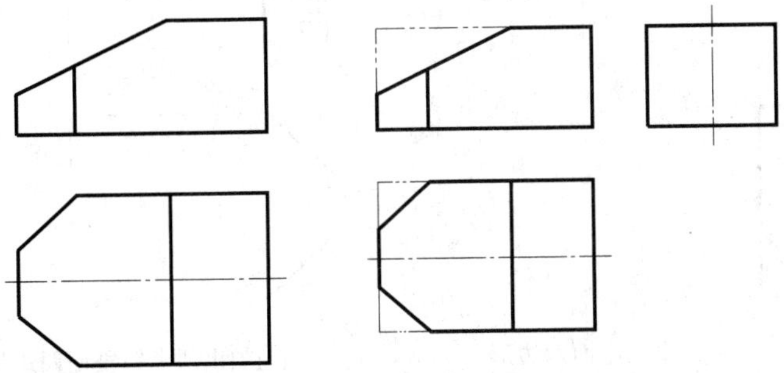

(a)已知条件　(b)初步分析

图3-3-9　由压板的主、俯视图补画左视图

形体分析:

对照压板的主、俯视图,经线面分析可看出压板是由直四棱柱经过切割得到的,属切割式组合体,如图3-3-9(b)所示。

作图步骤:

(1)添画出表示长方体外轮廓的双点画线,并补画出该长方体的左视图,如图3-3-9(b)所示。

(2)由图3-3-9(a)的俯视图可知,立体具有前后对称结构。在图3-3-10(a)所示的主视图的左上角有一条斜线,对应着俯视图是一个六边形,这说明该压板被一个正垂面切割去了左上角,根据正垂面的投影特性补画出侧面投影的六边形。

(3)根据主视图中的一个四边形对应着俯视图中的两条前后对称的斜线,可分析出压板的左侧前后角被两个对称的铅垂面切割,由此补画出它们的具有类似形(四边形)的侧面投影,如图3-3-10(b)所示。

(4)在图3-3-10(c)中的主视图左边有一条直线,对应着俯视图也是一条直线,仅从正面和侧面投影来判断,它可能是一条侧平线,也可能是一个侧平面,那么如何确定呢?由前面的分析可知,六边形正垂面的左边是一条正垂线,对称的四边形的左边是两条铅垂线,因此可断定压板的左端是由一条正垂线和一条铅垂线构成的一个矩形侧平面。这个侧平面的侧面投影已在前几步作图中画出。

(5)将前面的作图过程综合后完成左视图,如图3-3-10(d)所示。由已画出的压板的左视图,对照主、俯视图可以验证以上的分析、作图是正确的。

说明:要想正确、快速地读懂图,一要有扎实的读图基础,二要掌握读图的方法,三要通过典型题进行反复的读图实践。

课堂练习

补画已给出的组合体的三视图,并想象组合体形状,如图3-3-11所示。

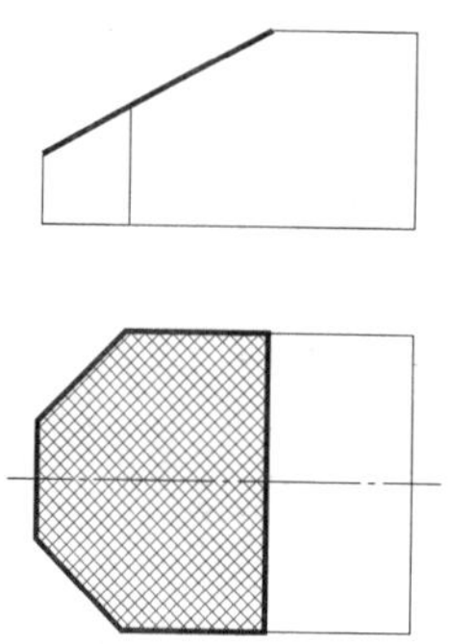

(a)画出正垂面六边形

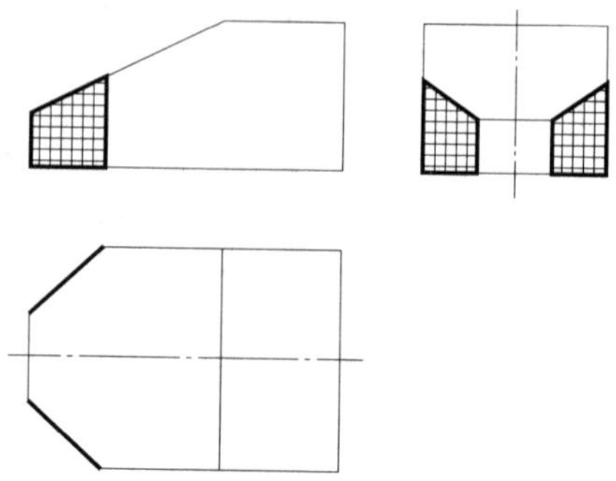

(b)画出两个铅垂面四边形

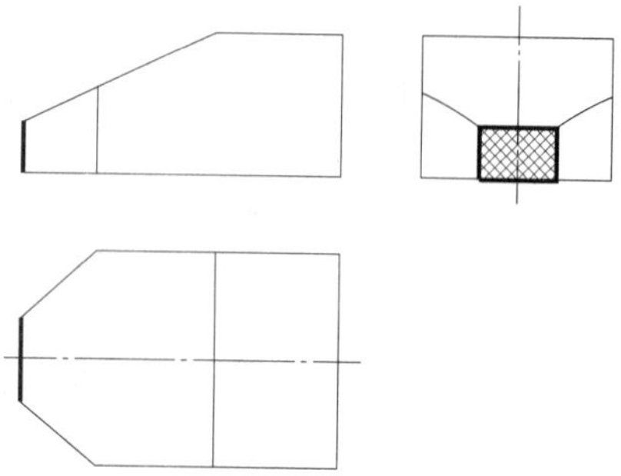

(c)分析侧平面矩形

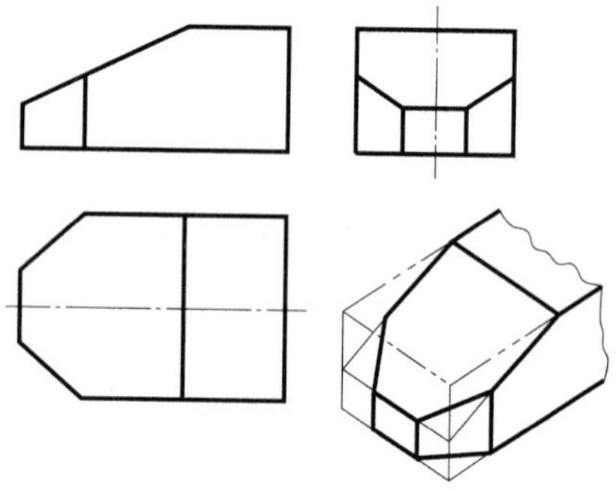

(d)想象压板的整体形状，校核加深图线

图 3-3-10　压板左视图的作图过程

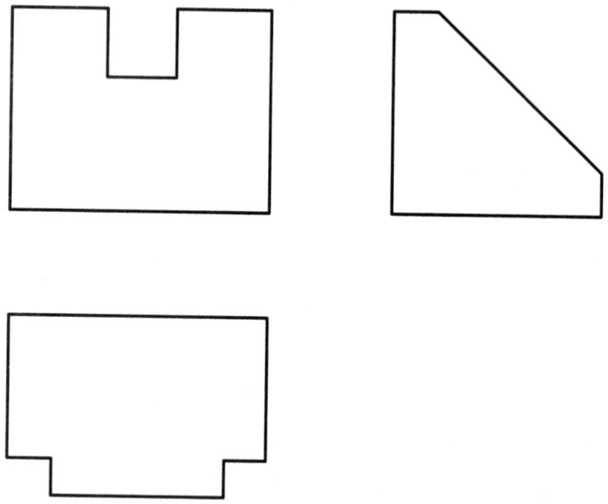

图 3-3-11　组合体视图

项目4 绘制轴测图

用正投影法绘制的三视图，可以准确地表达物体的结构形状和大小，画图方便，但缺乏立体感，直观性差，没经过专门训练的人很难看懂其形状。有时，工程上还需采用一种立体感较强的图来表达物体，即轴测图。轴测图是用轴测投影的方法画出来的富有立体感的图形，它接近人们的视觉习惯，但不能确切地反映物体真实的形状和大小，并且作图较正投影复杂，因而在生产中它作为辅助图样，用来帮助人们读懂正投影图。在制图教学中，轴测图也是提高空间构思能力的手段之一，通过画轴测图可以帮助想象物体的形状、培养空间想象能力。常见的轴测投影图分为正等轴测图和斜二轴测图两种。

【学习目标】

1. 理解轴测图投影图的概念、特点和投影特性。
2. 掌握正等轴测图的基本知识，学会平面立体和曲面立体正等轴测图的画法。
3. 掌握斜二轴测图的基本知识，学会曲面立体和平面立体斜二轴测图的画法。
4. 了解组合体正等轴测图和斜二轴测图的画法。

任务1 绘制直四棱柱切割体轴测图

任务导入

工程上应用最广泛的图样是正投影图，正投影图的优点是作图简便、度量性好，缺点是它的立体感不强、直观性较差，因此工程上常采用直观性较强、富有立体感的轴测图作为辅助图样，用以补充表达物体的结构形状及工作原理等。

本任务是在研究平面体投影特点的基础上，进一步学习平面体轴测投影规律和作图方法。图4-1-1所示为一长方体经平面切割形成的立体的三视图，绘制其轴测图。

相关知识

1 轴测投影的基本知识

1.1 轴测图的形成

将物体连同其参考直角坐标系，沿不平行于任一坐标面的方向，用平行投影法将其投射在单一投影面 P 上所得的具有立体感的图形称为轴测图，如图4-1-2所示。为了使轴

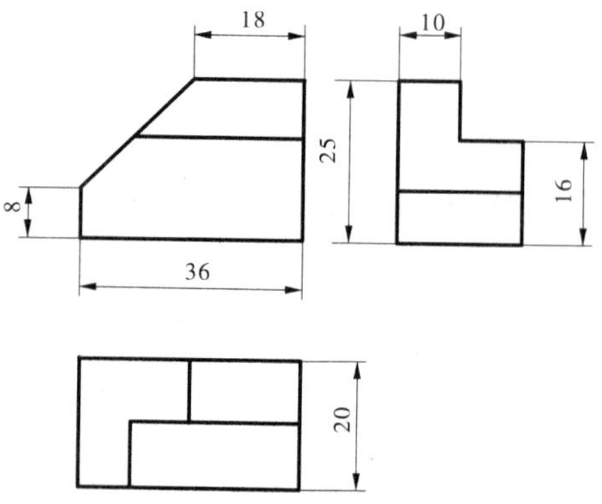

图 4-1-1　长方体切割体的三视图

测图具有较好的直观性，在选取投射方向时，不应与物体上的任一坐标平面（$X_0O_0Y_0$、$Y_0O_0Z_0$、$Z_0O_0X_0$）平行，以避免这些平面的轴测投影转化为直线，从而损坏轴测图的直观性。

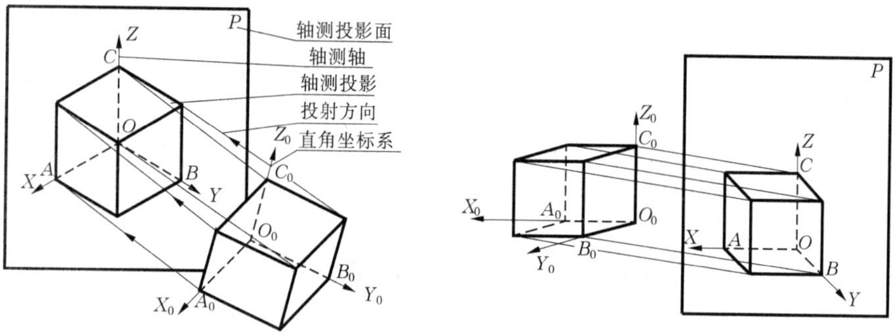

(a)正轴测图　　(b)斜轴测图

图 4-1-2　轴测图的形成

1.2　轴测图的有关术语

（1）轴测投影面。生成轴测图的单一投影面 P 称为轴测投影面。

（2）轴测轴。直角坐标轴 O_0X_0、O_0Y_0、O_0Z_0 在轴测投影面上的投影 OX、OY、OZ 称为轴测轴。

（3）轴间角。两轴测轴之间的夹角，称为轴间角。如图 4-1-2 中的 $\angle XOY$、$\angle XOZ$、$\angle YOZ$。

（4）轴向伸缩系数。轴测轴的单位长度与相应直角坐标轴上单位长度的比值，称为轴向伸缩系数。OX、OY、OZ 轴上的伸缩系数分别用 p、q 和 r 表示。

1.3　轴测图的分类

根据投射线与投影面的相对位置，轴测投影可分以下两种：

（1）正轴测图。用正投影法得到的轴测图叫正轴测图，如图 4-1-2(a)所示。

（2）斜轴测图。用斜投影法得到的轴测图叫斜轴测图，如图 4-1-2(b)所示。

根据轴向伸缩系数的不同，在每类轴测图中最常用的又分为以下三种：

(1)正(斜)等轴测图。三个轴向伸缩系数完全相等,即 $p=q=r$。

(2)正(斜)二等轴测图。两个轴向伸缩系数相等,如 $p=q\neq r$。

(3)正(斜)三等轴测图。三个轴向伸缩系数均不相等,即 $p\neq q\neq r$。

从画图的便捷性和立体感考虑,国家标准推荐了三种常用的轴测图:正等测、正二测和斜二测。

1.4　轴测投影的基本性质

(1)平行性。物体上相互平行的线段,其轴测投影也相互平行。因此,物体上与直角坐标轴平行的线段,其轴测投影必平行于相应的轴测轴。

(2)定比性。物体上凡与直角坐标轴平行的直线段,其轴测投影也必平行于相应的轴测轴,且与相应轴测轴的轴向伸缩系数相同。由于轴测图中只有轴测轴的伸缩系数是已知的,所以只有与轴测轴平行的线段,才能按相应轴测轴的轴向伸缩系数量取尺寸。这就是可量性,也是“轴测”二字的含义。

2　正等轴测图的轴间角及轴向伸缩系数

将物体放置成使它的三个坐标轴与轴测投影面具有相同的倾角,然后用正投影法向轴测投影面投射所得到的轴测图,称为正等轴测图,简称正等测,如图4-1-2(a)所示。由于物体上的三个直角坐标轴与轴测投影面的倾斜角度相同,因此正等轴测图的三个轴间角相等,即 $\angle XOY=\angle XOZ=\angle YOZ=120°$,作图时,通常使 OZ 轴画成铅垂位置,然后画出 OX、OY 轴,如图4-1-3所示。

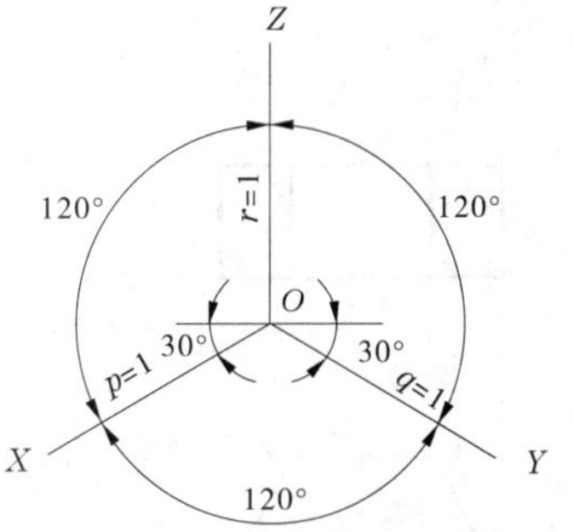

图4-1-3　正等测的轴间角和轴向伸缩系数

正等测中三个轴的轴向伸缩系数都相等,$p=q=r\approx 0.82$,实际作图时,为了画图方便,通常采用 $p=q=r=1$ 的简化伸缩系数,即沿各轴向的所有尺寸均按物体的实际大小绘制。这样画出的轴测图比实际物体放大了 $1/0.82\approx 1.22$ 倍,但形状并没有改变,如图4-1-4所示。

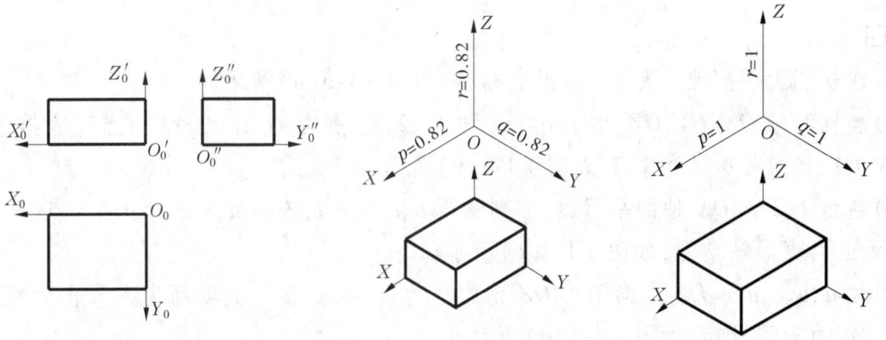

(a)物体的正投影图　(b)$p=q=r=0.82$的正等测　(c)$p=q=r=1$的正等测

图4-1-4　轴向伸缩系数和简化轴向伸缩系数作图比较

3 平面体正等轴测图的画法

轴测图的主要绘图方法有坐标法、叠加法、切割法等。在实际作图时,应根据物体的形状特点不同而灵活采用适当的作图方法。

3.1 坐标法

坐标法为画轴测图的基本方法。画图时,首先在视图中确定坐标原点和坐标轴,画出轴测轴,再根据物体上各顶点的空间坐标,分别画出它们的轴测投影,然后依次连接各顶点,即得物体的轴测图。

【例 1】 作如图 4-1-5 所示的正六棱柱的正等测图。

分析:

由于正六棱柱的前后、左右对称,因此将坐标原点 O 定在上底面六边形的中心,确定 X 轴和 Y 轴。

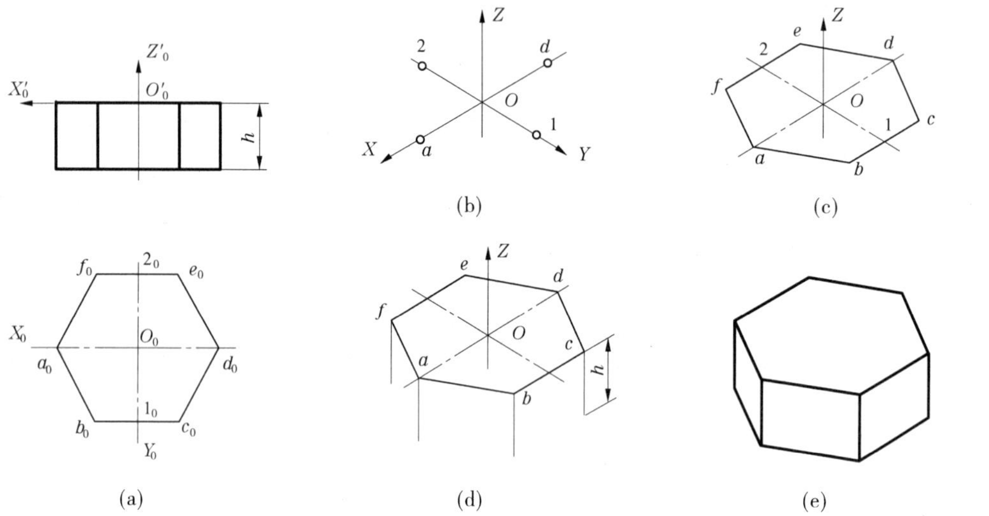

图 4-1-5　正六棱柱的正等测图

作图:

(1)在视图上确定坐标原点,画出坐标轴,如图 4-1-5(a)所示。

(2)画轴测轴 OX、OY、OZ,由于 a_0、d_0 和 1_0、2_0 分别在 O_0X_0、O_0Y_0 轴上可直接量取,并在 OX、OY 上作出 a、d 和 1、2,如图 4-1-5(b)所示。

(3)通过 1、2 作 OX 轴的平行线,分别量得 b、c 和 e、f,连接 a、b、c、d、e、f 各点,即得六棱柱顶面正六边形轴测图,如图 4-1-5(c)所示。

(4)过 a、b、c、d、e、f 各点向下作 OZ 轴的平行线,并在其上截取高度 h 作出六棱柱底面上可见点的轴测投影,如图 4-1-5(d)所示。

(5)连接下底面各点,擦去多余图线,整理后得六棱柱正等测图,如图 4-1-5(e)所示。

画轴测图时,一般不必画出不可见轮廓线。因此,画图时如果先画顶面、再画底面,先画前面、再画后面,先画左面、再画右面,就可以避免多余图线的出现,简化作图过程。

3.2　叠加法

对于叠加式组合体,采用叠加法画轴测图。如图 4-1-6(a)所示,可将组合体分解成三个基本形体(Ⅰ、Ⅱ、Ⅲ),然后逐步画出各形体的正等轴测图,但要注意各形体间的位置关系。

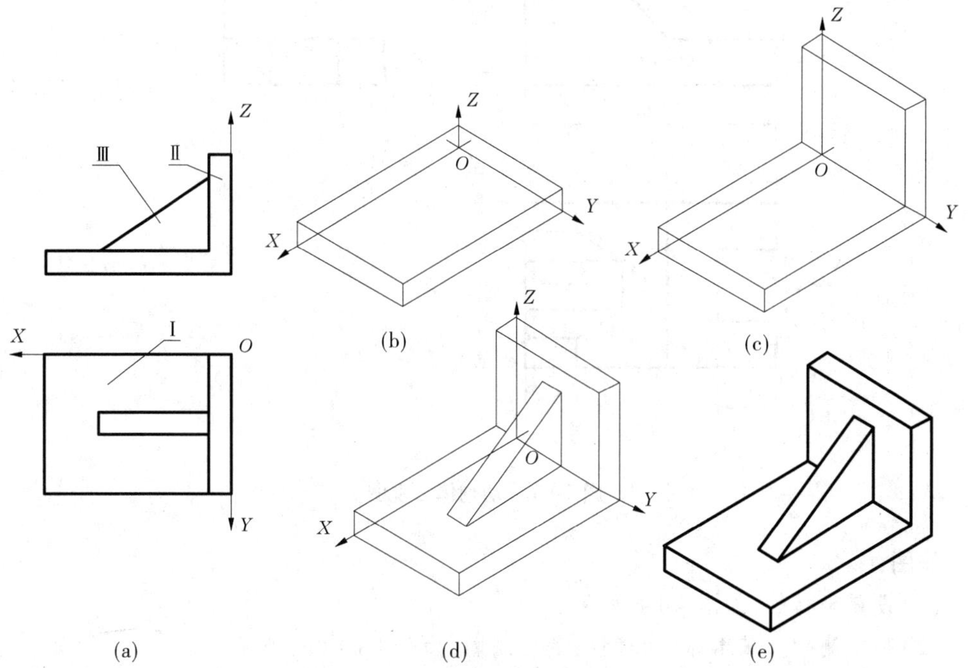

图 4-1-6　叠加法作正等轴测图

【例 2】　作如图 4-1-6(a)所示组合体的正等轴测图。

作图:

(1)画轴测轴系 $OXYZ$,然后画出形体Ⅰ,如图 4-1-6(b)所示。

(2)形体Ⅱ与形体Ⅰ前、后和右面共面,画出形体Ⅱ,如图 4-1-6(c)所示。

(3)形体Ⅲ的下面与形体Ⅰ的上面共面,右面与形体Ⅱ的左面共面,画出形体Ⅲ,如图 4-1-6(d)所示。

(4)去掉形体间不应有的交线和被遮挡的线,然后描深,得到完整的正等轴测图,如图 4-1-6(e)所示。

3.3　切割法

对于切割式组合体,采用切割法画轴测图。先按完整物体画出,然后利用轴测投影的特性对切割部分进行作图,这种作图方法称为切割法。

【例 3】　根据图 4-1-7 所示三视图,绘制它的正等轴测图。

分析:

分析三视图可知,该物体是由一个四棱柱切割构成的。一个水平面、一个正垂面切去四棱柱左上部;两个正平面、一个侧平面在四棱柱左下部切去一个方槽;两个侧垂面、一个水平面在四棱柱的右侧切去一个 V 形楔块。

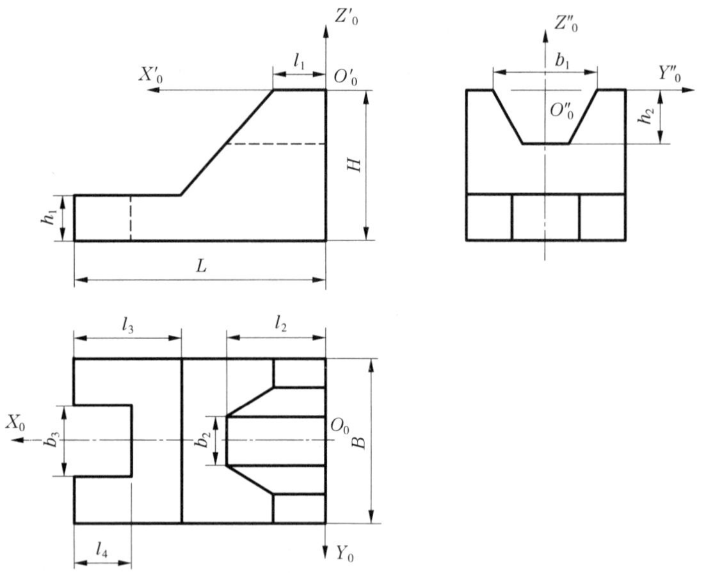

图 4-1-7　切割体三视图

作图:

(1)设置坐标轴,如图 4-1-8 所示。

(2)画轴测轴及基本体(四棱柱)的轴测图,如图 4-1-8(a)所示。

(3)在长方体上按尺寸截去左上角,如图 4-1-8(b)所示。

(4)在左下侧按尺寸开方槽,如图 4-1-8(c)所示。

(5)在立体右上顶面相对于 O 点,宽度为 $b_1/2$,对称作出两条平行于 X 轴的直线;再将 O 点沿 Z 轴下移 h_2,相对于 O 点,宽度为 $b_2/2$,对称作出两条平行于 X 轴,长为 l_2 的直线。在同侧分别连接两直线的端点,以及槽底的两条平行于 Y 轴的直线,即为所求的 V 形槽,如图 4-1-8(c)所示。

(6)修剪擦去多余作图线、整理并加深轮廓线,完成作图,如图 4-1-8(d)所示。

注意:画图形上的一些与轴测轴不平行的图线,要由与轴测轴平行的方向间接转换作出,如右上侧的 V 形槽的画法。

任务实施

长方体经平面切割后所形成立体的正等轴测图的绘制步骤如下:

(1)设置直角坐标系,如图 4-1-9(a)所示。

(2)设置轴侧坐标系,在长方体上按尺寸截去左上角,如图 4-1-9(b)所示。

(3)进一步在左前方切槽,如图 4-1-9(c)所示。

(4)整理,加深,如图 4-1-9(d)所示。

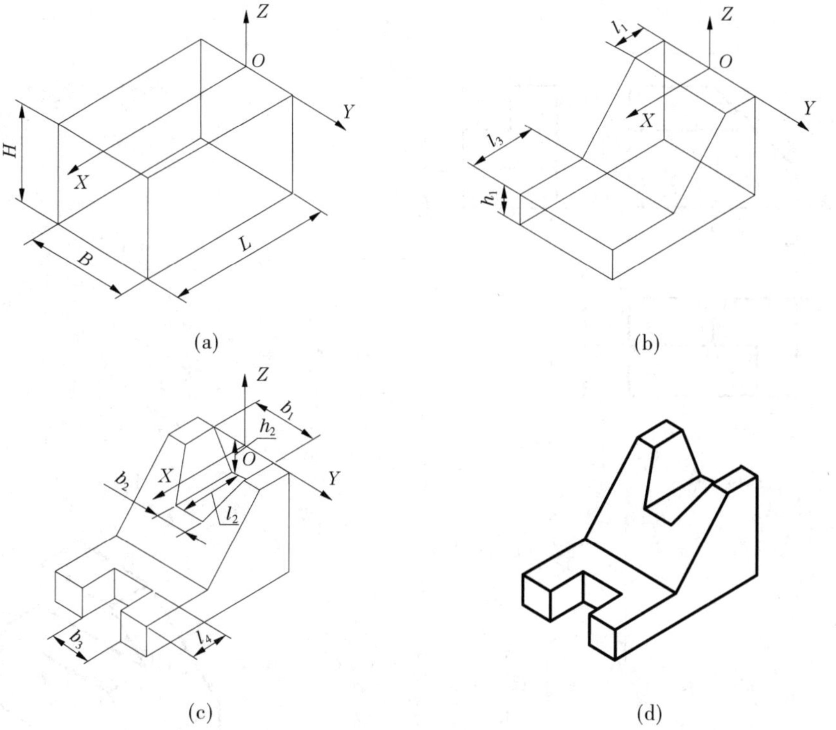

图 4-1-8　切割体正等轴测图

知识拓展

1　斜二轴测图的轴间角及轴向伸缩系数

如图 4-1-10(a)所示,将坐标轴 O_0Z_0 放置成铅垂位置,并使坐标面 $X_0O_0Z_0$ 平行于轴测投影面 $P(P/\!/V)$,用斜投影法将物体连同其坐标轴一起向 P 面投射,所得到的轴测图称为斜轴测图。

由于 $X_0O_0Z_0$ 坐标面平行于轴测投影面 P,所以轴测轴 OX、OZ 仍分别为水平方向和铅垂方向,其轴向伸缩系数 $p_1 = r_1 = 1$,轴间角 $\angle XOZ = 90°$,轴测轴 OY 的方向和轴向伸缩系数 q_1 可随着投射方向的变化而变化。为了绘图简便,国家标准规定,选取轴间角 $\angle XOY = \angle YOZ = 135°$,$q_1 = 0.5$,如图 4-1-10(b)所示。按照这些规定绘制的斜轴测图称为斜二轴测图,简称斜二测。

2　平面体斜二轴测图的画法

由于斜二轴测图的轴向伸缩系数 $p_1 = r_1 = 1$,所以物体上凡平行于 XOZ 坐标面的平面,其轴测投影反映实形。因此,可将物体上圆或圆弧较多的平面放置为 XOZ 坐标面的平行面,使其轴测投影仍为圆或圆弧,以简化作图。对于物体上不平行于 XOZ 坐标面的

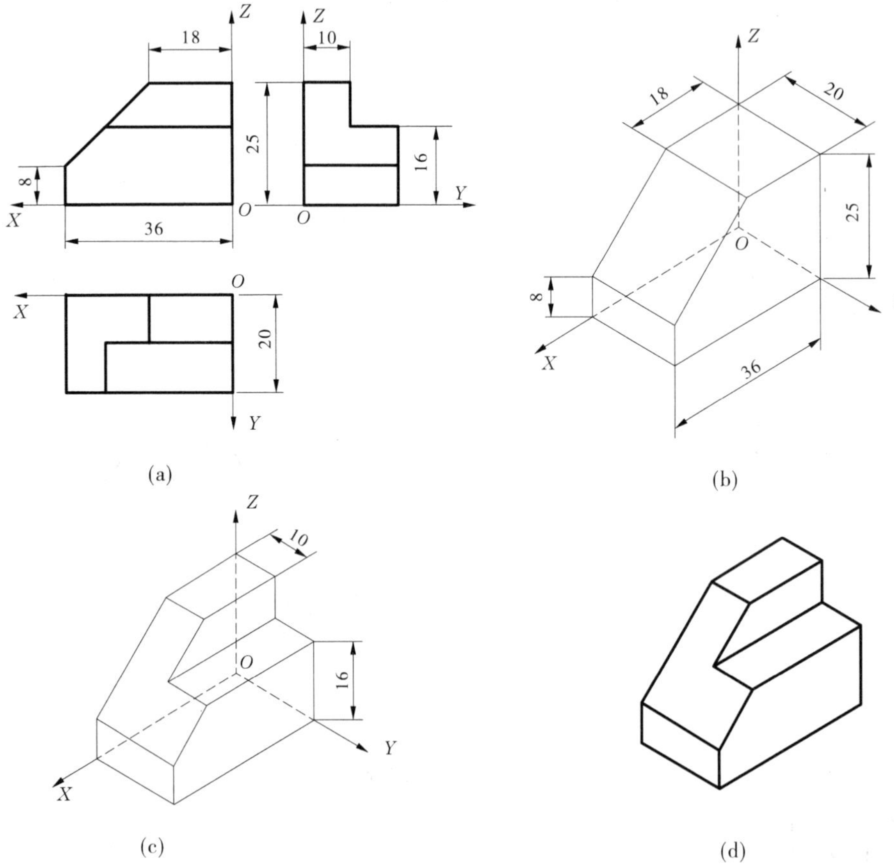

图 4-1-9　长方体经平面切割后所形成立体的正等轴测图的绘制步骤

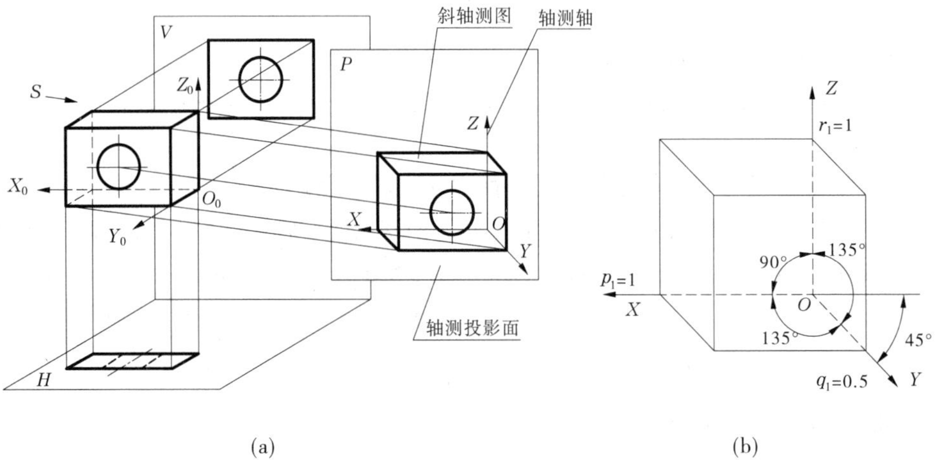

图 4-1-10　斜二轴测图

圆或圆弧可采用坐标法完成其轴测投影。物体的斜二轴测图画法与正等轴测图的画法步骤一样，即可采用坐标法、叠加法和切割法，只是轴间角和轴向伸缩系数不同而已。

【例 4】　已知垫块的两面投影，如图 4-1-11(a)所示，求作其斜二轴测图。

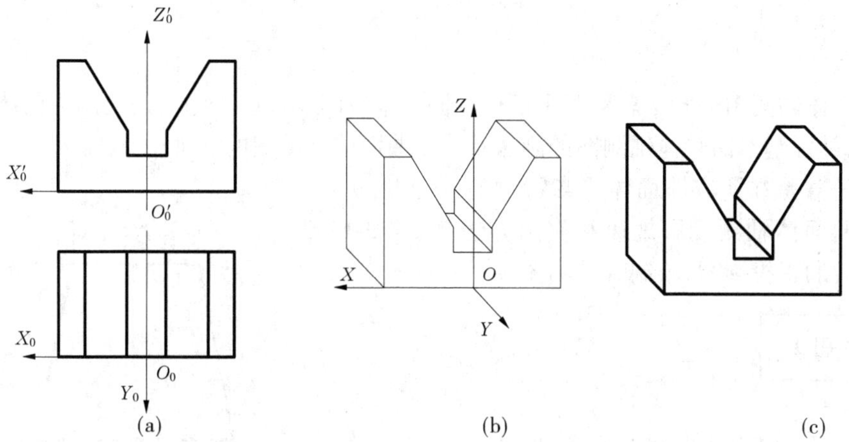

图 4-1-11　垫块斜二轴测图

作图：

(1)设置坐标轴，如图 4-1-11(b)所示。

(2)画轴测轴，画垫块正面轴测图，过正面各棱线的端点作直线与 OY 平行，并使其长度等于垫块宽度尺寸的一半，依次连接所得的各端点如图 4-1-11(b)所示。

(3)擦去多余图线，加深，完成全图，如图 4-1-11(c)所示。

课堂练习

完成图 4-1-12 所示平面切割体的正等轴测图。

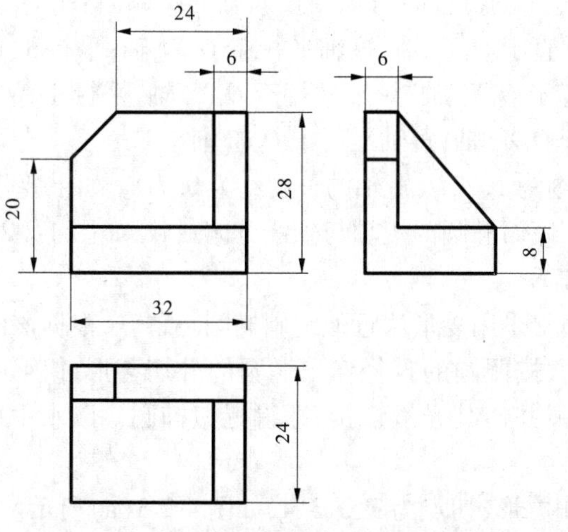

图 4-1-12　求平面切割体的正等轴测图

任务2　绘制圆台曲面体轴测图

任务导入

曲面体轴测图的画法思路与平面体相同。掌握圆的轴测图画法是绘制曲面体轴测图的关键,掌握基本回转体轴测图的画法是绘制曲面体轴测图的基础。

本任务是在研究曲面体投影特点的基础上,进一步学习曲面体轴测投影规律和作图方法。图4-2-1所示为圆台的正投影图,绘制其轴测图。

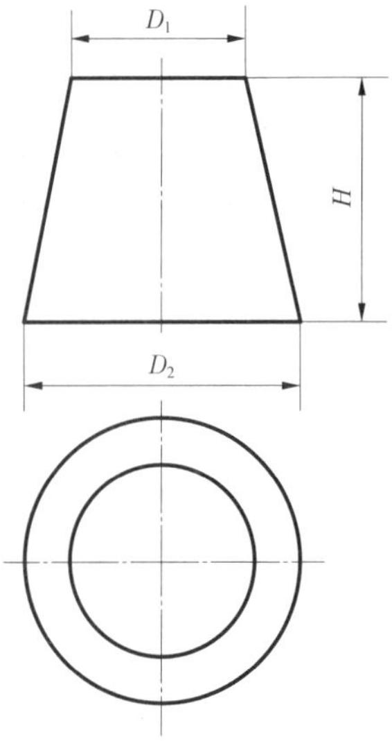

图4-2-1　圆台的正投影图

相关知识

1　平行于坐标面的圆的正等画法

1.1　椭圆的长短轴方向及大小

画回转体时经常遇到圆或圆弧,由于各坐标面对正等轴测投影面都是倾斜的,因此平行于坐标平面的圆的正等轴测投影是椭圆。而圆的外切正方形在正等测投影中变形为菱形,因而圆的轴测投影就是内切于对应菱形的椭圆,如图4-2-2所示。从图中可以看出:

(1)平行于三个坐标面的等直径圆,其轴测投影得到的三个椭圆形状和大小相同,但方向不同。

(2)椭圆长轴的方向是菱形的长对角线的方向,短轴的方向是菱形的短对角线的方向。如图4-2-2(a)、(b)所示,它们与轴测投影轴的关系是:平行于 XOZ 面的圆,其轴测投影中,椭圆的长轴垂直于 O_1Y_1 轴,短轴平行于 O_1Y_1 轴;平行于 YOZ 面的圆,其轴测投影中,椭圆的长轴垂直于 O_1X_1 轴,短轴平行于 O_1X_1 轴;平行于 XOY 面的圆,其轴测投影中,椭圆的长轴垂直于 O_1Z_1 轴,短轴平行于 O_1Z_1 轴。

椭圆长轴的长度约为 $1.22D$,短轴的长度约为 $0.7D$。如果要作轴线与坐标轴平行的圆柱或圆锥,则其上下底面椭圆的短轴与轴线方向一致,如图4-2-2(c)所示。

1.2　椭圆的近似画法

为了作图简便,通常采用菱形法近似地画椭圆。首先,根据该圆所平行的坐标面来确定长短轴的方向;然后,按照圆的直径作出椭圆的外切菱形并确定四段圆弧的圆心和半径;最后,画出四段圆弧并使其光滑连接,即得近似椭圆。以水平圆为例,其画法步骤如下:

(1)画圆的外切正方形,切点为1、2、3、4,如图4-2-3(a)所示。

(2)画外切菱形,如图4-2-3(b)所示。

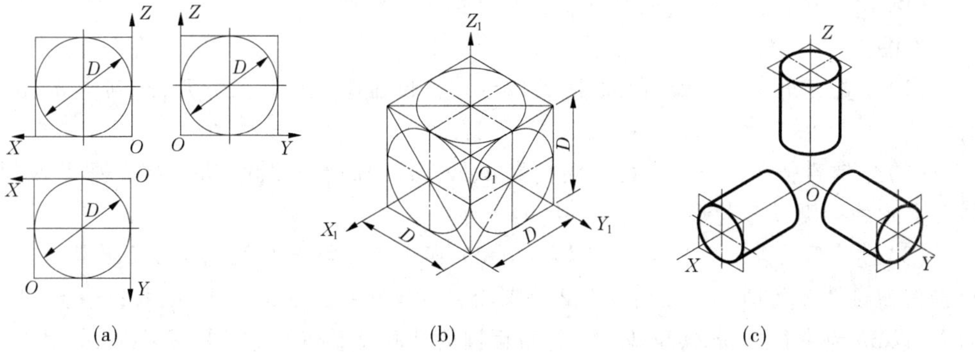

图 4-2-2　平行于坐标面的圆的正等测投影

(3)连接点 A_1 与 2_1，直线 A_12_1 与长轴的交点为 D_1，连接 B_1 与 4_1，直线 B_14_1 与长轴的交点为 C_1，如图 4-2-3(c)所示。

(4)分别以 A_1、B_1 为圆心，以 A_12_1 为半径画圆弧，以 C_1、D_1 为圆心，以 C_11_1 为半径画圆弧与大圆弧相切，如图 4-2-3(d)所示。

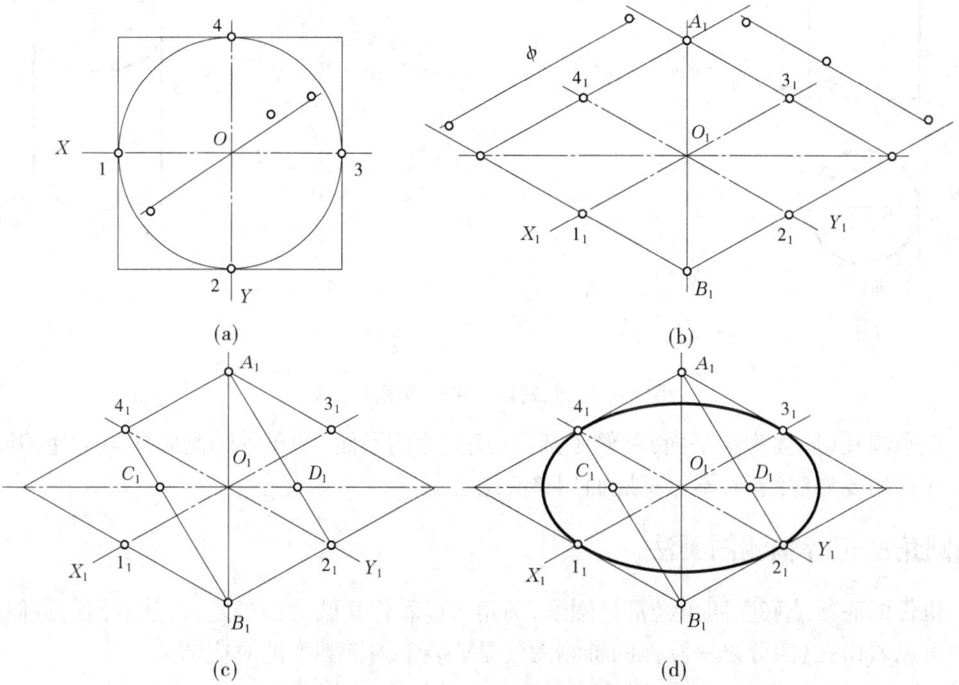

图 4-2-3　采用菱形法绘制椭圆的过程

2　圆柱体的正等轴测图画法

掌握了圆的正等轴测画法，圆柱体的正等轴测图就容易画了。根据圆柱的直径 ϕ 和高 h 作出两个形状、大小相同，中心距为 h 的椭圆，然后作两椭圆的公切线，即得圆柱的正等轴测图。

【例 1】 作如图 4-2-4(a)所示的圆柱体的正等测图。

作图:

(1)设置直角坐标轴如图 4-2-4(a)所示。作顶面圆的外切正方形,得切点 a_0、b_0、c_0、d_0。

(2)作轴测轴和四个切点的轴测投影 a、b、c、d,过四点分别作 OX、OY 的平行线,得外切正方形的轴测投影菱形,如图 4-2-4(b)所示。

(3)过菱形顶点 1、2 连接 $1c$、$1d$ 和 $2a$、$2b$,四线相交得交点 3、4,则 1、2、3、4 点即为近似椭圆四段圆弧的圆心。分别以 1、2 为圆心,以 $1c$ 为半径画 cd 弧和 ab 弧;分别以 3、4 为圆心,以 $3b$ 为半径作 bc 弧和 da 弧,得顶面圆的轴测投影椭圆,如图 4-2-4(c)所示。

(4)将椭圆的三个圆心 2、3、4 沿 Z 轴平移高度 h,作出底面圆的轴测投影(即移心法画底面圆的轴测投影),不可见的椭圆弧不必画出,如图 4-2-4(c)所示。

(5)作两椭圆公切线,擦去作图线,描深,如图 4-2-4(d)所示。

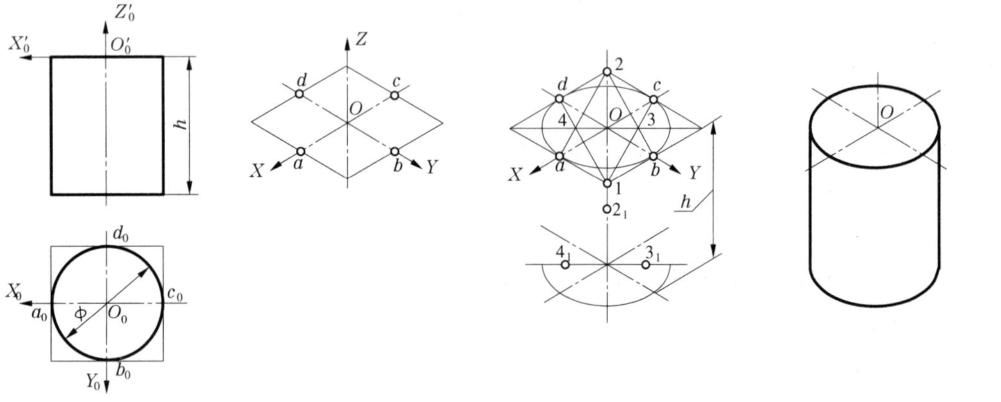

(a) (b) (c) (d)

图 4-2-4 圆柱体正等轴测图的画法

正平圆柱(底面为正平面)和侧平圆柱(底面为侧平面)的正等轴测画法与上述相同,可见底面用菱形法绘制,不可见底面用移心法绘制。

3 圆角的正等轴测图画法

机件的底板或底座四角经常呈圆形,圆角可以看作整圆的四分之一,从椭圆的近似画法中可以看出:这四分之一圆弧的轴测图就是取菱形内椭圆弧的对应部分。

【例 2】 作如图 4-2-5(a)所示的带圆角平板的正等轴测图。

作图:

(1)先画出直角平板的轴测图,并根据半径 R,得到四个切点,如图 4-2-5(b)所示。

(2)过切点作相应边的垂线,得到上表面的圆心,如图 4-2-5(c)所示。

(3)过圆心作圆弧切于切点,如图 4-2-5(d)所示。

(4)从圆心向下量取板的厚度,得下底面圆心,同样方式作圆弧,如图 4-2-5(e)所示。

(5)作中心为 M、M_1 的两段圆弧的公切线,擦掉多余图线,加深,如图 4-2-5(f)所示。

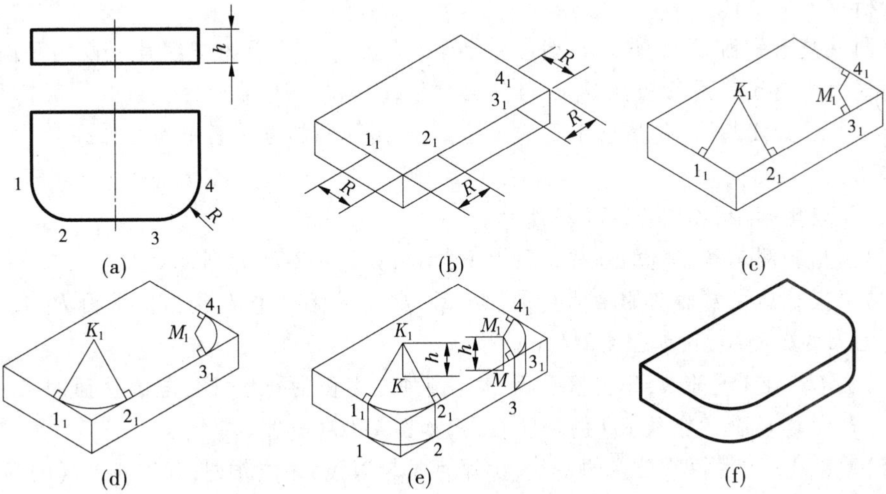

图 4-2-5 带圆角平板的正等轴测图的画法

任务实施

如图 4-2-6(a)所示的圆台正等轴测图的绘制过程如下：

(1)画出顶面椭圆，如图 4-2-6(b)所示。

(2)将顶面圆心向下移动高度 H，画出底面椭圆，如图 4-2-6(c)所示。

(3)画出两椭圆的外公切线，擦去不可见轮廓线，如图 4-2-6(d)所示。

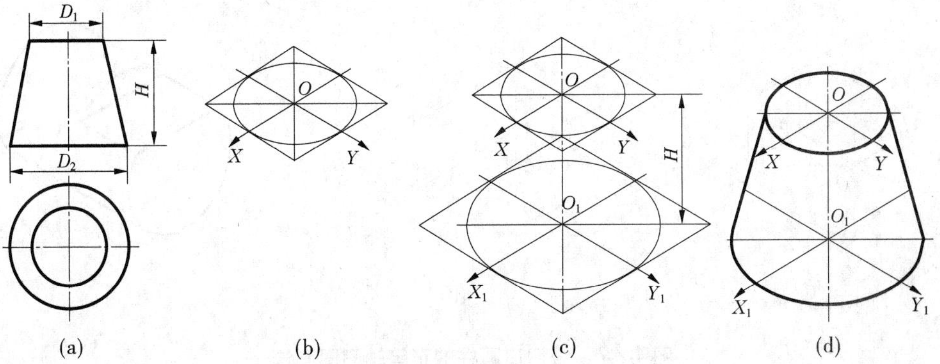

图 4-2-6 圆台正等轴测图的绘制过程

知识拓展

1 组合体的正等轴测图画法

在画组合体的正等轴测图时，可以应用形体分析法，按各形体在组合体中的位置，分别画出各个形体的正等轴测图。

【例 3】 如图 4-2-7(a)所示，作带平面切口的圆柱的正等轴测图。

分析：

该圆柱被水平面 Q、侧平面 P 切去左上角。P 面与圆柱面的交线是一段侧平圆弧；Q 面与圆柱面的交线是两条平行 O_0X_0 轴的侧垂线；Q 面与圆柱端面的交线以及两截平面的交线都平行于 O_0Y_0 轴。先画出完整的圆柱体，再用切割的方法画出切口部分。

作图：

(1)设置坐标轴，如图 4-2-7(a)所示。

(2)画出轴测轴和完整的圆柱体的轴测投影，如图 4-2-7(b)所示。

(3)将圆柱体左端面圆的轴测投影椭圆沿 OX 轴向右平移 l，作出侧平面 P 与圆柱面交线椭圆弧的轴测投影，如图 4-2-7(c)所示。

(4)在 OZ 轴上量取 h，作出水平面 Q 与圆柱左端面的交线 AB、与圆柱面的交线 AC、BD 以及 P 面与 Q 面的交线 CD 的轴测投影，如图 4-2-7(d)所示。

(5)整理图面，去掉不必要的图线，加深可见轮廓线，完成作图，如图 4-2-7(e)所示。

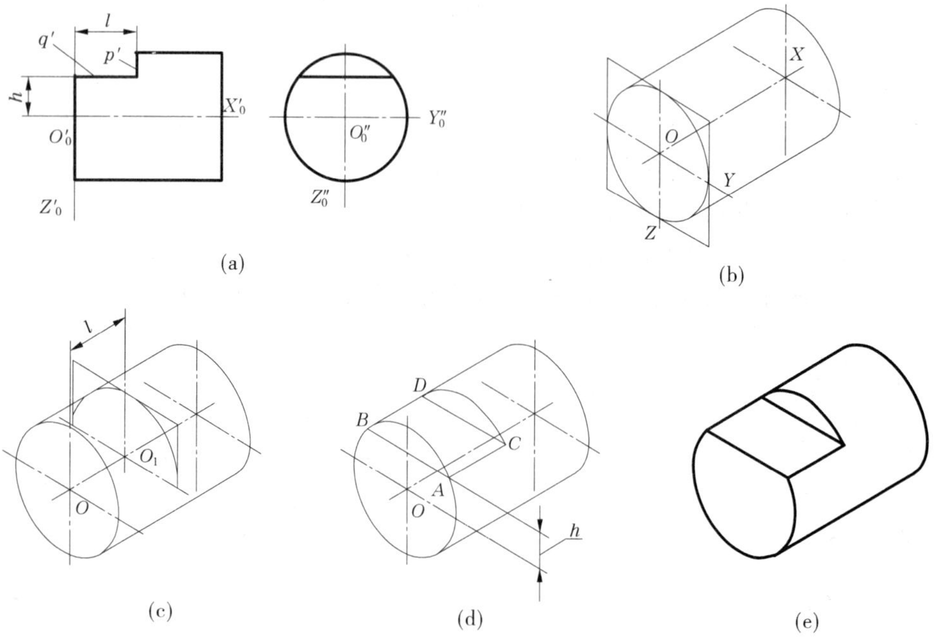

图 4-2-7　带切口圆柱的正等轴测图画法

【例 4】　根据如图 4-2-8(a)所示的支架正投影，作其正等轴测图。

分析：

该组合体由底板和立板叠加组成，涉及平板、圆、圆角的轴测图画法。

作图：

(1)画底板轴测图，如图 4-2-8(b)所示。

(2)叠加画立板的轴测图，如图 4-2-8(c)所示。

(3)整理加深，如图 4-2-8(d)所示。

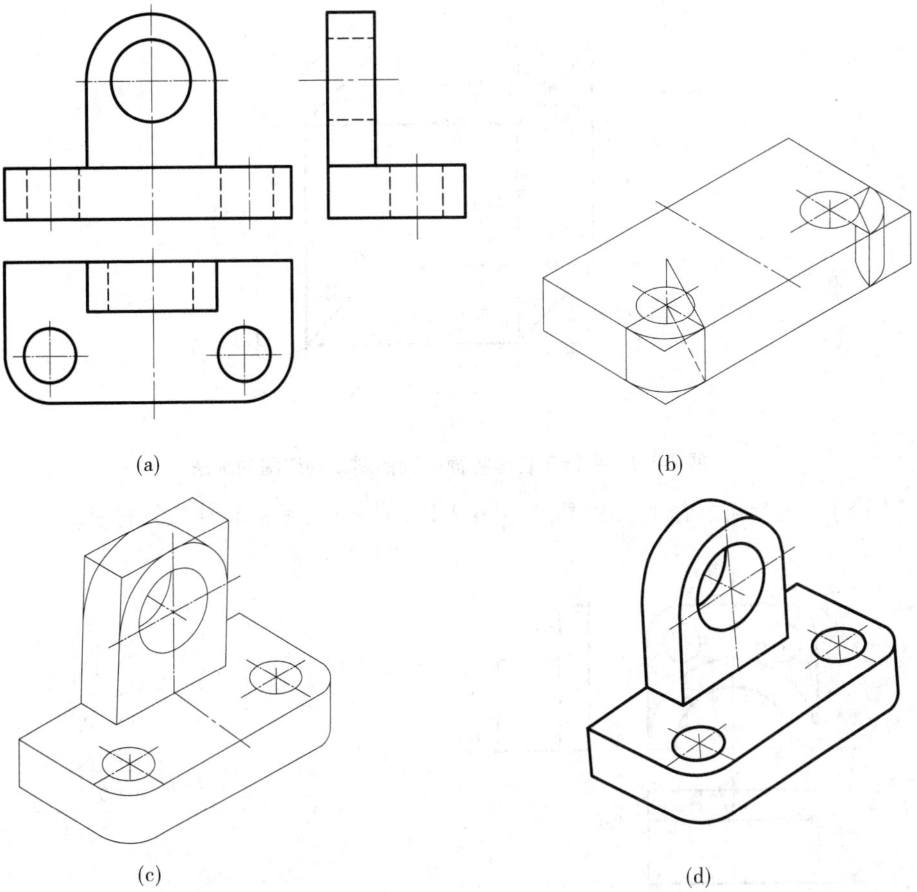

图 4-2-8 组合体支架的正等轴测图画法

2 曲面体斜二测的画法

2.1 平行于坐标面的圆的斜二轴测图的画法

由于斜二测轴测图的轴向伸缩系数 $p_1 = r_1 = 1$，所以物体上凡平行于 XOZ 坐标面的平面，其轴测投影反映实形。在斜二轴测图中，平行于 XOZ 坐标面的圆反映实形，而平行于 XOY 和 YOZ 坐标面的圆则为形状相同的椭圆。如图 4-2-9 所示，顶面上的椭圆 1 的长轴相对于 O_1X_1 轴偏转 7°，侧面上的椭圆 2 的长轴相对于 O_1Z_1 轴偏转 7°；它们的长轴约等于 $1.06d$，短轴约等于 $0.33d$。由于椭圆作图烦琐，所以斜二测常常用来表达一个方向有圆的物体，一般使包含圆的平面平行于 $X_0O_0Z_0$ 坐标面。

2.2 立体的斜二轴测图画法

物体的斜二轴测图画法与正等轴测图的画法步骤一样，即可采用坐标法、叠加法和切割法，只是轴间角和轴向伸缩系数不同而已。画图时，将物体上圆或圆弧较多的平面放置为 XOZ 坐标面的平行面，使其轴测投影仍为圆或圆弧，以简化作图；对于物体上不平行于 XOZ 坐标面的圆或圆弧可采用坐标法完成其轴测投影。

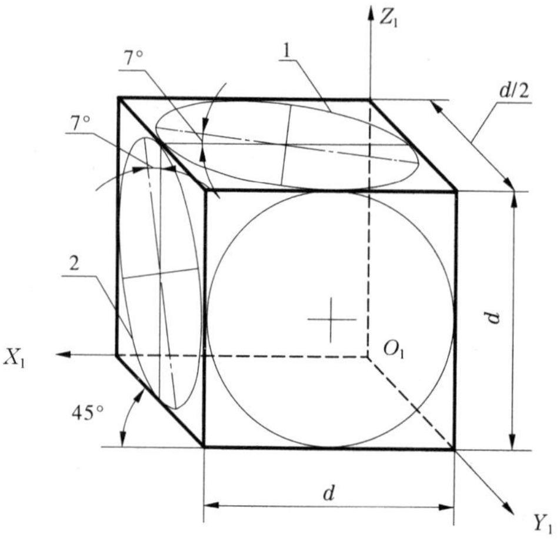

图 4-2-9　平行于各坐标面的圆的斜二轴测图的画法

【例 5】　已知组合体的三视图,如图 4-2-10(a)所示,画出其斜二轴测图。

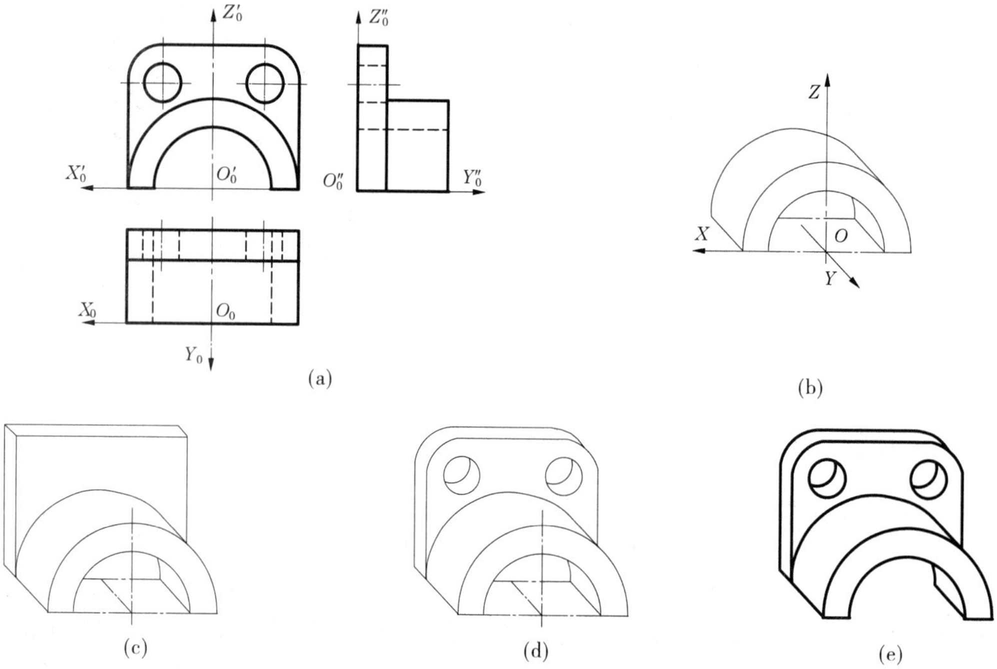

图 4-2-10　组合体斜二轴测图的画法

作图:

(1)设置坐标轴,如图 4-2-10(a)所示。

(2)画轴测轴及空心半圆柱,如图 4-2-10(b)所示。

(3)画立板长方体,如图 4-2-10(c)所示。

(4)画立板的圆角和小孔,如图 4-2-10(d)所示。

(5)整理,加深,注意可见性,完成全图,如图 4-2-10(e)所示。

课堂练习

根据图 4-2-11 所示立体的正投影视图,完成其正等轴测图或斜二轴测图。

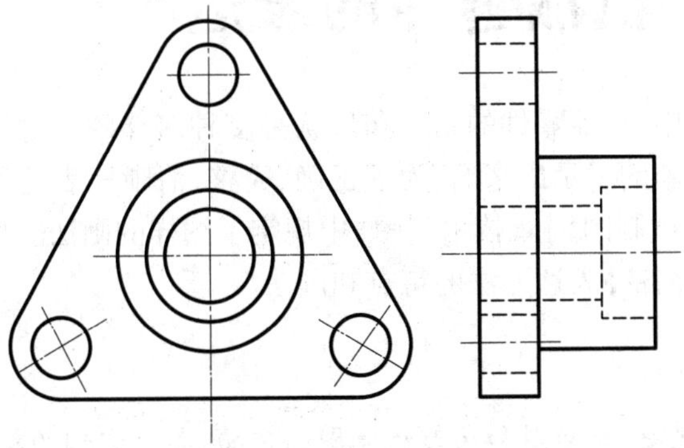

图 4-2-11　立体的正投影图

项目 5　机械零件的表达

在实际生产过程中,机器零件的结构和形状是多种多样的。对于复杂的零件仅仅用三视图是无法完整清晰的表示出来的,为了正确、完整、清晰地表达零件的内部和外部结构形状,国家标准《机械制图》和《技术制图》中规定了图样的画法。要正确绘制和识读机械图样,必须掌握机件各种表达方法的特点和画法。

【学习目标】

1. 掌握视图、剖视图、断面图和局部放大图的定义,熟记它们的标注规定,熟练运用视图表达机件的外部结构和形状。

2. 理解剖视图的形成,熟练运用剖视图与断面图表达机件的内部结构和形状。

3. 能识读机件常用的各种表达方法,熟练应用机件特殊结构的简化画法。

任务 1　摇杆零件的视图表达

任务导入

在机械零件中,一些机件的形状和结构比较复杂,如图 5-1-1 所示的摇杆零件立体图,从图中可以看出,若该摇杆零件仍用三视图来表达,是难以将其内外结构正确、完整、清晰地表达出来的。为了解决这个问题,在三视图的基础上,根据零件结构表达的需要,增加了其他一些视图。

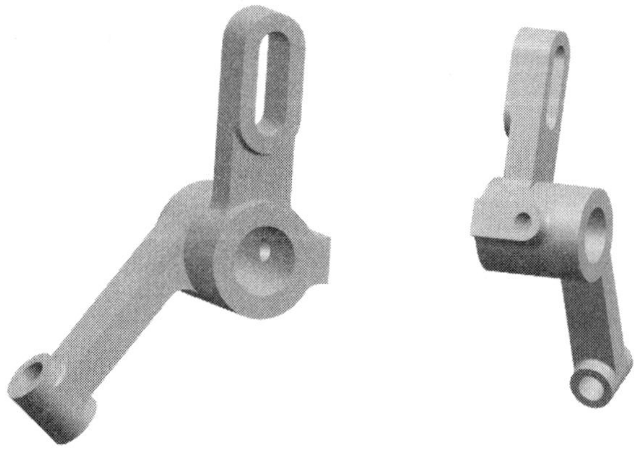

图 5-1-1　摇杆零件立体图

相关知识

视图(GB/T 17451—1998、GB/T 4458.1—2002)主要用于表达机件外部结构形状。视图分为基本视图、向视图、局部视图和斜视图四种。视图一般只画可见部分,必要时才用细虚线表达不可见部分。

1 基本视图

为了分别表达物体上、下、左、右、前、后六个方向的结构形状,国家标准中规定:用正六面体的六个面作为六个投影面,称为基本投影面。如图5-1-2(a)所示,将物体置于六面体中间,分别向各投影面投射,得到以下六个基本视图:

(1)主视图——由物体的前方向后投射得到的视图。

(2)俯视图——由物体的上方向下投射得到的视图。

(3)左视图——由物体的左方向右投射得到的视图。

(4)右视图——由物体的右方向左投射得到的视图。

(5)仰视图——由物体的下方向上投射得到的视图。

(6)后视图——由物体的后方向前投射得到的视图。

为了在同一平面上表示物体,必须将六个投影面展开到一个平面。展开时规定正立投影面不动,其余各投影面按图5-1-2(b)所示展开到正立投影面所在的平面上。

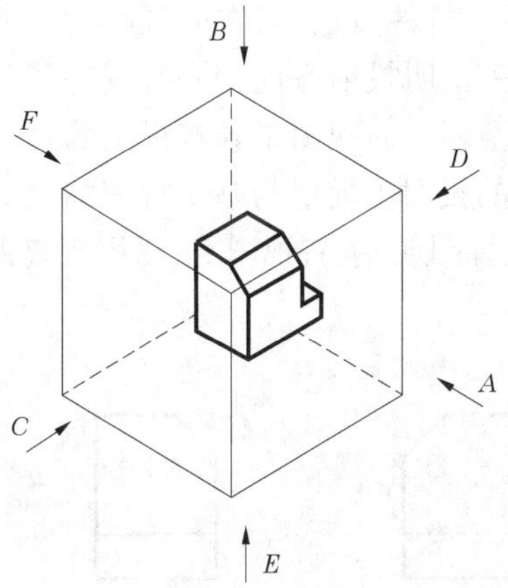

(a)

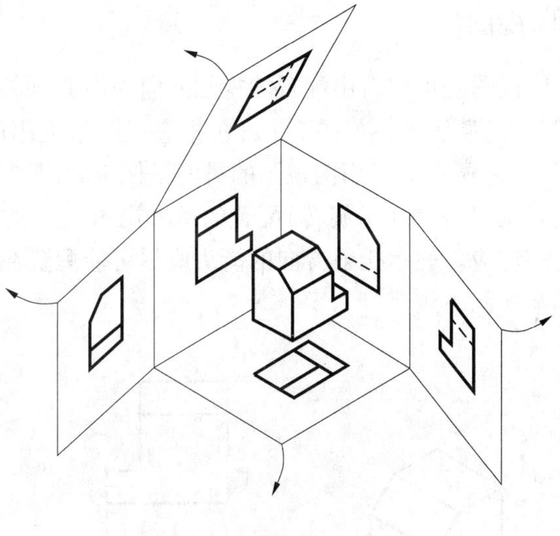

(b)

图5-1-2 六个基本视图的形成及展开

投影面展开后,六面基本视图的位置如图5-1-3所示。一旦物体的主视图被确定,其他基本视图与主视图的位置关系也随之确定,此时,可不标注视图的名称。

六个基本视图在度量上满足“三等”对应关系:

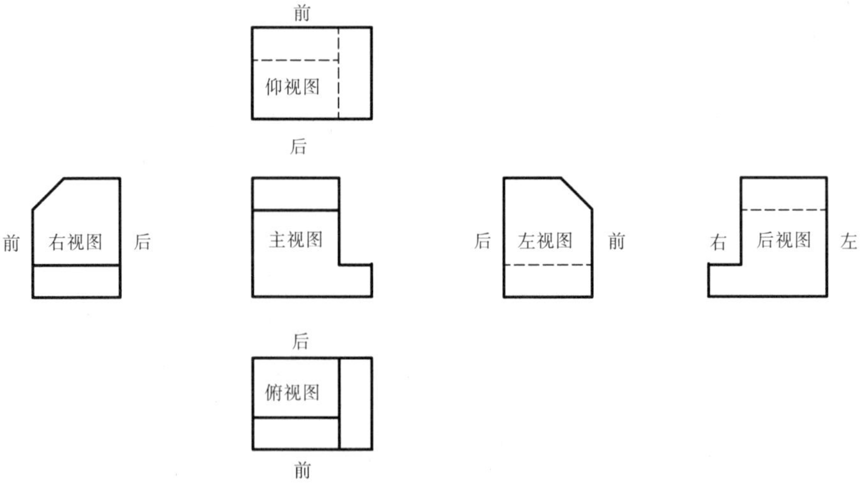

图 5-1-3　基本视图的配置

(1)主、俯、仰、后视图“长对正”。

(2)主、左、右、后视图“高平齐”。

(3)俯、左、仰、右视图“宽相等”。

这是读图、画图的依据和出发点。在反映空间方位上,俯、左、仰、右视图中,靠近主视图的一侧是物体的后方,远离主视图的一侧是物体的前方。

2　向视图

向视图是可以自由配置的视图。向视图必须标注。标注方法是:在向视图的上方标注“*X*”(“*X*”为大写拉丁字母);在相应视图附近用箭头指明投射方向,并标注相同字母,如图 5-1-4 所示。采用向视图的目的是便于利用图纸空间。向视图是基本视图的另一种表达方式,是移位(不旋转)配置的基本视图。向视图的投射方向应与基本视图的投射方向一一对应。表示投射方向的箭头应尽可能配置在主视图或左、右视图上,以便所获视图与基本视图一致。

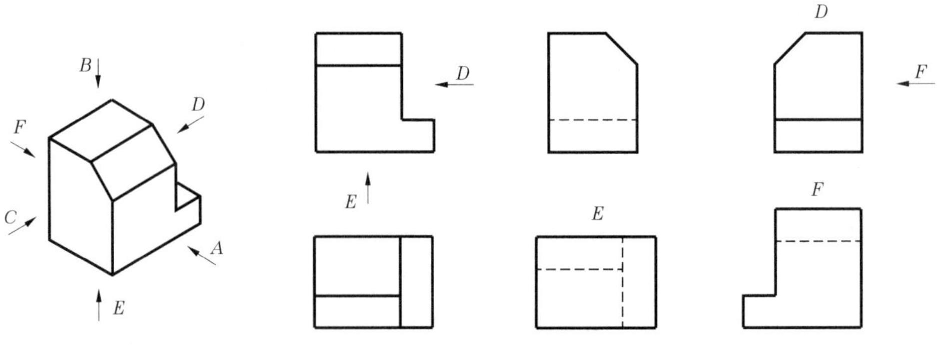

图 5-1-4　向视图

3 局部视图

局部视图是将物体的某一部分向基本投影面投射所得的视图。当物体在平行于某基本投影面的方向上仅有某局部形状需要表达,而又没有必要画出其完整的基本视图时,可采用局部视图以局部地表达机件的外形。如图 5-1-5 中的 *A* 向和 *B* 向视图,它们分别表达了左、右两个凸台的形状。

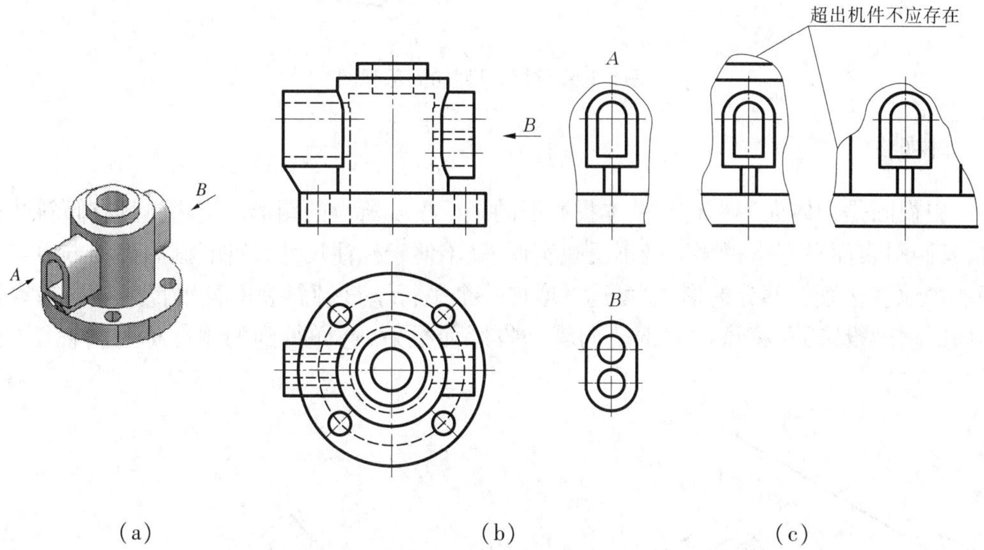

图 5-1-5 局部视图

3.1 局部视图的配置及标注

按以下两种形式配置,并进行必要的标注:

(1)按基本视图的配置形式配置,当与相应的另一视图之间没有其他图形隔开时,则不必标注,如图 5-1-5 中的 *A* 向视图。

(2)按向视图的配置形式配置和标注,如图 5-1-5 中的 *B* 向局部视图。

3.2 局部视图的画法

局部视图是从完整的图形中分离出来的,这就必须与相邻的其他部分假想地断裂,其断裂边界一般用波浪线,如图 5-1-5 的 *A* 向局部视图绘制;当局部视图的外轮廓封闭时,则不必画出其断裂边界线,如图 5-1-5 中的 *B* 向局部视图。

注意:波浪线表示物体断裂边界的投影,孔洞处和超出机件处不应存在,如图 5-1-5(c)所示。

图 5-1-6 分别给出了仅上下对称和上下、左右均为对称的两种机件的表示法,这种将对称机件的视图只画一半或四分之一的画法也是符合局部视图的定义的,此时,可将其视为是以细点画线作为断裂边界的局部视图的特殊画法。采用这种画法的目的是节省时间和图幅,作图时应在对称中心线的两端画出两条与其垂直的平行细实线。

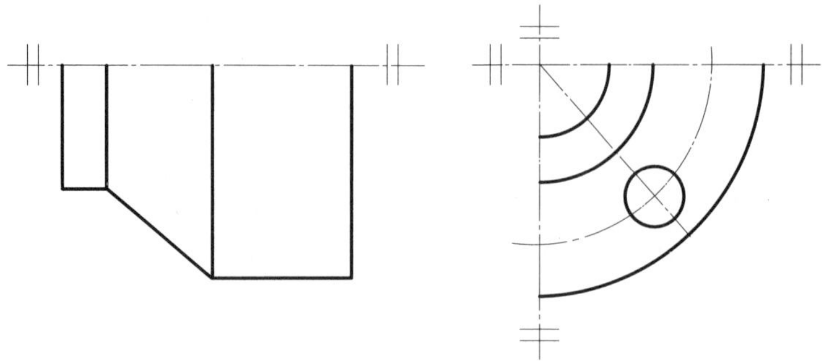

图 5-1-6　对称机件的局部视图

4　斜视图

斜视图是物体向不平行于基本投影面的平面投射所得的图形。当物体具有倾斜结构时，其倾斜表面在基本视图上既不反映实形，又不便于标注尺寸，读图、画图都不方便。为了清楚地表达倾斜部分的形状，可选择增加一个平行于该倾斜表面且垂直于某一基本投影面的辅助投影面，将该倾斜部分向辅助投影面投射，这样得到的视图称为斜视图（见图 5-1-7）。

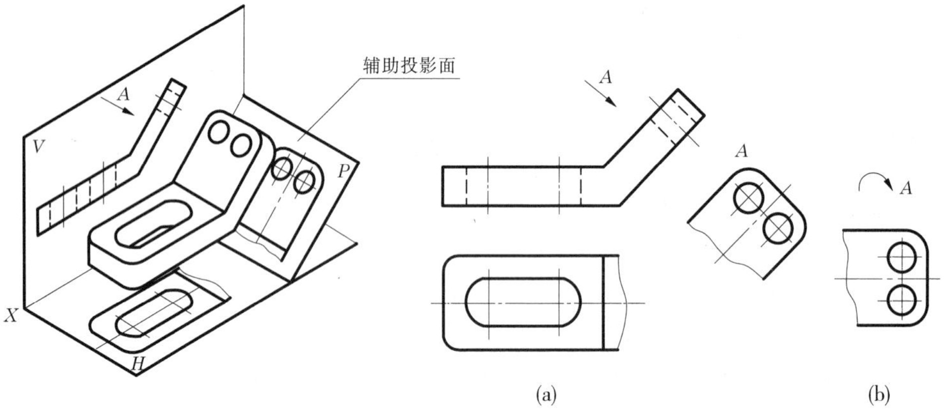

图 5-1-7　斜视图的形成

斜视图中只画倾斜部分的投影，用波浪线或双折线断开，其他部分省略不画。

作图时注意：斜视图的尺寸大小必须与相应的视图保持联系，严格按投影关系作图。斜视图通常按向视图的配置形式配置及标注。按箭头方向配置在相应视图的附近，在斜视图的上方水平地注写与箭头处相同的字母以表示斜视图的名称。在相应视图附近用垂直于倾斜表面的箭头指明投射方向，如图 5-1-7(a)中的 *A* 向斜视图。

必要时允许将斜视图旋转配置。旋转的角度以不大于 90°为宜。此时，应加注旋转符号，旋转符号的方向要与实际旋转方向一致，如图 5-1-7(b)所示。旋转符号为半径等于字体高的半圆弧，表示斜视图名称的大写拉丁字母应靠近旋转符号的箭头端，也允许将旋转角度标注在字母之后。

图 5-1-8 所示为视图表达的应用（压紧杆的表达）。

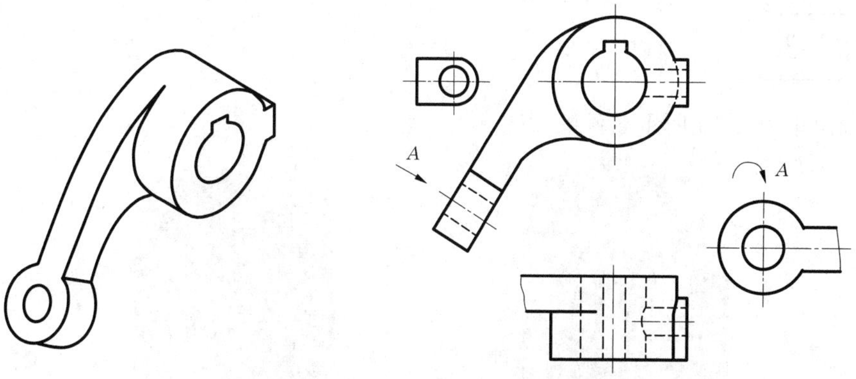

图 5-1-8 压紧杆的斜视图和局部视图

任务实施

根据摇杆零件的结构特点，确定视图的表达方案为：采用一个基本视图（主视图）、两个局部视图，以及一个斜视图来表达。主视图选择最能反映零件形状、结构特征的一个基本视图，左视图采用能真实反映零件形状、尺寸的局部视图，右视图采用一个局部视图来表达左视图中未能表达清楚的部分结构，斜视图用来表达左视图中未能真实反映零件形状、尺寸的部分结构，采用转正画出以方便绘制并使图面更加紧凑。

绘制出的摇杆零件视图如图 5-1-9 所示，两个局部视图按照基本视图的配置形式进行配置，省略标注，而斜视图是转正画出的，必须标注旋转符号。

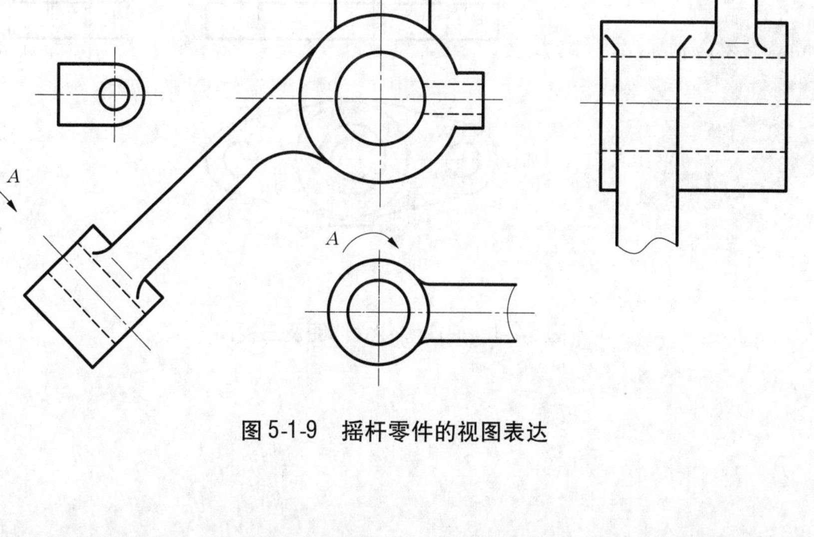

图 5-1-9 摇杆零件的视图表达

课堂练习

绘制如图 5-1-10 所示零件的视图。

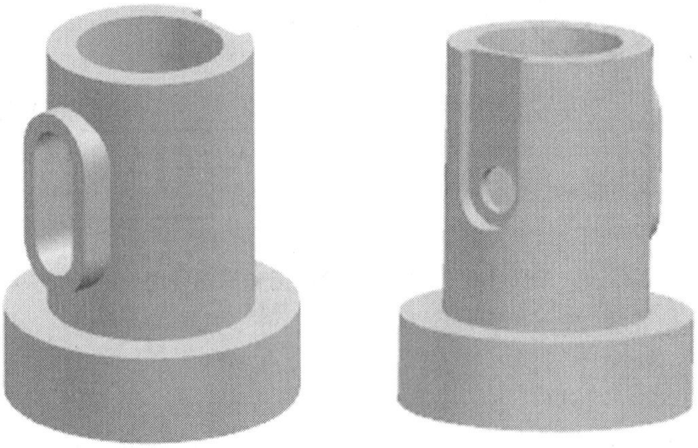

图 5-1-10

任务 2　底座的视图表达

任务导入

当物体的内部结构比较复杂时,如图 5-2-1 所示的底座零件,其视图中会出现较多的细虚线,显得内部结构层次不清,不便于读图、标注尺寸。为了清晰地表达物体内部结构形状,国家标准(GB/T 4458.6—2002)规定采用剖视图来表达。

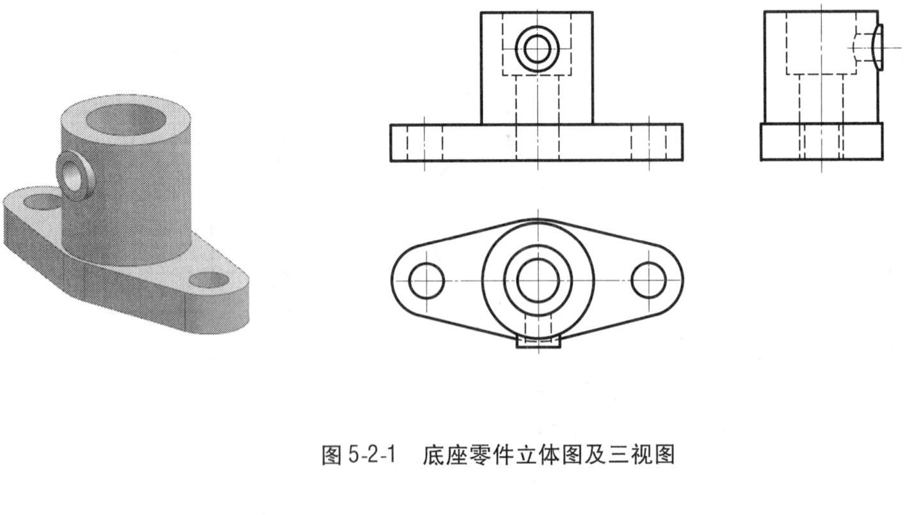

图 5-2-1　底座零件立体图及三视图

相关知识

1　剖视的基本概念

如图 5-2-2 所示，假想用剖切面剖开物体，将位于观察者和剖切面之间的部分移去，而将余下部分向投影面投射所得的图形，称为剖视图（见图 5-2-2（e））。

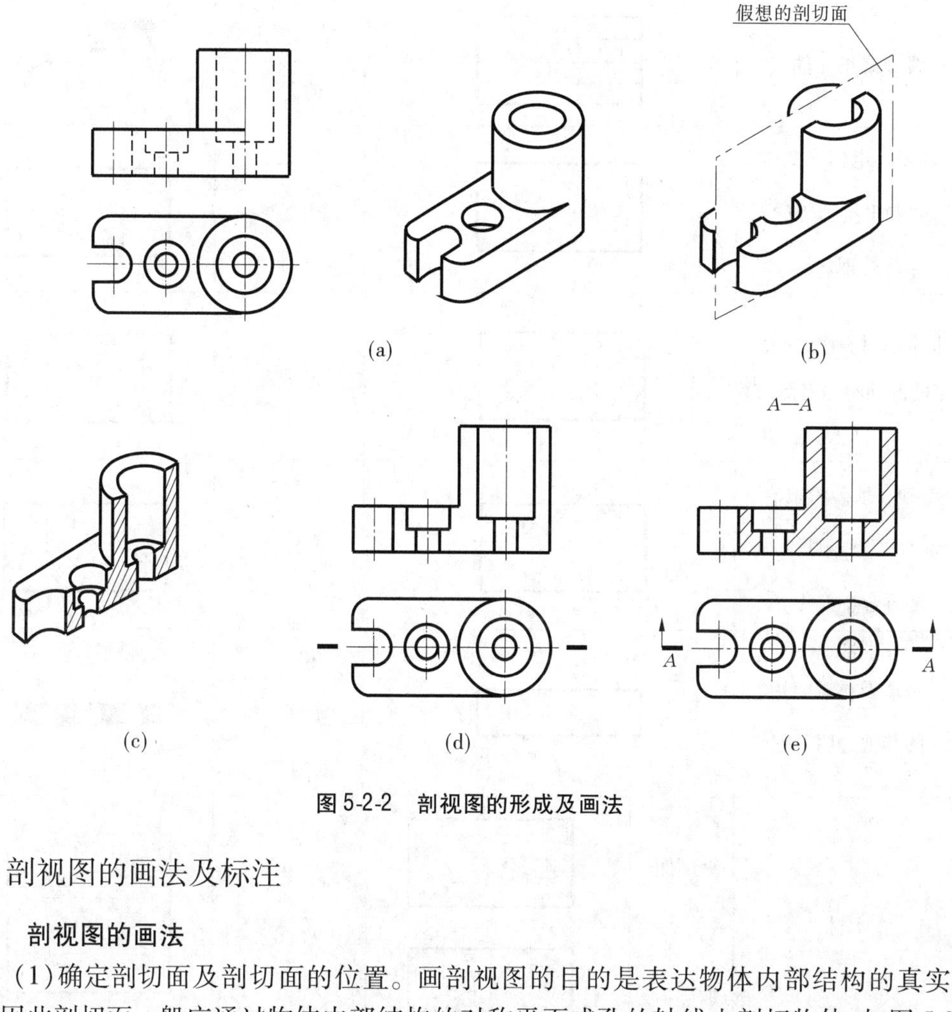

图 5-2-2　剖视图的形成及画法

2　剖视图的画法及标注

2.1　剖视图的画法

（1）确定剖切面及剖切面的位置。画剖视图的目的是表达物体内部结构的真实形状，因此剖切面一般应通过物体内部结构的对称平面或孔的轴线去剖切物体，如图 5-2-2（b）所示。

（2）用粗实线画出剖切面剖切到的物体断面轮廓和其后面所有可见轮廓线的投影，不可见的轮廓线一般不画，如图 5-2-2（d）所示。

（3）在剖切面切到的断面轮廓内画出剖面符号，以区分物体的实体部分和空心部分，如图 5-2-2（e）所示。

不同类别的材料一般采用不同的剖面符号（见表 5-2-1）。当不需要在剖面区域中表示材料的类别时，可采用通用剖面线来表示。

表 5-2-1　剖面符号

材料	剖面符号	材料	剖面符号
金属材料(已有规定的剖面符号者除外)	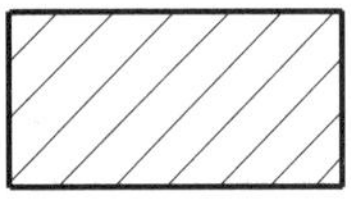	胶合板(不分层数)	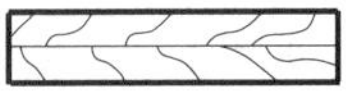
线圈绕组元件	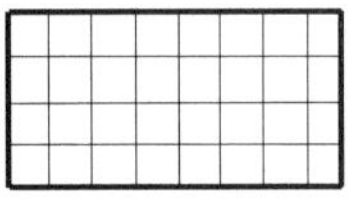	基础周围的泥土	
转子、电枢、变压器和电抗器等的叠钢片	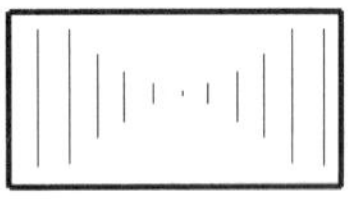	混凝土	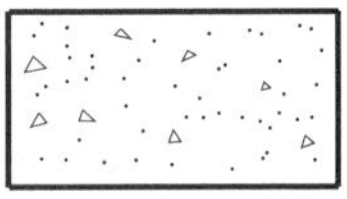
非金属材料(已有规定的剖面符号者除外)	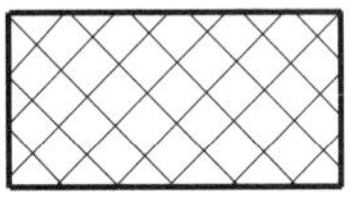	钢筋混凝土	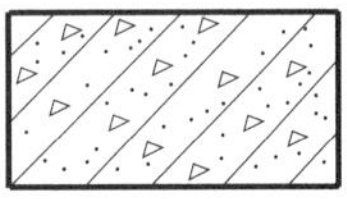
型砂、填砂粉末冶金、砂轮、陶瓷的片、硬质合金刀片等	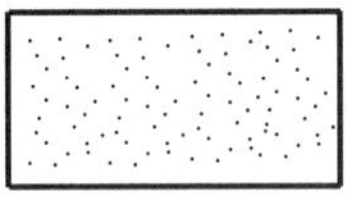	砖	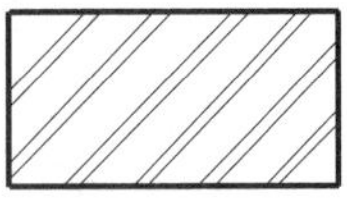
玻璃及供观察用的其他透明材料	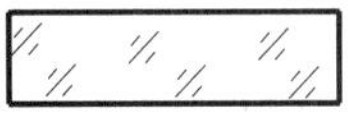	格网(筛网、过滤网等)	
木材	纵剖面 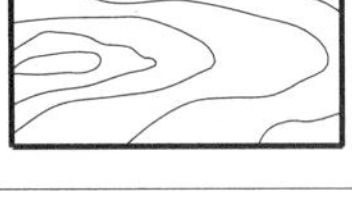 横剖面 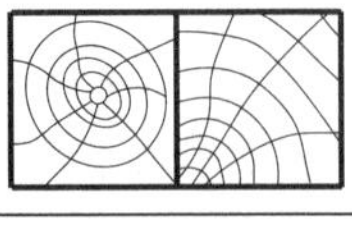	液体	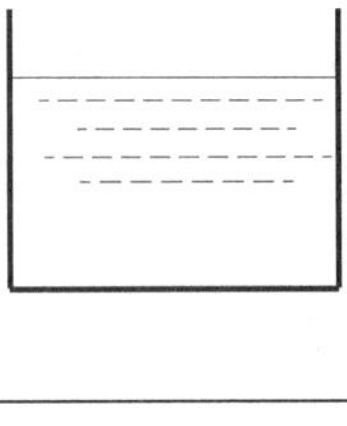

通用剖面线应以与主要轮廓或剖面区域的对称线成适当角度（最好采用成45°角）的等距细实线表示。当图形中的主要轮廓线与水平方向成45°角时，剖面线则应画成与水平方向成30°角或60°角的平行线，其倾斜的方向仍与其他图形的剖面线一致（见图5-2-3）。

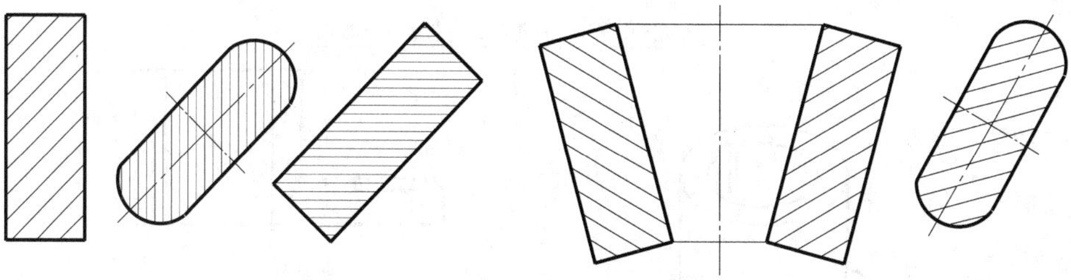

图 5-2-3 通用剖面线画法

2.2 剖视图的标注

剖视图标注的目的是帮助看图者判断剖切面通过的位置和剖切后的投射方向,以便找出各相应视图之间的投射关系。

2.2.1 标注的内容

(1)剖切符号。在剖切面的起、止和转折处画上粗短画(1.5 倍粗实线的线宽)表示剖切面的位置;在表示剖切面起、止处的粗短画上,垂直的画出箭头表示剖切后的投射方向,见图 5-2-2(e)。

(2)剖视图名称。在剖视图的上方用大写字母水平标出剖视图的名称"×—×",并在剖切符号的两侧注上同样的字母,见图 5-2-2(e)。如在一张图上,同时有几个剖视图,则其名称应按字母顺序排列,不得重复。

2.2.2 标注的简化或省略

(1)当剖视图按投射关系配置,中间没有其他图形隔开时,可省略箭头(图 5-2-2(e)中箭头可省去)。

(2)当单一剖切平面通过机件的对称平面或基本对称面,且剖视图按投射关系配置,中间又没有其他图形隔开时,则不必标注(图 5-2-2(e)、图 5-2-4 均可不必标注)。

2.3 画剖视图的注意事项

(1)由于剖切是假想的,所以当机件的一个视图画成剖视图后,其他视图并不受影响,仍应完整地画出。

(2)一般情况下,剖视图中不画细虚线。只有在不影响图形清晰的条件下,又可省略一个视图时,才可适当地画出一些细虚线,见图 5-2-4。

(3)画剖视图时,不应漏画剖切面后的可见轮廓线,如图 5-2-5 所示。

3 剖视图的种类

根据剖切范围,剖视图可分为全剖视图、半剖视图和局部剖视图三种。

3.1 全剖视图

用剖切面将物体完全剖开后所得的剖视图称为全剖视图。全剖视图可由单一的或组合的剖切面完全地剖开机件得到。

全剖视图主要用于表达复杂的内部结构,它不能够表达同一投射方向上的外部形状,所以适用于内形复杂、外形简单的物体,如图 5-2-6 所示。

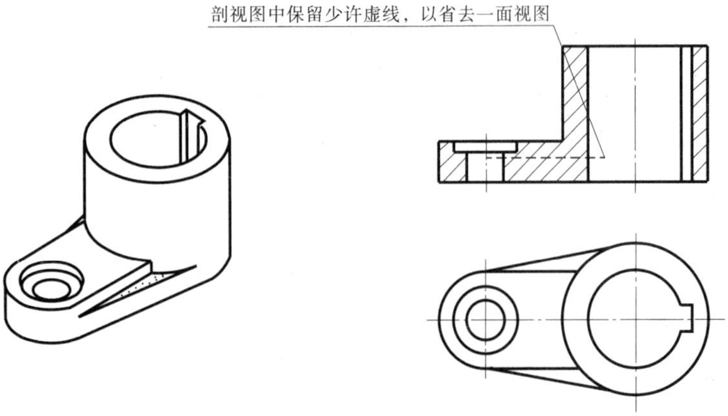

图 5-2-4 剖视图中的虚线问题

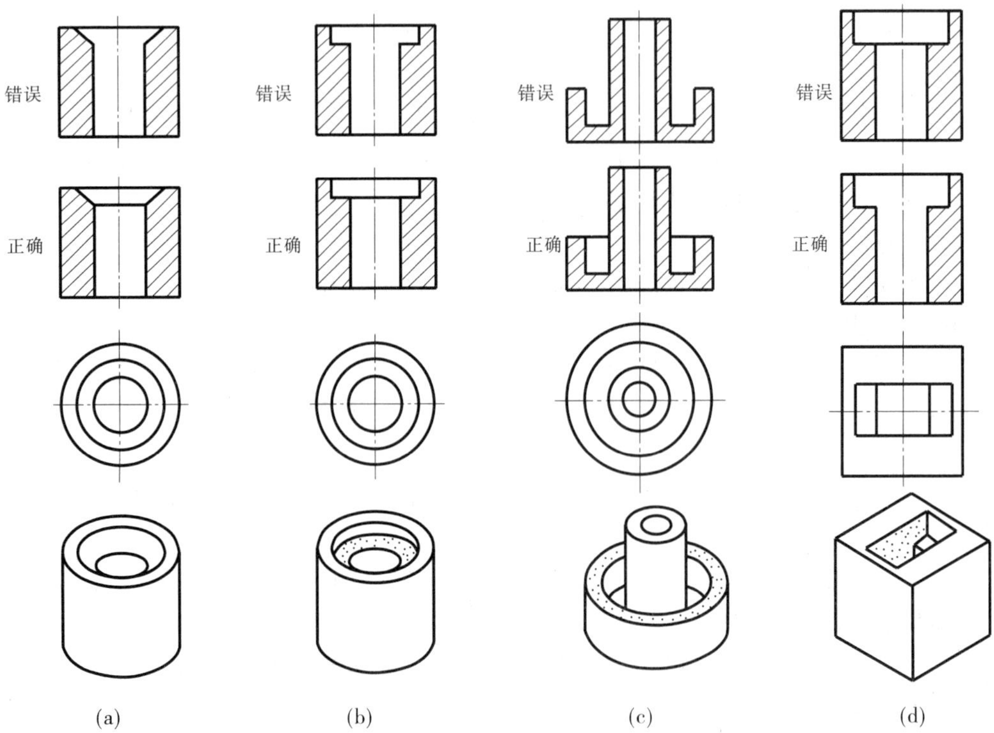

图 5-2-5 正误剖视图对比

3.2 半剖视图

当物体具有对称平面时，在垂直于对称平面的投影面上所得的图形，可以对称中心线为分界，一半画成剖视图以表达内形，另一半画成视图以表达外形，称为半剖视图，如图 5-2-7所示。

图 5-2-7 所示物体具有左右对称的对称平面，在垂直于该对称平面的投影面（V 面）上，可以画成半剖视图以同时表达前方耳板的外形和中间内部的通孔；同时，这个物体具

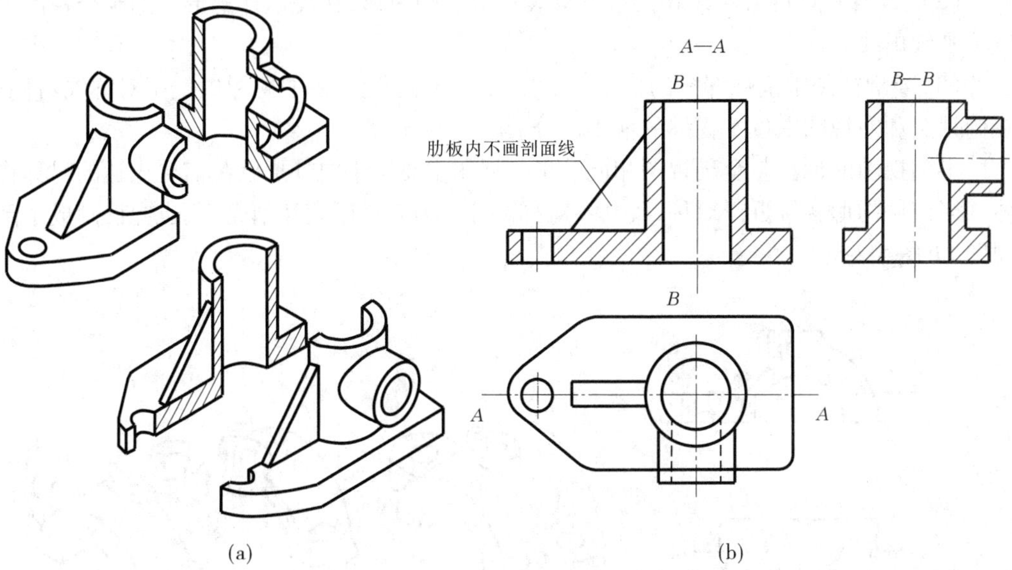

图 5-2-6 全剖视图

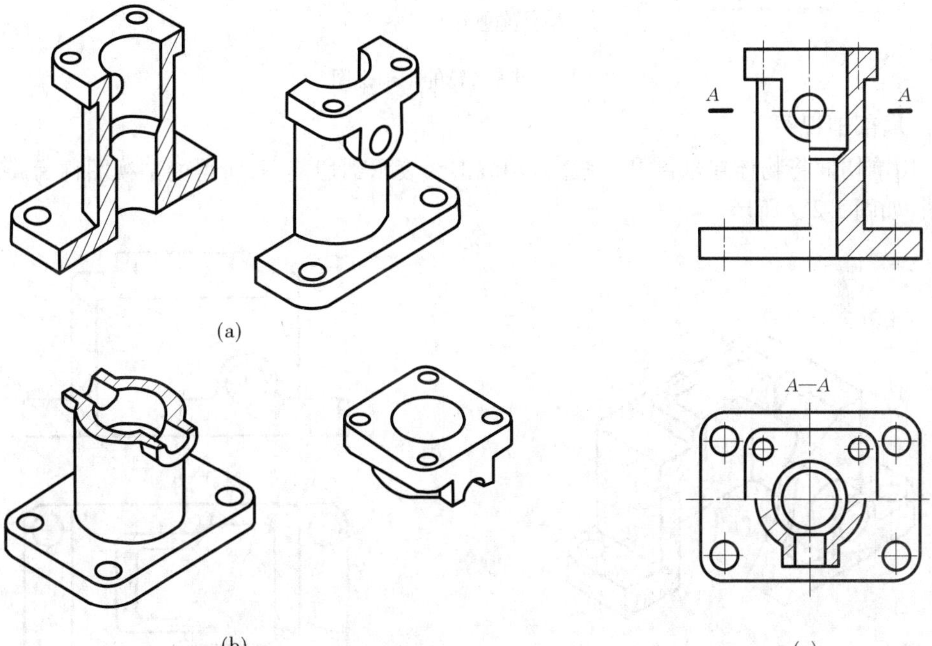

图 5-2-7 半剖视图

有前后对称的对称平面，在垂直于这一对称平面的投影面 H 面上，也画成了半剖视图。H 面的投影是由通过耳板上小孔轴线的剖切平面剖切产生的 A—A 半剖，它同时表达了顶部和底部带圆角的长方形板的外形和耳板上小孔与中部圆筒相通的内部结构。

画半剖视图的注意事项如下：

(1)半剖视图中视图与剖视的分界线是对称平面位置的细点画线，不能画成粗实线。

（2）由于物体对称，所以在剖视部分表达清楚的内形，在表达外部形状的半个视图中应不画细虚线。

（3）半剖视图中剖视部分的位置一般按以下原则配置：在主视图中位于对称线右侧；在俯视图和左视图中位于物体的前半部分。

半剖视图的标注与全剖视图相同。半剖视图主要用于内外形状都需要表达的对称物体。当机件的形状接近于对称，且其不对称部分已另有视图表达清楚时，也允许画成半剖视图，见图 5-2-8。

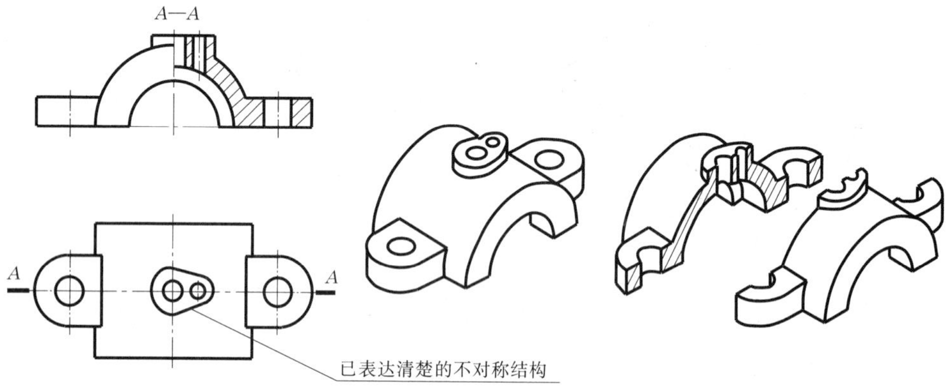

图 5-2-8　带轮的半剖视图

3.3　局部剖视图

用剖切面将物体局部剖开，并通常用波浪线表示剖切范围，所得的剖视图称为局部剖视图，如图 5-2-9 所示。

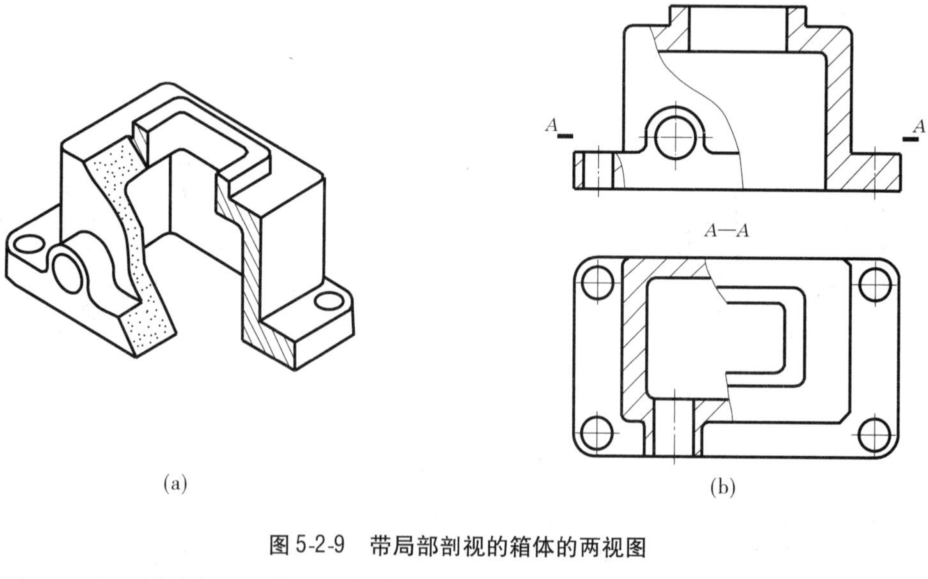

图 5-2-9　带局部剖视的箱体的两视图

图 5-2-9(a) 所示为一箱体。该箱体顶部有一矩形孔，底部是一块具有四个安装孔的底板，左下方有一圆形凸台，上有圆孔。这个箱体上下、左右、前后都不对称。为了使箱体

的内部和外部都能表达清楚，既不宜用全剖，也不宜用半剖，而以局部剖的方式来表达。主视图上两处局部剖同时表达箱体的壁厚、上方的矩形孔和底板上的小孔；俯视图上的局部剖是通过左下方圆孔的轴线剖切，清楚地表示出左下方通孔与箱体内腔的穿通情况以及箱体的左端壁厚的变化。这样的表达既表示出凸台的外形和位置，也反映出箱体中空结构的内形，内外兼顾，表达完整。

(1)局部剖视是一种较灵活的表达方式，常应用于以下几种情况：

①当机件的局部内形需要表达，而又不必或不宜采用全剖或半剖视图的情况。如图5-2-10中的拉杆，左右两端有中空的结构需要表达，而中间部分为实心杆，没有必要去剖开，所以采用局部剖。

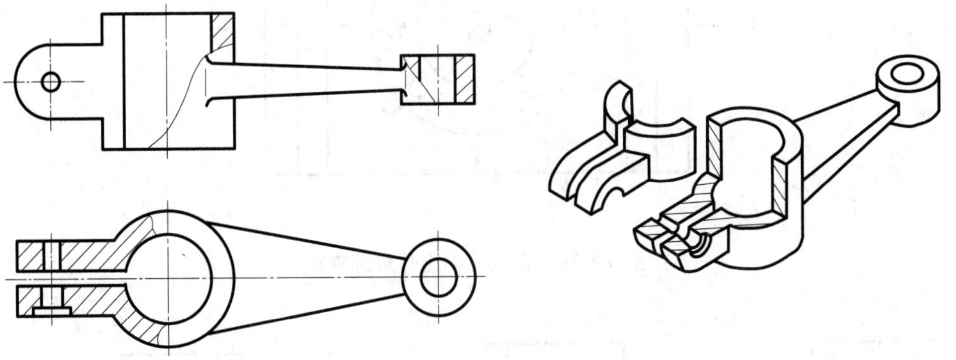

图5-2-10 拉杆的局部剖视图

②当对称机件的轮廓线与对称中心线重合时，不宜采用半剖视图，如图5-2-11(a)所示，可采用局部剖视图，如图5-2-11(b)所示。

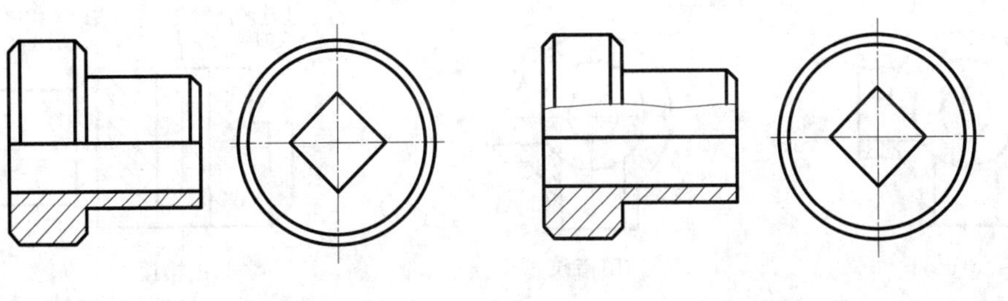

(a)错误 (b)正确

图5-2-11 形体对称不宜半剖的局部剖视图

③必要时，允许在剖视图中再作一次局部剖视，这时两者的剖面线应同方向、同间隔，但要相互错开，如图5-2-12中的*B—B*。

(2)画局部剖视图时须注意以下几点：

①表示剖切范围的波浪线或双折线(实体断裂边界的投影)不能超出轮廓线，不能画在中空处，也不能与图样上其他图线重合，如图5-2-13所示。

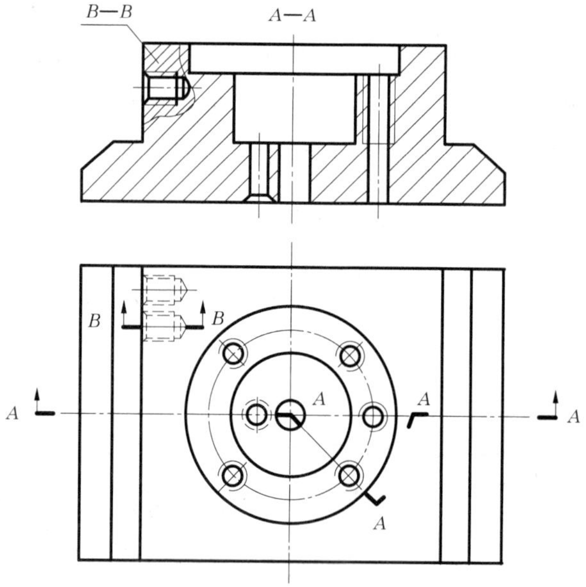

图 5-2-12 在剖视图上作局部剖视

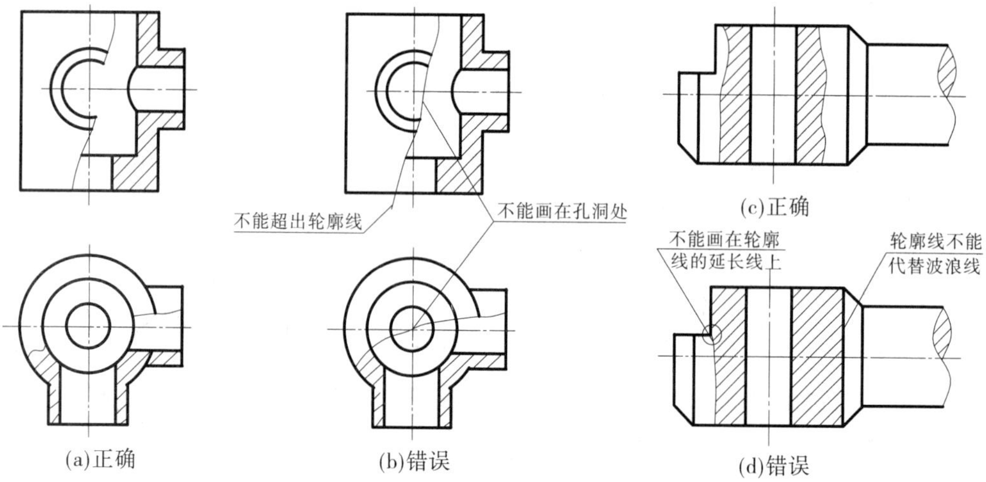

图 5-2-13 局部视图中波浪线的画法

②当用双折线表示局部剖视的范围时，双折线两端要超出轮廓线少许，如图 5-2-14 所示。

③当被剖切结构为回转体时，允许将该结构的轴线作为局部剖视与视图的分界线，如图 5-2-15 所示。否则，应以波浪线表示分界，如图 5-2-16 所示。

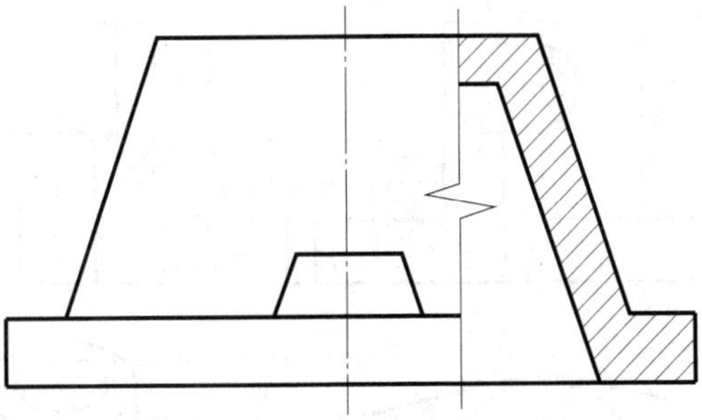

图 5-2-14　双折线表示局部剖视的范围

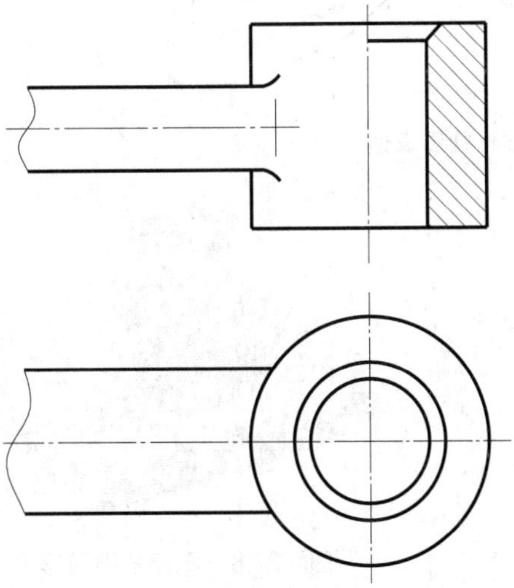

图 5-2-15　回转体结构的局部剖

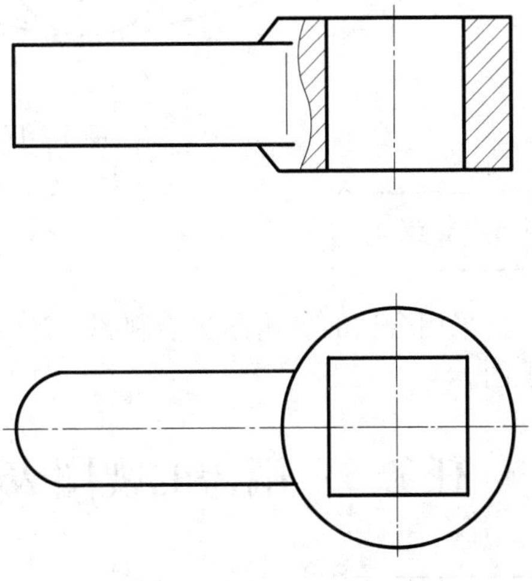

图 5-2-16　非回转体结构的局部剖

任务实施

根据底座的内外结构特点，确定其视图表达方案为：用一个半剖的主视图、一个俯视图及一个全剖的左视图来表达，如图 5-2-17 所示。

(1)主视图采用半剖形式，既表达了该零件的外形结构，又表达了其内部结构，同时可省略视图中的虚线。该半剖视图的剖切平面通过俯视图中的基本对称中心面，按投影关系配置，故省略所有标注。

(2)左视图采用全剖形式表达该零件的内部结构，剖切平面通过主视图中的对称中心面，按投影关系配置，故省略所有标注。

(3)俯视图表达零件的外形结构，由于虚线部分所表示的结构在左视图中已经表达清楚，所以省略其中的虚线。

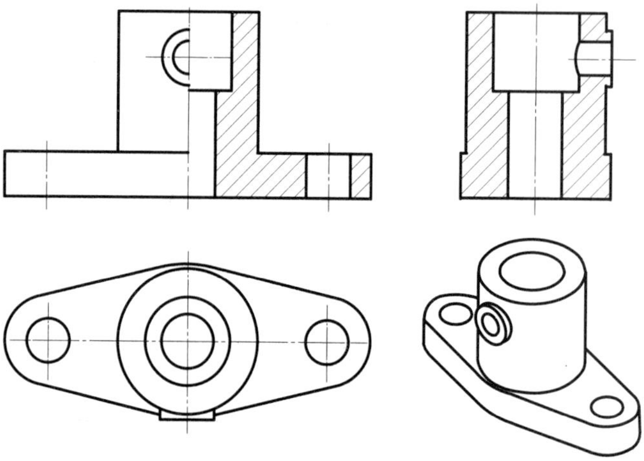

图 5-2-17　底座零件视图表达

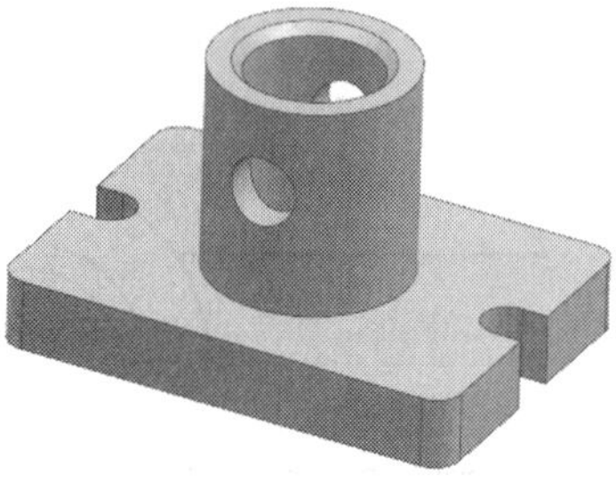

图 5-2-18　零件三维图形

课堂练习

采用合适的表达方法绘制图 5-2-18 所示零件的视图。

任务 3　端盖的视图表达

任务导入

如图 5-3-1 所示为某一端盖零件，若用主视图、左视图这两个基本视图来表达清楚其全部结构，主视图应该采用全剖视图形式，而这个零件上的孔又不在同一平面上，为了解决此类零件的剖切问题，国家标准中规定剖切平面可以是单一平面，也可以是多个平面。

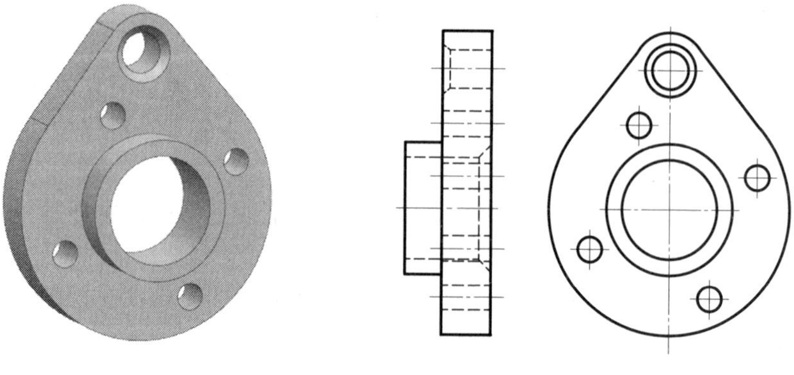

图 5-3-1　端盖零件

相关知识

根据物体的结构特点,国家标准(GB/T 17452—1998)中规定可选择以下三种剖切面剖开物体以获得全剖、半剖及局部剖这三种剖视图:单一剖切面、几个平行的剖切平面、几个相交的剖切面。

1 单一剖切面

单一剖切面有以下三种情况:

(1)剖切面是平行于某一基本投影面的平面(投影面平行面),本项目任务2中的图5-2-2、图5-2-4、图5-2-5图5-2-6等属于这种情况。

(2)剖切面是垂直于某一基本投影面的平面(投影面垂直面),图5-3-2所示为一个弯管,为了表示该弯管顶部倾斜的连接板的真实形状及耳板小孔的穿通情况,采用一个通过耳板上小孔轴线的正垂面(倾斜于 H、W)剖开弯管,得到 $B—B$ 剖视图。这即是由单一斜剖切平面(投影面垂直面)产生的斜剖视图。

斜剖视图的标注不能省略。斜剖视图最好按投射关系配置,也可以平移或旋转放置在其他位置,此时必须在斜剖视图的上方标注剖视图的名称,如果图形旋转配置,还必须标注旋转符号,旋转符号的方向要与图形旋转的方向一致,字母注写在箭头一端,见图5-3-2。

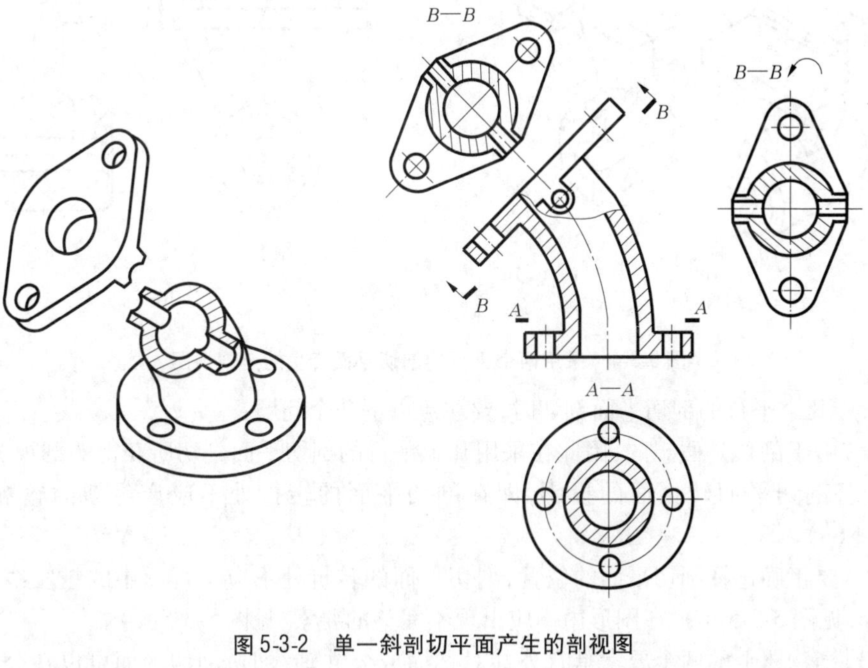

图5-3-2 单一斜剖切平面产生的剖视图

(3)剖切面是单一柱面,图5-3-3所示为用单一柱面剖开得到的全剖视图,这主要用于表达呈圆周分布的内部结构,通常采用展开画法。

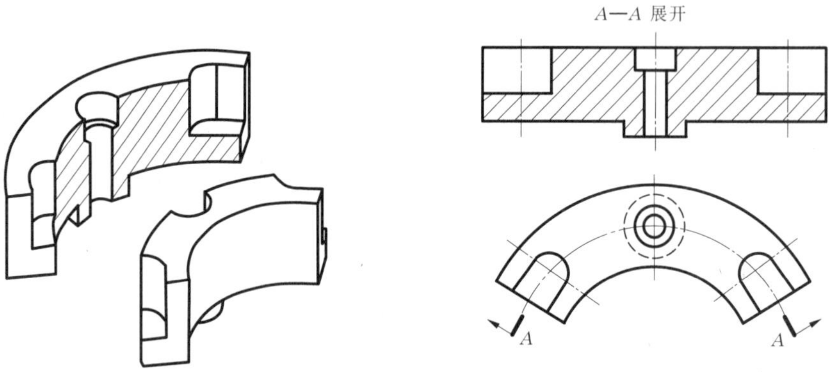

图 5-3-3　单一柱面剖开得到的全剖视图

2　几个平行的剖切平面

几个平行的剖切平面可能有两个或两个以上，各剖切平面的转折处必须是直角。当物体的内形层次较多，用单一剖切平面不能将物体的各内部结构都剖切到时，可以采用几个平行的剖切平面，见图 5-3-4。

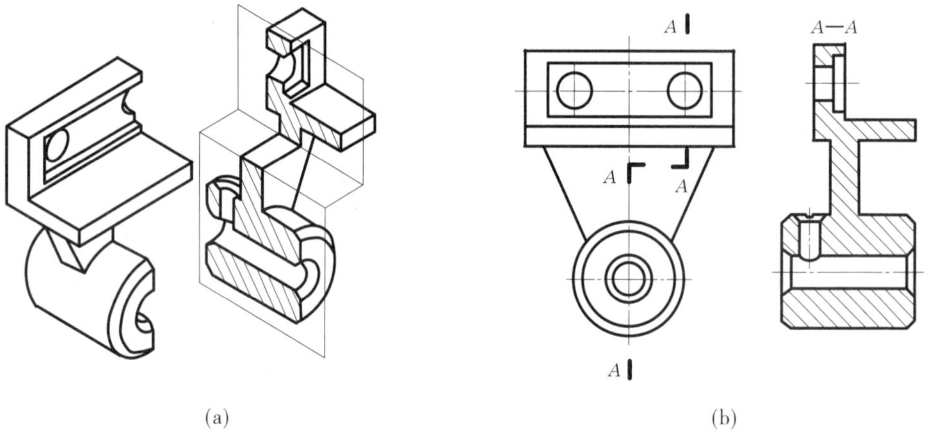

图 5-3-4　采用两个平行的剖切平面产生的全剖视图

采用几个平行的剖切平面剖切时，要注意以下几个问题：

(1)由于剖切是假想的，因此在采用几个平行的剖切平面剖切所获得的剖视图上，不应画出各剖切平面转折面的投影，即在剖切平面的转折处不应产生新的轮廓线，见图 5-3-5(a)。

(2)要正确选择剖切平面的位置，剖切平面的转折处不应与视图中的粗实线或细虚线重合，见图 5-3-5(b)，在图形内不应出现不完整的要素，见图 5-3-5(c)。

(3)当物体上的两个要素具有公共对称面或公共轴线时，剖切平面可以在公共对称面或公共轴线处转折，见图 5-3-6。

采用几个平行的剖切平面剖切时，必须加以标注。在几个剖切平面的起、止和转折处

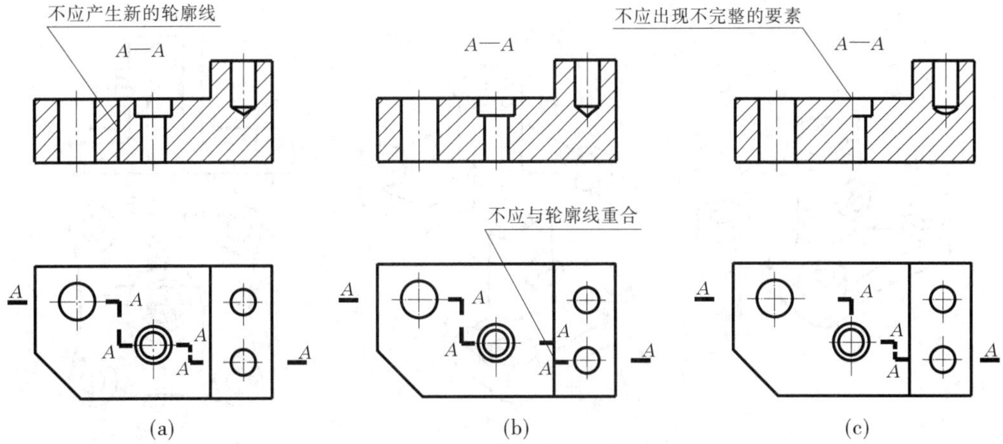

图 5-3-5　采用几个平行平面的剖切示例(一)

都应标注剖切符号,写上相同的字母,当转折处位置不够时,允许省略转折处字母,同时用箭头标明投射方向。但当剖视图的配置符合投影关系,中间又无图形隔开时,可以省略箭头,如图 5-3-6 所示。

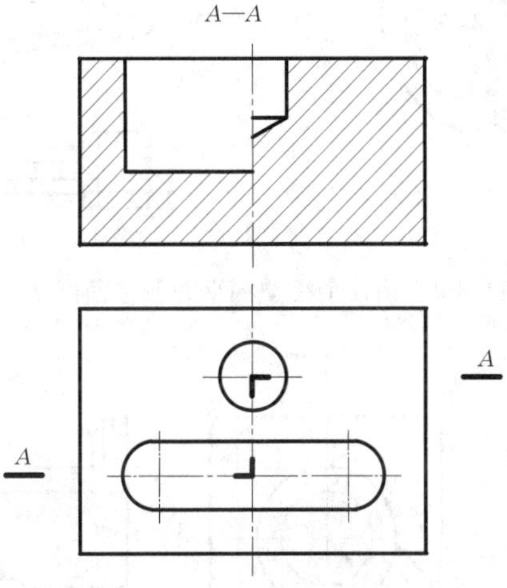

图 5-3-6　采用几个平行平面的剖切示例(二)

3　几个相交的剖切面

几个相交的剖切平面必须保证其交线垂直于某一基本投影面,如图 5-3-7 所示。A—A表示两个相交的剖切平面,其中一个是正平面,另一个是铅垂面,其交线为铅垂线。几个相交的剖切面,可以是几个相交的平面,也可以是几个相交的柱面,如图 5-3-8 所示。

采用几个相交的剖切面剖切时,应注意以下几个问题:

(1)先假想按剖切位置剖开物体,然后将与所选投影面不平行的剖切面剖开的结构及有关部分旋转到与选定的投影面平行再进行投射。这种采用“先剖切、后旋转,再投影”的方法绘制的剖视图,往往有些部分图形会伸长,如图 5-3-8 和图 5-3-9 所示。

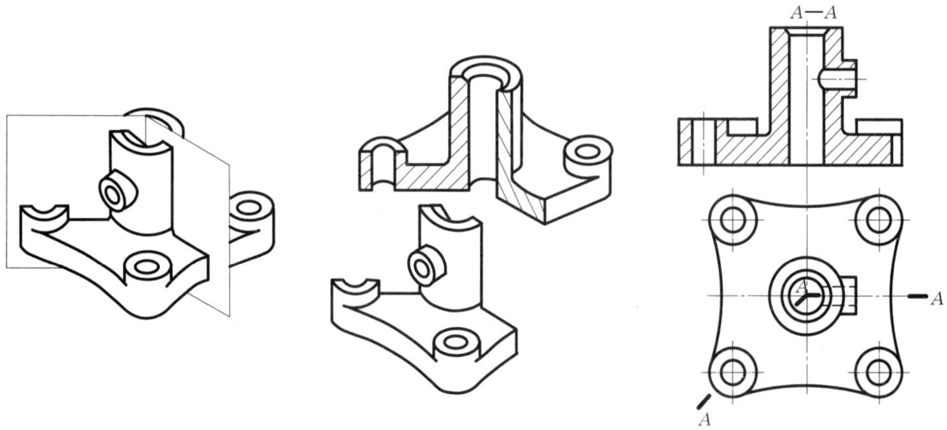

图 5-3-7　用两个相交的剖切平面剖切示例

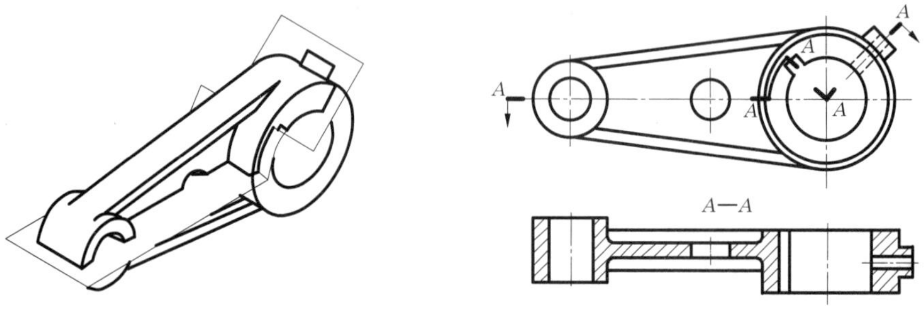

图 5-3-8　用几个相交的平面和柱面剖切示例

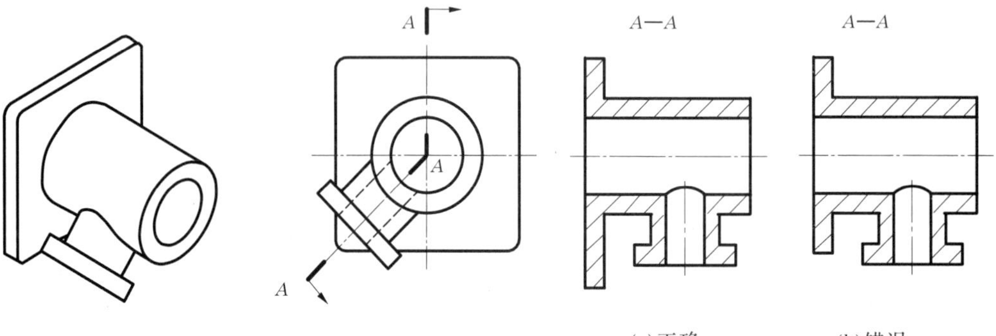

图 5-3-9　"先剖切、后旋转,再投影"的方法示例

(2)在剖切平面后的其他结构一般仍按原来的位置投影。这里所指的其他结构是指位于剖切平面后面与所剖切的结构关系不甚密切的结构,或一起旋转容易引起误解的结构,如图 5-3-10 中的小油孔和图 5-3-11 中的凸台。

(3)采用几个相交的剖切面剖开物体时,往往难以避免出现不完整的要素。当剖切后产生不完整的要素时,应将此部分按不剖绘制,如图 5-3-12 所示。

采用几个相交剖切面剖切时,必须加以标注。在剖切平面的起、止和转折处用剖切符

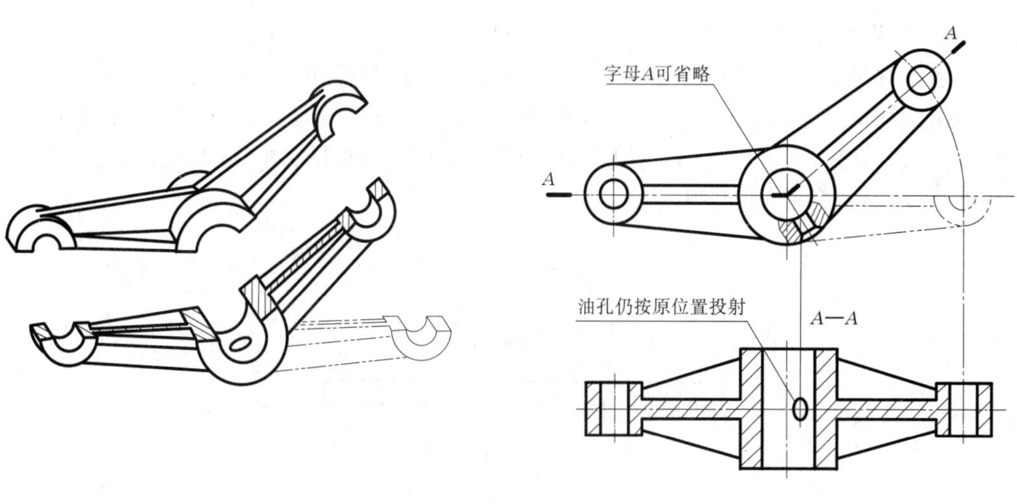

图 5-3-10　剖切平面后的其他结构一般仍按原来的位置投影(一)

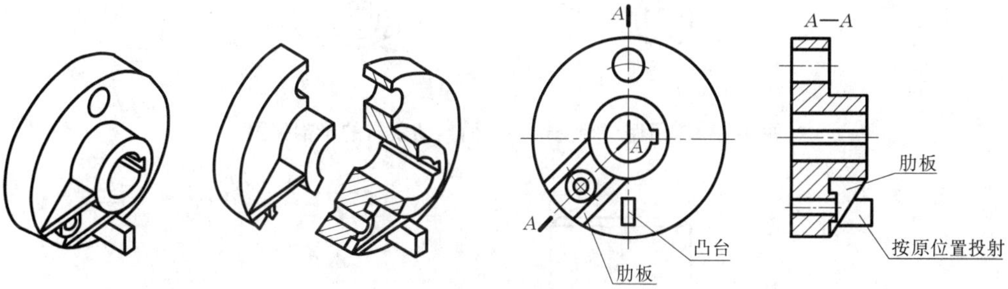

图 5-3-11　剖切平面后的其他结构一般仍按原来的位置投影(二)

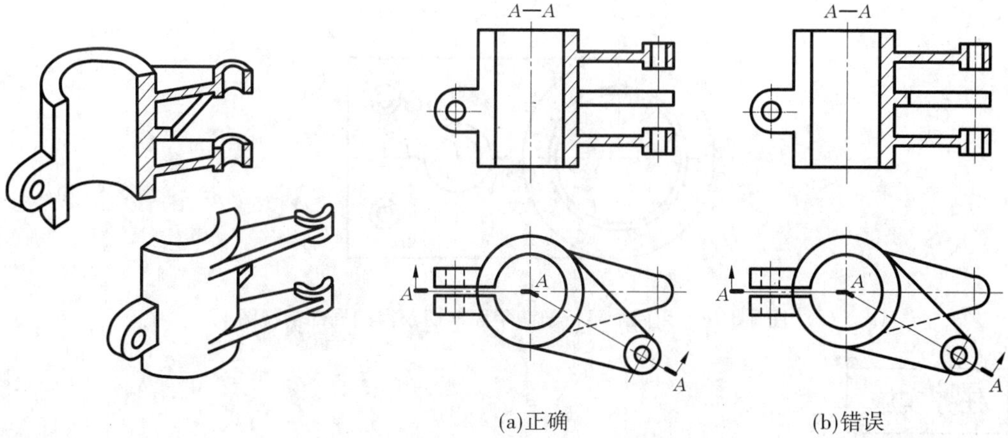

图 5-3-12　采用几个相交的剖切面剖切无孔臂板

号表示剖切位置,并在剖切符号附近注写相同字母,如图 5-3-7 所示;当图形拥挤时,转折处可省略字母,同时用箭头标明投射方向。但当剖视图的配置符合投影关系,中间又无图形隔开时,可以省略箭头,如图 5-3-10、图 5-3-11 所示。

上述三种剖切面实质上就是解决如何去剖切,以得到所需的充分表达内形的剖视图。三种剖切面均可产生全剖、半剖和局部剖视图。如图 5-3-3 就是单一柱面剖开得到的全剖视图;图 5-3-13 是用两个相交剖切平面剖切获得的半剖视图;图 5-3-14 是用两个平行剖切平面剖切获得的局部剖视图。

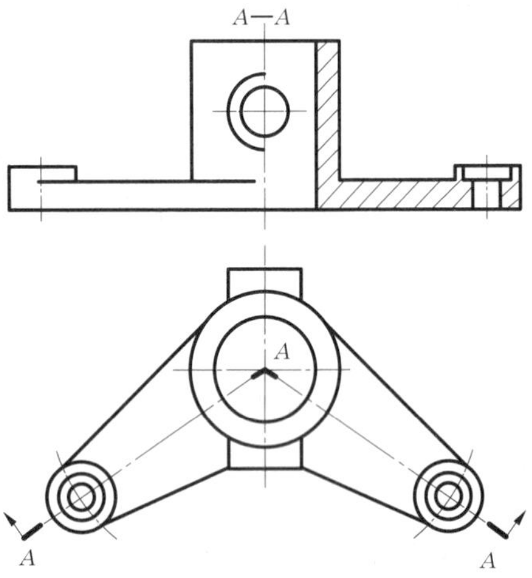

图 5-3-13　用两个相交剖切平面剖切获得的半剖视图

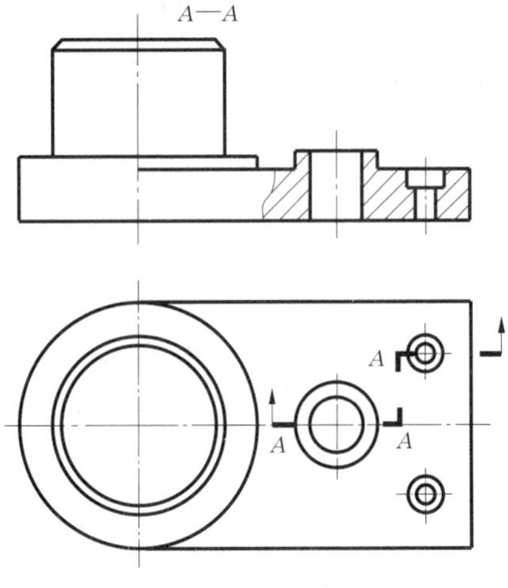

图 5-3-14　用两个平行剖切平面剖切获得的局部剖视图

任务实施

端盖上面有两种孔,若想要将这两种孔的结构都表达清楚,就必须用剖切平面将这两种孔剖开,故用相交的两个平面分别通过两种孔的轴线剖开(两平面交线与主孔轴线重合),如图 5-3-15(a)所示,然后将被倾斜的剖切面剖开的结构及其有关部分旋转到与正立投影面平行的位置进行投射。绘制端盖的剖视图,如图 5-3-15(b)所示。

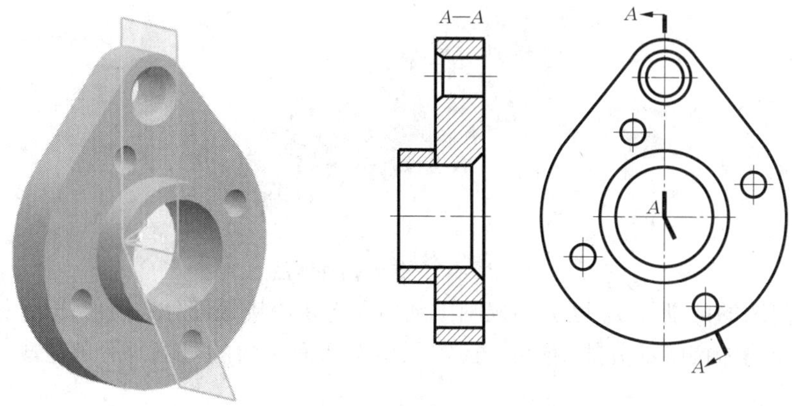

(a)剖切分析　　(b)绘制剖视图

图 5-3-15　端盖的视图表达

课堂练习

采用适当的表达方法绘制如图 5-3-16 所示零件的视图。

图 5-3-16　零件立体图

任务 4　绘制传动轴的断面图

任务导入

如图 5-4-1 所示为一传动轴立体图,如果采用前面所学的视图和剖视图来表达该轴的结构,有些地方不太合适。为了能简单、清晰、准确地表达此类零件的结构,国家标准规定了断面图的画法。

相关知识

1　断面图的基本概念

假想用剖切平面将物体的某处切断,仅画出断面的图形,称为断面图,简称断面。断

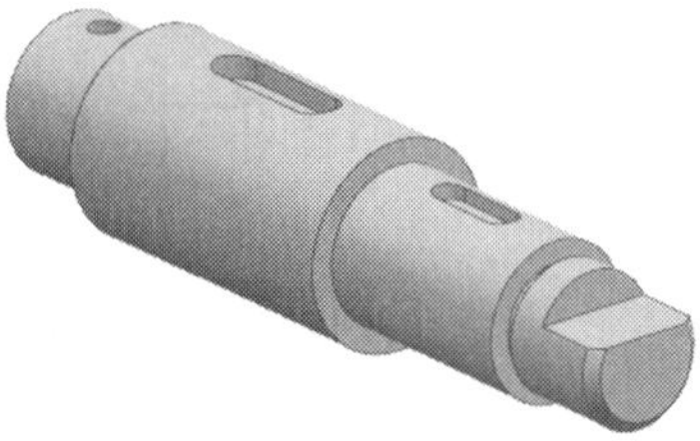

图 5-4-1 传动轴立体图

面图与剖视图的区别在于:断面图仅画出剖切面与物体接触部分的图形;而剖视图除要画出剖切面与物体接触部分的图形外,还需画出剖切面后边的可见部分的轮廓,如图 5-4-2 所示。

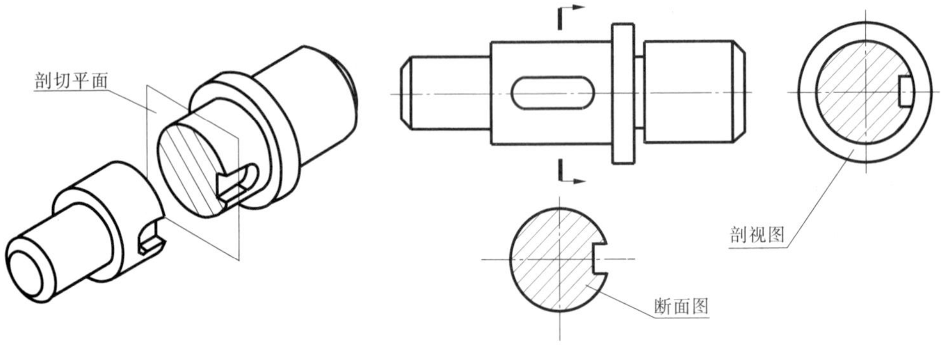

(a) (b) (c)

图 5-4-2 断面图与剖视图

2 断面图的分类及其画法

根据断面图所配置的位置不同,可分为移出断面图和重合断面图两种。

2.1 移出断面图

移出断面图是画在视图之外,轮廓线用粗实线绘制的断面图。

2.1.1 移出断面图的配置与绘制

(1)单一剖切平面、几个平行剖切平面和几个相交剖切平面的概念及功能同样适用于断面图。

(2)移出断面图应尽可能配置在剖切符号的延长线上,如图 5-4-2(b)所示;也可配置在剖切线的延长线上,如图 5-4-3 所示;由两个或多个相交的剖切平面剖切所得到的移出断面图一般应画成断开的,如图 5-4-4 所示。

(3)断面图形对称时,可配置在视图的中断处,如图 5-4-5 所示。

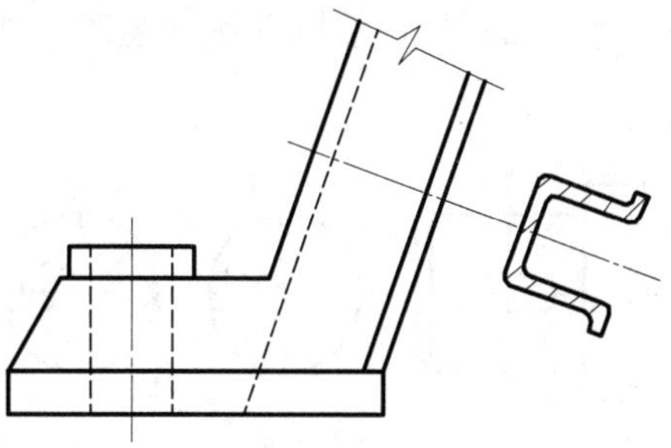

图 5-4-3 移出断面图配置在剖切线的延长线上

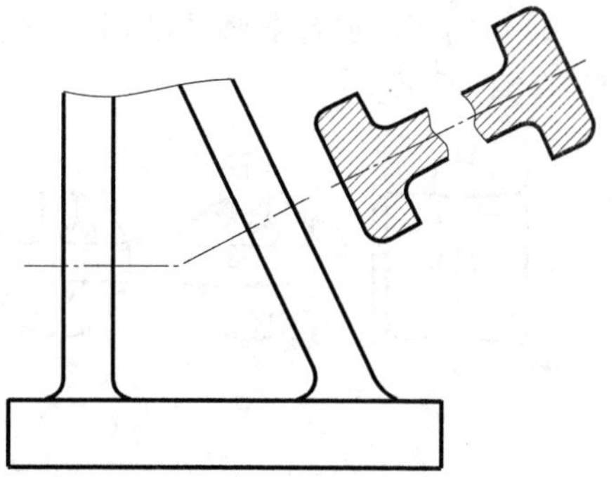

图 5-4-4 用两个相交平面剖切的断面图画法

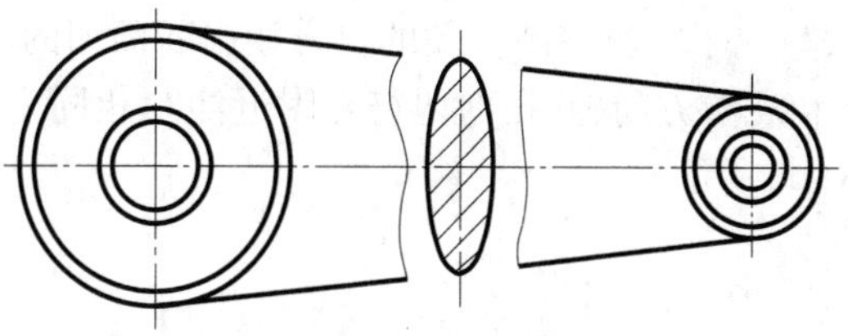

图 5-4-5 断面画在视图中断处

(4)必要时可将移出断面图配置在其他适当的位置。在不致引起误解时，允许将图形旋转后画出如图 5-4-6 所示的 *A*—*A* 断面。

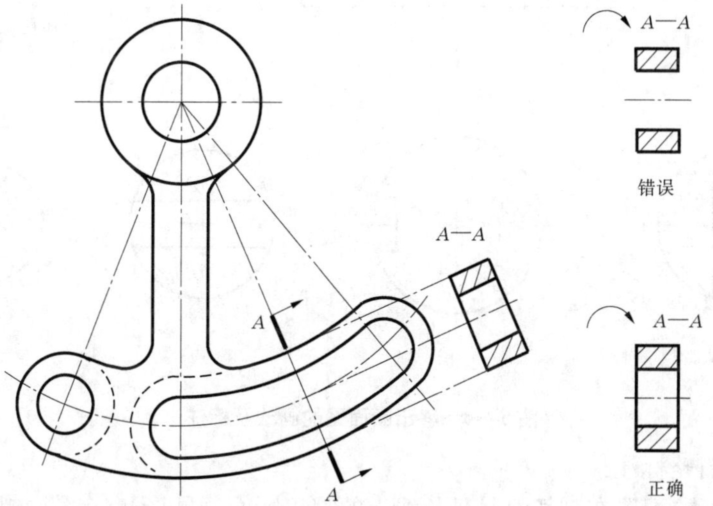

图 5-4-6 移出断面图的画法

2.1.2 移出断面图画法的特殊规定

(1)当剖切面通过由回转面形成的孔或凹坑的轴线剖切时，孔或凹坑的结构应按剖视图绘制，如图 5-4-7 所示。

（2）当剖切面通过非圆孔剖切，导致断面图完全分离时，该非圆孔按剖视图绘制，如图 5-4-7（a）所示。

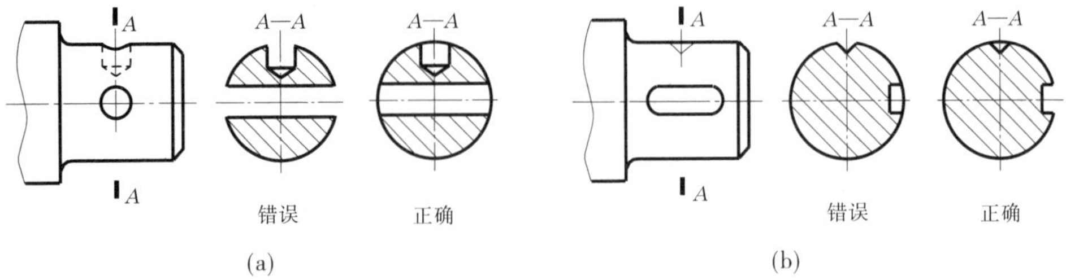

图 5-4-7　移出断面图特殊画法正误对比

2.1.3　移出断面图的标注

（1）完整标注：用大写拉丁字母在断面图的上方注出断面图的名称，在相应视图上画剖切符号表明剖切位置和观看方向，并在剖切符号附近注写相同字母。剖切符号间的剖切线可省略，如图 5-4-8（d）所示。

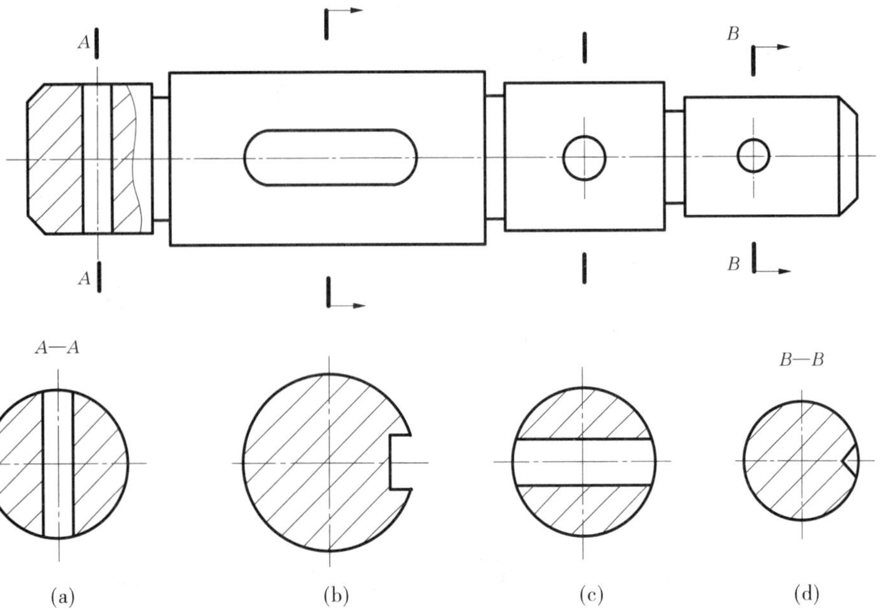

图 5-4-8　移出断面图的画法及标注

（2）部分省略标注：

①省略名称：配置在剖切符号延长线上的移出断面，可以省略名称，如图 5-4-8（b）、（c）所示。

②省略箭头：对称移出断面不管配置何处均可省箭头，如图 5-4-8（a）所示；不对称移出断面按投影关系配置时可省略箭头，如图 5-4-8（b）所示。

（3）完全省略标注：配置在剖切线延长线上的对称移出断面则不必标注，如图 5-4-8（c）所示。

2.2　重合断面图

重合断面图是画在视图之内,轮廓线用细实线绘制的断面图,如图5-4-9(a)所示。

2.2.1　重合断面图的画法

当视图中轮廓线与重合断面图的图形重叠时,视图中的轮廓线(粗实线)仍应连续画出,不可间断,如图5-4-9所示。

2.2.2　重合断面图的标注

配置在剖切符号上不对称的重合断面,只需画出剖切符号及箭头,不必标注字母,如图5-4-9(b)所示;对称的重合断面则不必标注,只用对称中心线作为剖切线,如图5-4-9(a)所示。

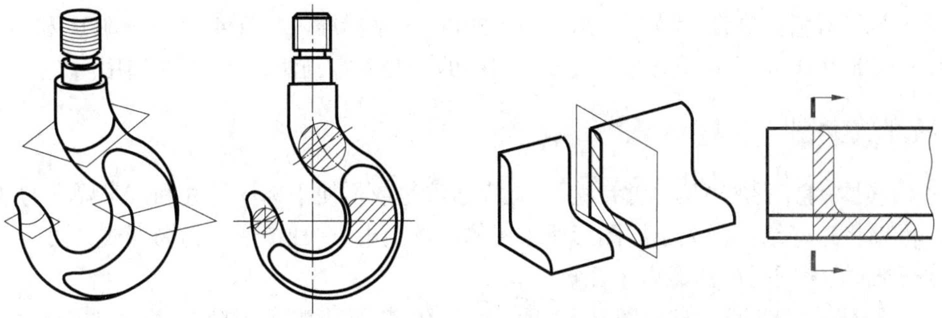

(a)　　　　(b)

图5-4-9　重合断面图

任务实施

根据传动轴的结构特点,绘制其视图,如图5-4-10所示。

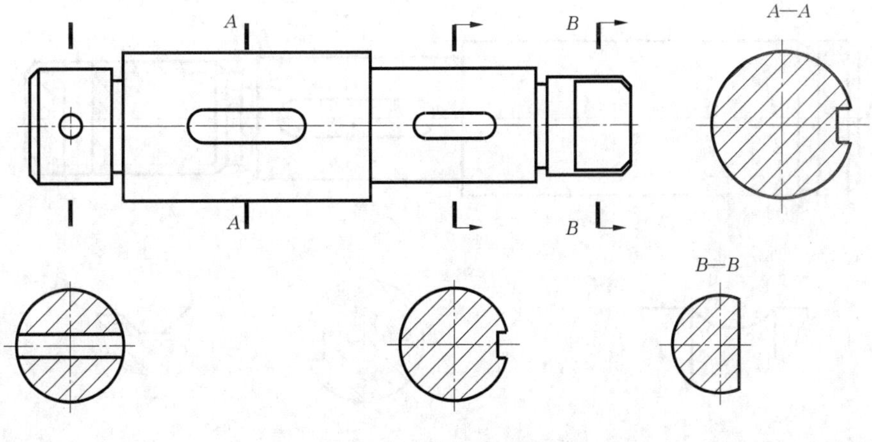

图5-4-10　传动轴的视图表达

(1)移出断面图 *A—A* 用来表达此处方形键槽的结构和尺寸,按照投影关系配置在左视图位置上,故省略投影方向。

(2)移出断面图 *B—B* 用来表达此处断面的结构和尺寸,未按照投影关系配置,也没有配置在剖切位置的延长线上,断面图形又不对称,故需全标注。

(3)左边第一个移出断面图表达此处小回转孔的结构和尺寸,配置在剖切线的延长线上,断面图形对称,故不必标注字母和箭头。

(4)左边第二个移出断面用来表达此处方形键槽的结构和尺寸,配置在剖切线的延长线上,断面图形不对称,故不必标注字母。

知识拓展

在不妨碍将物体的形状和结构表达完整、清晰的前提下,力求制图简便、看图方便,以减少绘图工作量,提高设计效率及图样的清晰度,国家标准(GB/T 4458.1—2002 和 GB/T 4458.6—2002)中还规定了局部放大图和图样的一些规定画法,供绘图时选用。

1 局部放大图

为了把物体上某些细小结构在视图上表达清楚或不便于标注尺寸和技术要求的细小结构,可以将这些结构用大于原图形所采用的比例画出,这种图形称为局部放大图。

画局部放大图时应注意以下几点:

(1)局部放大图可画成视图、剖视图、断面图,它与被放大部分的表达方式无关,如图 5-4-11 所示。

(2)绘制局部放大图时,局部放大图应尽量配置在被放大部位附近,用细实线(圆)圈出被放大的部位,除螺纹牙型、齿轮和链轮的齿形外,其标注如图 5-4-11 所示。当同一物体上有多个被放大的部分时,必须用罗马数字依次标明放大的部位,并在局部放大图的上方标注相应的罗马数字和所采用的比例以示区别。

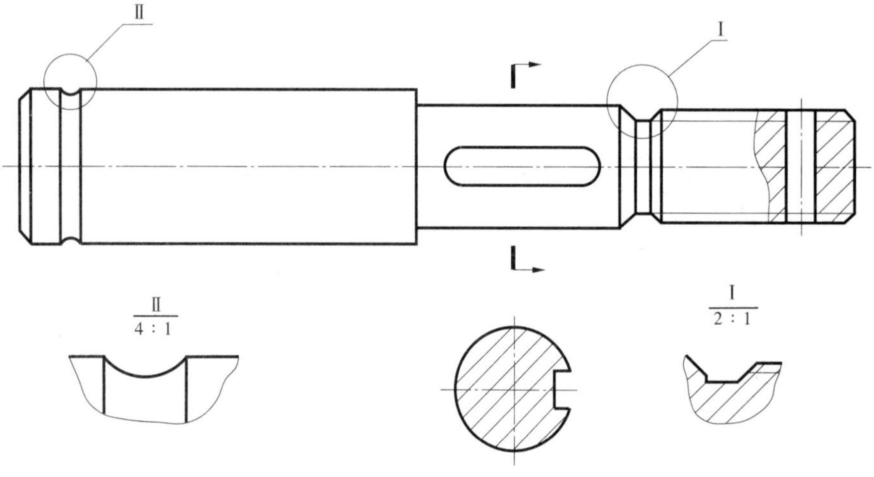

图 5-4-11 局部放大图

注意:局部放大图上所注的比例是指该图形中机件要素的尺寸与实际机件相应要素的尺寸之比,与原图比例无关。

2　肋板、轮辐的规定画法

(1)对于机体的肋板、轮辐及薄壁等,如按纵向剖切,这些结构不画剖面符号,而用粗实线将它与其邻接部分区分开;但当剖切平面按横向剖切肋板和轮辐时,这些结构仍应画上剖面符号,如图5-4-12所示。

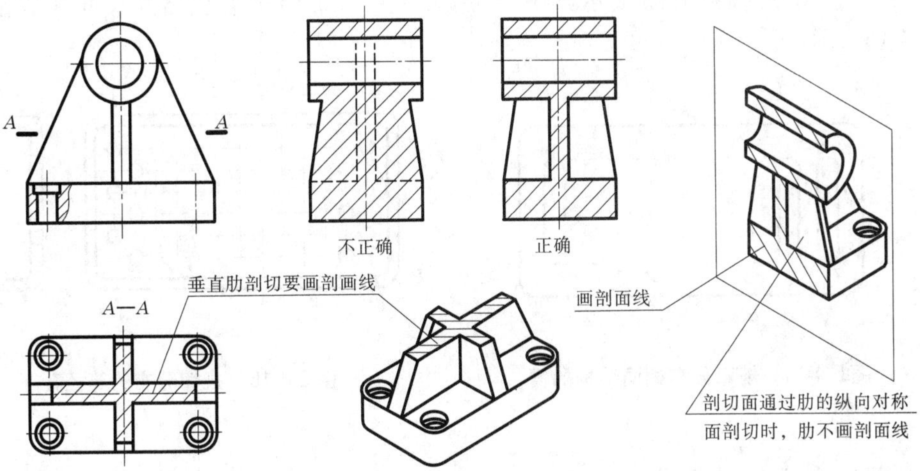

图5-4-12　肋板剖切后的画法

(2)当回转体零件上均匀分布的肋板、轮辐、孔等结构不处于剖切平面上时,可将这些结构旋转到剖切平面上画出(先旋转后剖切),而不需加任何标注,如图5-4-13和图5-4-14所示。

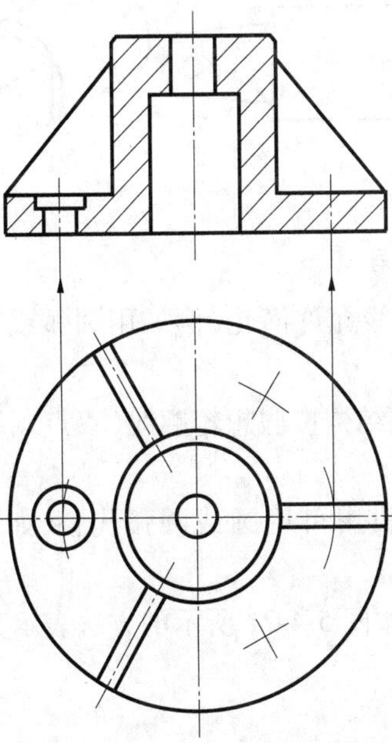

图5-4-13　回转体上均布肋板

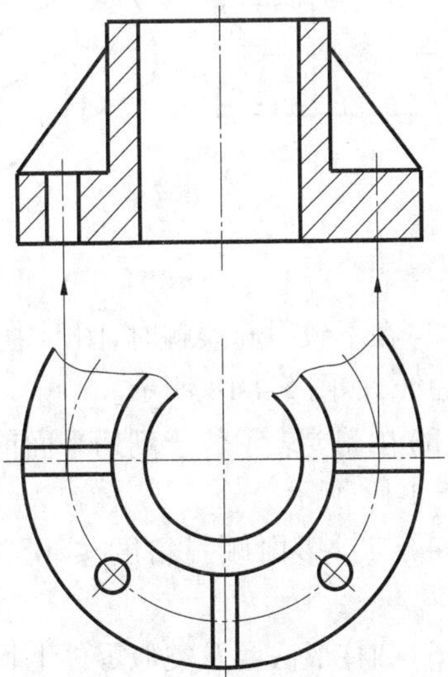

图5-4-14　回转体上均布孔

3 相同结构的规定画法

（1）当机体上具有若干相同结构（齿、槽等）并按一定的规律分布时，只需画出几个完整结构，其余用细实线连接表示其范围，并在图样中注明该结构总数，如图 5-4-15 所示。

（2）在同一物体中，对于尺寸相同的孔、槽等成组要素，若呈规律分布，可以仅画出一个或几个，其余用细点画线表示其中心位置，并在一个要素上注出其尺寸和数量，如图 5-4-16所示。

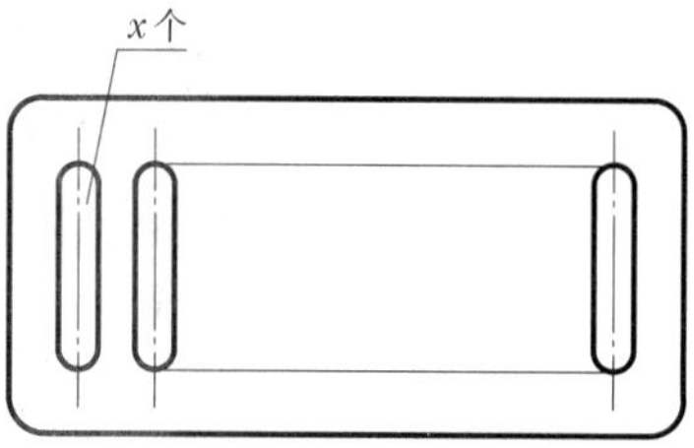

图 5-4-15 规律分布相同结构的槽

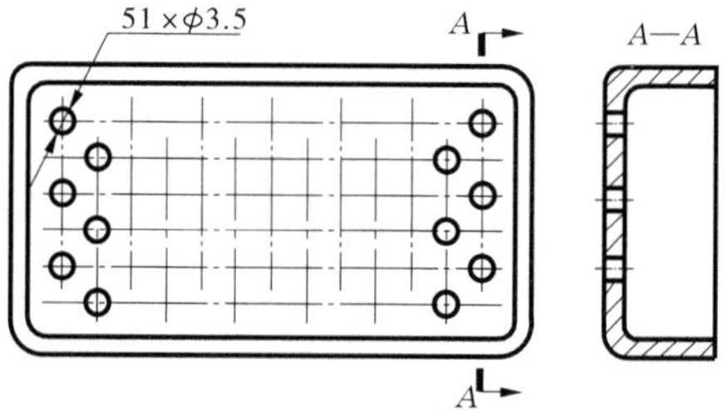

图 5-4-16 规律分布的等径孔

4 对图形和交线的简化画法

（1）当图形不能充分表达平面时，可用平面符号（相交的两条细实线）表示，如图 5-4-17所示。

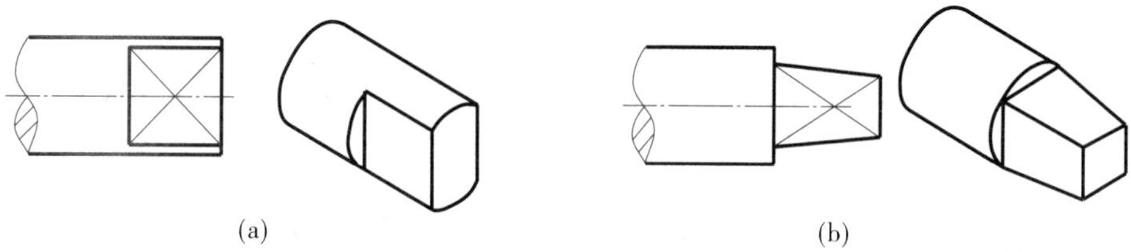

(a) (b)

图 5-4-17 平面符号

（2）在不致引起误解时，图形中的过渡线、相贯线允许简化，例如用圆弧或直线代替非圆曲线，如图 5-4-18 所示。

（3）在需要表示位于剖切平面前的结构时，这些结构按假想轮廓线（双点画线）绘制，如图 5-4-19 所示。

（4）与投影面倾斜角度≤30°的圆或圆弧，其投影可用圆或圆弧代替，如图 5-4-20 所示。

（5）圆柱形法兰及类似零件上均匀分布的孔可按图 5-4-21 所示的方法表示。

5 其他结构的简化画法

（1）类似图 5-4-22 所示物体上较小结构，如在一个图形中已表示清楚，其他图形可以简化或省略。

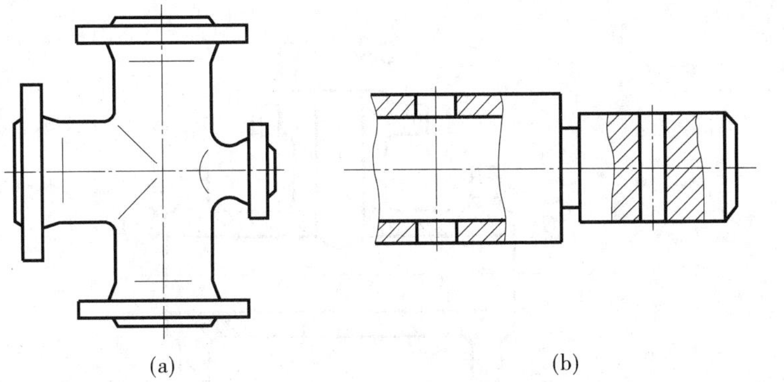

图 5-4-18　用圆弧或直线代替非圆曲线

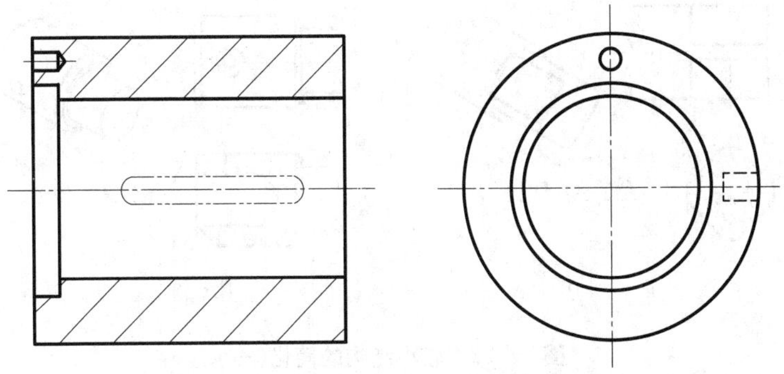

图 5-4-19　剖切平面前的结构规定画法

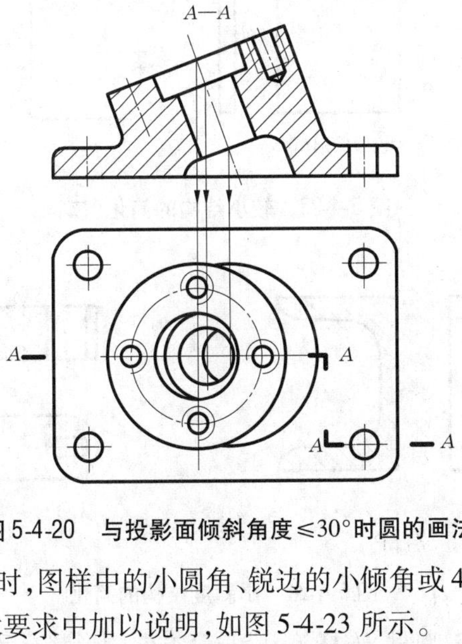

图 5-4-20　与投影面倾斜角度≤30°时圆的画法

(2)在不致引起误解时，图样中的小圆角、锐边的小倾角或45°小倒角允许省略不画，但必须注明尺寸或在技术要求中加以说明，如图5-4-23所示。

(3)当物体上较小的结构及斜度等已在一个图形中表达清楚时，其他图形应当简化或省略，如图5-4-24所示。

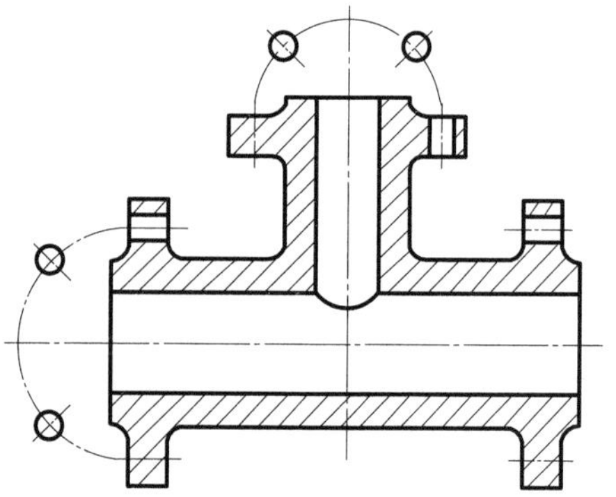

图 5-4-21　均布孔表示法

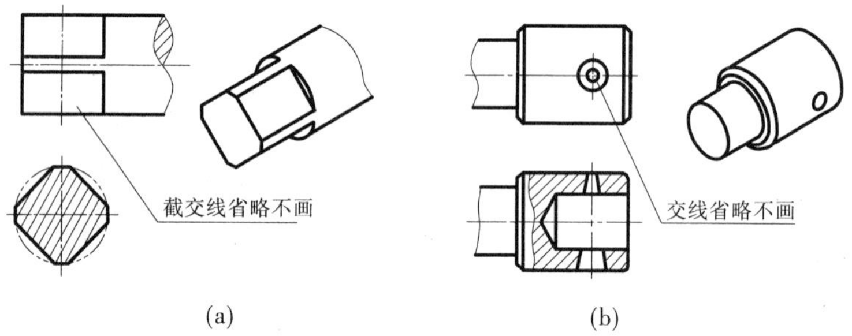

图 5-4-22　较小结构的简化(一)

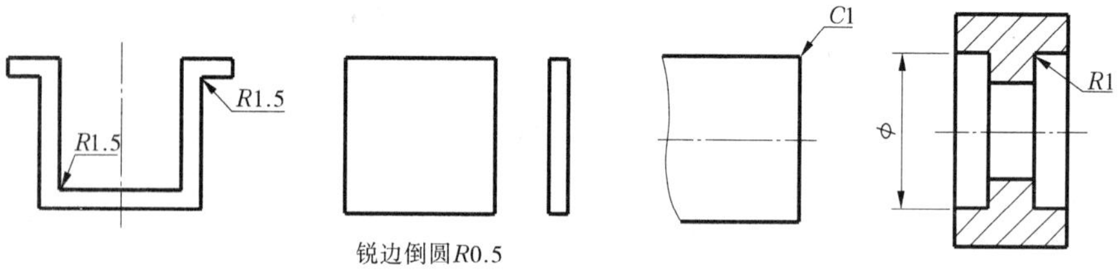

图 5-4-23　较小结构的简化(二)

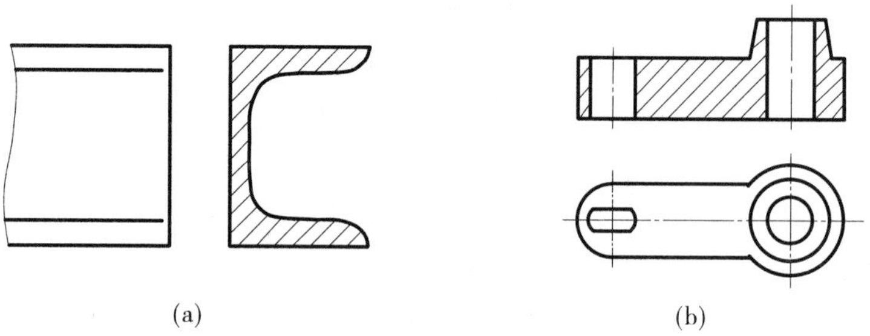

图 5-4-24　小斜度结构的简化

(4)较长物体(轴、杆、型材、连杆等)沿长度方向的形状一致或按一定规律变化时,可断开后缩短绘制,但须标注实际尺寸,如图 5-4-25 所示为断裂边界形式不同的较长物体的缩短画法。

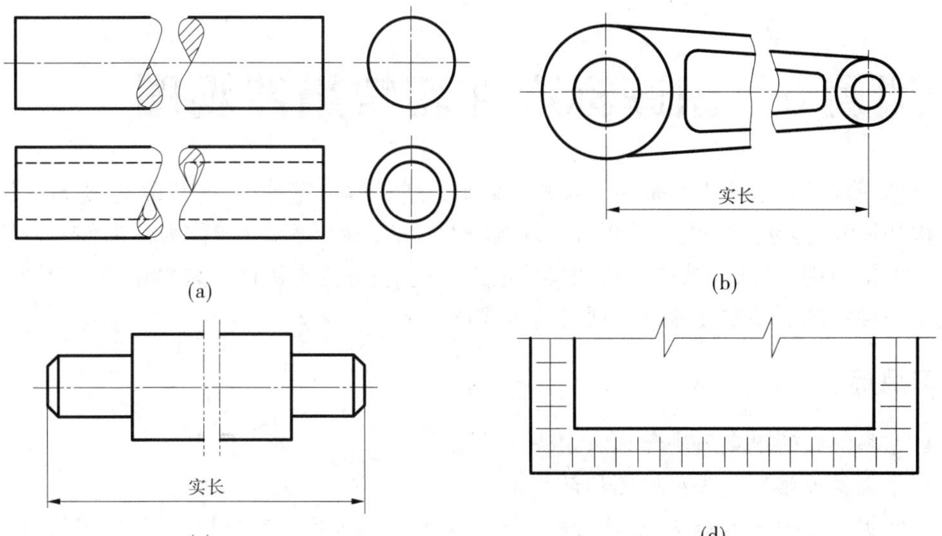

(a)　(b)　(c)　(d)

图5-4-25　较长物体的缩短画法

课堂练习

采用合适的表达方法绘制图5-4-26所示传动轴的视图。

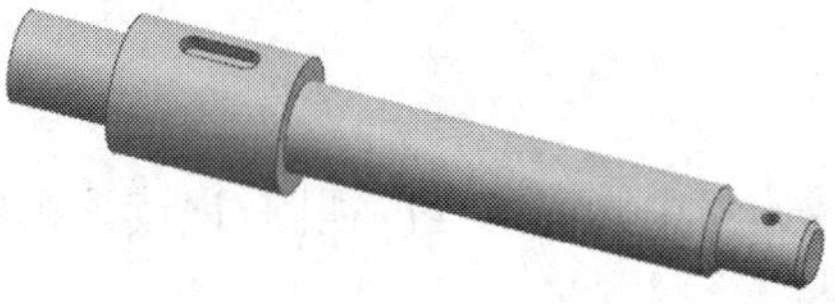

图5-4-26　传动轴立体图

项目6 识读标准件和常用件视图

机器或部件的组件中经常用到螺栓、螺母、齿轮、轴承、键等。其中,螺栓、螺母等机件的结构和尺寸已经标准化了,有相应的标准编号,由专业厂家生产,称为标准件。齿轮在生产中大量使用,其部分结构参数和尺寸也作了规定,称为常用件。培养识读和绘制标准件及常用件视图的基本技能是本项目的重要任务之一。

【学习目标】

1. 掌握螺纹的规定画法和标注方法。

2. 掌握键连接的画法和规定标记。

3. 掌握齿轮的基本知识、圆柱齿轮基本参数的计算方法以及齿轮和蜗杆、蜗轮的规定画法。

4. 掌握轴承的简化画法和规定标记,以及弹簧的规定画法。

任务1 识读圆柱齿轮减速器紧固螺栓视图

任务导入

图6-1-1是圆柱齿轮减速器中紧固螺栓的视图,识读该视图,掌握螺纹的表达方法和标注方法,掌握螺纹紧固件的绘制方法。

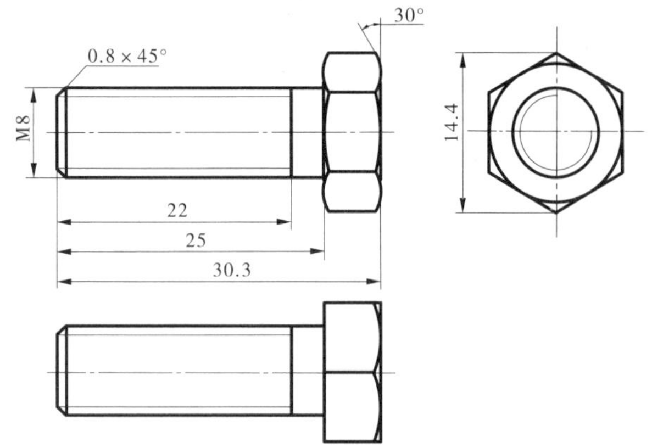

图6-1-1 紧固螺栓视图

相关知识

1　螺纹基础知识

1.1　螺纹的形成

螺纹是一平面图形(如三角形、矩形、锯齿形等)在圆柱或圆锥表面上作螺旋运动,形成具有相同轴向断面形状的连续凸起和沟槽。凸起的顶端称为螺纹的牙顶,沟槽的底部称为螺纹的牙底,连接牙顶和牙底的那部分螺纹的侧表面称为牙侧,相邻两牙侧的夹角称为牙型角。加工在圆柱或者圆锥外表面的螺纹称为外螺纹,加工在圆柱或者圆锥内表面的螺纹称为内螺纹,如图 6-1-2(a)、(b)所示。

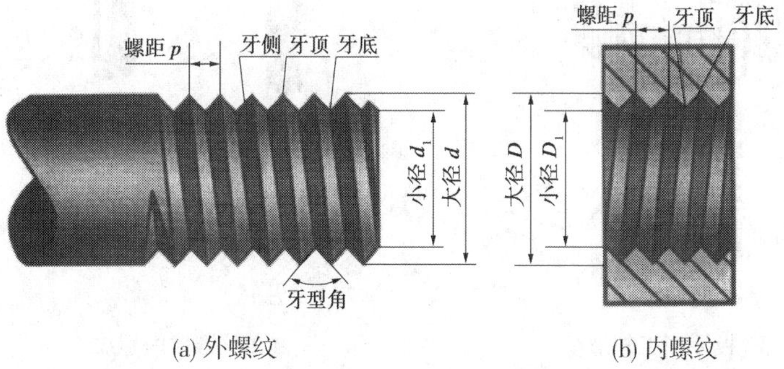

图 6-1-2　螺纹

螺纹的加工方法有很多种,可以在车床上车削内、外螺纹,如图 6-1-3(a)、(b)所示;可以用板牙加工外螺纹,如图 6-1-3(c)所示;对于直径比较小的内螺纹,先用钻头加工出光孔,再用丝锥攻内螺纹,如图 6-1-3(d)所示。

1.2　螺纹的结构

1.2.1　螺纹的末端

为了便于装配和防止螺纹起始圈破坏,常在螺纹的起始处加工成一定的形式,如倒角、倒圆等,如图 6-1-4 所示。

1.2.2　螺尾和退刀槽

车削螺纹时,刀具接近螺纹末尾处要逐渐离开工件,因此螺纹收尾部分的牙型是逐渐变浅的,形成了不完整的牙型,称为螺尾,如图 6-1-5(a)所示。为了避免产生螺尾,可以预先在螺纹末尾处加工出退刀槽,然后车削螺纹,如图 6-1-5(b)所示。

1.3　螺纹的要素

1.3.1　牙型

沿螺纹轴向方向剖切,所得到的螺纹轮廓形状称为螺纹的牙型。它有三角形、梯形、锯齿形和矩形等,如图 6-1-6 所示。不同的螺纹牙型,有不同的用途。

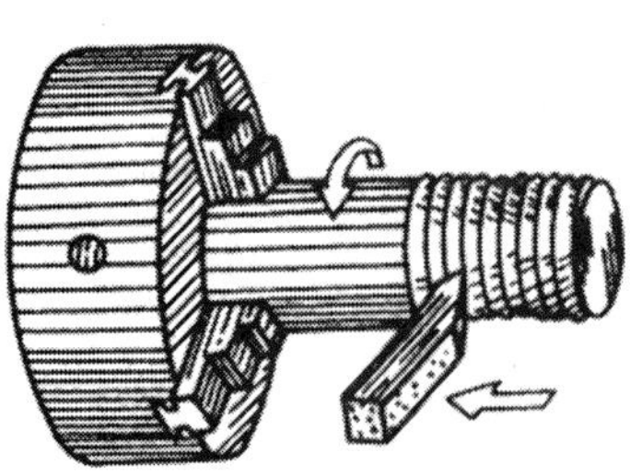

(a) 车削外螺纹

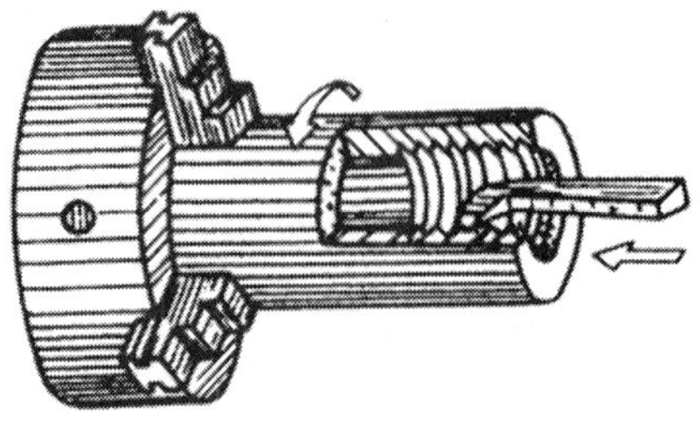

(b) 车削内螺纹

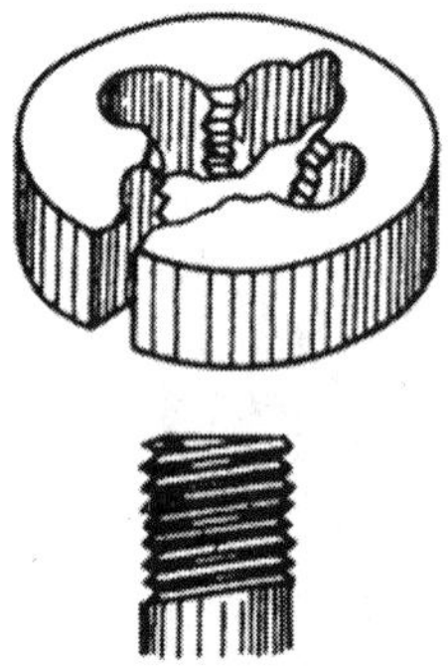

(c) 板牙加工外螺纹

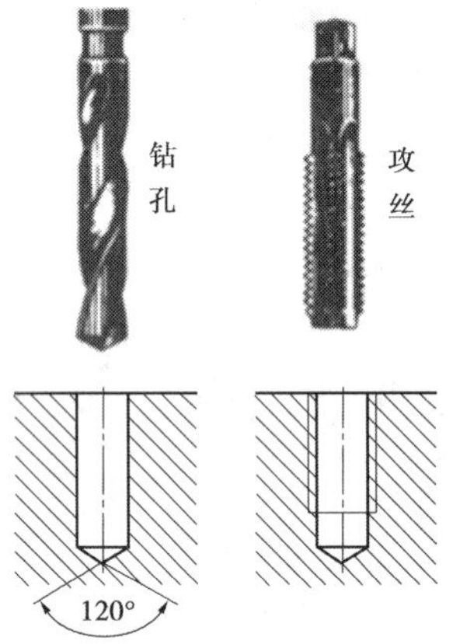

(d) 丝锥攻内螺纹

图 6-1-3　螺纹加工方法

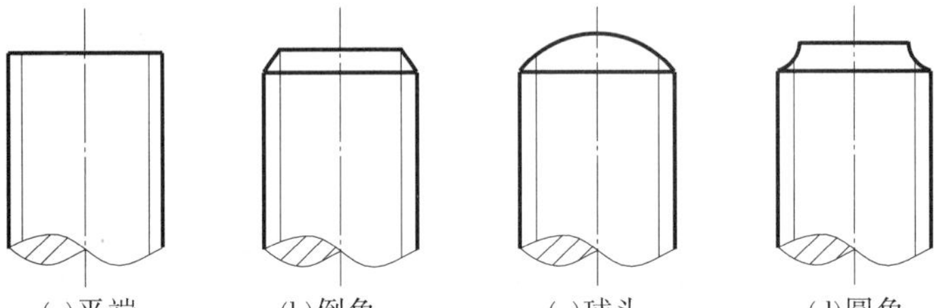

(a)平端　(b)倒角　(c)球头　(d)圆角

图 6-1-4　螺纹末端的形式

1.3.2　直径

螺纹的直径分为大径、小径、中径和公称直径，如图 6-1-7 所示。

大径：与外螺纹牙顶或内螺纹牙底相重合的假想圆柱面的直径，用 d 、D 表示。

小径：与外螺纹牙底或内螺纹牙顶相重合的假想圆柱面的直径，用 d_1 、D_1 表示。

中径：通过牙型上沟槽和凸起宽度相等的地方的假想圆柱面的直径，用 d_2 、D_2 表示。

公称直径：代表螺纹尺寸的直径，对于普通螺纹、梯形螺纹和锯齿形螺纹，都指螺纹大径尺寸。

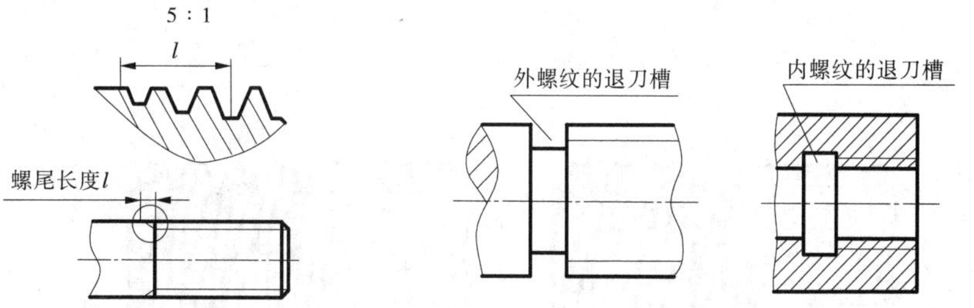

(a)螺尾　(b)退刀槽

图 6-1-5　螺尾和退刀槽

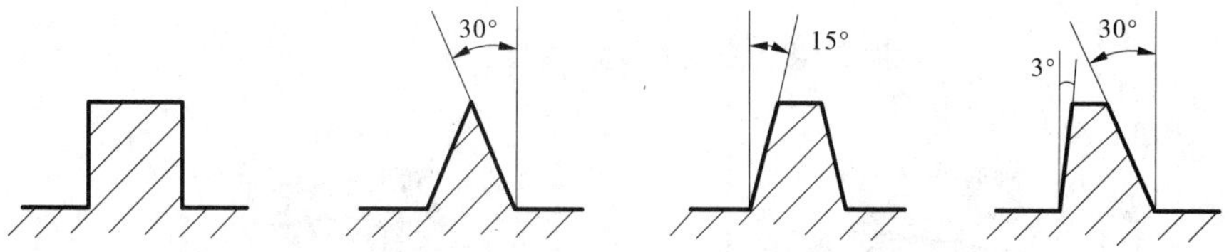

(a)矩形螺纹　(b)三角形螺纹　(c)梯形螺纹　(d)锯齿形螺纹

图 6-1-6　螺纹牙型

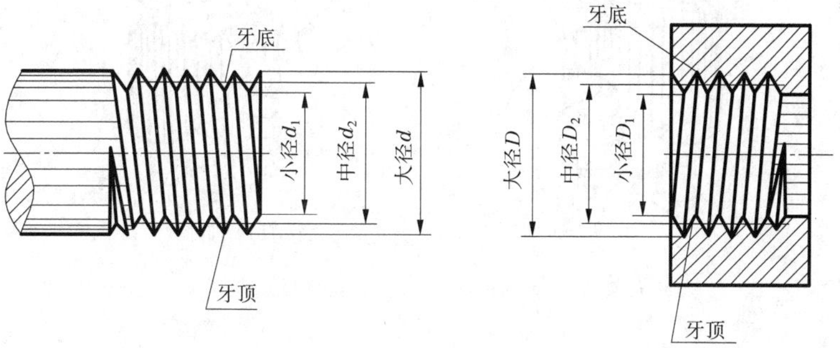

(a)外螺纹　(b)内螺纹

图 6-1-7　螺纹的直径

1.3.3　线数

螺纹有单线和多线之分。沿一条螺旋线所形成的螺纹称为单线螺纹；同时沿两条或两条以上螺旋线所形成的螺纹称为双线或多线螺纹。如图 6-1-8(a)所示为单线螺纹，图 6-1-8(b)所示为双线螺纹。

1.3.4　螺距和导程

同一条螺旋线上的相邻两牙对应点间的轴向距离称为导程，以 S 表示。相邻两牙对应点间的轴向距离称为螺距，以 P 示。单线螺纹的导程等于螺距，即 $S=P$。多线螺纹的导程等于线数乘以螺距，即 $S=nP$，如图 6-1-8 所示。

1.3.5　旋向

螺纹的旋向分为左旋和右旋两种：顺着螺杆方向观察，顺时针旋转时旋进的螺纹称为右旋螺纹，如图 6-1-9(a)所示；逆时针旋转时旋进的螺纹称为左旋螺纹，如图 6-1-9(b)所示。

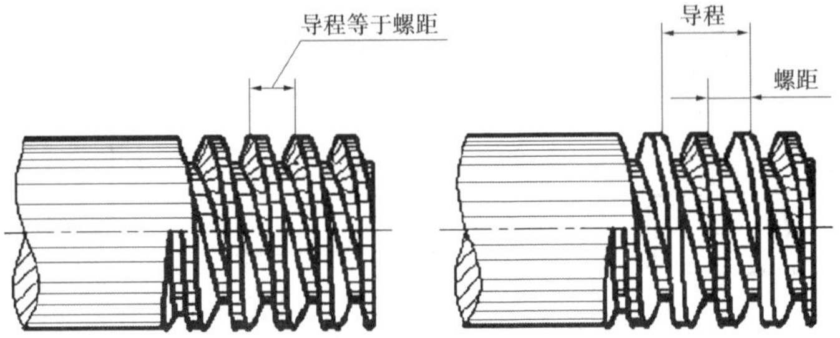

(a) 单线螺纹　　(b) 双线螺纹

图 6-1-8　螺纹的线数、螺距和导程

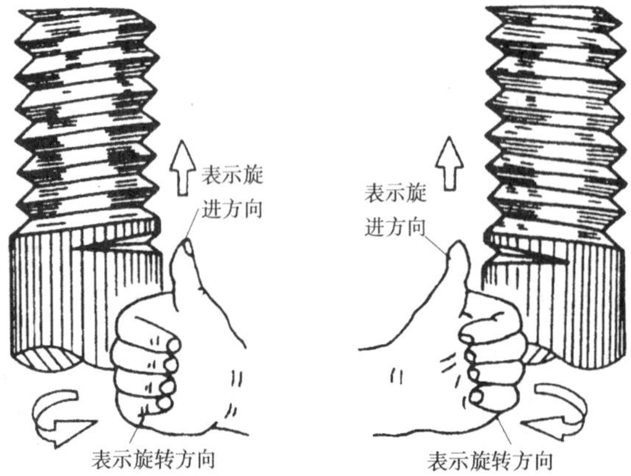

(a) 右旋螺纹　　(b) 左旋螺纹

图 6-1-9　螺纹的旋向

在螺纹的五个要素中，牙型、直径和螺距是决定螺纹的最基本要素，称为螺纹三要素，这三个要素都符合标准的螺纹称为标准螺纹。螺纹牙型符合标准，而大径和螺距不符合标准的称为特殊螺纹。若螺纹牙型不符合标准，则称之为非标准螺纹。内外螺纹必须成对配合使用，只有这五个要素完全相同，内外螺纹才能旋合。

2　螺纹的种类

螺纹按照用途可分为连接螺纹和传动螺纹两种。

连接螺纹用于机件的连接，常见的形式有两种：普通螺纹和管螺纹。连接螺纹的共同特点是牙型均为三角形，普通螺纹的牙型角为 50°，管螺纹的牙型角为 55°。

传动螺纹是用来传递动力和运动的，常用的是梯形螺纹，有时也用锯齿形螺纹。梯形螺纹的牙型是等腰梯形，牙型角为 30°；锯齿形螺纹的牙型为不等腰梯形，牙型角为 33°。

常用标准螺纹的牙型、特征代号及用途见表 6-1-1。

表 6-1-1 常用标准螺纹的种类和代号

螺纹分类及特征代号			牙型及牙型角	说明
连接螺纹	普通螺纹	粗牙普通螺纹(M)	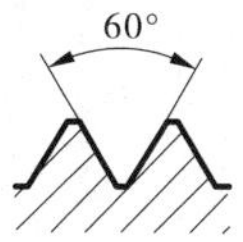	用于一般零件的连接，是应用最广泛的连接螺纹
		细牙普通螺纹(M)		在大径相同的情况下，螺距比粗牙螺纹小，多用于精密零件、薄壁零件或负载大的零件
	管螺纹	非螺纹密封的管螺纹(G)	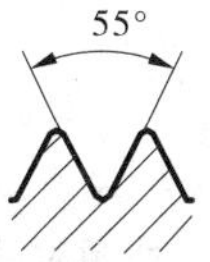	用于非螺纹密封的低压管路连接
		用螺纹密封的管螺纹(R,Rc,Rp)		用于螺纹密封的中高压管路连接
传动螺纹	梯形螺纹(Tr)		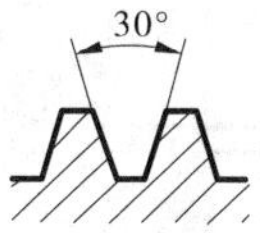	传递动力用，如机床丝杆
	锯齿形螺纹(B)		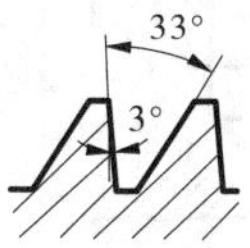	传动单向动力，如螺旋泵

3 螺纹的规定画法

国家标准《机械制图》(GB/T 4459.1—1995)规定了在机械图样中螺纹及螺纹紧固件的画法。

3.1 外螺纹的规定画法

外螺纹大径和螺纹终止线用粗实线表示。小径用细实线表示(小径≈0.85 大径),与轴线平行的视图上小径的细实线应画入倒角内,在投影为圆的视图上,小径的细实线圆只画 3/4 圈。螺杆端面的倒角圆省略不画,如图 6-1-10(a)所示;实心轴上的外螺纹不必剖切,管道上的外螺纹沿轴线剖切后的画法如图 6-1-10(b)所示。

3.2 内螺纹的规定画法

当内螺纹画成剖视图时,大径用细实线表示,小径和螺纹终止线用粗实线表示,剖面线画到粗实线处。在投影为圆的视图上,大径的细实线圆只画 3/4 圈。对于不穿通的螺纹孔,应将钻孔深度和螺纹孔深度分别画出,钻孔深度比螺纹孔深度深 0.5d,底部的锥顶角应画成 120°,如图 6-1-11(a)所示。

当内螺纹不剖时,与轴线平行的视图上,其大径和小径均用虚线表示,如图 6-1-11(b)所示。

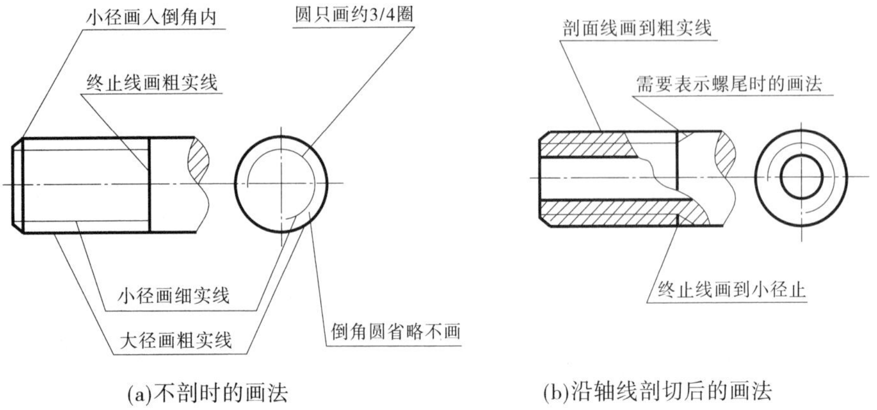

图 6-1-10　外螺纹的规定画法

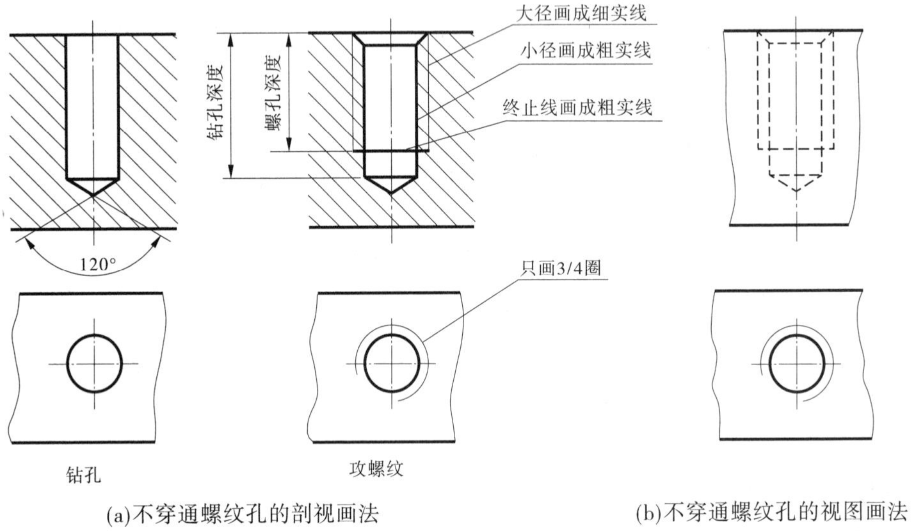

图 6-1-11　内螺纹的画法

3.3　内外螺纹连接的画法

在剖视图中，内、外螺纹旋合部分按外螺纹的画法绘制，其余部分按各自的规定画法绘制，如图 6-1-12 所示。此时，内外螺纹的大径和小径应对齐，螺纹的小径与螺杆的倒角大小无关，剖面线均应画到粗实线。

4　螺纹的标注

各种螺纹的画法都是相同的，图上并未表明牙型、公称直径、螺距、线数和旋向等要素，因此绘制螺纹图样后，必须通过标注代号或标记的方式来说明螺纹的种类和要素。

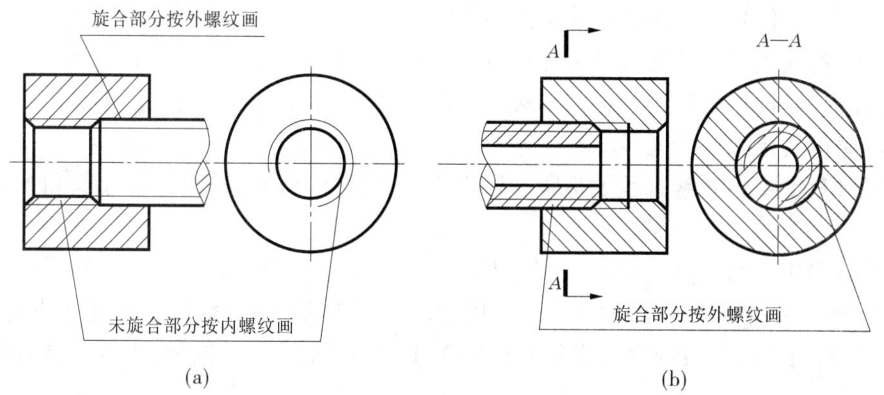

图6-1-12 螺纹连接时的画法

4.1 标准螺纹的标注内容和格式

4.1.1 普通螺纹

完整标注内容由螺纹代号、螺纹公差带代号和螺纹旋合长度代号三部分组成,标注格式如下:

螺纹代号—公差带代号—旋合长度代号

(1)螺纹代号标注格式:

特征代号 公称直径×螺距—旋向

特征代号:如表6-1-1所示,用英文字母作为各种螺纹的特征代号,普通螺纹用字母"M"表示。

公称直径:指螺纹的大径。

螺距:粗牙普通螺纹的螺距已经完全标准化,且一个公称直径对应一个螺距,因此粗牙普通螺纹不标螺距。

旋向:当旋向为右旋时,不必标出;当旋向为左旋时,标注"LH"。

(2)公差带代号:中径与顶径公差带代号。若螺纹的中径公差带代号与顶径公差带代号不同,需要分别标注,如5H6H、4h5h等;若中径公差带代号与顶径公差带代号相同,则只需要标注一个代号,如5H。字母大写表示内螺纹,小写表示外螺纹。

(3)旋合长度代号:螺纹旋合长度是指两个相互配合的螺纹沿螺纹轴线方向相互旋合部分的长度(螺纹端倒角不包括在内)。

普通螺纹旋合长度分为长旋合(L)、中等旋合(N)、短旋合(S)三种。中等旋合长度最为常用,不需要标注。

4.1.2 梯形螺纹和锯齿形螺纹

完整标注内容由螺纹代号、螺纹公差带代号和螺纹旋合长度代号三部分组成,标注格式如下:

螺纹代号—公差带代号—旋合长度代号

(1)螺纹代号标注格式:

单线:特征代号　公称直径×螺距—旋向

多线:特征代号　公称直径×导程(*P* 螺距)—旋向

特征代号:梯形螺纹用字母“Tr”表示,锯齿形螺纹用字母“B”表示。

公称直径:指螺纹的大径。

导程(*P* 螺距):单线螺纹的螺距与导程相同,只标注螺距;多线螺纹导程和螺距均要标出。

旋向:当旋向为右旋时,不必标出;当旋向为左旋时,标注“LH”。

(2)公差带代号:只标注中径公差带代号,字母大写表示内螺纹,小写表示外螺纹。

(3)旋合长度代号:旋合长度分为长旋合(L)、中等旋合(N)两种,中等旋合长度省略标注。

4.1.3　管螺纹

管螺纹分为非螺纹密封的管螺纹和用螺纹密封的管螺纹两种,完整标注格式分别为:

非螺纹密封的管螺纹:螺纹特征代号　尺寸代号　公差等级代号—旋向

用螺纹密封的管螺纹:螺纹特征代号　尺寸代号—旋向

螺纹特征代号:非螺纹密封的管螺纹用“G”表示;用螺纹密封的管螺纹有三种,圆锥内管螺纹用“Rc”表示、圆锥外管螺纹用“R”表示、圆柱内管螺纹用“Rp”表示。

尺寸代号:表示螺纹所在管子的公称直径,单位为英寸(1 英寸 = 25.4 mm),管螺纹的直径要通过查国标来确定。

公差等级代号:非螺纹密封的内管螺纹公差等级只有一种,不需要标注;而非螺纹密封的外管螺纹公差等级有 A、B 两种,需要标注。

4.2　螺纹标注示例

普通螺纹、梯形螺纹和锯齿形螺纹标注的方法:将规定标注内容注写在尺寸线或尺寸线的延长线上,尺寸线的箭头指向内、外螺纹的大径。

管螺纹标注的方法:从内、外螺纹的大径引出指引线进行标注,规定标注内容注写在指引线上。表 6-1-2 给出了几种常用螺纹的标注。

4.3　特殊螺纹与非标准螺纹的标注

牙型符合标准、直径和螺距不符合标准的螺纹,应在特征代号前加注“特”,标注出大径和螺距,如图 6-1-13(a)所示。

非标准螺纹应画出螺纹的牙型,并标注所需要的尺寸及有关要求,如图 6-1-13(b)所示。

5　常用螺纹紧固件的种类及标记

用螺纹起连接和紧固作用的零件称为螺纹紧固件。常用的螺纹紧固件有螺栓、双头螺柱、螺钉、螺母等(见图 6-1-14)。它们的结构和尺寸都已经标准化,在机械设计中不需要单独绘制它们的图样,可以根据设计的需要从相应的国家标准中查出所需要的结构尺寸。

5.1　常用螺纹紧固件的种类

5.1.1　螺栓

螺栓由螺头和螺栓杆两部分组成,头部形状以六角形应用最多,常用等级为 A 级和 B 级,同时有全螺纹和部分螺纹及粗细杆之别。决定螺栓的规格尺寸为螺纹公称直径 *d* 及

表 6-1-2 常用螺纹的标注示例

螺纹类型		标注要求	标注示例
普通螺纹	粗牙	普通螺纹，公称直径24，粗牙，螺距为3,右旋，中径公差带代号5g，顶径公差带代号6g，中等旋合长度	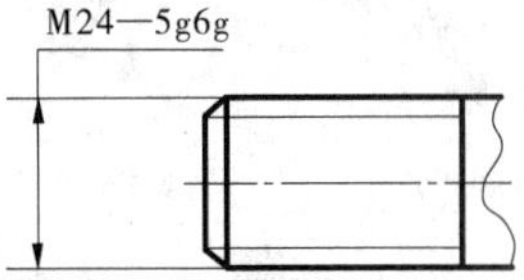
	细牙	普通螺纹，公称直径24，细牙，螺距为2,左旋,中径和顶径公差带代号均为7H，长旋合长度	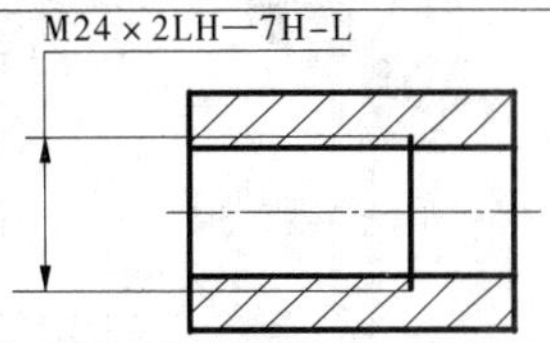
梯形螺纹	单线	梯形螺纹，公称直径40，螺距为5,左旋,中径公差带代号7e，长旋合长度	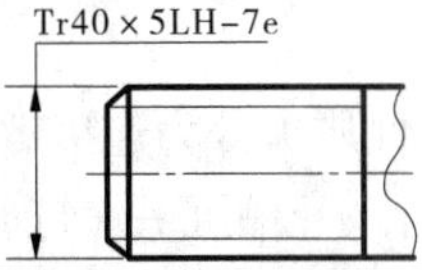
	多线	梯形螺纹，公称直径40，双线，导程10，螺距为5，左旋，中径公差带代号7e，长旋合长度	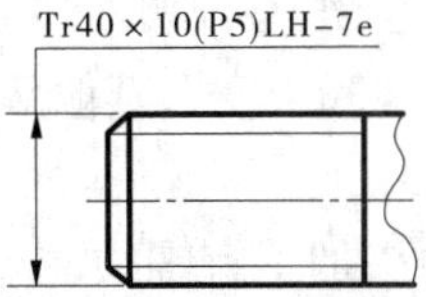
锯齿形螺纹		锯齿形螺纹，大径80，双线，导程20，螺距为10，右旋，中径公差带代号8e，长旋合长度	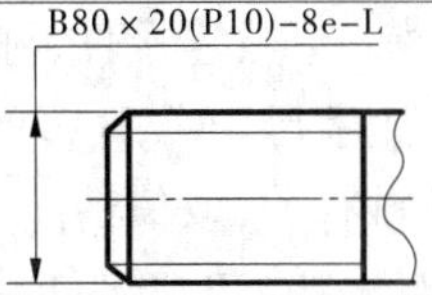
非螺纹密封的管螺纹		非螺纹密封的管螺纹，尺寸代号为3/4。其中,外螺纹公差等级为A级，左旋	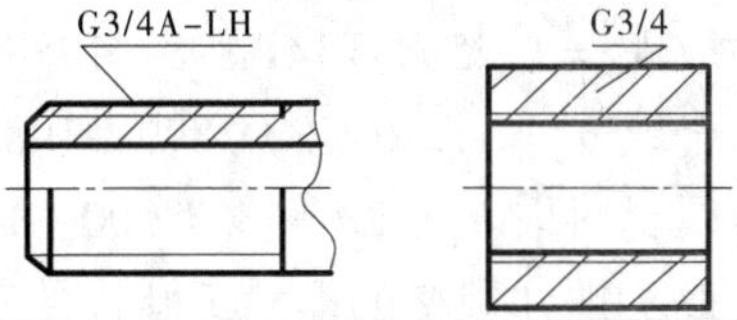
用螺纹密封的管螺纹		用螺纹密封的管螺纹，尺寸代号为1/2。 R:圆锥外管螺纹 Rc:圆锥内管螺纹 Rp:圆柱内管螺纹	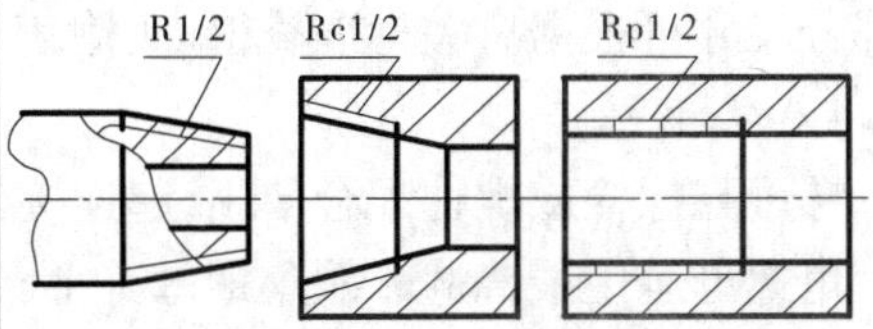

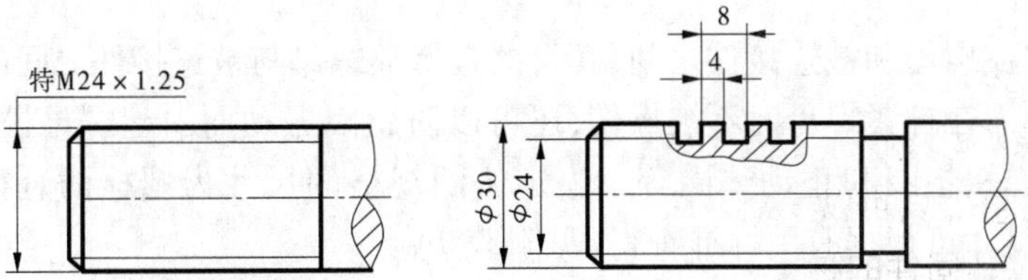

(a)特殊螺纹 (b)非标准螺纹

图 6-1-13 特殊螺纹及非标准螺纹的标注

螺栓长度 l ,选定一种螺栓后,其他部分尺寸可根据有关国家标准查得(见附表4)。

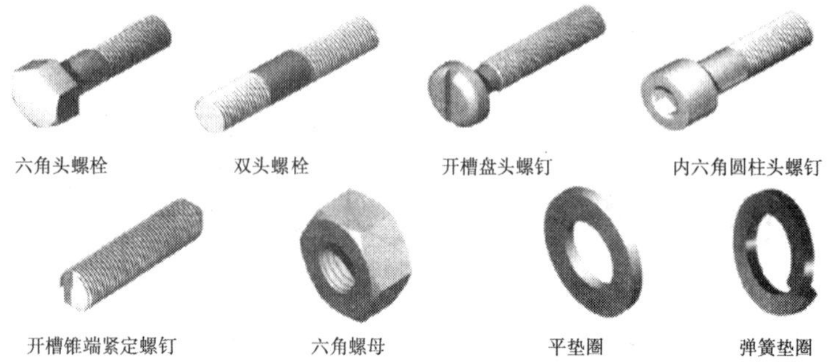

图 6-1-14　常用螺纹紧固件

5.1.2　螺钉

螺钉按使用性质可分为连接螺钉和紧定螺钉。前者用于连接,根据头部形状不同可分为开槽圆柱头螺钉、开槽沉头螺钉、开槽盘头螺钉等。后者主要用于防止两个相互配合的零件之间发生相对运动,有开槽平端、开槽锥端、内六角平端紧定螺钉等。决定螺钉规格的尺寸为螺钉的直径 d 和长度 l,其他部分尺寸可根据有关标准查得(见附表5 ~ 附表6)。

5.1.3　双头螺柱

双头螺柱两头加工有螺纹,一端旋入被连接件的预制螺孔中,称为旋入端;另一端与螺母旋合,紧固另一个被连接件,称为紧固端。在结构上分为 A 级和 B 级两种,A 级的要在规格尺寸前标注字母"A",B 级的可以不用标注。双头螺柱的旋入端长度 b_m 与带螺孔的被连接件的材料有关,取值情况如下:

青铜、钢取 $b_m = d$(GB/T 897—1988)

铸铁取 $b_m = 1.25d$(GB/T 898—1988)

铝合金取 $b_m = 1.5d$(GB/T 899—1988)

非金属材料取 $b_m = 2d$(GB/T 900—1988)

决定双头螺柱规格的尺寸为螺柱的直径 d 及紧固端长度 l,选定一种双头螺柱后,其他部分尺寸可根据有关标准查得(见附表7)。

5.1.4　螺母

螺母与螺栓或螺柱配合使用,起连接作用。螺母的形式有六角头、圆形和方形等,其中六角螺母运用最普遍。六角螺母有Ⅰ、Ⅱ型及 A、B、C 型之分。决定螺母规格的尺寸为螺纹的公称直径 D,选定一种螺母后,其他部分尺寸可根据有关标准查得(见附表8)。

5.1.5　垫圈

垫圈安装在螺母和被连接件之间,其目的是增加螺母与被连接件之间的接触面积,保护被连接件表面在拧紧螺母时不被擦伤,还可以防止因振动而引起螺母松动。垫圈的类型有平垫圈、弹簧垫圈和止动垫圈等。决定垫圈规格的尺寸为螺栓的直径 d,选定垫圈后,其他部分尺寸可根据有关标准查得(见附表9)。

5.2　螺纹紧固件的标记

螺纹紧固件是标准件,使用时按规定标记,直接外购即可。它的规定标记格式为

名称　　国标编号　　型号规格

其后面还可带性能等级或材料及热处理、表面处理等技术参数。由螺纹紧固件的标记查阅机械设计手册相应国家标准可得该螺纹连接件的详细规格尺寸和各种技术参数。表 6-1-3 给出了常用螺纹紧固件的结构形式及标注。

表 6-1-3 常用螺纹紧固件的结构形式及标注示例

名称	简图	规定标注及说明
六角头螺栓	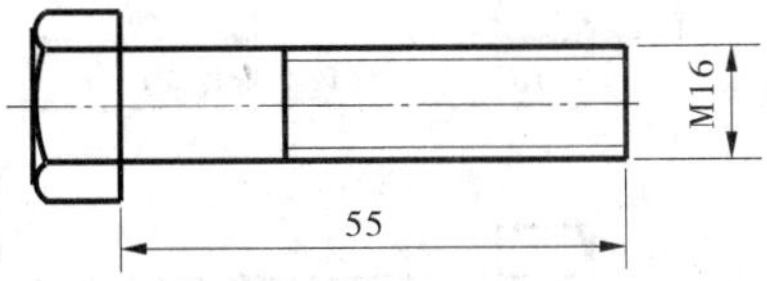	螺栓 GB/T 5780 M16×55 M16为螺纹规格，55为螺栓的公称长度
螺柱	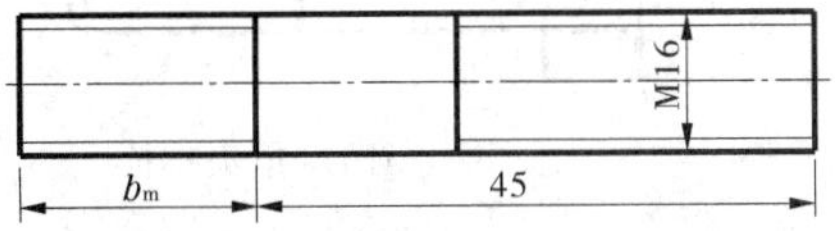	螺柱 GB/T 897 M16×45 M16为螺纹规格，45为螺柱的公称长度，两端均为粗牙普通螺纹，B型，旋入b_m=1d，不标注类型
开槽沉头螺钉	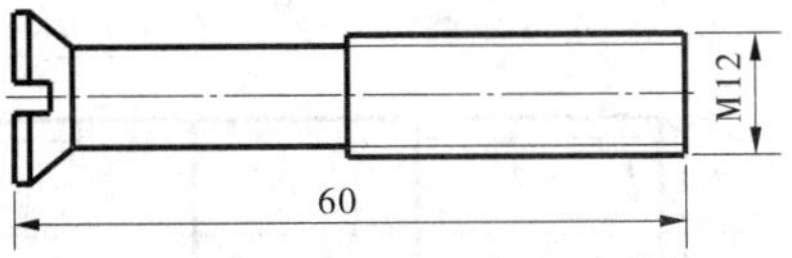	螺钉 GB/T 68 M12×60 M12为螺纹规格，60为螺钉的公称长度
开槽锥端紧定螺钉	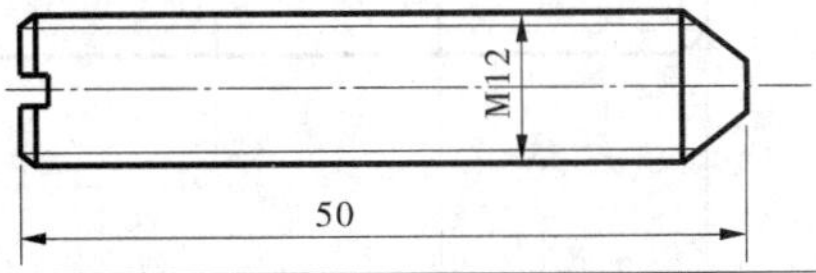	螺钉 GB/T 71 M12×50 M12为螺纹规格，50为螺钉的公称长度
I 型六角螺母	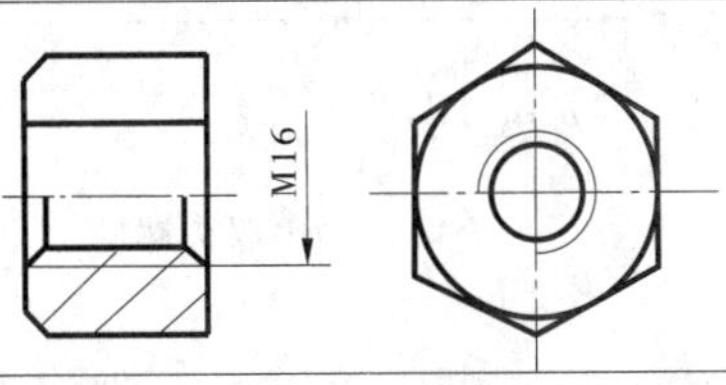	螺母 GB/T 6170 M16 M16为螺纹规格
I 型六角开槽螺母C级	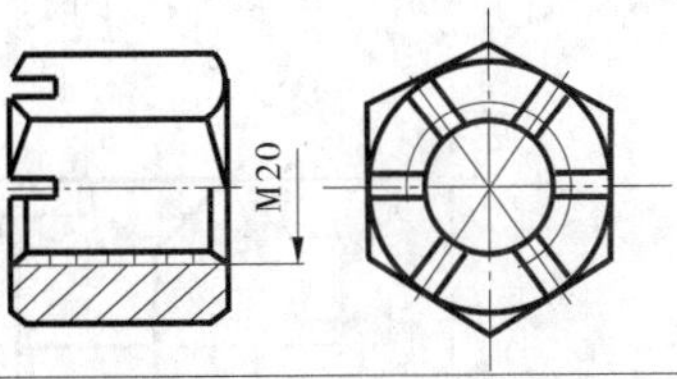	螺母 GB/T 6179 M20 M20为螺纹规格
平垫圈A级	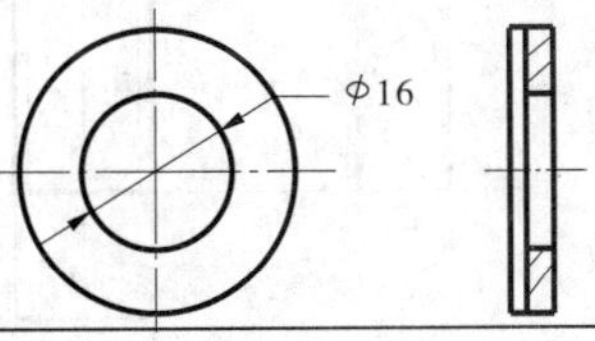	垫圈GB/T 97.116 16为垫圈的规格尺寸

6 常用螺纹紧固件的比例画法

标注的螺纹紧固件，在画图时不必画出它们的详细结构，一般采用以螺纹公称直径 d、D 为依据，按比例关系计算出各部分的尺寸，然后近似画出。常见螺纹紧固件的比例画法如图 6-1-15 所示。

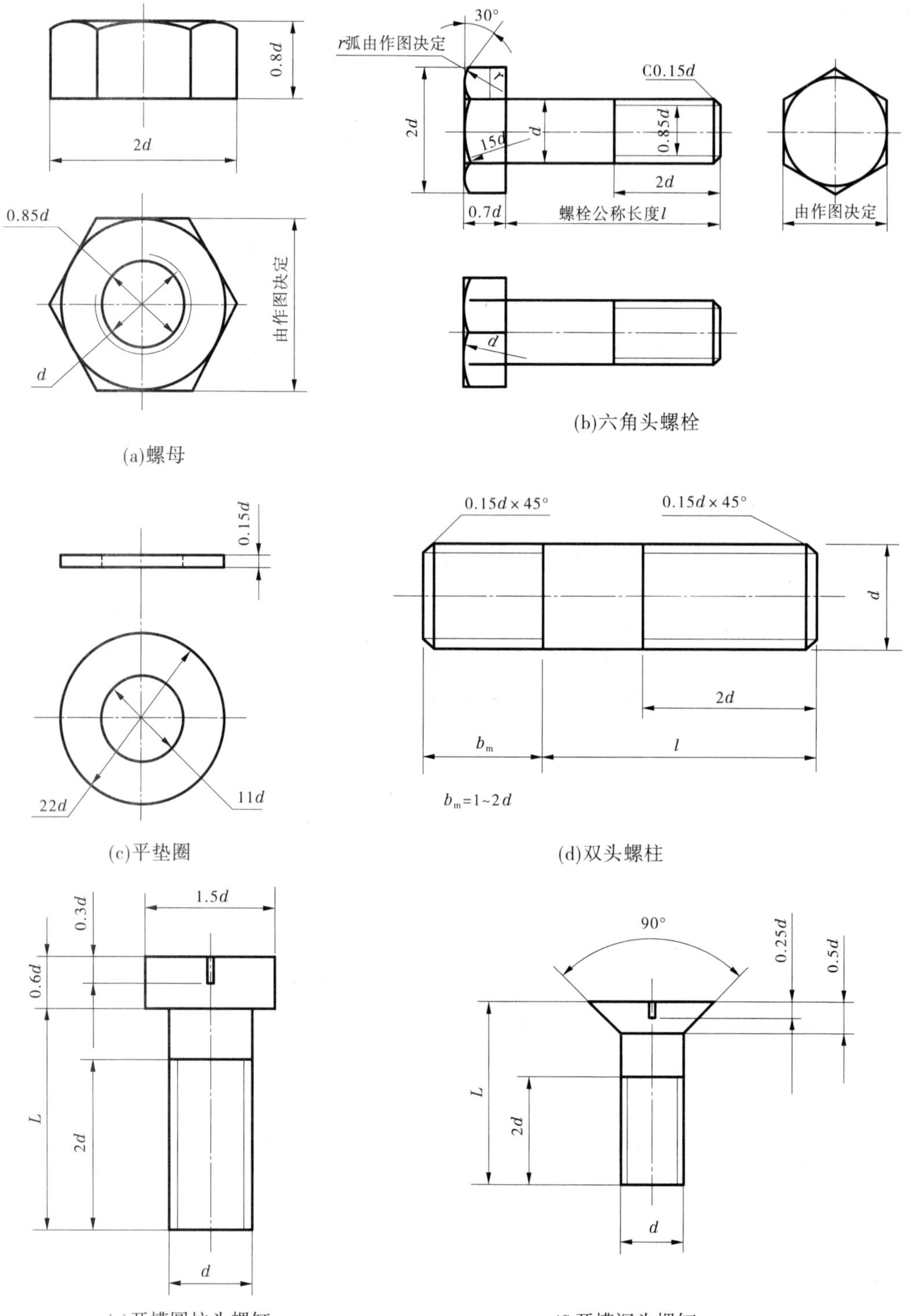

(a)螺母

(b)六角头螺栓

(c)平垫圈

(d)双头螺柱

(e)开槽圆柱头螺钉

(f)开槽沉头螺钉

图 6-1-15　常见螺纹紧固件的比例画法

任务实施

识读图6-1-1所示的螺栓紧固件视图。

1　读视图

该螺栓紧固件采用三个基本视图来表达零件的结构形状，主要表达外螺纹的结构以及螺栓头部形状。

2　读尺寸

螺栓上加工的螺纹为粗牙普通螺纹，公称直径为8 mm，旋向为右旋，螺纹长度22 mm，螺纹头部有0.8×45°的倒角。

螺栓公称长度为25 mm，六角头为外接圆直径14.4 mm的正六边形，两个端面都有30°的倒角。

知识拓展

螺纹紧固件是工程上应用最广泛的连接零件。常用的连接形式有螺栓连接、双头螺柱连接和螺钉连接。画螺纹紧固件连接图样时应遵守下列基本规定，如图6-1-16所示：

(1)相邻两零件接触表面，只画一条线；非接触表面画两条线，如间隙太小，可夸大画出。

(2)在剖视图中，相邻两被连接件的剖面线应有区别，要么方向相反，要么间距不等。而同一零件的剖面线在各个剖视图中应一致，即方向相同，间隔相等。

(3)在剖视图中，当剖切平面通过螺纹紧固件和实心件(螺钉、螺栓、螺母、垫圈、键、球及轴等)的基本轴线剖切时，这些零件按不剖绘制。

(4)螺纹紧固件的工艺结构，如倒角、退刀槽、凸肩等均可省略不画。

(5)在装配图中，不通孔的螺纹孔可不画出钻孔深度，仅按有效螺纹部分的深度(不包括螺尾)画出。

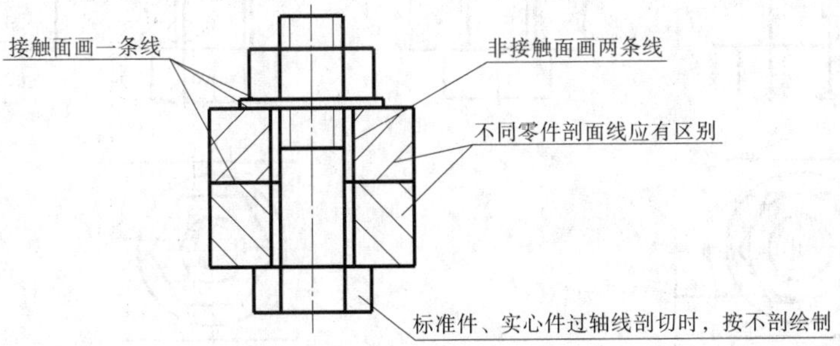

图6-1-16　螺纹连接的基本规定

1 螺栓连接的画法

螺栓连接适用于连接两个不太厚的、并可钻成通孔的零件。通孔的大小根据装配精度的不同，查阅机械设计手册确定，一般通孔直径按 1.1 倍螺纹大径来绘制。

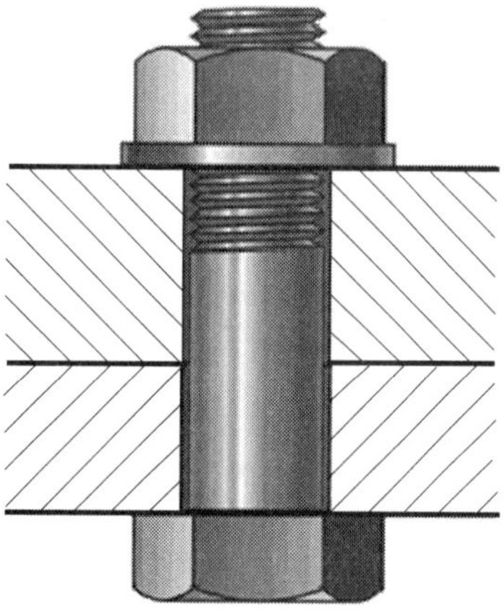

图 6-1-17 螺栓连接

螺栓连接常用的紧固件有螺栓、螺母和垫圈，如图 6-1-17 所示。工程上常采用比例画法画螺栓连接图，如图 6-1-18(a)所示，各部分比例关系为：螺纹公称直径 d 由国标确定，$a=0.3d$、$m=0.8d$、$h=0.15d$、$d_b=1.1d$、$b=2d$、垫圈外径 $=2.2d$。

为了便于螺母调整和拧紧，螺栓的公称长度先按公式 $l=\delta_1+\delta_2+h+m+a$ 计算，然后查表取标准值。若 $\delta_1=\delta_2=16$，$d=12$，则可通过公式计算出 $l=47$，查附表 4 中标准长度 l 系列，选取与计算值 47 相近的标准值 50 为螺栓的公称长度。螺栓连接也经常采用简化画法，即所有的倒角和细小结构均省略不画，如图 6-1-18(b)所示。

2 双头螺柱连接的画法

双头螺柱连接常用于两连接件中有一个较厚或不宜加工成通孔的情况。采用双头螺柱连接时，在较薄的零件上钻通孔(孔径为 1.1d)，较厚的零件上制出螺纹孔。双头螺柱较短的一端全部旋入较厚被连接件的螺孔内，称为旋入端；另一端穿过较薄被连接件的通

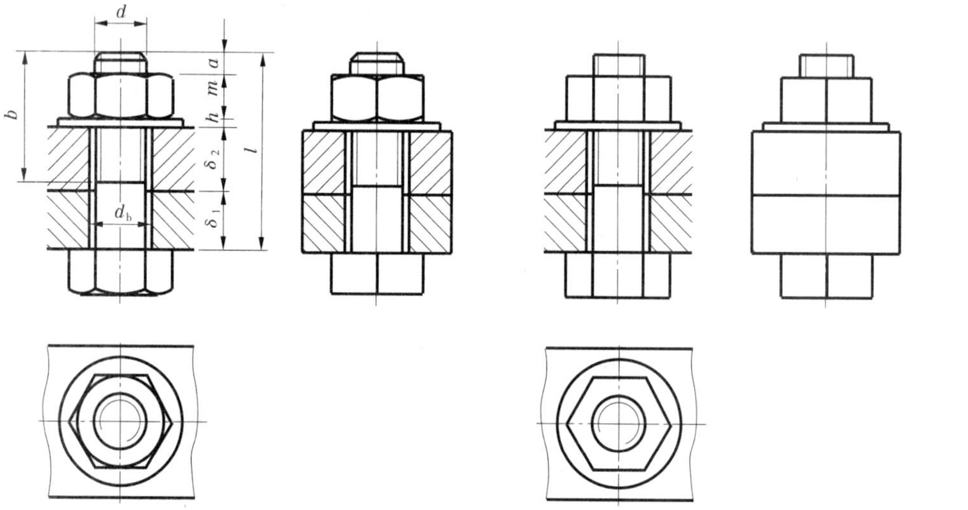

(a)比例画法 (b)简化画法

图 6-1-18 螺栓连接的画法

孔，套上垫圈，拧紧螺母，就把两个连接件紧固在一起，如图 6-1-19所示。螺柱连接常采用弹簧垫圈，它依靠弹性增加摩擦力，防止螺母因振动而松开。

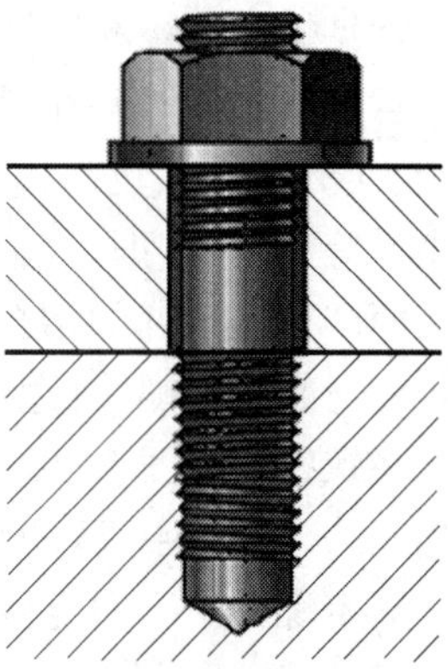

图 6-1-19　双头螺柱连接

工程上采用比例画法画双头螺柱连接图，如图 6-1-20(a)所示，各部分比例关系为：螺纹公称直径 d、旋入端长度 b_m 由国标确定，$a=0.3d$、$m=0.8d$、$h=0.15d$、$d_b=1.1d$、垫圈外径 $=2.2d$、螺孔深 $=b_m+0.5d$、孔深 $=b_m+d$。前面已经介绍旋入端螺纹长度 b_m 是根据被连接件的材料来决定的，被连接件的材料不同，则 b_m 的取值不同。

画图时应该注意：双头螺柱旋入端长度 b_m 应全部旋入螺孔内，即双头螺柱旋入端的螺纹终止线应与两个被连接件的结合面重合，画成一条线。图 6-1-20(b)所示为双头螺柱连接的简化画法，此简化画法是在机械零件绘制中常采用的一种方法。

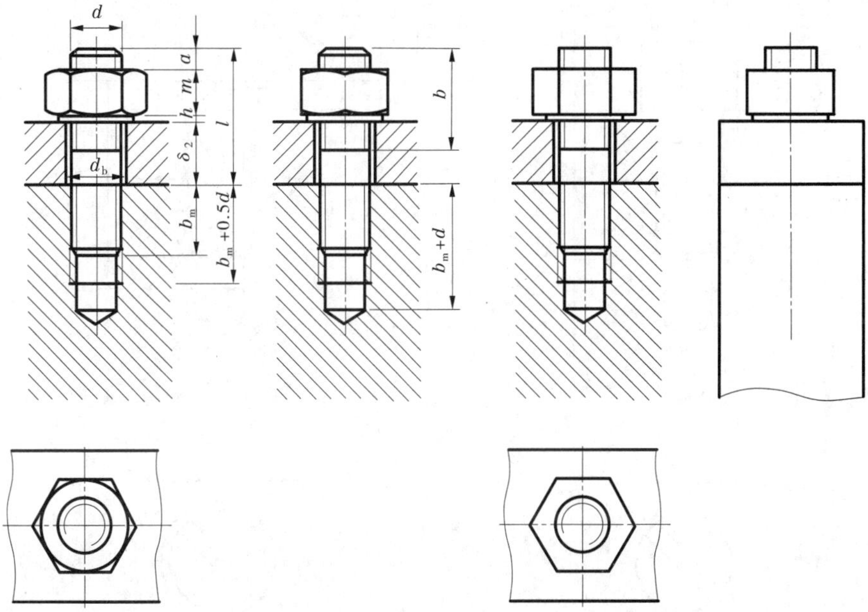

(a)比例画法　　(b)简化画法

图 6-1-20　双头螺柱连接的画法

3　螺钉连接的画法

螺钉连接常用在受力不大而又不经常拆卸的地方。被连接两零件中一件比较薄，制成通孔，另一件较厚，制成不通的螺纹孔。连接时，螺钉穿过较薄连接件的通孔，并拧入另一被连接件的螺纹孔中，如图 6-1-21 所示。为了保证拧紧和便于调节，螺钉的长度 l 必须大于拧入长度 b_m 与带通孔的被连接件厚度 δ_1 之和，即 $l \geq b_m+\delta_1$。b_m 为螺钉的旋入长度，其取值与螺柱连接一致。按上式计算出公称长度后再查表将其修正为标准值 l。

常见螺钉连接的比例画法如图 6-1-22 所示。画图时应该注意:螺钉启子槽,在投影为圆的视图上,画成与水平线成 45°夹角的双倍粗实线。在螺钉轴线平行的视图上,当槽宽小于等于 2 mm 时,允许涂黑表示。螺钉的螺纹终止线应画在两个被连接件的结合面之上,这样才能保证螺钉的螺纹长度与螺孔的螺纹长度都大于旋入深度,使连接牢固。

在螺钉连接图上可以不画出 0.5d 的钻孔深度,可采用简化画法,如图 6-1-23 所示。

紧定螺钉用于固定两零件的相对位置,使它们不产生相对运动,而且受力较小的情况。紧定螺钉分为柱端、锥端和平端三种。柱端紧定螺钉利用其端部小圆柱插入物体小

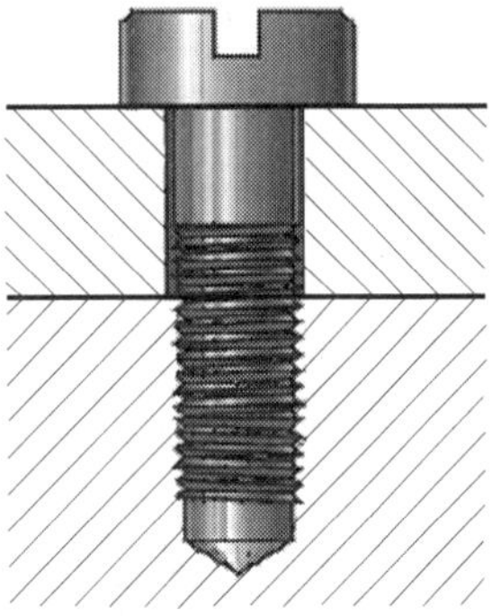

图 6-1-21　螺钉连接

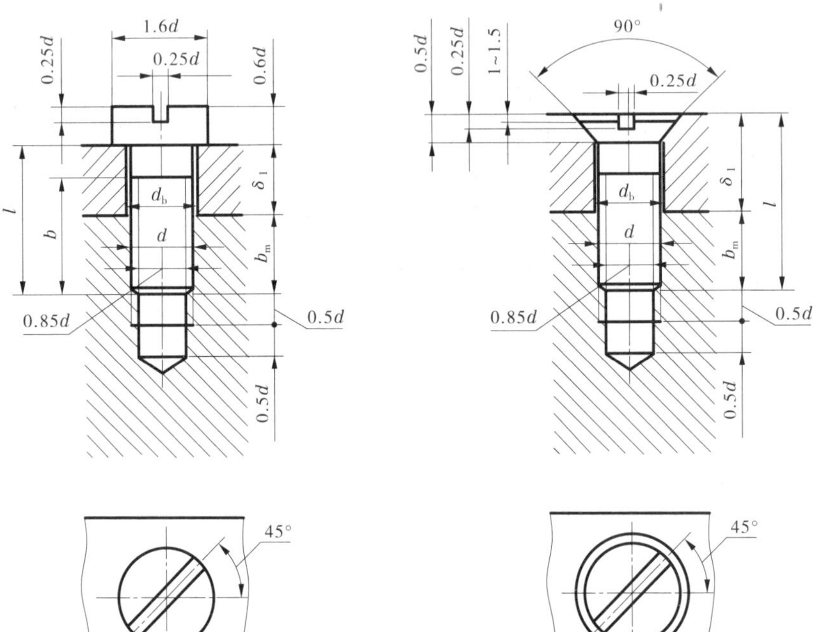

(a)开槽圆柱头螺钉　　(b)开槽沉头螺钉

图 6-1-22　常见螺钉连接画法

孔或环槽中起定位、固定作用,阻止物体移动。锥端紧定螺钉利用端部锥面顶入物体上小锥坑起定位、固定作用,如图 6-1-24(b)所示为紧定螺钉连接的画法。平端紧定螺钉则依靠其端平面与物体的摩擦力起定位作用。三种紧定螺钉能承受的横向力递减。

课堂练习

识读如图 6-1-25 所示螺杆视图。

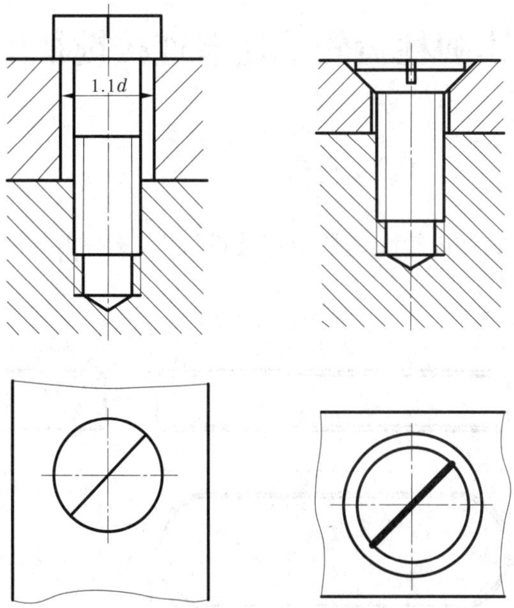

图 6-1-23　螺钉连接的简化画法

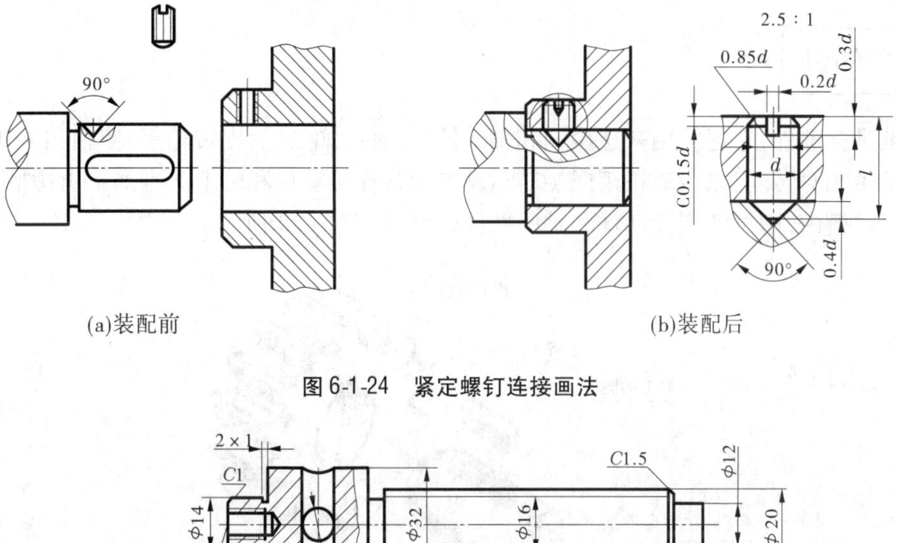

(a)装配前　　(b)装配后

图 6-1-24　紧定螺钉连接画法

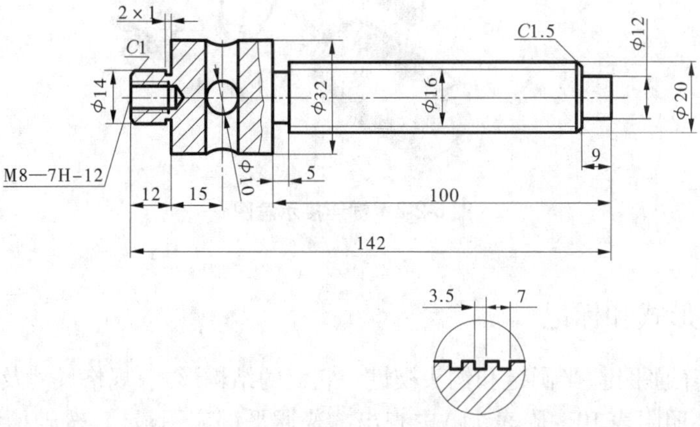

图 6-1-25　螺杆视图

任务2　识读圆柱齿轮减速器连接键视图

任务导入

识读图6-2-1所示圆柱齿轮减速器中连接键视图，掌握普通平键的表达方法和标注方法。

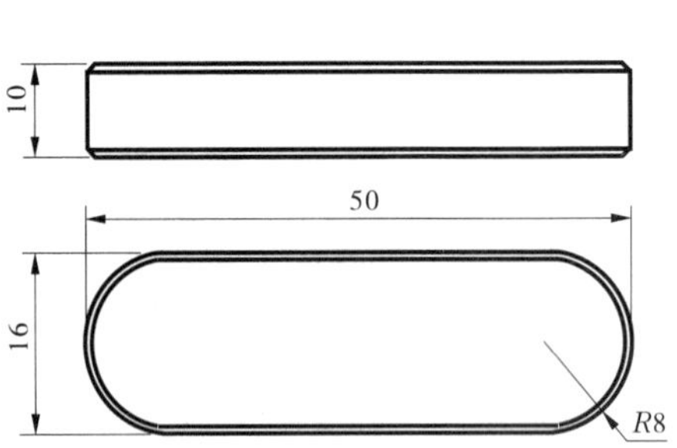

图6-2-1　圆柱齿轮减速器中连接键视图

相关知识

键是标准件，它通常用来连接轴和轴上的传动件，如齿轮、皮带轮等，使轴和传动件之间不发生相对转动，以传递扭矩或旋转运动。通常在传动件和轴上分别加工出键槽，再将键装入键槽内，则可实现传动件和轴的共同转动，如图6-2-2所示。

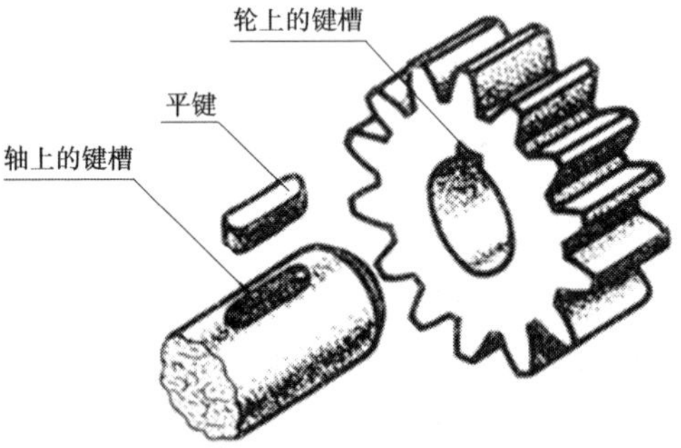

图6-2-2　键连接示意图

1　常用键的形式和标记

常用键有普通平键、半圆键和钩头楔键。它们的结构形式、规格尺寸及键槽尺寸等可从相应国标（参照附表10～附表11）中查出。普通平键应用最广，按轴槽结构可分为圆头普通平键(A 型,见图 6-2-3(a))、方头普通平键(B 型,见图 6-2-3(b))和单圆头普通平键(C 型,见图 6-2-3(c))三种形式。

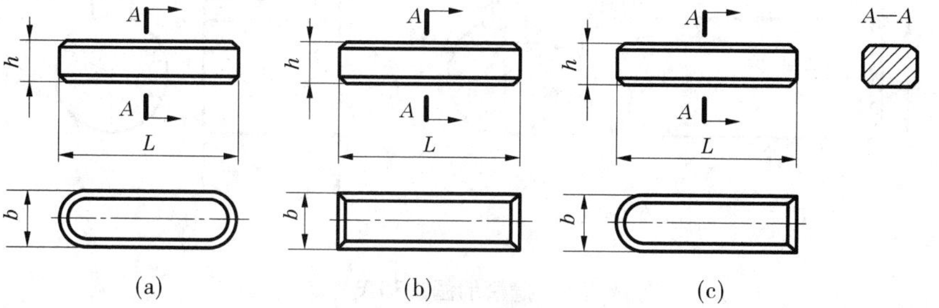

图 6-2-3　普通平键的三种形式

普通平键的标记为

标准代号　名称　公称尺寸($b \times h \times L$)

例如:方头普通平键(B 型)　键宽 $b = 18$ mm、键高 $h = 11$ mm、键长 $L = 100$ mm,其标记为

GB/T 1096—2003　键　B18 × 11 × 100(A 型不标注,B、C 型要在尺寸前标注型号字母)

半圆键的标记为

标准代号　名称　公称尺寸($b \times h \times D$)

例如:半圆键　键宽 $b = 5$ mm、键高 $h = 9$ mm、直径 $D = 22$ mm、键长 $L = 21$ mm,其标记为

GB/T 1099—2003　键　5 × 9 × 22

钩头楔键的标记为

标准代号　名称　公称尺寸($b \times h \times L$)

例如:钩头楔键　键宽 $b = 14$ mm、键高 $h = 9$ mm、键长 $L = 80$ mm,其标记为

GB/T 1565—2003　键　14 × 9 × 80

2　常用键连接的画法

采用键连接的轴和轮毂,其上都应有键槽存在。图 6-2-4(a)是轴上键槽的画法,图 6-2-4(b)是轮毂上的键槽的画法。

2.1　普通平键连接的画法

普通平键是通过键两个侧面受剪切力从而在轴和轮之间传递动力,所以两个侧面是工作面,上顶面和下底面是非工作面。连接时其两侧面与轴和轮上键槽两侧面相接触,上顶面与轮上键槽顶面之间应留有空隙。

画连接图时,应先根据轴的直径从相关标准中查出键、轴上键槽和轮上键槽的尺寸。普通平键连接画法如图 6-2-5 所示。在主视图中,键和轴均按不剖绘制。为了表达键在轴上的装配情况,主视图又采用了局部剖视。在左视图上,键的两个侧面是工作面,只画一条线。键的上顶面与键槽顶面不接触,应画两条线。

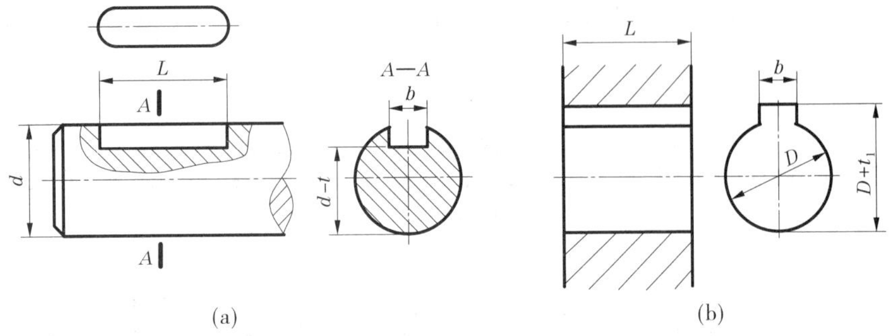

图 6-2-4　键槽的画法和尺寸标注

2.2　半圆键连接的画法

半圆键与平键相比，具有自动调位的优点，但在轴上加工键槽比较困难，其主要用于轻载或锥形轴的键连接。半圆键也是通过两个侧面受剪切力从而在轴和轮之间传递动力，所以两个侧面是工作面，上顶面和下底面是非工作面。

画连接图时，也应先根据轴的直径从相关标准中查出键、轴上键槽和轮上键槽的尺寸。半圆键连接图的画法与普通平键相似，如图 6-2-6 所示。

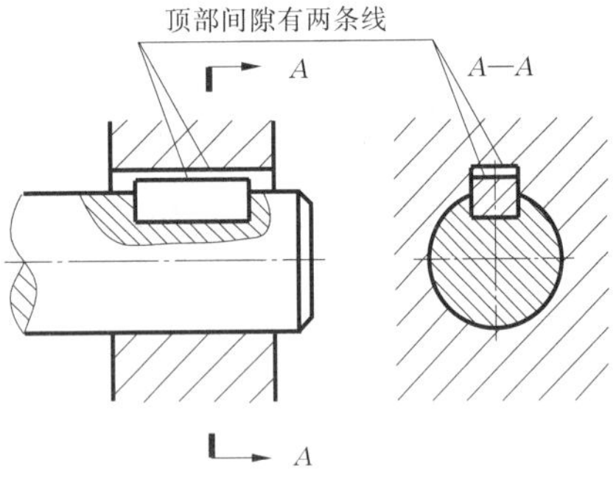

图 6-2-5　普通平键连接画法

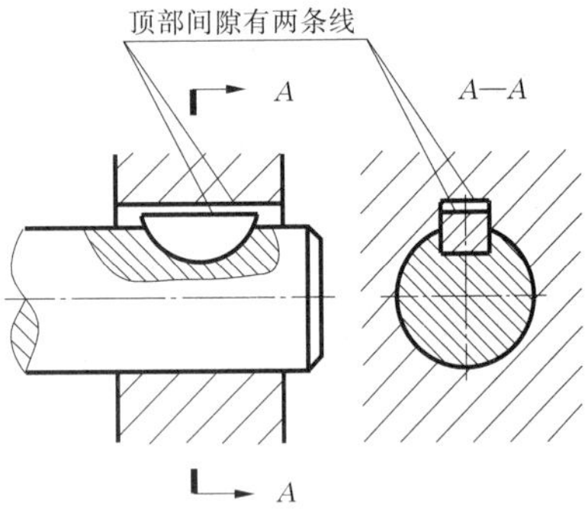

图 6-2-6　半圆键连接画法

2.3　钩头楔键连接的画法

钩头楔键的上顶面有 1∶100 的斜度，连接时将键沿轴向打入键槽内，直至打紧。因此，钩头楔键两个侧面是非工作面，上顶面和下底面是工作面。

画连接图时，键的上顶面与轮毂槽底面接触画成一条线。键两侧面与轴和轮毂不接触，应画两条线，如图 6-2-7 所示。

3　花键连接的画法

花键连接具有传递力矩较大，连接强度高，被连接件间的同轴度和导向性好等优点，是机床、汽车等变速箱中常见的传动轴。花键按齿形分可为矩形花键、三角形花键和渐开线花键等，常用的是矩形花键。下面介绍矩形花键的画法和标注。

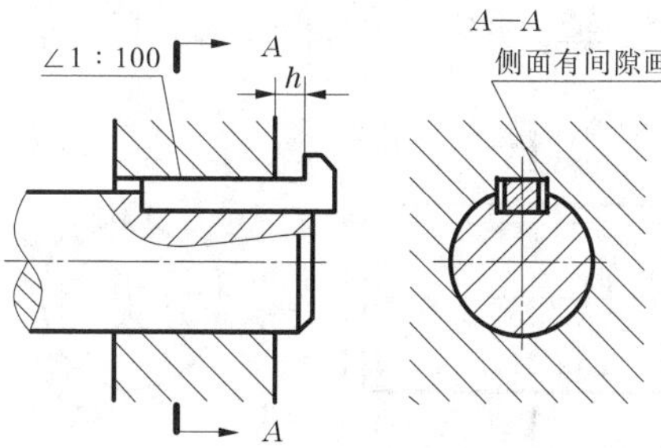

图 6-2-7 钩头楔键连接画法

3.1 外花键的画法和标注

外花键的画法如图 6-2-8 所示,在平行于花键轴线的投影面的视图中,大径用粗实线、小径用细实线绘制;工作长度的终止端和尾部末端均用细实线绘制,尾部画成与轴线成 30°的斜线,必要时可按实际情况画出;在断面图中画出部分或全部齿形。

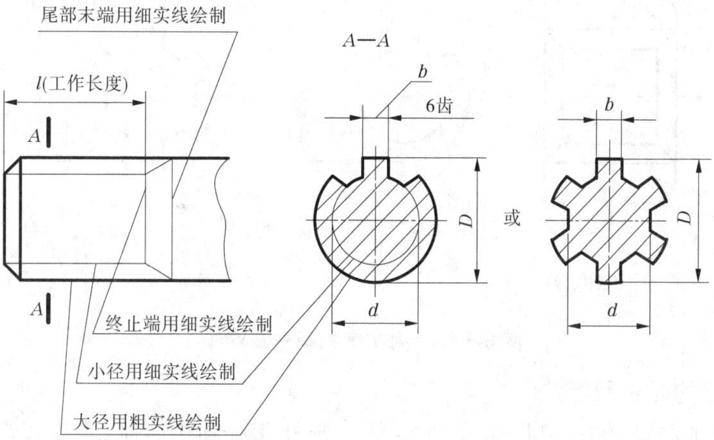

图 6-2-8 外花键的画法及尺寸标注

外花键的标注可采用尺寸标注法或代号标注法两种。尺寸标注法如图 6-2-8 所示,需标注出大径 D、小径 d、键宽 b、齿数 z 和工作长度。代号标注法如图 6-2-9 所示,用指引线从大径引出,代号组成为

齿形符号 齿数×小径 小径公差带代号×大径 大径公差带代号×键宽 键宽公差带代号 国标代号

3.2 内花键的画法和标注

内花键的画法如图 6-2-10 所示,在平行于轴线的投影面的剖视图中,键齿按不剖绘制,大径和小径均用粗实线绘制,并用局部视图画出部分或全部齿形。

内花键的标注与外花键基本相同,图 6-2-10 是采用尺寸标注法,采用代号标注时,指引线也从大径引出,只是将小径 d、大径 D、键宽 b 的公差带代号中的基本偏差(字母)改为大写表示即可。

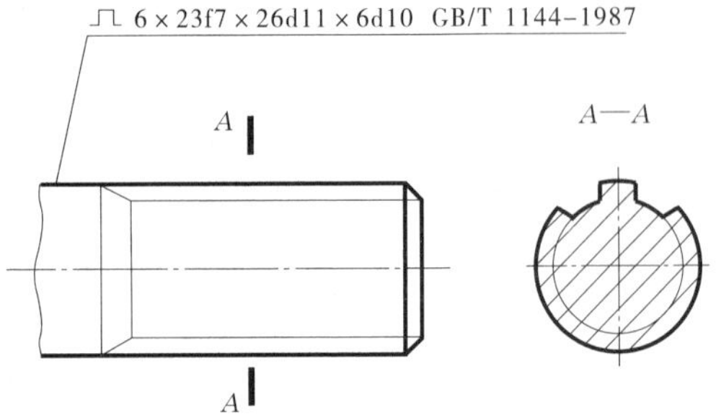

图 6-2-9 外花键代号标注

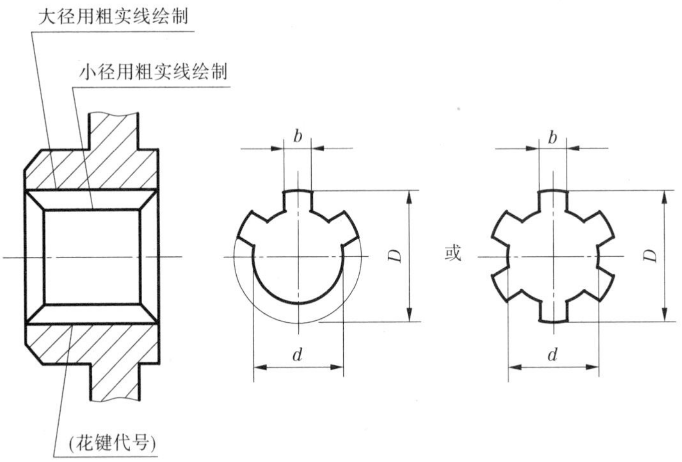

图 6-2-10 内花键的画法及标注

3.3 花键连接的画法及标注

花键连接画法如图 6-2-11 所示，连接部分按外花键画法绘制，不连接部分按各自的规定画法绘制。连接图中的代号以分数形式同时标注出内、外花键各要素公差带代号。

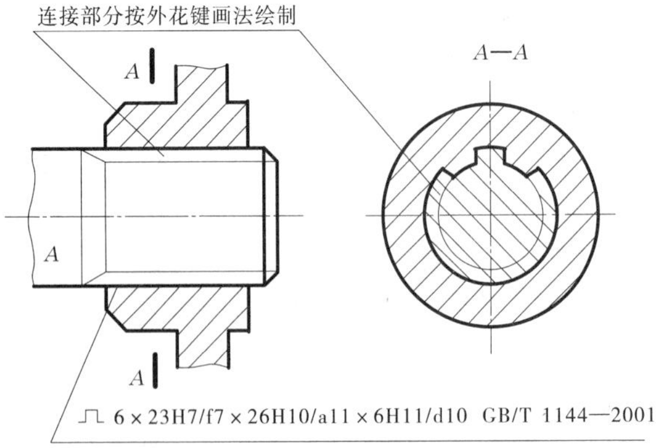

图 6-2-11 花键连接画法及标注

任务实施

识读图 6-2-1 所示的圆柱齿轮减速器中连接键视图。

1　读视图

零件采用一个主视图、一个俯视图和一个移出断面图来表达零件的结构形状，通过这三个视图可以看出该键为圆头普通型平键（A 型）。

2　读尺寸

该连接键宽度 16 mm，高度 10 mm，长度 50 mm，两端面均有 0.5 × 45°的倒角。其标记为 GB/T 1096—2003 键 16 × 10 × 50。

知识拓展

销主要用于定位，有时也用于连接零件传递不太大的扭矩或其他动力。销是标准件，常用的销有圆柱销、圆锥销、开口销等，如图 6-2-12 所示。圆柱销和圆锥销主要用于零件间的连接或定位；开口销主要用来防止连接螺母松动或固定其他零件。

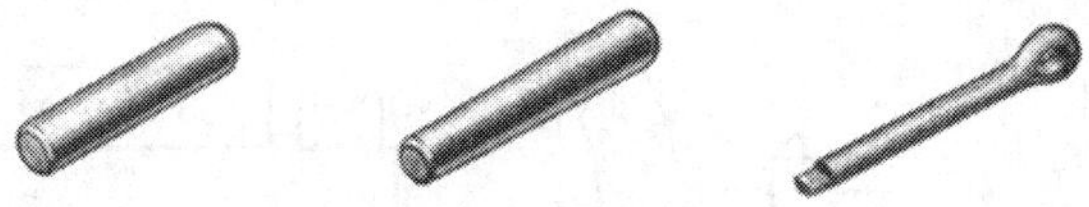

(a) 圆柱销　(b) 圆锥销　(c) 开口销

图 6-2-12　几种常见销的形式

1　销的画法及标注

表 6-2-1 所示是常用的几种销的画法及标注。各种销的尺寸可以根据连接零件的大小以及受力情况查表（见附表 12 ~ 附表 14），销的标注格式为

名称　标准代号　公称直径 × 长度

表 6-2-1　销的画法及标注

名称（标准号）	图例	标注示例
圆柱销 不淬硬钢和奥氏体不锈钢 （GB/T 119.1—2000） 淬硬钢和马氏体不锈钢 （GB/T 119.2—2000） 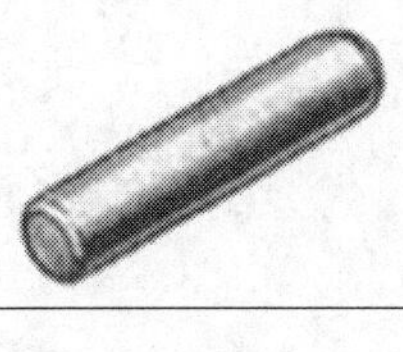	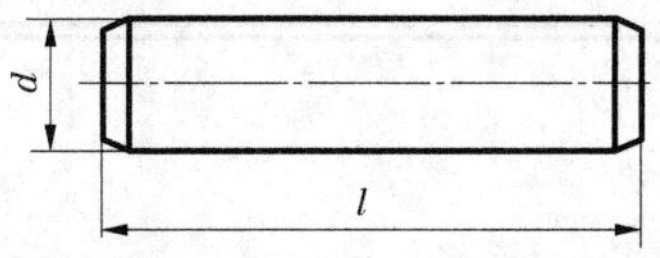	公称直径 $d = 8$ mm、公差为 m6、公称长度 $l = 30$ mm、材料为钢、不经淬火、不经表面处理的圆柱销： 销　GB/T 119.18　m6 × 30

续表 6-2-1

名称(标准号)	图例	标注示例
圆锥销 (GB/T 117—2000) 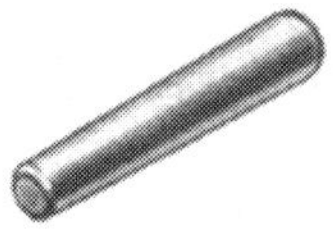	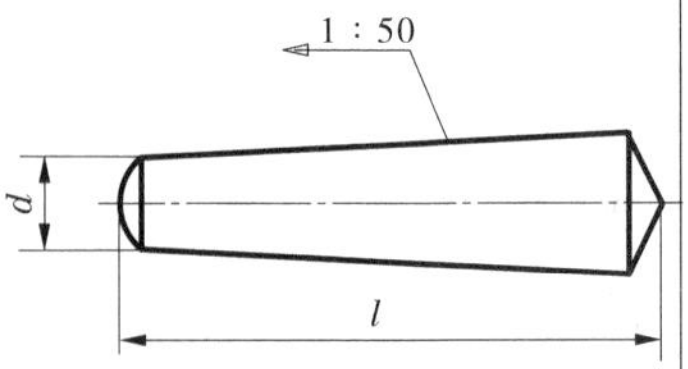	公称直径 $d=10$ mm、公称长度 $l=50$ mm、材料为 35 钢、热处理硬度 28 ~ 38 HRC、表面氧化处理的 A 型圆锥销: 销　GB/T 117　10 × 50
开口销 (GB/T 91—2000) 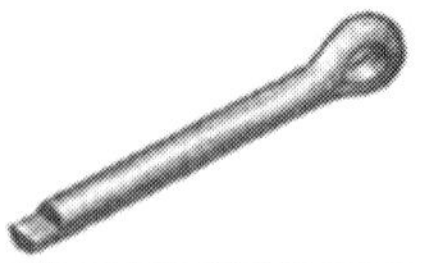	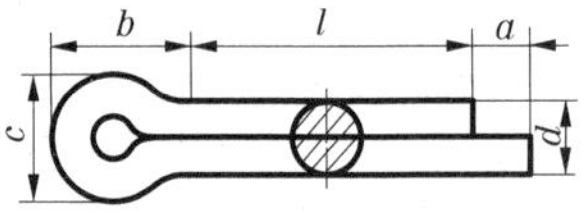	公称直径 $d=5$ mm、公称长度 $l=40$ mm、材料为 Q215 或 Q235、不经表面处理的开口销: 销　GB/T 91　5 × 40

2　销连接的画法

圆柱销、圆锥销、开口销连接的画法如图 6-2-13、图 6-2-14 和图 6-2-15 所示。

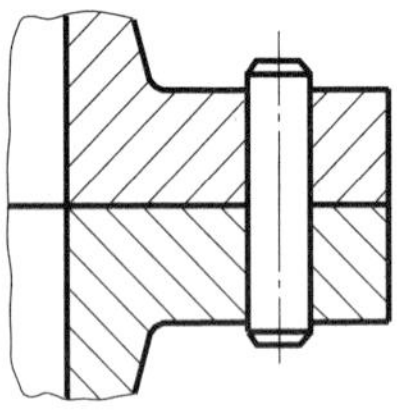

图 6-2-13　圆柱销连接

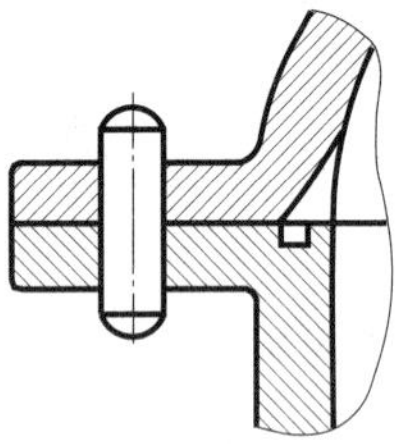

图 6-2-14　圆锥销连接

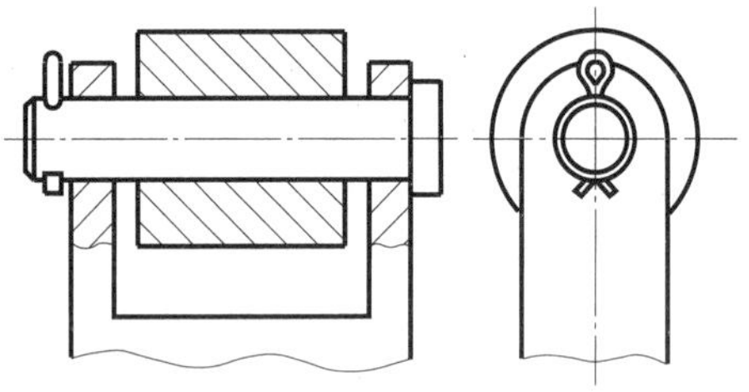

图 6-2-15　开口销连接

课堂练习

识读如图 6-2-16 所示的连接键视图,并进行标注。

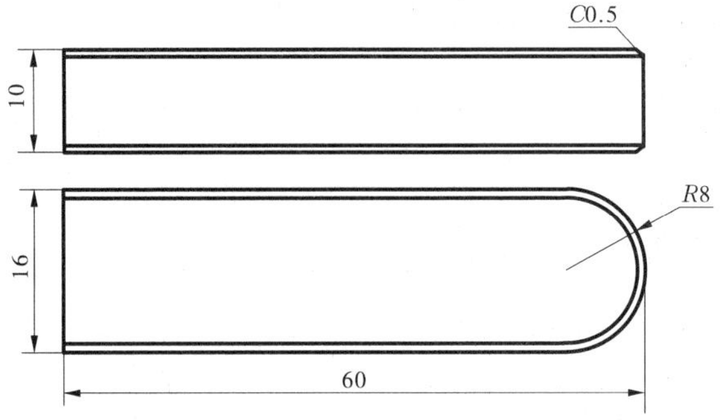

图 6-2-16　某连接键视图

任务 3 识读圆柱齿轮减速器从动齿轮视图

任务导入

如图 6-3-1 所示为圆柱齿轮减速器中的从动齿轮视图，识读该视图，掌握直齿圆柱齿轮的表达方法和绘制方法。

模数 m	3
齿数 z	80
压力角	20°

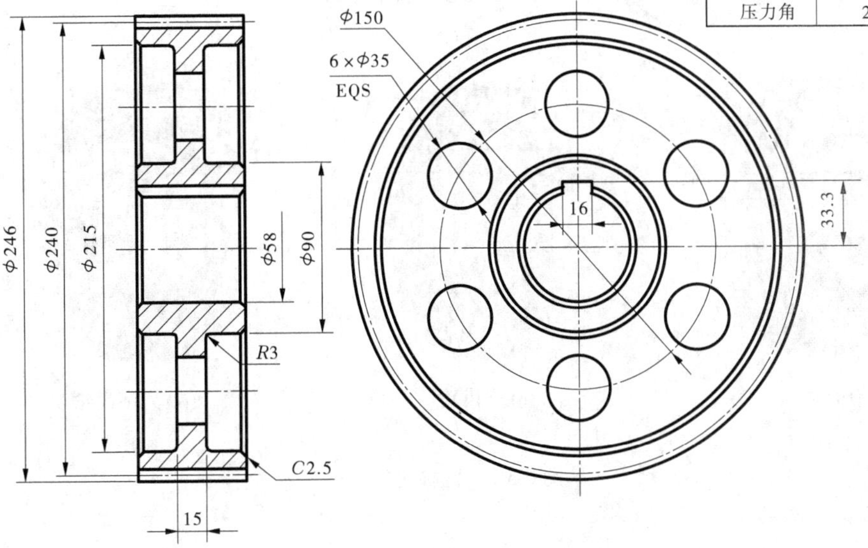

图 6-3-1 从动齿轮视图

相关知识

齿轮是机械传动中广泛应用的传动零件，它可以用来传递动力和改变转速、旋转方向。其常见的传动形式有：圆柱齿轮传动，如图 6-3-2(a)所示，用于两平行轴间的传动；圆锥齿轮传动，如图 6-3-2(b)所示，用于两相交轴间的传动；蜗杆、蜗轮传动，如图 6-3-2(c)所示，用于两交叉轴间的传动。

圆柱齿轮的轮齿有直齿轮、斜齿轮、人字齿轮等，如图 6-3-3 所示。直齿圆柱齿轮是齿轮中常用的一种。

1 直齿圆柱齿轮各部分名称和主要参数

直齿圆柱齿轮各部分名称和主要参数，如图 6-3-4 所示。

(1) 齿顶圆。通过齿轮轮齿顶端的圆称为齿顶圆，其直径用 d_a 表示。

(2) 齿根圆。通过齿轮轮齿根部的圆称为齿根圆，其直径用 d_f 表示。

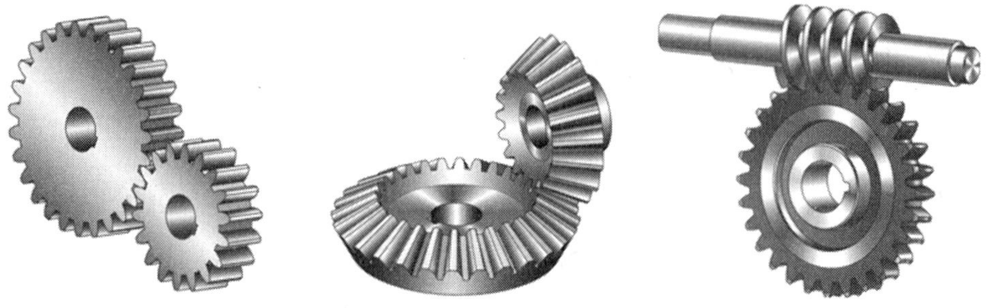

(a) 圆柱齿轮　　(b) 圆锥齿轮　　(c) 蜗轮、 蜗杆

图 6-3-2　常见齿轮传动形式

(a) 直齿轮　　(b) 斜齿轮　　(c) 人字齿轮

图 6-3-3　圆柱齿轮

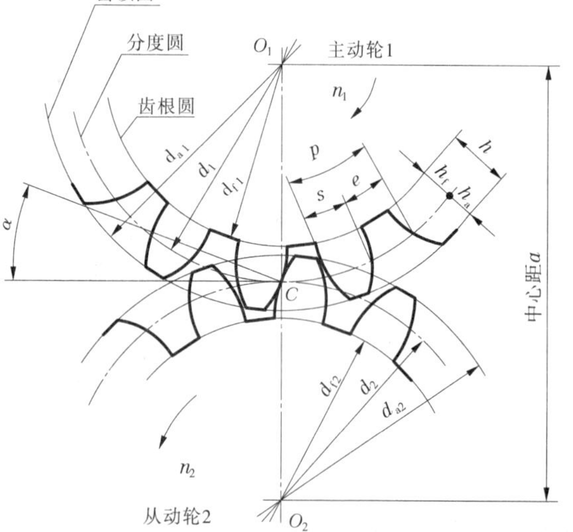

图 6-3-4　直齿轮各部分名称和代号

(3)分度圆。齿轮设计和加工时计算尺寸的基准圆，它是一个假想圆，在该圆上，齿厚 s 与齿槽宽 e 相等，分度圆直径用 d 表示。

(4)节圆。在两齿轮啮合时，齿廓的接触点将齿轮的连心线分为两段。分别以 O_1、O_2 为圆心，以 O_1C、O_2C 为半径所画的圆，称为节圆，其直径用 d' 表示。齿轮的传动可以假想成这两个圆在作无滑动的纯滚动。正确安装的标准齿轮，分度圆和节圆直径相等，即 $d=d'$。注意，节圆是两齿轮啮合时才存在的概念，对单个齿轮而言只有分度圆，没有节圆。

(5)齿顶高。分度圆到齿顶圆之间的径向距离，称为齿顶高，用 h_a 表示。

(6)齿根高。分度圆到齿根圆之间的径向距离，称为齿根高，用 h_f 表示。

(7)齿高。齿顶圆到齿根圆之间的径向距离，称为齿高，用 h 表示，$h=h_a+h_f$。

(8)齿厚。在分度圆上，同一齿两侧齿廓之间的弧长，称为齿厚，用 s 表示。

(9)齿间。在分度圆上，齿槽宽度的一段弧长，称为齿间，也称为齿槽宽，用 e 表示。

(10)齿距。在分度圆上，相邻两齿同侧齿廓之间的弧长，称为齿距，用 p 表示。

(11)齿形角(啮合角、压力角)。渐开线圆柱齿轮基准齿形角为20°，它等于两齿轮啮合时齿廓在节点处的公法线与两节圆的公切线所夹的锐角，称为啮合角或压力角，用字母 α 表示。

(12)中心距。两齿轮回转中心的连线称为中心距，用 a 表示。

(13)模数。分度圆大小与齿距和齿数有关，即：$\pi d=pz$ 或 $d=zp/\pi$，令 $m=p/\pi$，则 $d=mz$。m 称为模数，单位为 mm，模数的大小直接反映出轮齿的大小。一对相互啮合的齿轮，其模数必须相等。为了便于设计和制造齿轮、减少齿轮加工的刀具，模数已标准化，其系列值如表 6-3-1 所示。

表 6-3-1　通用机械用渐开线齿轮模数系列(摘自 GB/T 1357—2008)

第一系列	1	1.25	1.5	2	2.5	3	4	5	6	8	10	12	16	20	25
第二系列	1.125	1.375	1.75	2.25	2.75	3.5	4.5	5.5	(6.5)	7	9	11	14	18	22

注：1. 对斜齿圆柱齿轮是指法相模数。

2. 优选用模数时，先选用第一系列，括号内的模数尽可能不用。

2　各部分尺寸计算公式

直齿圆柱齿轮各部分尺寸计算公式见表 6-3-2。

表 6-3-2　标准直齿圆柱齿轮轮齿的各部分尺寸关系

基本参数：模数 m，齿数 z					
名称	代号	尺寸公式	名称	代号	尺寸公式
分度圆	d	$d=mz$	齿根圆直径	d_f	$d_f=d-2h_f=m(z-2.5)$
齿顶高	h_a	$h_a=m$	齿距	p	$p=\pi m$
齿根高	h_f	$h_f=1.25m$	齿厚	s	$s=p/2$
齿高	h	$h=h_a+h_f=2.25m$	中心距	a	$a=(d_1+d_2)/2=m(z_1+z_2)/2$
齿顶圆直径	d_a	$d_a=d+2h_a=m(z+2)$			

3　直齿圆柱齿轮的规定画法

3.1　单个圆柱齿轮的规定画法

单个齿轮的表达一般采用两个视图，将与轴线平行的视图画成剖视图（全剖或半剖），与轴线垂直的视图应将键槽的位置和形状表达出来，如图 6-3-5 所示。齿顶线和齿顶圆用粗实线绘制；分度线和分度圆用细点画线绘制；在视图中，齿根线和齿根圆用细实线绘制，也可省略不画。在剖视图中，当剖切平面通过齿轮轴线时，齿根线用粗实线绘制，轮齿按不剖处理，即轮齿部分不画剖面线。

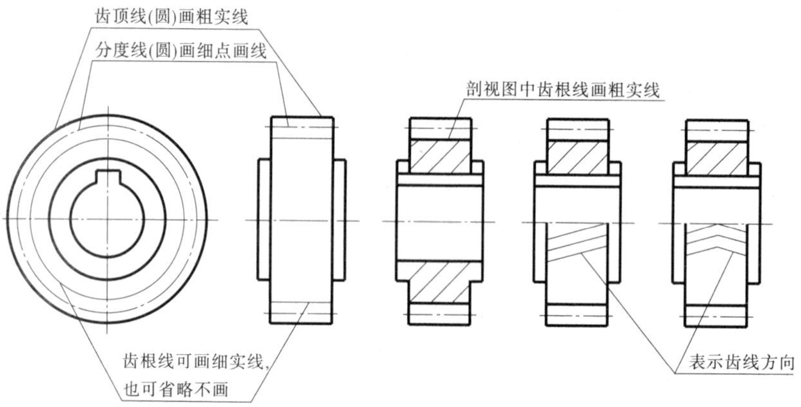

图 6-3-5　单个齿轮的画法

对于斜齿、人字齿，常采用半剖视图，并在半个视图中用三条细实线表示齿线方向，如图 6-3-5 所示。齿轮的零件图应按零件图的全部内容绘制和标注完整，并且在其零件图的右上角画出有关齿轮的啮合参数和检验精度的表格并注明有关参数，如图 6-3-6 所示。

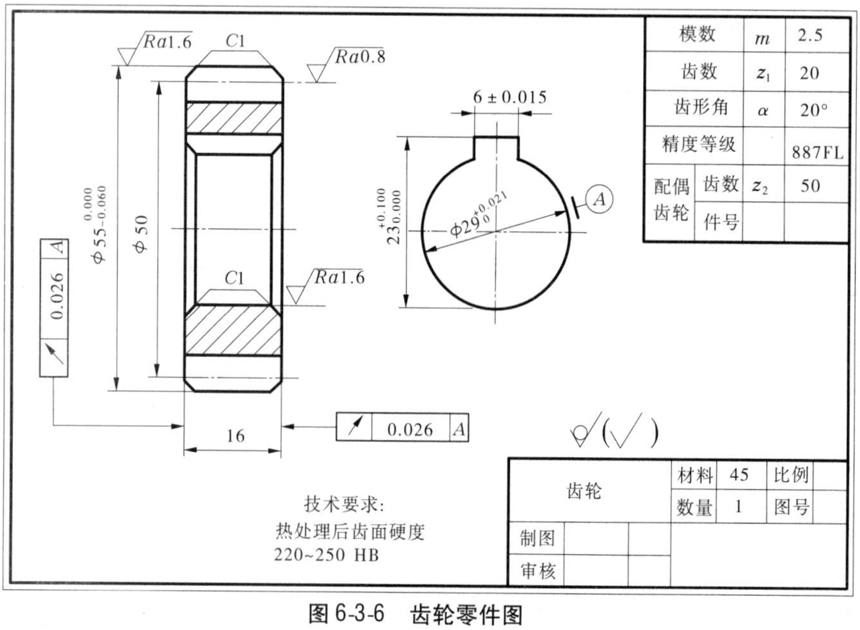

图 6-3-6　齿轮零件图

3.2 圆柱齿轮啮合的规定画法

与齿轮轴线垂直的视图中，啮合区内的齿顶圆均用粗实线绘制，也可省略不画。两分度圆用细点画线画成相切，两齿根圆省略不画。与齿轮轴线平行的视图（常画成剖视图）中，啮合区内的两条节线重合为一条，用细点画线绘制，如图 6-3-7(b) 所示。两条齿根线都用粗实线画出，两条齿顶线，其中一条用粗实线绘制，而另一条用细虚线绘制或省略不画，如图 6-3-7(b) 所示。若不画成剖视图，啮合区内的齿顶线和齿根线都不必画出，节线用粗实线绘制，如图 6-3-7(c) 所示。

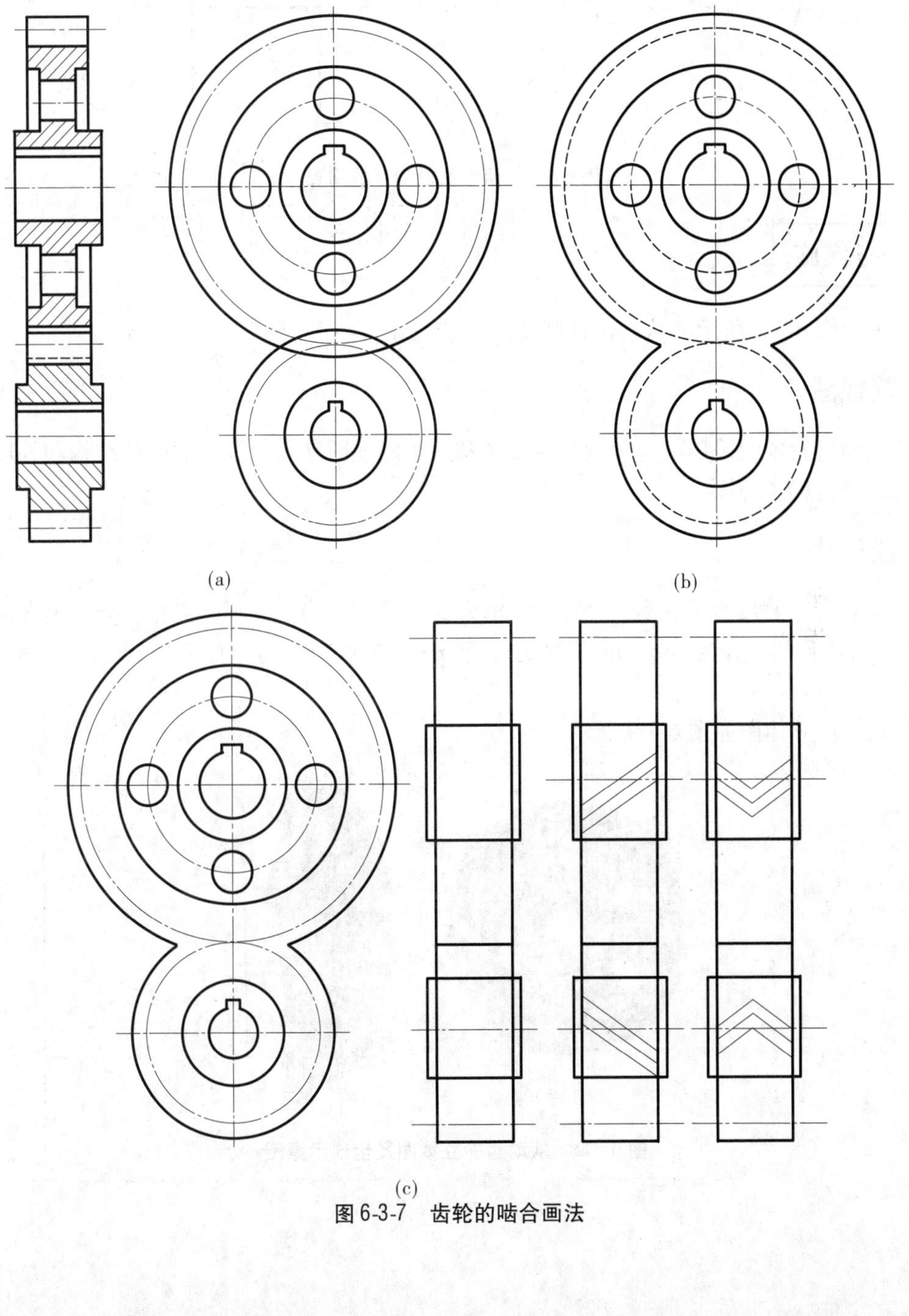

(a) (b) (c)

图 6-3-7 齿轮的啮合画法

在齿轮啮合的剖视图中，由于齿根高和齿顶高相差 0.25*m*，因此一个齿轮的齿顶线与另一个齿轮的齿根线之间应有 0.25*m* 的间隙，如图 6-3-8 所示。

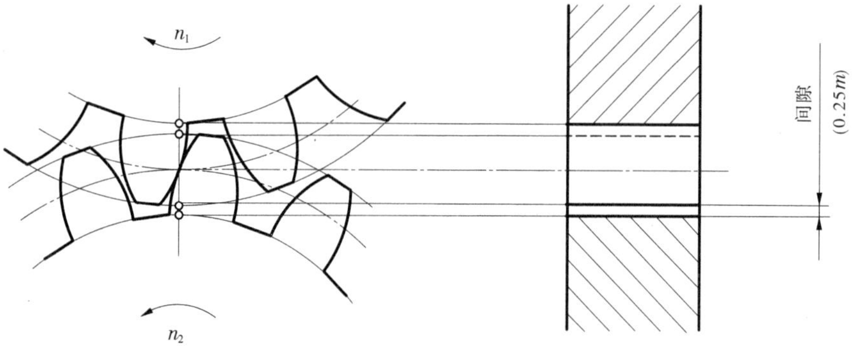

图 6-3-8 两个齿轮啮合的间隙

任务实施

识读图 6-3-1 所示的从动齿轮视图。

1 读视图

从动齿轮视图采用一个全剖的主视图和一个左视图来表达零件的内部结构和外形结构，属于轮盘类零件。

2 读尺寸

从动齿轮模数为 3，齿数为 80，压力角为 20°，是标准的直齿圆柱齿轮。分度圆直径为 240 mm，齿顶圆直径为 246 mm，齿高为 6.75 mm。轮腹上均匀分布了 6 个直径 35 mm 的圆。

该零件立体图如图 6-3-9 所示。

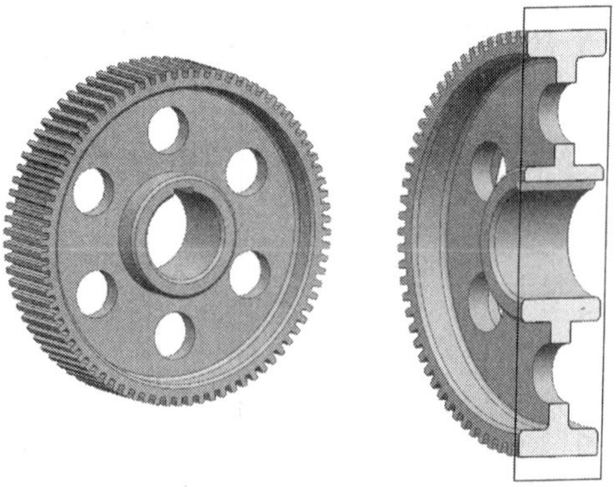

图 6-3-9 从动齿轮立体图及全剖示意图

知识拓展

1 圆锥齿轮

圆锥齿轮用于垂直相交两轴之间的传动。由于圆锥齿轮的轮齿分布在圆锥面上，所以其齿厚、齿高、模数和直径由大端到小端是逐渐变小的。为了便于设计制造，规定圆锥齿轮的大端端面模数为标准模数。在计算各部分尺寸时，齿顶高、齿根高沿大端背锥素线量取，其背锥素线与分锥素线垂直。圆锥齿轮各部分的名称如图6-3-10所示。两圆锥齿轮啮合时，其轴线垂直相交的直齿圆锥齿轮各部分尺寸的计算公式如表6-3-3所示，圆锥齿轮计算的基本参数有大端模数和齿数。

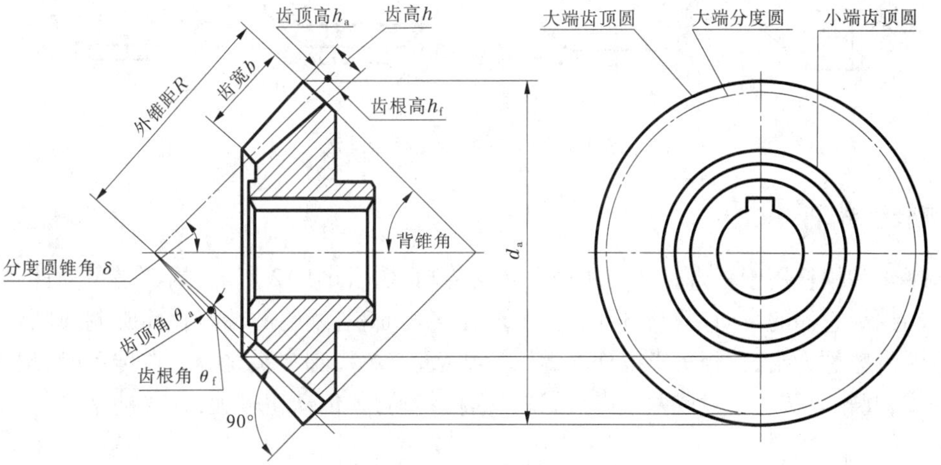

图6-3-10 圆锥齿轮各部分名称

表6-3-3 锥齿轮各部分尺寸计算公式

项目	代号	计算公式
分度圆直径	d	$d = mz$
分度圆锥角	δ	$\tan\delta_1 = z_1/z_2, \delta_2 = 90° - \delta_1$
齿顶高	h_a	$h_a = m$
齿根高	h_f	$h_f = 1.2\ m$
齿高	h	$h = h_a + h_f$
齿顶圆直径	d_a	$d_a = m(z + 2\cos\delta)$
齿根圆直径	d_f	$d_f = m(z - 2.4\cos\delta)$
齿顶角	θ_a	$\tan\theta_a = (2\sin\delta)/z$
齿根角	θ_f	$\tan\theta_f = (2.4\sin\delta)/z$
顶锥角	δ_a	$\delta_a = \delta + \theta_a$
根锥角	δ_f	$\delta_f = \delta - \theta_f$
外锥距	R	$R = mz/(2\sin\delta)$
齿厚	b	$b = (0.2 \sim 0.35)R$

画图时，单个圆锥齿轮常用的表达方法如图 6-3-10 所示，与轴线平行的视图一般画成剖视图，与轴线垂直的视图中，用粗实线画出大端和小端的齿顶圆，用细点画线画出大端的分度圆。大、小端齿根圆及小端分度圆均不画出。

两圆锥齿轮啮合时，其锥顶交于一点，两分度圆画成相切，与轴线平行的视图画成剖视图，其啮合区域的表达与圆柱齿轮相同，如图 6-3-11(a)所示。如果与轴线平行的视图不剖，两分度圆锥相切处的节线用粗实线绘制，其画法如图 6-3-11(b)所示。

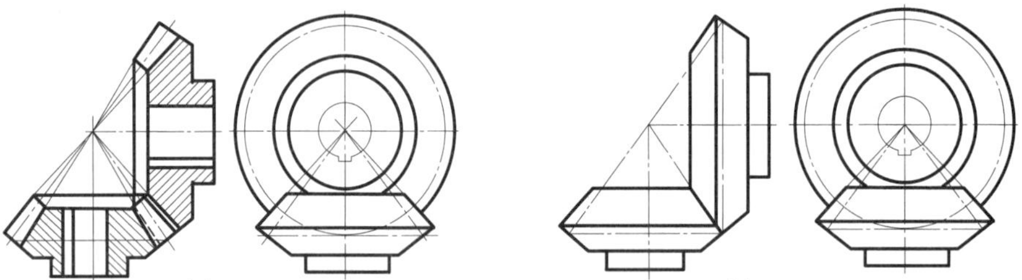
(a) (b)

图 6-3-11 圆锥齿轮啮合画法

2 蜗轮、蜗杆

蜗轮和蜗杆用于垂直交叉的两轴之间的传动，如图 6-3-12 所示，蜗杆是主动件，蜗轮是从动件。它们的齿向是螺旋形的，为了增加接触面积，蜗轮的轮齿顶面常制成圆弧形。蜗杆的齿数称为头数，相当于螺杆上螺纹的线数，有单头和多头之分。在传动时，蜗杆旋转一圈，蜗轮只转一个齿或两个齿。蜗轮、蜗杆传动，其传动比较大，且传动平稳，但效率较低。

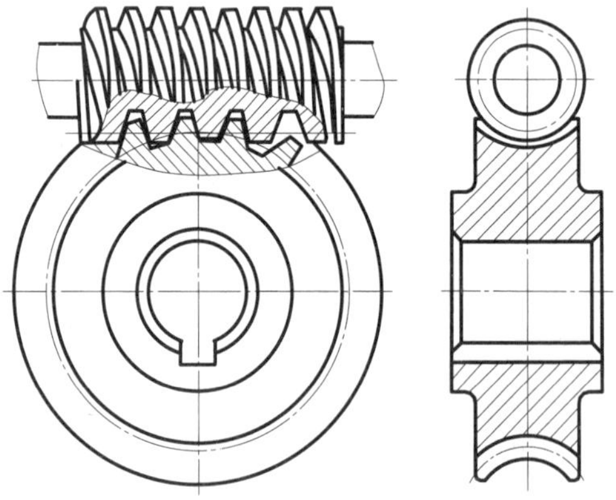

图 6-3-12 蜗轮、蜗杆传动

2.1 蜗轮、蜗杆的主要参数

蜗轮、蜗杆的主要参数有模数 m、蜗杆分度圆直径 d_1、导程角 γ、中心距 a、蜗杆头数 z_1、蜗轮齿数 z_2 等。

蜗杆分度圆直径实行了标准化，与 m 有一定的匹配。蜗杆分度圆直径 d_1 与轴向模

数 m_x 之比为一标准值，称之为蜗杆直径系数 q。相互啮合的蜗轮、蜗杆，蜗杆的导程角与蜗轮的螺旋角大小相等，方向相同。蜗轮、蜗杆的尺寸计算如表 6-3-4 和表 6-3-5 所示。

表 6-3-4　蜗杆各部分的尺寸关系

名称代号	公式	名称代号	公式
分度圆直径 d_1	$d_1 = mq$	蜗杆导程 p_s	$p_s = z_1 p_{a1}$
齿顶高 h_{a1}	$h_{a1} = m$	导程角 γ	$\tan\gamma = z_1/q$
齿根高 h_{f1}	$h_{f1} = 1.2m$		
齿高 h_1	$h_1 = h_{a1} + h_{f1} = 2.2m$	轴向齿形角 α	$\alpha = 20°$
齿顶圆直径 d_{a1}	$d_{a1} = d_1 + 2h_{a1} = m(q+2)$	轴向齿距 p_{a1}	$p_{a1} = \pi m$
齿根圆直径 d_{f1}	$d_{f1} = d_1 - 2h_{f1} = m(q-2.4)$		

表 6-3-5　蜗轮各部分的尺寸关系

名称代号	公式	名称代号	公式
分度圆直径 d_2	$d_2 = mz_2$	齿顶圆直径 d_{a2}	$d_{a2} = d_2 + 2h_{a2} = m(z_2+2)$
齿顶高 h_{a2}	$h_{a2} = m$	齿根圆直径 d_{f2}	$d_{f2} = d_2 - 2h_{f2} = m(z_2-2.4)$
齿根高 h_{f2}	$h_{f2} = 1.2m$	中心距 a	$a = (d_1+d_2)/2 = m(q+z_2)/2$
齿高 h_2	$h_2 = h_{a2} + h_{f2} = 2.2m$		

2.2　蜗轮、蜗杆的画法

蜗杆的画法如图 6-3-13(a)所示，与圆柱齿轮画法基本相同。为了表达蜗杆上的牙型，一般采用局部放大图，如图 6-3-13(b)所示。蜗轮的画法如图 6-3-14 所示。

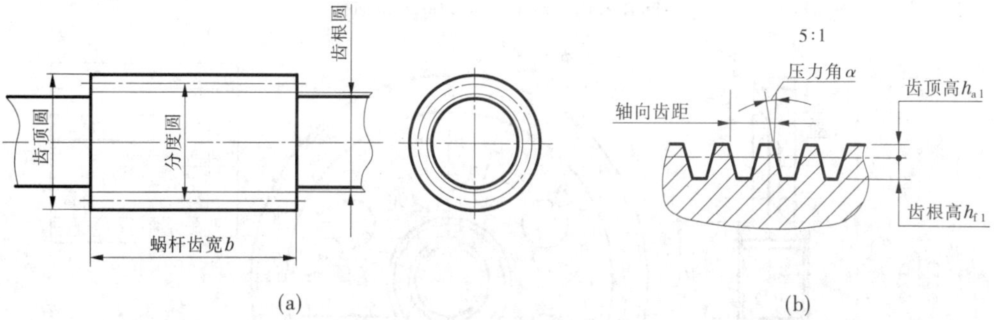

图 6-3-13　蜗杆的画法

蜗轮、蜗杆啮合的画法如图 6-3-15 所示，在蜗轮投影为非圆的视图上，蜗轮与蜗杆重合的部分，只画蜗杆不画蜗轮。在蜗轮投影为圆的视图上，蜗杆的节线与蜗轮的节圆画成相切。在剖视图中，当剖切平面通过蜗杆的轴线时，齿顶圆或齿顶线均可省略不画。

课堂练习

先识读如图 6-3-16 所示的齿轮视图，再采用合适的比例进行绘制。

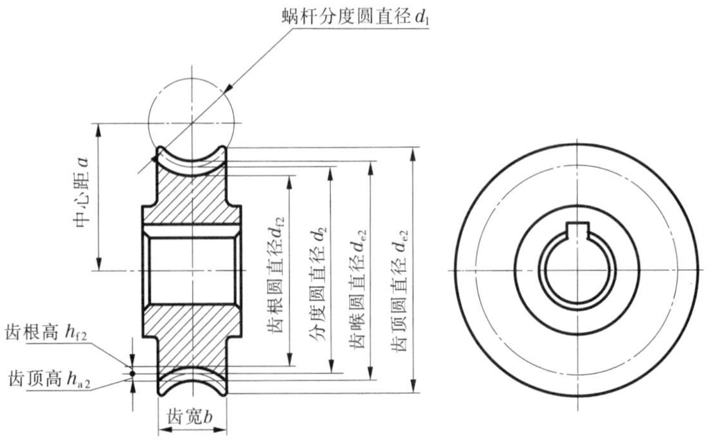

图 6-3-14　蜗轮的画法

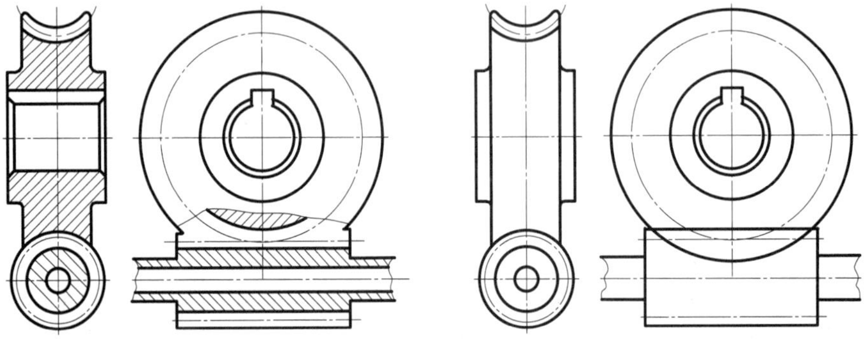

(a)剖视图　　(b)外形

图 6-3-15　蜗轮、蜗杆啮合的画法

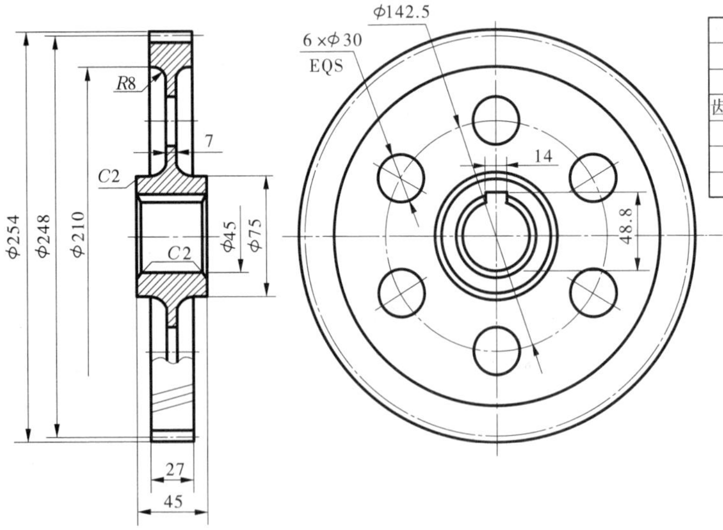

法向模数	3
齿数	80
齿形角	20°
齿顶部系数	1
顶隙系数	0.25
螺旋角	14.59°
螺旋方向	左旋

图 6-3-16　某齿轮视图

任务4 识读圆柱齿轮减速器滚动轴承视图

任务导入

如图6-4-1所示为圆柱齿轮减速器中滚动轴承视图，识读该轴承视图，掌握轴承的分类和画法。

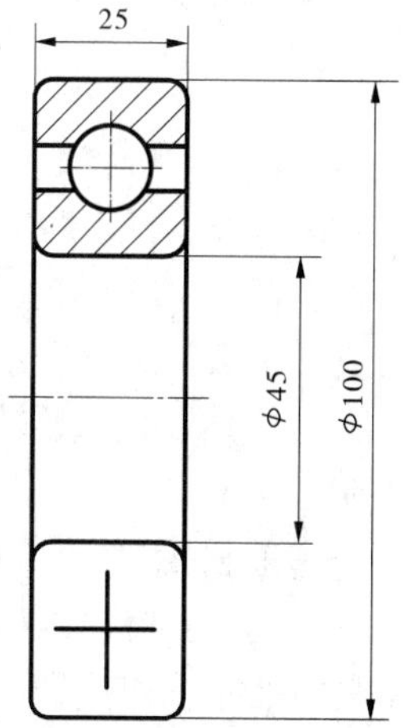

图6-4-1 滚动轴承视图

相关知识

轴承是一种支承旋转轴的组件。根据轴承中摩擦的性质不同，分为滚动轴承和滑动轴承两大类。滚动轴承是一种标准件，由于其结构紧凑，摩擦力小，拆装方便等优点，所以在各种机器、仪表等产品中得到广泛应用。

1 滚动轴承的结构和分类

滚动轴承的结构一般由外圈、内圈、滚动体和保持架等零件组成，如图6-4-2所示。外圈一般装在机座孔内，不随轴转动，而内圈套在轴颈上随轴转动，内、外圈之间是一种滚动摩擦。

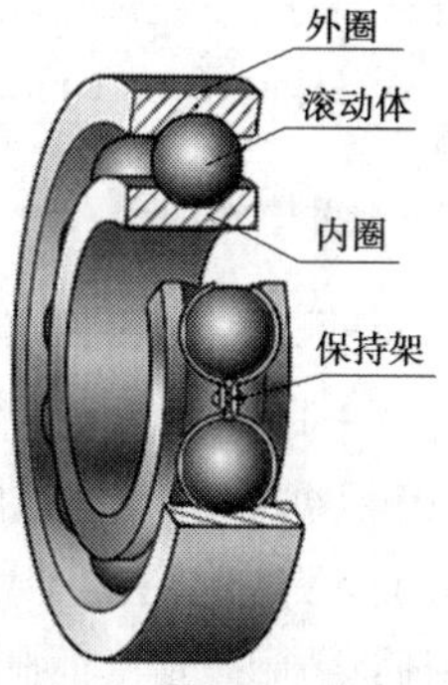

图6-4-2 滚动轴承的结构

滚动轴承的种类较多，按照轴承所能承受的载荷不同，可以分为向心轴承、推力轴承和向心推力轴承三大类：

(1)向心轴承：主要承受径向载荷，如图6-4-3(a)所示。

(2)推力轴承：只承受轴向载荷，如图6-4-3(b)所示。

(3)向心推力轴承：能同时承受径向和轴向载荷，如图6-4-3(c)所示。

2 滚动轴承的代号

滚动轴承的类型很多，在各个类型中又可以做成不同的结构、尺寸和精度等级，以便适合不同的使用要求。为统一表征各类轴承的特点，便于组织生产和选用，滚动轴承采用代号表示。滚动轴承的代号由三部分组成：

前置代号　　基本代号　　后置代号

前置代号和后置代号是轴承在结构形状、尺寸、公差、技术要求等有改变时，在其基本代号左右添加的补充代号。其代号的含义可查阅有关标准。前置代号用字母表示，后置代号用字母(或加数字)表示。

基本代号表示轴承的基本类型、结构和尺寸，是滚动轴承代号的基础。滚动轴承基本代号由轴承类型代号、尺寸系列代号和内径代号三部分构成。类型代号由阿拉伯数字或

(a) 向心轴承

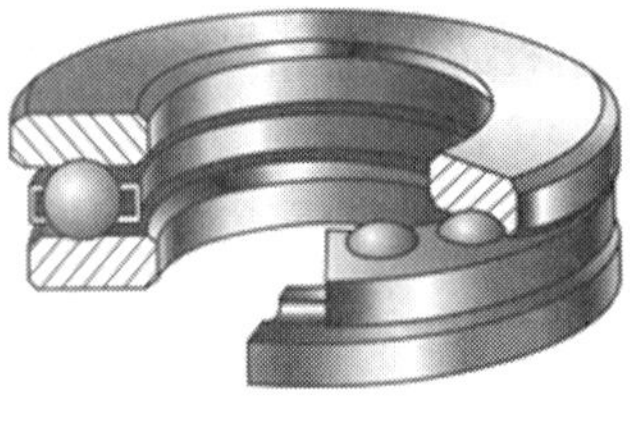
(b) 推力轴承

(c) 向心推力轴承

图 6-4-3 常用的三种滚动轴承

大写拉丁字母表示;尺寸系列代号由轴承宽(高)度系列代号和直径系列代号组合而成,用两位数字表示,其中左边一位数字为宽(高)度系列代号(凡括号中的数值,在注写时省略),右边一位数字为直径系列代号;内径代号的意义及注写见 GB/T 272—1993。

例如:推力圆柱滚子轴承 GS 51107。规定标记为:滚动轴承 GS 51107 GB/T 301—1995。

GS——前置代号:推力圆柱滚子轴承座圈。

5——轴承类型代号:推力圆柱滚子轴承。

11——尺寸系列代号:宽度系列代号为 1,直径系列代号为 1。

07——内径代号:表示轴承内径的两位数字,从“04”开始用这组数字乘以 5,即为轴承的内径尺寸。在本例中 $d = 7 \times 5 = 35$,即为轴承内径尺寸(单位 mm)。

表示轴承内径的两位数字在“04”以下时,标注规定:00 表示 $d = 10$ mm,01 表示 $d = 12$ mm,02 表示 $d = 15$ mm,03 表示 $d = 17$ mm。

3 滚动轴承的画法

滚动轴承是标准件,使用单位不需要单独画出其零件图。在装配图中,可以根据国家标准规定采用通用画法、特征画法及规定画法来表示,具体画法如下:

(1)根据轴承代号在画图前查标准,确定外径 D、内径 d 和宽度 B 的值。

(2)用简化画法绘制滚动轴承时,滚动轴承剖视图外轮廓按实际尺寸绘制,而轮廓内可以用通用画法或特征画法绘制。在同一图样中一般只采用其中一种画法。

(3)在装配图中,只需要简单表达滚动轴承的主要结构时,可采用特征画法画出;需要详细表达滚动轴承的主要结构时,可以采用规定画法画出。当滚动轴承一侧采用规定画法画出时,另一侧用通用画法画出。

(4)在装配图中,根据 GB/T 4459.7—1998 中的规定,表示滚动轴承的各种符号、矩形线框和轮廓线均用粗实线绘制,矩形线框或外形轮廓的大小应与它的外形尺寸一致。用规定画法绘制剖视图时,轴承的滚动体不画剖面线,其各套圈可画成方向和间隔相同的剖面线,在不会引起误解的情况下,也可省略不画;滚动轴承保持架及倒角可省略不画。

表 6-4-1 中列举了三种常用滚动轴承的画法及有关尺寸比例。表中所注内径 d、外圈直径 D、宽度 B 和 T 等尺寸,可根据轴承代号从相关国家标准中查出(见附表 15 ~ 附表 17)。

表 6-4-1 常用滚动轴承的画法及有关尺寸比例

轴承名称	规定画法	特征画法	通用画法
深沟球轴承	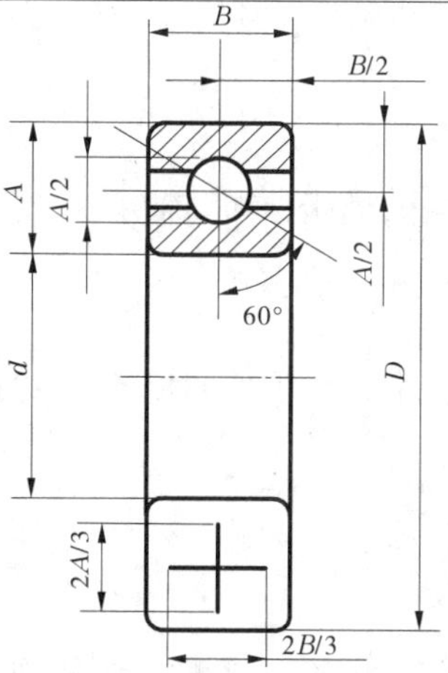	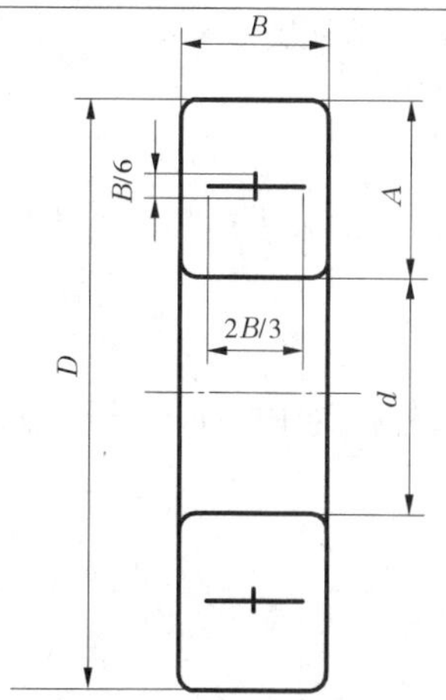	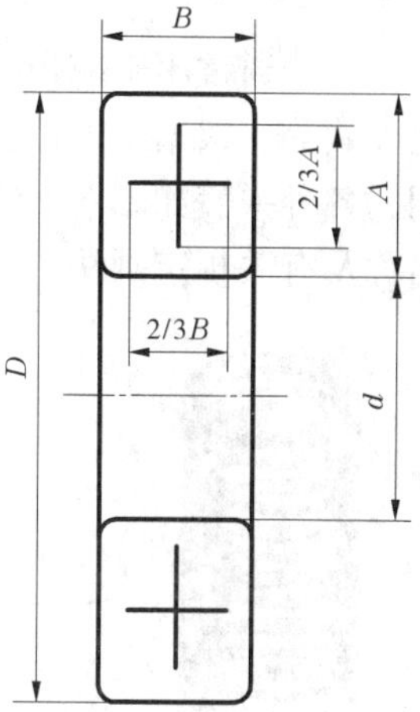
圆锥滚子轴承	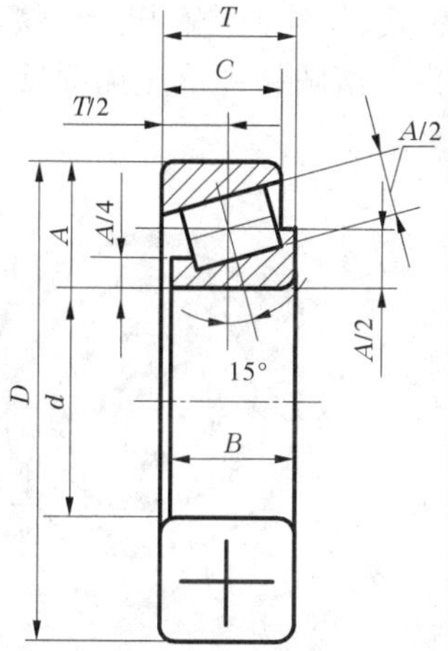	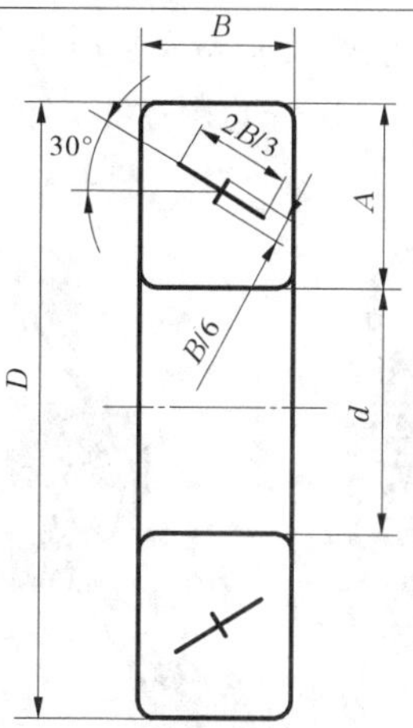	
推力球轴承	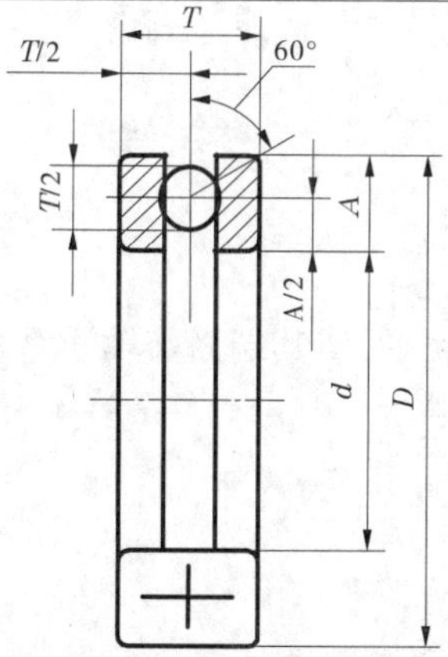	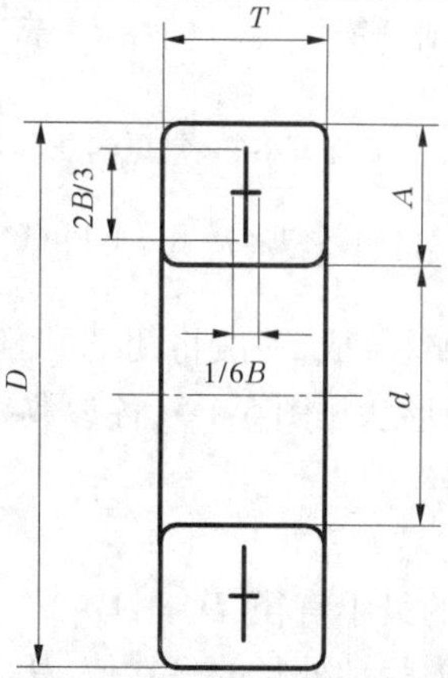	

任务实施

识读图 6-4-1 所示的滚动轴承视图。

1 读视图

滚动轴承视图采用了规定画法来表达零件的内部结构,属于深沟球轴承。

2 读尺寸

该轴承的内径为 45 mm,外径为 100 mm,宽度为 25 mm。根据这些尺寸,可以确定轴承型号为 6309。

知识拓展

弹簧通常用来减振、夹紧、测力和储存能量。弹簧的种类多,常见的有螺旋弹簧和涡卷弹簧等。根据受力情况不同,螺旋弹簧又可分为压缩弹簧、拉伸弹簧和扭转弹簧等。常用的各种弹簧如图 6-4-4 所示。弹簧的用途很广,本节只介绍圆柱螺旋压缩弹簧的有关名称及有关规定画法。

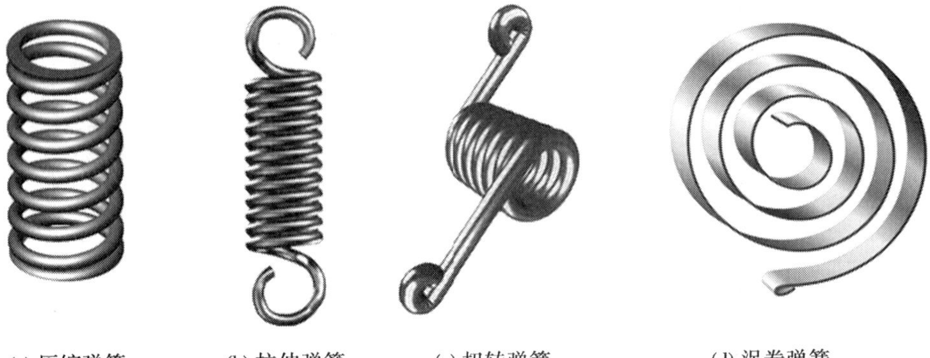

(a) 压缩弹簧　(b) 拉伸弹簧　(c) 扭转弹簧　(d) 涡卷弹簧

图 6-4-4　常见的几种弹簧

1 圆柱螺旋压缩弹簧各部分名称及尺寸计算

圆柱螺旋压缩弹簧由钢丝绕成,一般将两端并紧后磨平,使其端面与轴线垂直,便于支承。圆柱螺旋压缩弹簧的形状见图 6-4-5,各参数如下:

(1)簧丝直径 d:弹簧钢丝的直径。

(2)弹簧外径 D:弹簧的最大直径。

(3)弹簧内径 D_1:弹簧的最小直径,$D_1 = D - 2d$。

(4)弹簧中径 D_2:弹簧内径和外径的平均值,$D_2 = (D + D_1)/2 = D_1 + d = D - d$。

(5)节距 t:除支承圈外,相邻两圈沿轴向的距离。

(6)支承圈数 n_0:并紧磨平的若干圈只起支承作用,不产生弹性变形,称为支承圈。常见的支承圈数有1.5圈、2圈、2.5圈三种,其中2.5圈用得最多。

(7)有效圈数 n:弹簧能保持相同节距的圈数。

(8)总圈数 n_1:有效圈数与支承圈数之和,$n_1 = n + n_0$。

(9)自由高度 H_0:弹簧没有负荷时的高度,$H_0 = n_t + (n_0 - 0.5)d$。

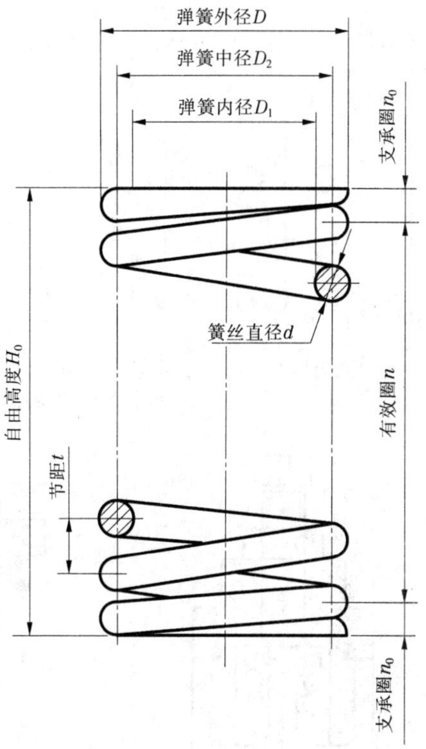

图6-4-5　圆柱螺旋压缩弹簧的形状及尺寸参数

2　圆柱螺旋压缩弹簧的规定画法

(1)在平行于弹簧轴线的投影面的视图中,各圈的轮廓线画成直线。

(2)圆柱螺旋弹簧均可画成右旋,但左旋弹簧不论画成左旋或右旋,一律要注出旋向"左"字。

(3)压缩弹簧在两端并紧磨平时,不论支承圈数多少或末端并紧情况如何,均按支承圈数2.5圈的形式画出。

(4)有效圈数在4圈以上的螺旋弹簧,允许每端只画2圈(不包括支承圈)。中间部分省略后,允许适当缩短图形长度。

(5)当图形中簧丝直径小于或等于2 mm时,可采用示意画法,如果为剖视面,可涂黑表示。

图6-4-6所示是圆柱螺旋压缩弹簧的画图步骤。

3　弹簧在装配图中的画法

在装配图中,弹簧的画法要注意以下几点:

(1)弹簧被挡住的结构一般不画,其可见部分应从弹簧的外径或中径画起,如图6-4-7(a)所示。

(2)螺旋弹簧被剖切时,允许只画簧丝剖面。当在图形中簧丝直径小于或等于2 mm时,其剖面可涂黑表示,如图6-4-7(b)所示。

(3)当簧丝直径小于或等于2 mm时,允许采用示意画法,如图6-4-7(c)所示。

课堂练习

识读图6-4-8所示滚动轴承的视图。

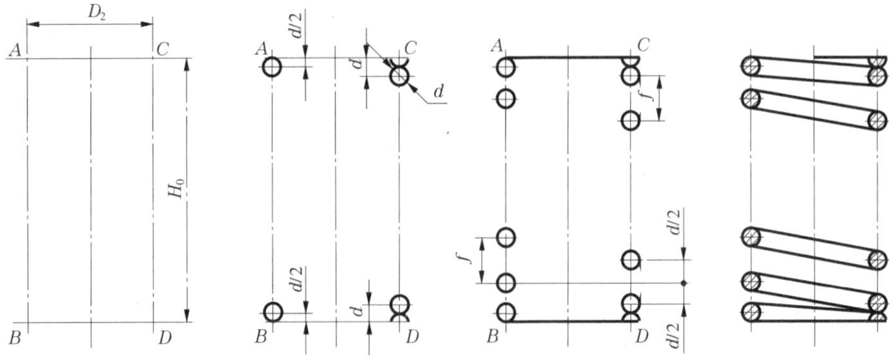

(a)画矩形　(b)画支承圈　(c)画有效圈　(d)画剖视图

图 6-4-6　圆柱螺旋压缩弹簧的画图步骤

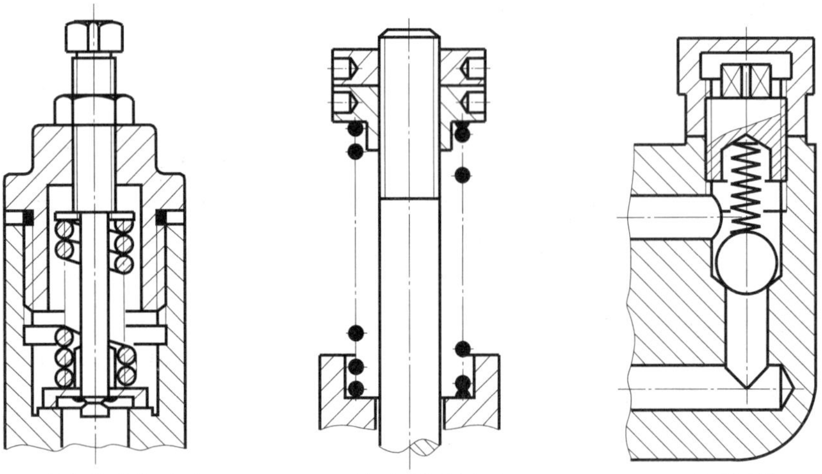

(a)挡住的结构不画　(b)端面可涂黑表示　(c)示意画法

图 6-4-7　弹簧在装配图中的画法

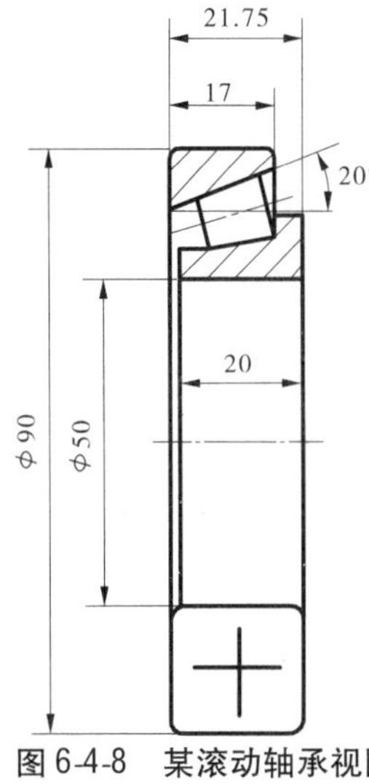

图 6-4-8　某滚动轴承视图

项目7 识读与绘制零件图

机器或部件是由若干零件按一定的关系装配而成的，零件是组成机器或部件的基本单元。表示零件结构、大小及技术要求的图样称为零件工作图，简称零件图。零件图是设计部门提交给生产部门的重要技术文件，它不仅反映了设计者的设计意图，而且表达了零件的各种技术要求，如尺寸精度、表面粗糙度等，工艺部门要根据零件图制造毛坯、制订工艺规程、设计工艺装备、加工零件等。所以，零件图是制造和检验零件的重要依据。

【学习目标】

1. 了解零件图的作用与内容，能绘制和阅读中等复杂的零件图。
2. 掌握零件测绘的基本方法，进一步培养徒手画图的能力。
3. 零件图的尺寸标注要完整、清晰、正确、合理，符合国家标准。
4. 了解常见工艺结构的作用和尺寸注法。
5. 了解常用的零件（齿轮、弹簧）的结构和画法。
6. 了解表面粗糙度、公差与配合的基本概念，能识别它们的标注代号及其含义，并正确地在零件图样上标注。

任务1 识读一级圆柱齿轮减速器从动轴零件图

任务导入

识读一级圆柱齿轮减速器从动轴零件图，如图7-1-1所示。通过识读该零件图，掌握轴套类零件视图的选择和尺寸标注及其工艺结构和有关的技术要求等，使读者能够快速地读懂轴套类零件图。

相关知识

1 零件图的内容及作用

零件图是生产中指导制造和检验零件的主要技术文件，它不仅要把零件的内、外结构形状和大小表达清楚，还需要对零件的材料、加工、检验、测量等提出必要的技术要求。零件图必须包含制造和检验零件的全部技术资料。可见，零件图在生产过程中具有极其重要的作用。如图7-1-1所示，一张完整的零件图应该包括以下四部分内容。

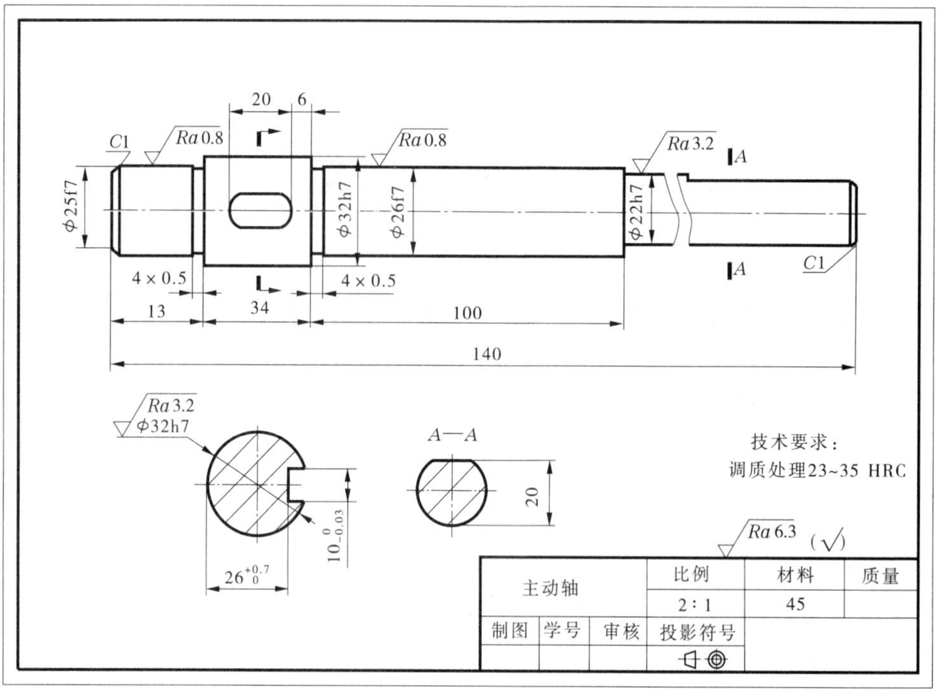

图 7-1-1　圆柱齿轮减速器从动轴零件图

1.1　一组视图

用一组视图（三视图、剖视图、断面图、局部放大图等）各种表达方法，将零件的内、外各部分结构、形状和位置正确、完整、清晰地表达出来。

1.2　完整尺寸

正确、完整、清晰、合理地标注出零件在加工、制造和检验所需的全部尺寸。

1.3　技术要求

用规定的符号或文字来说明零件在制造、检验等过程中应达到的各项技术指标，如表面粗糙度、尺寸公差、形状和位置公差、热处理要求等。技术要求的文字一般注写在标题栏上方图纸空白处。

1.4　标题栏

在图纸右下角的标题栏中填写零件的名称、材料、数量、图号、画图的比例以及设计有关人员的签名、日期等基本内容。

2　轴类零件视图选择

（1）如图 7-1-2 所示的从动轴，这类零件一般在车床上加工，要按形状和加工位置确定主视图，轴线水平放置，大头在左、小头在右，键槽和孔结构朝前作为主视图投射方向较好，如图示方向。由于轴套类

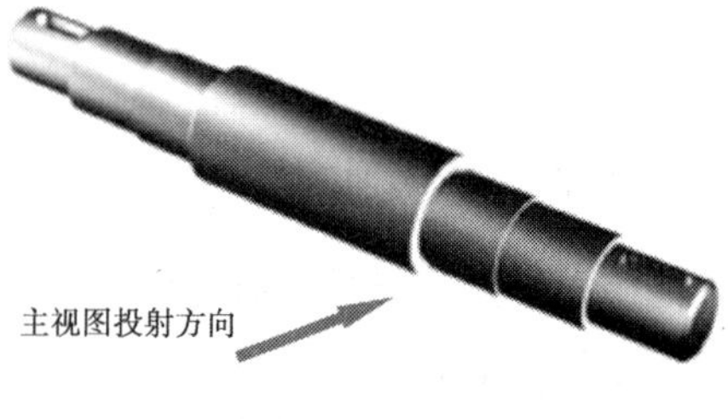

图 7-1-2　圆柱齿轮减速器从动轴零件实体图

零件主要结构形状是回转体,一般只画一个主视图来表示轴上各轴段长度、直径及各种结构的轴向位置,当轴较长时,可采用断开后缩短绘制的画法。

(2)常采用断面图、局部视图、局部剖视图等来表达键槽、花键和砂轮越程槽、退刀槽、中心孔、凹坑等结构形状。

(3)常用局部放大图表达轴套类零件上细小结构的形状和尺寸。

3 轴零件的尺寸标注

零件图尺寸标注既要保证设计要求又要满足工艺要求,首先应当正确地选择尺寸基准。尺寸基准是指零件装配到机器上或在加工测量时,用以确定其位置的一些点、线、面,它可以是零件上对称平面、安装底平面、端面、零件接合面、主要孔和轴的轴线等,是标注定位尺寸的基准。

3.1 按尺寸基准的几何形式分类

(1)点基准:是以球心、顶点等几何中心为尺寸基准。如图 7-1-3(a)所示凸轮的尺寸基准为几何中心。

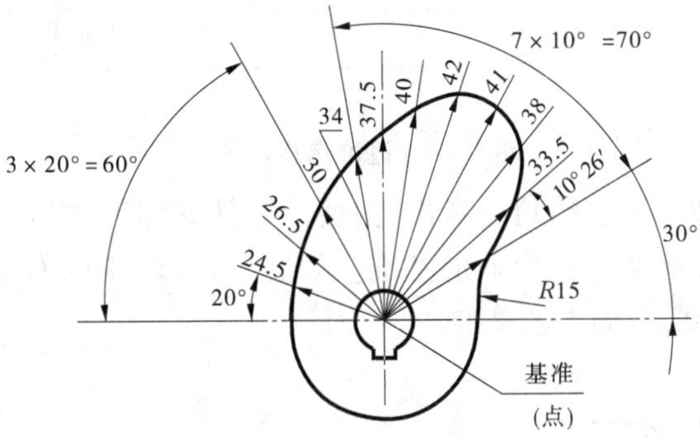

(a)凸轮

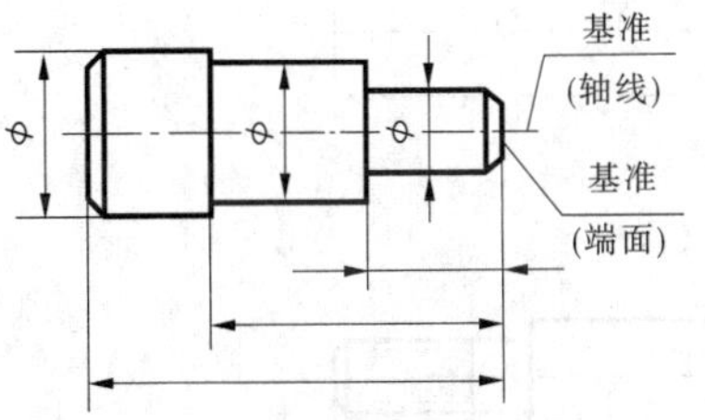

(b)阶梯轴

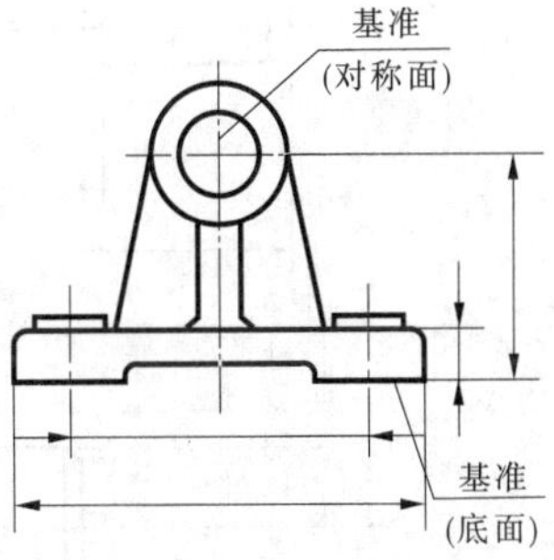

(c)轴承座

图 7-1-3 点、线、面尺寸基准

(2)线基准:是以轴和孔的回转轴线为尺寸基准。如图 7-1-3(b)所示阶梯轴的径向尺寸基准为回转轴线,长度尺寸基准为端面。

(3)面基准:是以主要加工面、端面、装配面、支承面、结构对称中心面等为尺寸基准。

如图 7-1-3(c)所示轴承座长度尺寸基准为对称中心面,高度尺寸基准为底面。

3.2 按尺寸基准性质分类

(1)设计基准。设计基准是根据零件在机器中的作用和结构特点,为保证零件的设计要求而确定的基准。通常选择机器或部件中确定零件位置的接触面、对称面、回转面的轴线等作为设计基准。如图 7-1-4 所示轴在长、宽、高三个方向都有一个设计基准。该基准又为主要基准。如尺寸 $32_{-0.032}^{\ 0}$是按设计基准标注的轴向尺寸。

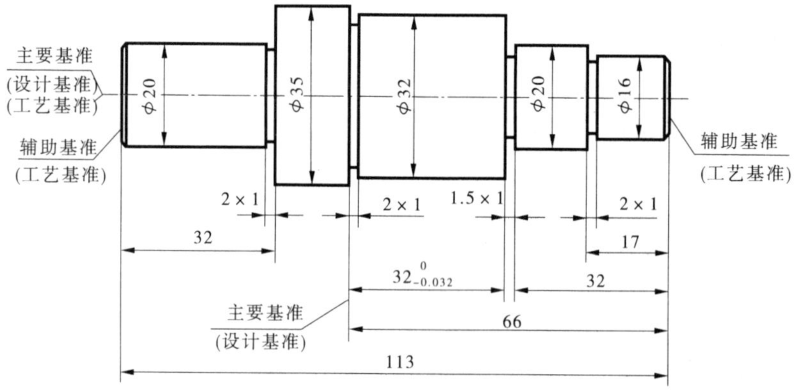

图 7-1-4　基准选择

(2)工艺基准。从加工工艺的角度考虑,为便于零件的加工、测量而选定的一些点、线、面称为工艺基准。该基准又称为辅助基准。如图 7-1-4 轴中的右端面尺寸 32,又如图 7-1-5阶梯轴中的 *F* 端面也为工艺基准。

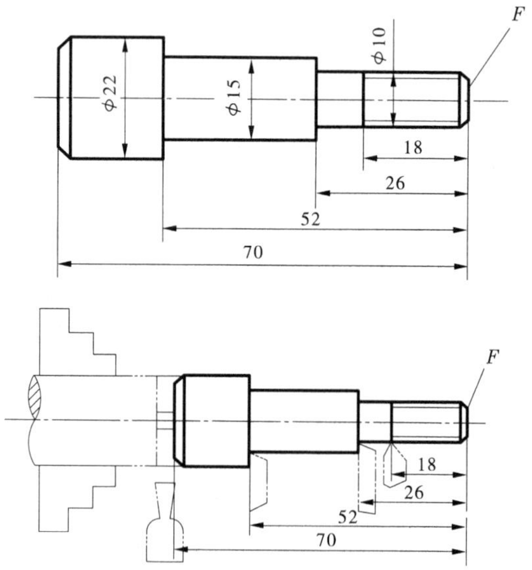

图 7-1-5　工艺基准

3.3 按尺寸基准的重要性分类

(1)主要基准:决定零件的主要尺寸的基准。如图 7-1-4 中的轴线、φ 35 段的右端面都是主要基准。

(2)辅助基准:为了加工和测量方便,除主要基准外,还可以有附加的基准。如图 7-1-4 中的右端面、左端面为辅助基准。

3.4 尺寸基准的选择原则

(1)每个零件都有长、宽、高三个方向的尺寸。因此,每一个零件也应有三个方向的尺寸基准。

(2)从设计基准出发标注尺寸,能保证设计要求;从工艺基准出发标注尺寸,则便于加工和测量。因此,最好使工艺基准和设计基准重合,这样既可以减少尺寸误差,又便于加工。当设计基准和工艺基准不重合时,所注尺寸应在保证设计要求的前提下,满足工艺要求,即选择设计基准为主要基准。如图 7-1-4 中的轴线既是设计基准,又是工艺基准。

3.5 尺寸的标注形式

零件图上的尺寸因基准选择的不同,其标注形式有以下三种形式。

3.5.1 链状式

零件同一方向的几个尺寸依次首尾相接,后一尺寸以它邻接的前一个尺寸的终点为起点(基准),注写成链状,称为链状式,如图 7-1-6(a)所示。链状式标注尺寸的优点是能保证所注各段尺寸的精度要求,缺点是由于基准依次推移,各段的尺寸误差累计到总尺寸上,使总体尺寸的精度得不到保证。因此,当阶梯状零件对总长精度要求不高而对各段的尺寸精度要求较高时,或零件中各孔中心距的尺寸精度要求较高时,适于采用链状式尺寸注法。

3.5.2 坐标式

零件同一方向的几个尺寸由同一基准出发进行标注,称为坐标式,如图 7-1-6(b)所示。坐标式所注各段尺寸其精度只取决于本段尺寸加工误差,这样既可保证所注各段尺寸的精度要求,又因各段尺寸精度互不影响,故不产生位置累加。因此,当零件需要从同一基准定出一组精确的尺寸时,适于采用这种尺寸注法。

3.5.3 综合式

零件同一方向的多个尺寸,既有链状式又有坐标式,是这两种形式的综合,称为综合式,如图 7-1-6(c)所示。综合式具有链状式和坐标式的优点,既能保证一些精确尺寸,又能减少阶梯状零件中尺寸误差积累。因此,综合式注法是最常用的一种标注形式。

3.6 尺寸标注注意事项

3.6.1 不能注成封闭的尺寸链

零件上某一方向尺寸首尾相接,形成一个封闭圈的一组尺寸,即为封闭尺寸链。如图 7-1-7(a)所示的标注中,长度方向的尺寸 L_1、L_2、L_3、L_4 首尾相连,绕成一个整圈,呈现 $L_4 = L_1 + L_2 + L_3$ 的关系,称之为封闭尺寸链。由于加工误差的存在,很难保证 $L_4 = L_1 + L_2 + L_3$,所以在标注时出现封闭尺寸链是不合理的,应该避免它。为了保证每个尺寸的精度要求,通常对尺寸精度要求最低的一环不注尺寸(如 L_1),使尺寸误差都累积到这个尺寸上,从而保证重要尺寸的精度,又可降低加工成本,如图 7-1-7(b)所示。若因某种原因必须将其注出,应将此尺寸数值用圆括号括起,称之为参考尺寸,加工时不作测量和检验,如图 7-1-8(b)所示。

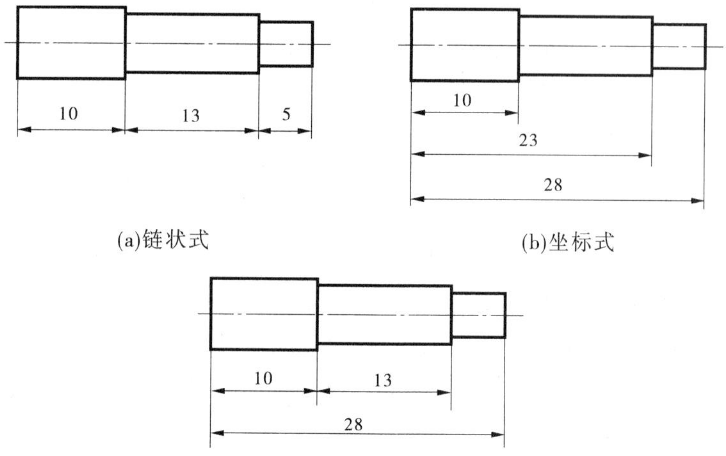

(a)链状式 (b)坐标式

(c)综合式

图 7-1-6 尺寸标注形式

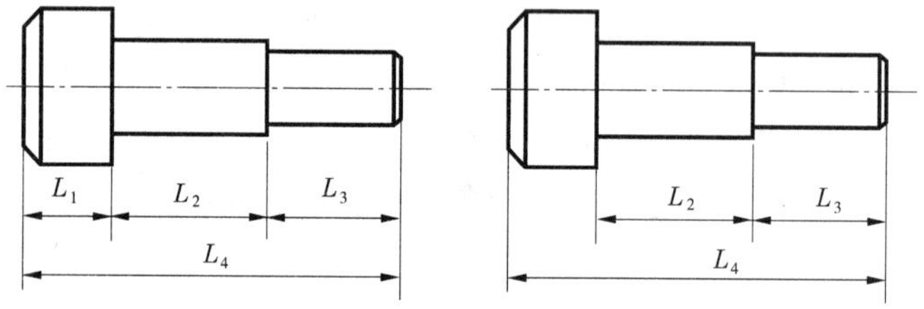

(a)封闭尺寸链 (b)正确注法

图 7-1-7 不能标注成封闭尺寸链

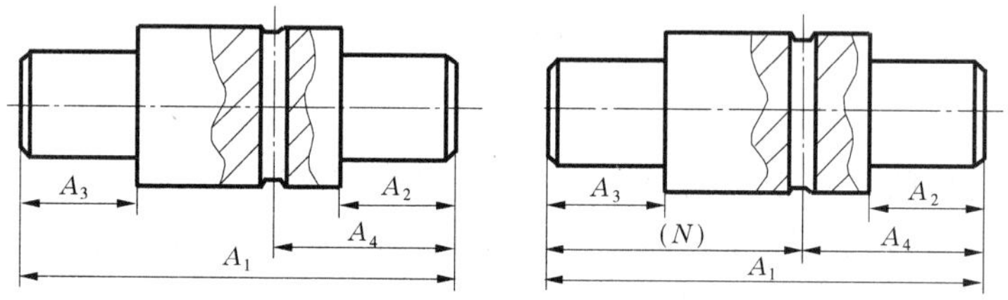

(a) (b)

图 7-1-8 封闭环尺寸不标注(或标为参考尺寸)

3.6.2 按加工顺序标注尺寸

如图 7-1-9(a)中的阶梯轴,其加工顺序一般是:先车外圆ϕ 14、长 50,其次车ϕ 10、长 36 的一段,再车离右端面长 20、宽 2、ϕ 6 的退刀槽,最后车螺纹和倒角,如图 7-1-9(b)、(c)、(d)、(e) 所示。所以,它的尺寸应按图 7-1-9(a)标注。

图 7-1-10(a)所示是按加工顺序标注轴向尺寸,是合理的;图 7-1-10(b)所示的尺寸注法不符合加工顺序,是不合理的。注意退刀槽的尺寸注法,如图 7-1-10(a)所示。

3.6.3 不同工种加工的尺寸应尽量分开标注

用不同工种加工的尺寸应尽量分开标注,如图 7-1-11 的轴上的键槽是在铣床上加工

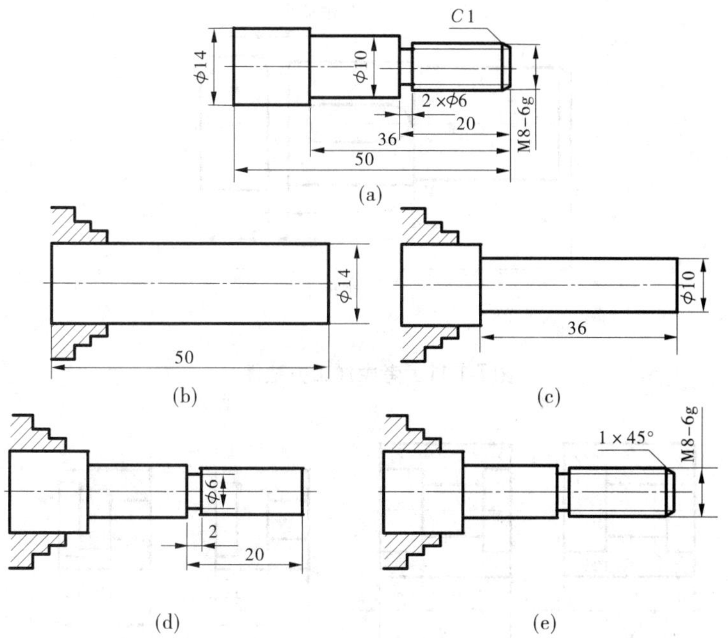

图 7-1-9　尺寸标注应符合加工顺序

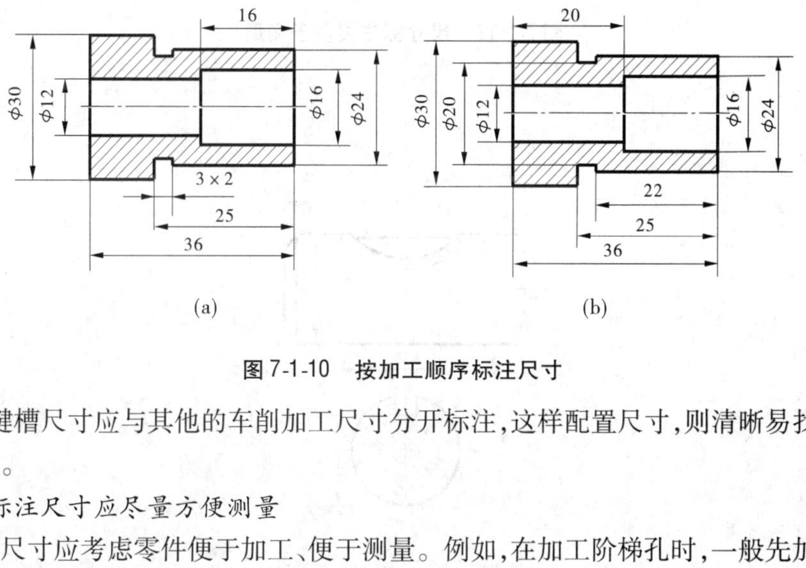

图 7-1-10　按加工顺序标注尺寸

的，标注键槽尺寸应与其他的车削加工尺寸分开标注，这样配置尺寸，则清晰易找，加工时看图方便。

3.6.4　标注尺寸应尽量方便测量

标注尺寸应考虑零件便于加工、便于测量。例如，在加工阶梯孔时，一般先加工小孔，然后依次加工出大孔。因此，在标注轴向尺寸时，应从端面注出大孔的深度，以便于测量，如图 7-1-12 所示。在满足设计要求的前提下，所注尺寸应尽量做到使用普通量具就能测量，以减少专用量具的设计和制造。

3.6.5　标注尺寸应考虑加工方法和特点

如图 7-1-13 所示轴上的键槽，是用盘铣刀加工出来的，除应注出键槽的有关尺寸外，由刀具保证的尺寸，即铣刀直径也应注出（铣刀用双点画线画出），以便选用刀具。

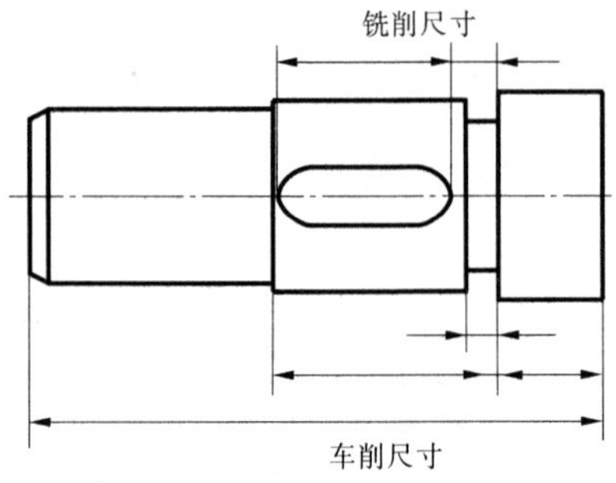

图 7-1-11　考虑加工方法图

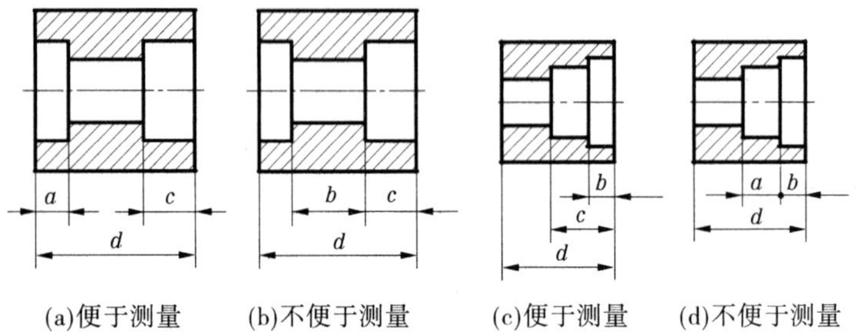

图 7-1-12　尺寸标注要便于测量

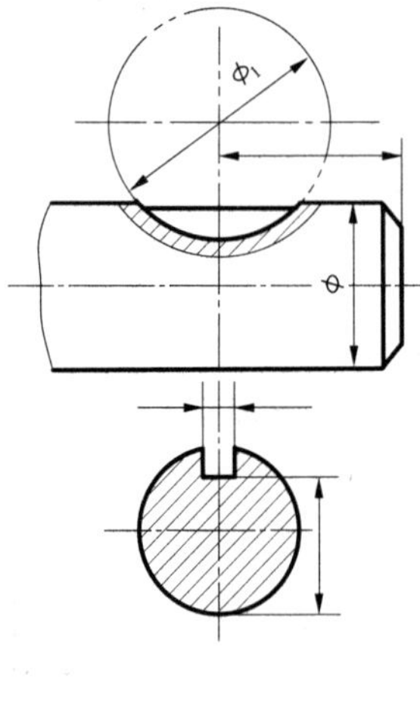

图 7-1-13　轴上键槽尺寸标注

4　轴套类零件的结构工艺性

轴套类零件工艺结构主要有倒角、导圆、越程槽、中心孔等。

4.1　倒角与倒圆

为了避免应力集中，轴肩、孔肩转角处常加工成环面过渡，称为倒圆(圆角)。为防止零件的毛刺或锐边在装配时划伤人手，常将轴和孔的端部都加工成45°、30°或60°的锥台，称为倒角。两者的画法和标注方法如图7-1-14所示。

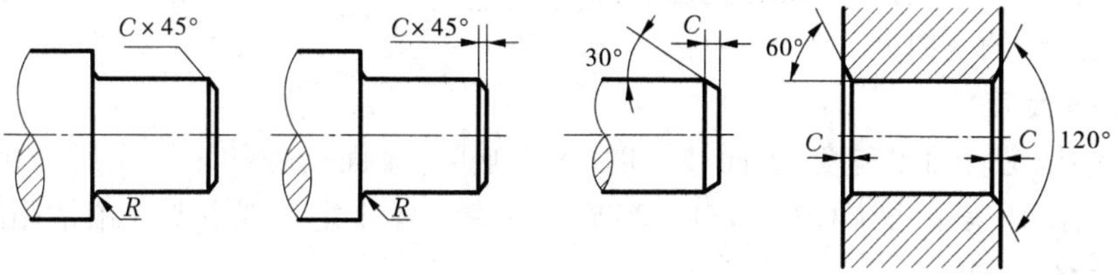

图7-1-14　倒角与倒圆

4.2　退刀槽和砂轮越程槽

在轴车削加工，特别是在车螺纹和磨削时，为便于退出刀具或使砂轮可稍微越过加工面，常在待加工面的末端先车出退刀槽或砂轮越程槽。退刀槽和砂轮越程槽的画法和标注如图7-1-15所示。

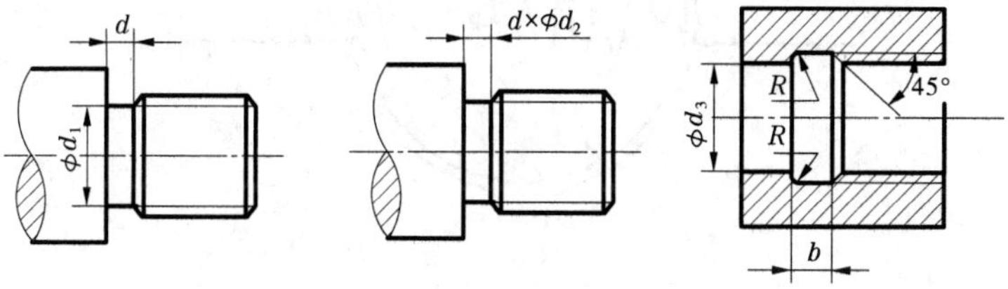

(a)退刀槽

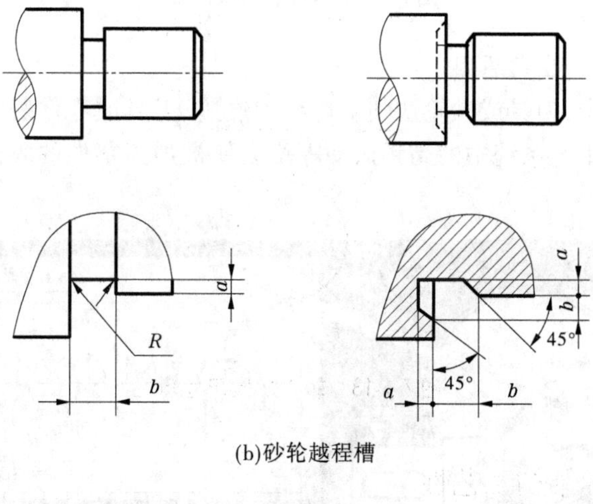

(b)砂轮越程槽

图7-1-15　退刀槽与砂轮越程槽

5　零件图的技术要求

零件图的技术要求是用规定的代号、数字、文字等，表示零件在制造和检验过程中应达到的技术指标。技术要求的主要内容包括表面粗糙度、尺寸公差、形位公差、材料及热处理等。这些内容凡有指定代号的，需用代号注写在视图上，无指定代号的则用文字说明，注写在图纸的空白处。

5.1　表面粗糙度

表面结构是表面粗糙度、表面波纹度、表面缺陷、表面纹理和表面几何形状的总称。表面结构的图样表示法在 GB/T 131—2006 中均有具体规定。现主要介绍常用的表面粗糙度的表示法及标注。

5.1.1　表面粗糙度的概念

加工后零件表面的微小峰谷具高低程度和间距状况所组成的微观几何形状特性，称为表面粗糙度，如图 7-1-16 所示。

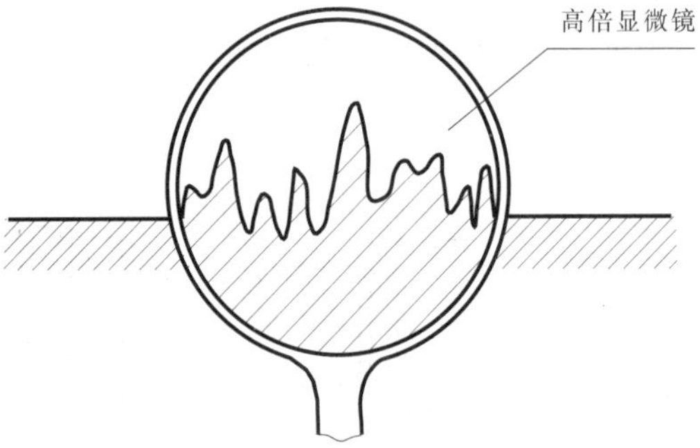

图 7-1-16　表面粗糙度概念

5.1.2　表面粗糙度产生的原因

零件加工过程中，刀具或砂轮切削后遗留的痕迹、刀具或零件表面的摩擦、切屑分离式的塑性变形以及工艺系统中的高频振动等均会使被加工零件的表面产生微小的峰谷，如图 7-1-17 所示。

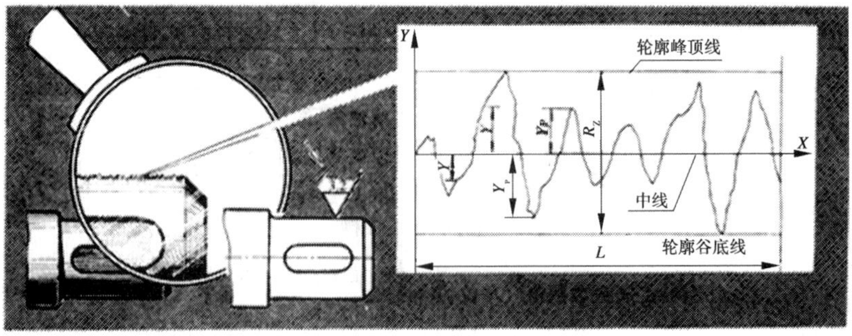

图 7-1-17　表面粗糙度产生原因

5.1.3 表面粗糙度的含义

实际上,加工得到的零件表面并不是完全理想的表面,加工后零件的界面轮廓形状有表面粗糙度、表面波纹度和表面形状误差叠加而成,如图 7-1-18 所示。通常按波距的大小来划分:波距小于 1 mm 的属于表面粗糙度(微观几何形状误差),波距为 1 ~ 10 mm 的属于表面波纹度(中间几何形状误差),波距大于 10 mm 的属于表面形状误差(宏观几何形状误差)。

零件表面的粗糙度是评定零件表面质量的一项重要技术指标,对于零件的配合、耐磨性、抗腐蚀性及密封性都有显著的影响,所以零件表面结构是零件图中不可缺少的一项技术要求。

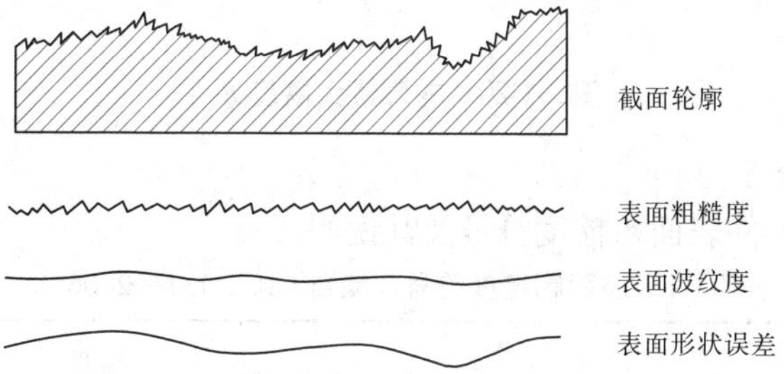

图 7-1-18 表面轮廓的形成

5.1.4 表面粗糙度的判定参数(由 GB/T 3505—2003 定义)

(1)轮廓算数平均偏差 *Ra*(幅度参数):如图 7-1-19 所示,在取样长度内,被测实际轮廓上各点至轮廓中线距离绝对值的平均值,即

$$Ra = \frac{1}{l_r}\int_0^{l_r} |\ Z(x)\ |\ \mathrm{d}x \tag{7-1}$$

式中 l_r——取样长度;

$Z(x)$——纵坐标值绝对值。

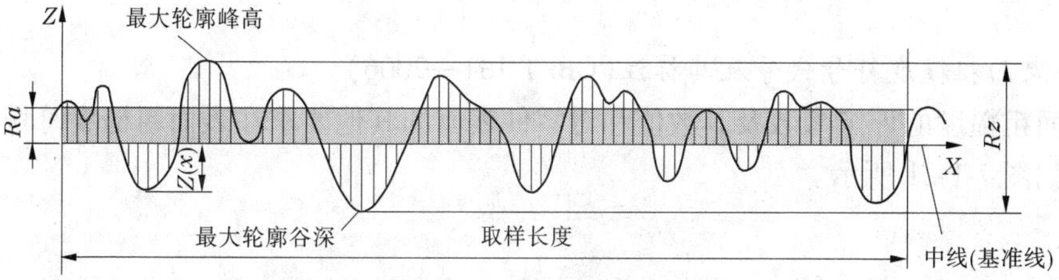

图 7-1-19 轮廓算数平均值 *Ra*

(2)轮廓最大高度 *Rz*:如图 7-1-20 所示,*Rz* 是在一个取样长度内,最大轮廓峰高 Z_p 和最大轮廓谷深 Z_v 之和,即

$$Rz = Z_p + Z_v \tag{7-2}$$

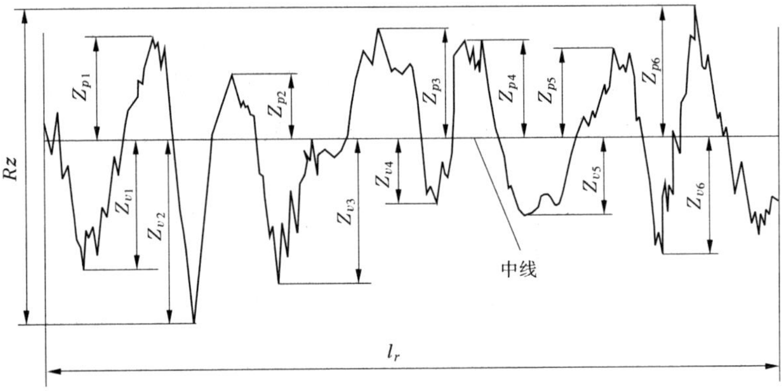

图 7-1-20　轮廓最大高度 Rz

5.1.5　表面粗糙度符号

表 7-1-1 所示为零件表面粗糙度符号及其说明。

表 7-1-1　表面粗糙度符号（摘自 GB/T 131—2006）

符号	说明
	基本图形符号，表示表面可用任何方法获得。当不加注粗糙度参数值或有关说明（例如表面处理、局部热处理等）时，仅适用于简化代号标注
	扩展图形符号，表示用去除材料的方法获得的表面，例如车、铣、钻、磨、剪切、抛光、腐蚀、电火花加工、气割等
	扩展图形符号，表示不用去除材料的方法获得的表面，例如铸、锻、冲压变形、热轧、冷轧、粉末冶金等
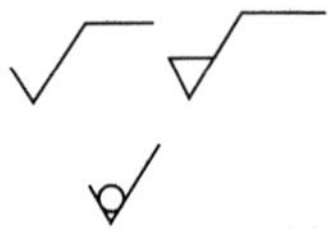	完整图形符号，在上述三个符号的长边上均可加一横线，用于标注有关参数和说明

5.1.6　表面粗糙度符号代号及其标注（GB/T 131—2006）

表面粗糙度的评定参数及其数值和对零件表面的其他要求在表面粗糙度符号中的标注位置如图 7-1-21 所示。

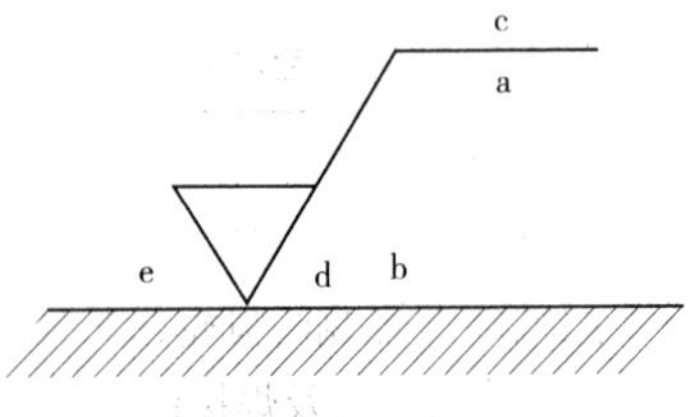

图 7-1-21　表面粗糙度代号的标注法

图 7-1-21 中各符号表示的含义：

单一要求：

a ——第一个表面粗糙度要求（传输带/取样长度 参数代号 数值）。

b ——第二个表面粗糙度要求（传输带/取样长度 参数代号 数值）。

补充要求：

c——注写加工方法（如车、铣、磨、涂镀、表面处理等）。

d——注写表面纹理和方向。

e——注写加工余量，以 mm 为单位给出数值。

表面粗糙度符号的画法见图 7-1-22，其符号具体尺寸见表 7-1-2。

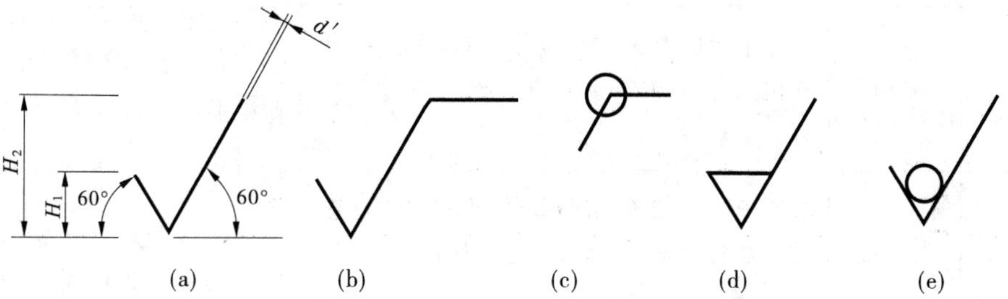

图 7-1-22　表面粗糙度符号的画法

表 7-1-2　表面粗糙度符号尺寸　（单位：mm）

轮廓线的线宽	0.35	0.5	0.7	1	1.4	2
数字与大写字母（或小写字母）的高度	2.5	3.5	5	7	10	14
符号的线宽 d'	0.25	0.35	0.5	0.7	1	1.4
高度 H_1	3.5	5	7	10	14	20

5.2　金属材料和热处理

5.2.1　金属材料

零件的作用不一样，使用的材料也不同。在零件图中将零件材料的牌号填入标题的"材料"栏中。常用的金属材料如表 7-1-3 所示。

表 7-1-3　常用金属材料

名称	牌号	应用举例	说明
碳素结构钢	Q235 – A	吊钩、拉杆、车钩、套圈、汽缸、齿轮、螺钉、螺母、螺栓、连杆、轮轴、楔、盖及焊接件	其牌号由代表屈服强度的字母（Q）、屈服强度值、质量等级符号（A、B、C、D）组成

续表 7-1-3

名称	牌号	应用举例	说明
优质碳素结构钢	15	常用低碳渗碳钢，用作小轴、小模数齿轮、仿形样板、滚子、销子、摩擦片、套筒、螺钉、螺柱、拉杆、垫圈、起重钩、焊接容器等	优质碳素结构钢牌号数字表示平均含碳量（以万分之几计），含锰量较高的钢须在数字后表“Mn”。 含碳量≤0.25%的碳钢是低碳钢（渗碳钢）； 含碳量在0.25%～0.6%的碳钢是中碳钢（调质钢）； 含碳量大于0.6%的碳钢是高碳钢
	45	用于制造齿轮、齿条、连接杆、蜗杆、销子、透平机叶轮、压缩机和泵的活塞等，可代替渗碳钢作齿轮曲轴、活塞销等，但须表面淬火处理	
	65Mn	适于制造弹簧、弹簧垫圈、弹簧环，也可用作机床主轴、弹簧卡头、机床丝杠、铁道钢轨等	
灰铸铁	HT150	用于制造端盖、齿轮泵体、轴承座、阀壳、管子及管路附件、手轮、一般机床底座、床身、滑座、工作台等	“HT”为“灰铁”二字汉语拼音的第一个字母，数字表示抗拉强度，如HT150表示灰铸铁的抗拉强度 $\sigma_b \geq 175 \sim 120$ MPa（2.5 mm < 铸件壁厚≤50 mm）
	HT200	用于制造汽缸、齿轮、底架、机体、飞轮、齿条、衬筒、一般机床铸有导轨的床身及中等压力（8 MPa以下）的油缸、液压泵和阀的壳体等	
一般工程用铸钢	ZG270－500	用途广泛，可用作轧钢机机架、轴承座、连杆、箱体、曲拐、缸体等	“ZG”系“铸钢”二字汉语拼音的第一个字母，后面的第一组数字代表屈服强度值，第二组数字代表抗拉强度值
5－5－5锡青铜	ZCuSn5Pb5－Zn5	在较高负荷、中等滑动速度下工作的耐磨、耐腐蚀零件，如轴瓦、衬套、缸套、活塞、离合器、泵体压盖以及蜗轮等	铸造非铁合金牌号的第一个字母“Z”为“铸”字汉语拼音第一个字母。基本金属元素符号及合金化元素符号，按其元素含义含量的递减次序排列在“Z”的后面，含量相等时，按元素符号在周期表中的顺序排列

5.2.2 热处理

热处理是用来改变金属性能的一种工艺方法。零件需进行热处理时，应在技术要求中说明。常用热处理方法如表7-1-4所示。

表 7-1-4 常用热处理方法

名称	代号及标注示例	说明	应用
淬火	C C48 表示淬火回火至 45～50 HRC	将钢件加热到临界温度以上，保温一段时间，然后在水、盐水或油中（个别材料在空气中）急速冷却，使其得到高硬度	用来提高钢的硬度和强度极限。但淬火会引起内应力使钢变脆，所以淬火后必须回火
回火	回火	回火是将淬硬的钢件加热到临界点以下的温度，保温一段时间，然后在空气或油中冷却	用来消除淬火后的脆性和内应力，提高钢的塑性和冲击韧性
调质	T T235 表示调质至 HB220～250	淬火后在 450～650 ℃进行高温回火，称为调质	用来使钢获得高的韧性和足够的强度。重要的齿轮、轴及丝杠等零件进行调质处理
退火	Th Th185 表示退火至 HB170～220	将钢件加热到临界温度以上 30～50 ℃，保温一段时间，然后缓慢冷却（一般在炉中冷却）	用来消除铸、锻、焊零件的内应力，降低硬度，便于切削加工，细化金属晶粒，改善组织增加韧性
发蓝 发黑	发蓝或发黑	将金属零件放在很浓的碱和氧化剂溶液中加热氧化，使金属表面形成一层氧化铁所组成的保护性薄膜	防腐蚀，美观。用于一般连接的标准件和其他电子类零件
布氏硬度	HB	材料抵抗硬的物体压入其表面的能力称为硬度。根据测定的方法不同，可分为布氏硬度、洛氏硬度和维氏硬度	用于退火、正火、调质的零件及铸件的硬度检验
洛氏硬度	HRC		用于经淬火、回火及表面渗氮、渗氮等处理的零件硬度检验
维氏硬度	HV		用于薄层氧化零件的硬度检验

6 极限与配合的选用

极限与配合的选用包括基准制、配合类别和公差等级三项内容。

6.1 基准制的选择

国家标准中规定优先选用基孔制，这是因为一般来说加工孔比加工轴难，采用基孔制可以减少加工孔所需用的定值刀具、量具的规格数量，从而获得较好的经济效益。

基轴制通常仅用于结构设计要求不适宜采用基孔制，或者采用基轴制具有明显经济效果的场合。例如，同一轴与几个具有不同公差带的孔配合，或冷拉制成不再进行切削加工的轴在与孔配合时，采用基轴制。

在零件与标准件配合时，应按标准件所用的基准制来确定，如滚动轴承的内圈与轴的配合为基孔制；而滚动轴承的外圈与机体孔的配合则为基轴制。

6.2 公差等级的选择

由于公差等级越高，加工成本就越高，所以在保证零件使用要求的条件下，应尽量选择比较低的公差等级，即标准公差等级数较大，公差值较大，以减少零件的制造成本。由于加工孔比较难，故当标准公差等级高于 IT8 时，在基本尺寸至 500 mm 的配合中，应选择孔的标准公差等级比轴低一级（如孔为 8 级，轴为 7 级）来加工孔。标准公差等级低时，轴、孔的配合可选相同的标准公差等级。

通常 IT01 ~ IT4 用于块规和量规；IT5 ~ IT12 用于配合尺寸；IT12 ~ IT18 用于非配合尺寸。表 7-1-5 列举了 IT5 ~ IT12 公差等级的应用说明，可供选择时参考。

表 7-1-5　公差等级的应用

公差等级	应用举例
IT5	用于发动机、仪器仪表、机床中特别重要的配合，如发动机中活塞与活塞销外径的配合；精密仪器中轴和轴承的配合；精密高速机械的轴颈和机床主轴与高精度滚动轴承的配合
IT6、IT7	广泛用于机械制造中的重要配合，如机床和减速器中齿轮和轴、皮带轮、凸轮和轴，与滚动轴承相配合的轴及座孔，通常轴颈选用 IT6，与之相配的孔选用 IT7
IT8、IT9	用于农业机械、矿山、冶金机械、运输机械的重要配合，精密机械中的次要配合。如机床中的操纵件和轴、轴套外径与孔、拖拉机中齿轮和轴
IT10	重型机械、农业机械的次要配合，如轴承端盖和座孔的配合
IT11	用于要求粗糙、间隙较大的配合，如农业机械、机车车厢部件及冲压加工的配合零件
IT12	用于要求很粗糙、间隙很大、基本上无配合要求的部位，如机床制造中扳手孔与扳手座的连接

6.3 配合的选择

选择配合的方法有类比法、计算法和实验法等。在实际生产中，应用最广泛的是类比法。所谓类比法，就是参考现有手册和资料，参照经过验证的类似产品已有的配合，进行修正的方法。当零件之间具有相对转动或移动时，必须选择间隙配合；当零件之间无键、销等紧固件，只依靠结合面之间的过盈来实现传动时，必须选择过盈配合；当零件之间不要求有相对运动，同轴度要求较高，且不依靠该配合传递动力时，通常选择过渡配合。表 7-1-6列举了基孔制中轴的基本偏差应用说明，表 7-1-7 列举了优先配合的特性及应用说明，可供选择时参考。

表7-1-6 轴的基本偏差应用说明

配合	基本偏差	配合特性及应用
间隙配合	a、b	可得到特别大的间隙,应用很少
	c	可得到很大的间隙,一般应用于缓慢、松弛的动配合。用于工作条件较差(如农业机械),受力变形,或为了便于装配,而必须保证有较大的间隙时,推荐配合为H11/c11,其较高等级的配合如H8/c7适用于轴在高温工作的紧密动配合,例如内燃机排气阀和导管
	d	配合一般用于IT7~IT11,适用于松的转动配合,如密封盖、滑轮、空转带轮等与轴的配合,也适用于大直径滑动轴承配合,如透平机、球磨机、扎滚成型和重型弯曲机及其他重型机械中的一些滑动支承
	e	多用于IT7、IT8和IT9级,通常适用于要求有明显间隙、易于转动的支承配合,如大跨距支承、多支点支承等配合。高等级的e轴适用于大的、高速、重载支承,如透平发电机组、大电动机的支承、凸轮轴支承、摇臂支承等配合
	f	多用于IT7、IT8和IT9级的一般转动配合。当温度影响不大时,被广泛应用于普通润滑油(或润滑脂)润滑的支承,如齿轮箱、小电动机、泵等的转轴与滑动支承的配合
	g	配合间隙很小,制造成本高,除很轻负荷的精密装置外,不推荐用于转动配合。多用IT5、IT6和IT7级,最适合于不回转的精密滑动配合,也用于插销等定位配合,如精密连杆轴承、活塞及滑阀、连杆销等
	h	多用于IT4~IT11。广泛用于无相对转动的零件,作为一般的定位配合。若没有温度、变形影响,也用于精密滑动配合
过渡配合	js	完全对称偏差(±IT/2),平均起来为稍有间隙的配合,多用于IT4~IT7,要求间隙比h轴小,并允许略有过盈的定位配合,如联轴器,可用手或木锤装配
	k	平均起来没有间隙的配合,适用于IT4~IT7。推荐用于稍有过盈的定位配合,例如不消除振动用的定位配合。一般用木锤装配
	m	平动起来具有不大过盈的过渡配合,适用IT4~IT7。一般可用木锤装配,但在最大过盈时,要求相当的压入力
	n	平均过盈比m轴稍大,很少得到间隙,适用IT4~IT7。用锤或压力机装配,通常推荐用于紧密的组件配合。H6/n5配合时为过盈配合

续表 7-1-6

配合	基本偏差	配合特性及应用
过盈配合	p	与 H6 或 H7 孔配合时为过盈配合，与 H8 孔配合时则为过渡配合。对非铁类零件，为较轻的压入力配合，当需要时易于拆卸。对钢、铸铁或铜、钢组件装配是标准压入配合
	r	对铁类零件是中等打入配合；对非铁类零件，为轻打入的配合；当需要时可以拆卸，与 H8 孔配合；直径在 100 mm 以上时为过盈配合，直径小时为过渡配合
	s	用于钢和铁制零件的永久性和半永久装配，可产生相当大的结合力。当用弹性材料（如轻合金）时，配合性质与铁类零件的 p 轴相当，例如套环压装在轴上、阀座等配合。尺寸较大时，为了避免损伤配合表面，需用热胀或冷缩法装配
	t、u、v、x、y、z	过盈量依次增大，一般不推荐

表 7-1-7　优先配合的特性及应用

基孔制	基轴制	配合特性及应用
$\frac{H11}{c11}$	$\frac{C11}{h11}$	间隙非常大，用于很松的、转动很慢的间隙配合；要求大公差与大间隙的外露组件；要求装配方便得很松的配合
$\frac{H9}{d9}$	$\frac{D9}{h9}$	间隙很大的自由转动配合。用于精度为非主要要求时。适用于有大的温度变动、高转速或大的轴颈压力时的配合
$\frac{H8}{f7}$	$\frac{F8}{h7}$	间隙不大的转动配合。用于中等转速与中等轴颈压力的精确转动；也用于装配较易的中等精度定位配合
$\frac{H7}{g6}$	$\frac{G7}{h6}$	间隙很小的滑动配合。用于不可自由旋转，但可自由移动和转动并精确定位时；也可用于要求明确的定位配合
$\frac{H7}{h6}$、$\frac{H8}{h7}$、$\frac{H9}{h9}$、$\frac{H11}{h11}$	$\frac{H7}{h6}$、$\frac{H8}{h7}$、$\frac{H9}{h9}$、$\frac{H11}{h11}$	均为间隙定位配合，零件可自由装卸，而工作时一般相对静止不动。最小间隙为零
$\frac{H7}{k6}$	$\frac{K7}{h6}$	过渡配合，用于精密定位
$\frac{H7}{n6}$	$\frac{N7}{h6}$	过渡配合，供要求有较大过盈的更精确的定位配合之用
$\frac{H7}{p6}$	$\frac{P7}{h6}$	过盈定位配合，属于小过盈配合。用于定位精度特别重要时，能以最好的定位精度达到部件的刚性及对中性要求，而对内孔承受压力无特殊要求，不依靠配合的紧固性来传递摩擦负荷
$\frac{H7}{s6}$	$\frac{S7}{h6}$	中等压入配合，适用于一般钢件或用于薄壁件的冷缩配合；用于铸铁件可获得最紧的配合
$\frac{H7}{u6}$	$\frac{U7}{h6}$	压入配合，适用于承受大压入力的零件或不宜承受大压入力的冷缩配合

7 读图的基本要求

读零件图的要求是：了解零件的名称、所用材料和它在机器或部件中的作用，并通过分析视图、尺寸和技术要求，想象出零件各组成部分的结构形状及相对位置，从而在头脑中建立起一个完整的、具体的零件形象，并对其复杂程度等有初步的认识，理解其设计意图，分析其加工方法等。

读零件图的基本方法仍然是形体分析法和线面分析法。

对于一个较为复杂的零件，由于组成零件的形体较多，将每个形体的三视图组合起来，图形就显得繁杂了。实际上，对每个基本形体而言，用两三个视图就可以确定它的形状，读图时只要善于运用形体分析法，把零件分解成基本形体，便不难读懂较复杂的零件图。

看零件图的基本方法和步骤如下。

7.1 概括了解零件图

首先，通过标题栏，了解零件名称、材料、绘图比例等，根据零件的名称想象零件的大致功能。并对全图作一大体观览，这样就可以对零件的大致形状、在机器中的大致作用等有个大概认识。

7.2 分析视图，想象零件形状

在纵览全图的基础上，详细分析视图，想象出零件的形状。要先看主要部分，后看次要部分；先看容易确定、能够看懂的部分，后看难以确定、不易看懂的部分；先看整体轮廓，后看细节形状。即应用形体分析方法，抓特征部分，分别将组成零件各个形体的形状想象出来。对于局部投影难解之处，要用线面分析法仔细分析，辨别清楚。最后将其综合起来，搞清它们之间的相对位置，想象出零件的整体形状。

可按下列顺序进行分析：

(1)找出主视图。

(2)用几个视图、剖视、断面等，找出它们的名称、相互位置和投影关系。

(3)凡有剖视、断面处要找到剖切平面位置。

(4)有局部视图和斜视图的地方必须找到表示投影部位的字母和表示投射方向的箭头。

(5)有无局部放大图及简化画法。

在这一过程中，既要熟练地运用形体分析法，弄清楚零件的主体结构形状，又要依靠对典型局部功能结构(如螺纹、齿轮、键槽等)和典型局部工艺结构(如倒角、退刀槽等)规定画法的熟练掌握，弄清楚零件上的相应结构。既要利用视图进行投影分析，又要注意尺寸标注(如 R、S、SR 等)和典型结构规定注法的“定形”作用。既要看图想物，又要量图确定投影关系。

分析零件图选用了哪些视图、剖视图和其他表达方法，想象出零件的空间形状。各视图用了何种表达方法，若是剖视图，从零件哪个位置剖切，用何种剖切面剖切，向哪个方向投射；若为向视图，从哪个方向投射，表示零件的哪个部位。

7.3 尺寸分析

分析零件图上的尺寸，首先要找出三个方向尺寸的主要基准，然后从基准出发，按形体分析法，找出各组成部分的定形尺寸、定位尺寸及总体尺寸。

7.4 了解技术要求

读懂技术要求，如表面粗糙度、尺寸公差、形位公差以及其他技术要求。分析技术要求时，关键是弄清楚哪些部位的要求比较高，以便考虑在加工时采取何种措施予以保证。

7.5 综合分析

把零件的结构形状、尺寸标注、加工工艺和技术要求等内容综合起来，就能了解零件的全貌，也就读懂了零件图。有时为了读懂一些较复杂的零件图，还要参考有关资料，全面掌握技术要求、制造方法和加工工艺，综合起来就能得出零件的总体概念。

任务实施

识读图 7-1-1 所示一级圆柱齿轮减速器从动轴零件图的步骤如下。

1 读标题栏，概括了解零件图

从标题栏可知，该零件的名称是轴（一级圆柱齿轮减速器从动轴），属于轴套类零件；比例为 1∶2，为缩小比例；材料为 45 钢。

2 分析视图表达方案

采用一个基本视图即主视图，表达该轴零件的结构形状，同时采用两个移出断面图来表达该轴三个键槽的结构、部位，两个局部视图来更明确表达两个键槽的形状，一个局部放大视图来表达轴肩的结构。

3 读视图，想象零件形状

该轴零件是典型的回转体零件，一般都在车床、磨床上加工，根据其结构特点和加工位置情况，一般将轴横放即轴线水平放置，符合轴套零件视图的选择原则。

在主视图的下方的两个移出断面，分别表达该轴的一个键槽的结构、形状及位置；该轴的右端有一个平行于轴线的平面截切的切口。根据视图可想象出该轴的结构如图 7-1-2 所示。

4 读尺寸

该轴零件的长度方向的主要基准是轴的左端面，注出尺寸如 13、140，高度主要基准为轴的中轴线，两端倒角尺寸 $C1$；一个键槽尺寸 20 × 10，该零件的总长为 140；最大轴颈尺寸 ϕ 32h7。

5 读技术要求

（1）表面粗糙度：ϕ 25f7 和 ϕ 26f7 的表面粗糙度为 $\sqrt{Ra0.8}$，ϕ 22h7 表面粗糙度要求为 $\sqrt{Ra3.2}$。

（2）尺寸公差：如尺寸 $26^{-0.7}_{0}$、$10^{0}_{-0.03}$、ϕ 32h7 等。

（3）热处理要求：加工后需调质处理，硬度为 23 ~ 35 HRC 。

知识拓展

1 公差与配合的标注

在零件图中公差是在基本尺寸之后标出,有以下三种形式:

(1)标注公差带代号:直接在基本尺寸后面标注出公差带代号,如图7-1-23(a)所示。这种注法常用于大批量生产中,由于与采用专用量具检验零件统一起来,因此不需要注出偏差值。

(2)标注极限偏差:直接在基本尺寸后面标注出上、下偏差数值,如图7-1-23(b)所示。在零件图中进行公差标注一般采用极限偏差的形式。这种注法常用于小批量或单件生产中,以便加工检验时对照。标注偏差数值时应注意:

①上、下偏差数值不相同时,上偏差注在基本尺寸的右上方,下偏差注在右下方并与基本尺寸注在同一底线上。偏差数字应比基本尺寸数字小一号,小数点前的整数位对齐,后边的小数位数应相同,如图7-1-23(b)中$\phi 50^{-0.025}_{-0.050}$。

②如果上偏差或下偏差为零,应简写为"0",前面不注"+""-"号,后边不注小数点;另一偏差按原来的位置注写,其个位"0"对齐,如图7-1-23(b)中$\phi 50^{+0.039}_{0}$。

③如果上、下偏差数值绝对值相同,则在基本尺寸后加注"±"号,只填写一个偏差数值,其数字大小与基本尺寸数字大小相同,如$\phi 80 \pm 0.017$。

(3)公差带代号与极限偏差值同时标出:在基本尺寸后面标注出公差带代号,并在后面的括弧中同时注出上、下偏差数值,如图7-1-23(c)所示。这种标注形式集中了前两种标注形式的优点,常用于产品转产较频繁的生产中。

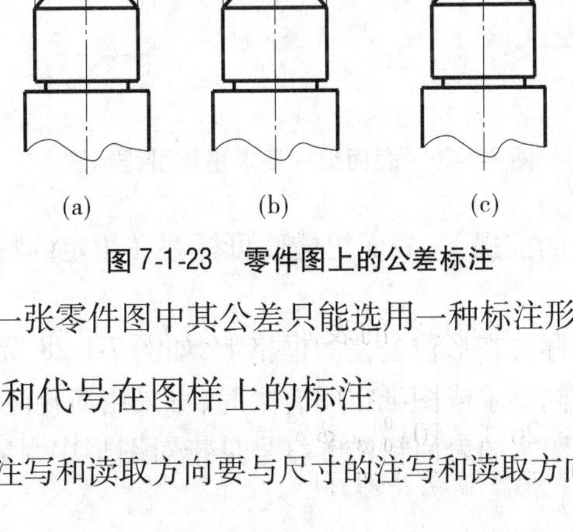

图7-1-23 零件图上的公差标注

国家标准规定,同一张零件图中其公差只能选用一种标注形式。

2 表面粗糙度符号和代号在图样上的标注

(1)表面粗糙度的注写和读取方向要与尺寸的注写和读取方向一致,如图7-1-24所示。

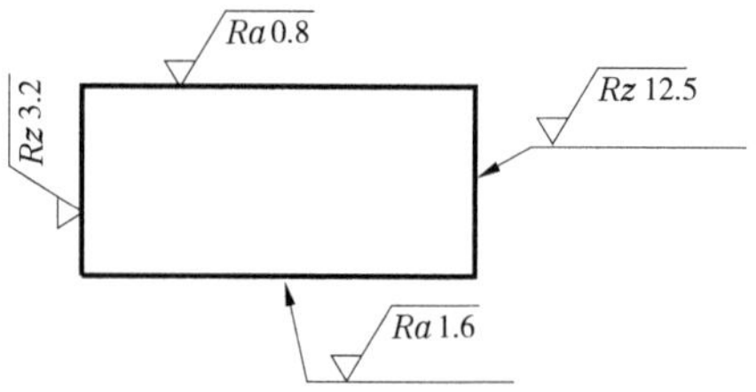

图 7-1-24　表面结构要求的注写方向

(2)表面长度要求标注在轮廓线上或轮廓线的延长线上,其符号应从材料外指向并接触表面,如图 7-1-25 所示。

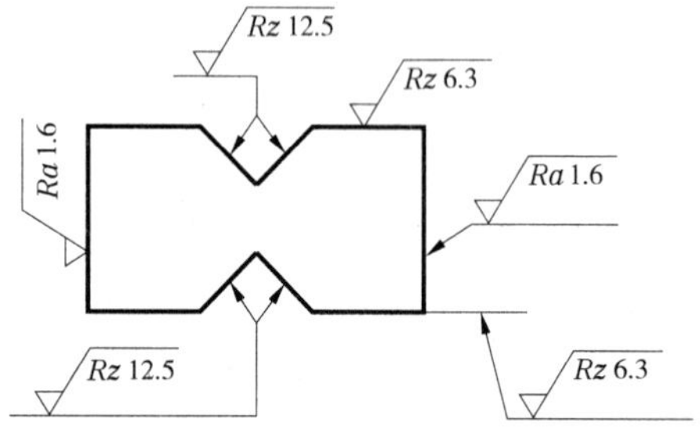

图 7-1-25　表面结构要求在轮廓线上标注

(3)表面粗糙度符号也可用带箭头或黑点的指引线引出标注,如图 7-1-26 所示。

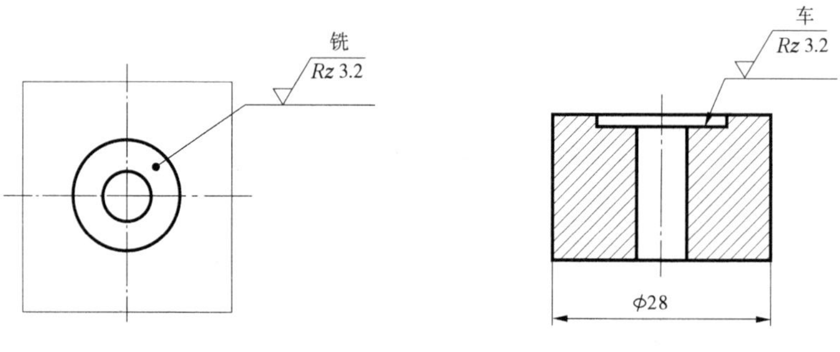

图 7-1-26　表面结构要求用指引线标注

(4)在不致引起误解的前提下,表面粗糙度可标注在给定的特征尺寸的尺寸线上,如图 7-1-27 所示。

(5)表面粗糙度也可标注在形位公差的框格上,如图 7-1-28 所示。

(6)当多个表面有相同要求或图纸空间有限时,可采用简化注法,具体情况如下:

①如图 7-1-29 所示,图示的表面粗糙度符号是指对图形中封闭轮廓的周边六个面的共同要求(不包括前后面)。

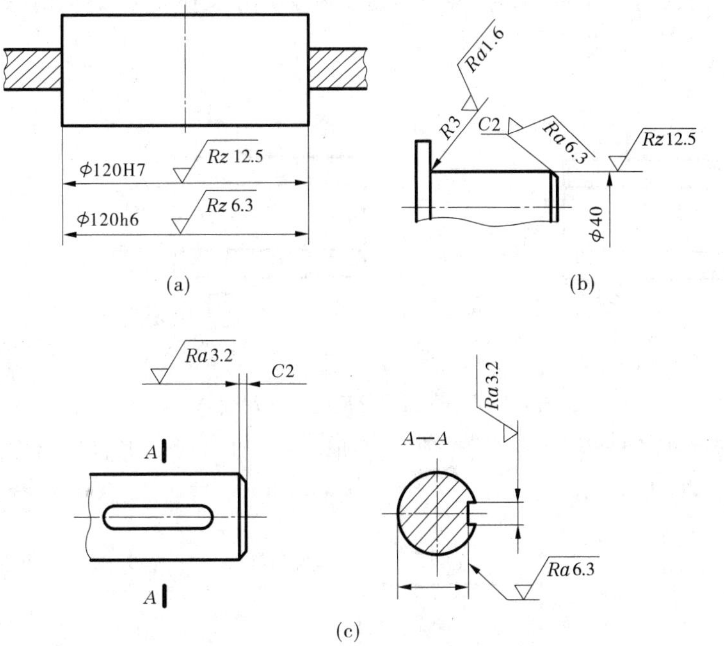

图 7-1-27　表面粗糙度的标注位置(一)

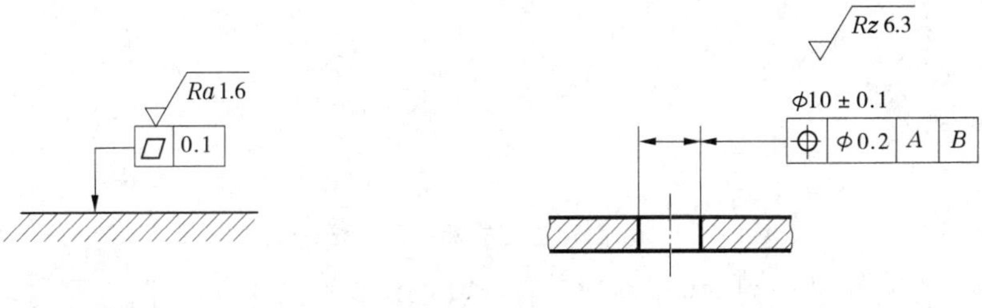

图 7-1-28　表面粗糙度的标注位置(二)

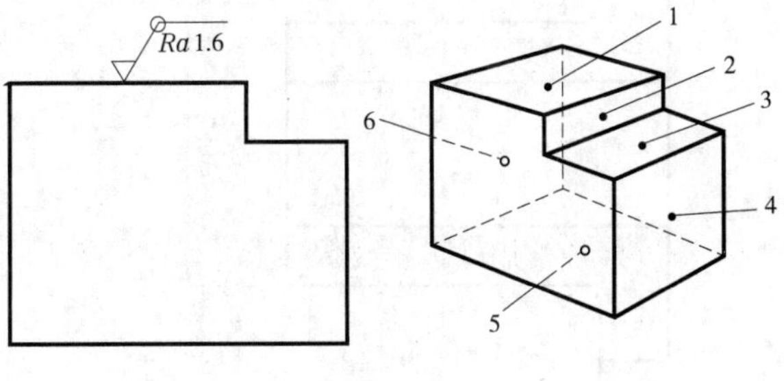

图 7-1-29　表面粗糙度的标注简化法(一)

②当多数表面有相同要求时，表面粗糙度可统一标注在图形或标题栏的附近，而不是标注在图形的右上角，如图 7-1-30 所示。

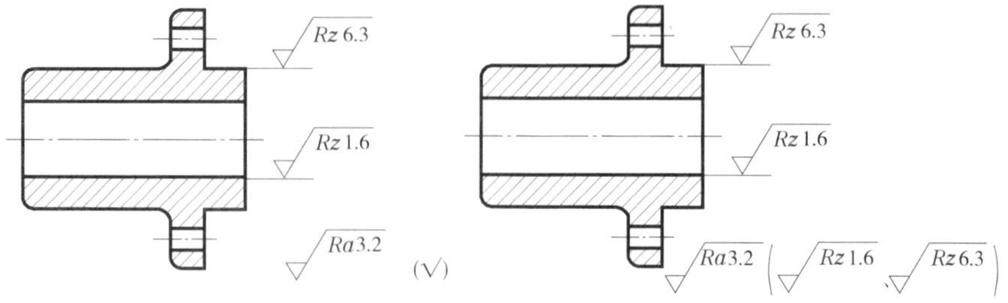

图 7-1-30　表面粗糙度的标注简化法（二）

③表面粗糙度用带字母或不带字母的图形符号，以等式的形式注写在图形或标题栏附近，如图 7-1-31 所示。

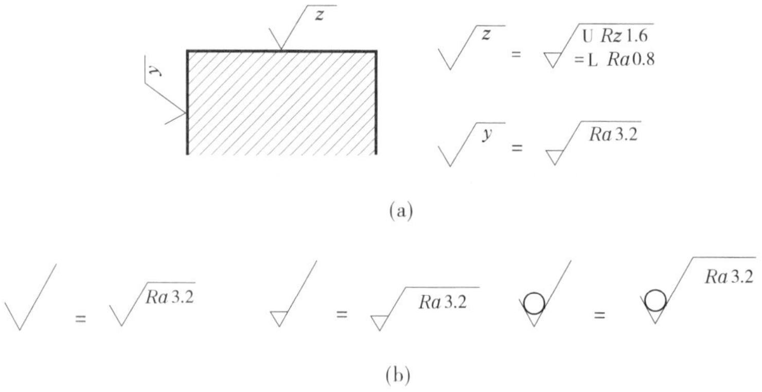

图 7-1-31　表面粗糙度的标注简化法（三）

（7）两种或多种工艺获得的同一表面的注法，如图 7-1-32 所示。图中同时给出镀覆前后表面粗糙度要求的注法。

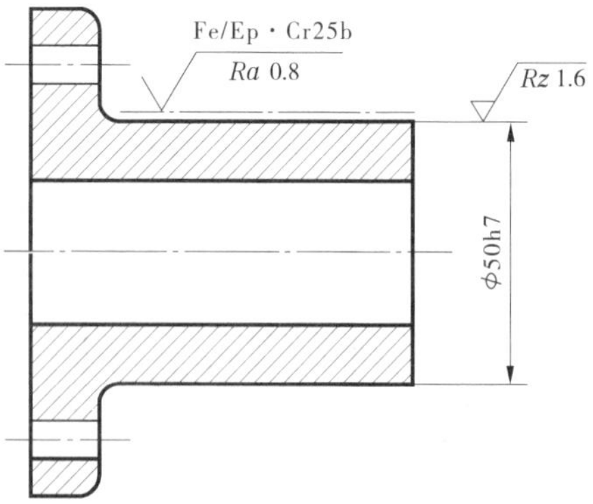

图 7-1-32　多种工艺获得同一表面粗糙度的标注法

（8）圆柱和棱柱的表面粗糙度要求只标注一次，如图 7-1-33（a）所示；如果每个棱柱表面有不同的表面结构要求,则应分别单独标注,如图7-1-33(b)所示。

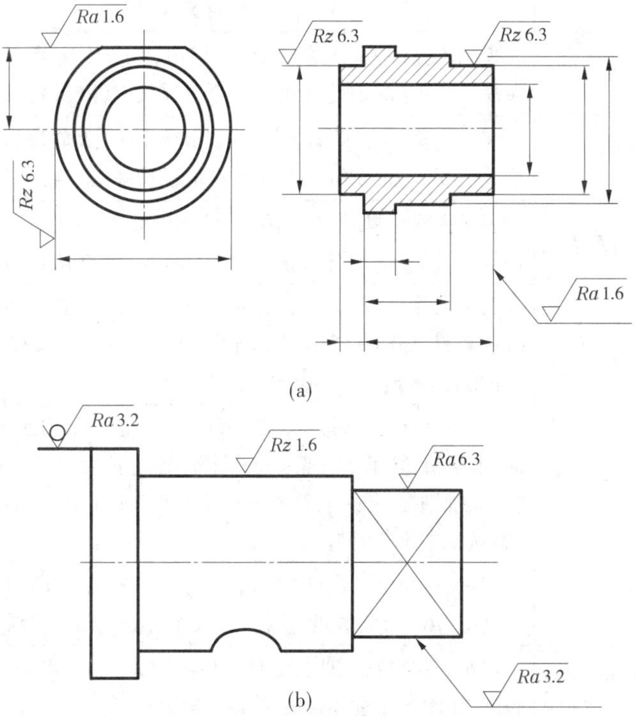

图7-1-33 圆柱和棱柱表面结构要求的标注

(9)在同一图样中,有多个加工工序的表面可标注加工余量,此加工余量可以是加注在完整符号上的唯一要求,也可以与表面加工要求一起标注,如图7-1-34所示。

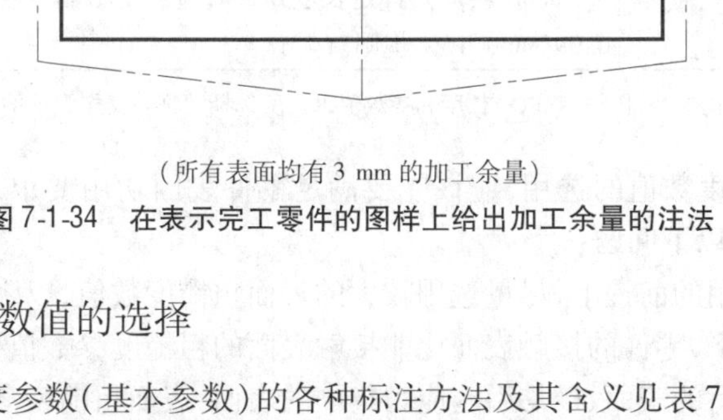

(所有表面均有3 mm的加工余量)

图7-1-34 在表示完工零件的图样上给出加工余量的注法

3 表面粗糙度参数值的选择

表面粗糙度幅度参数(基本参数)的各种标注方法及其含义见表7-1-8。

表 7-1-8　表面粗糙度幅度参数(基本参数)的标注(摘自 GB/T 131—2006)

No	符号	含义/解释
B. 2. 1	Rz 0.4	表示不允许去除材料,单向上限值,默认传输带,R 轮廓,粗糙度的最大高度 0. 4 μm,评定长度为 5 个取样长度(默认),“16% 规则”(默认)
B. 2. 2	Rzmax0.2	表示去除材料,单向上限值,默认传输带,R 轮廓,粗糙度最大高度的最大值 0. 2 μm,评定长度为 5 个取样长度(默认),“最大规则”
B. 2. 3	0.008–0.8/Ra3.2	表示去除材料,单向上限值,传输带 0. 008 ~ 0. 8 mm,R 轮廓,算术平均偏差 3. 2 μm,评定长度为 5 个取样长度(默认),“16% 规则”(默认)
B. 2. 4	–0.8/Ra3 3.2	表示去除材料,单向上限值,传输带:根据 GB/T 6062,取样长度 0. 8 μm(λ_s 默认 0. 002 5 mm),R 轮廓,算术平均偏差 3. 2 μm,评定长度包含 3 个取样长度,“16% 规则”(默认)
B. 2. 5	U Ramax3.2 L Ra 0.8	表示不允许去除材料,双向极限值,两极限值均使用默认传输带,R 轮廓,上限值:算术平均偏差 3. 2 μm,评定长度为 5 个取样长度(默认),“最大规则”,下限值:算术平均偏差 0. 8 μm,评定长度为 5 个取样长度(默认),“16% 规则”(默认)
B. 2. 6	0.8–25/Wz3 10	表示去除材料,单向上限值,传输带 0. 8 ~ 25 mm,W 轮廓,波纹度最大高度 10 μm,评定长度包含 3 个取样长度,“16% 规则”(默认)
B. 2. 7	0.008–/Pt max 25	表示去除材料,单向上限值,传输带 λ_s = 0. 008 mm,无长波滤波器,P 轮廓,轮廓总高 25 μm,评定长度等于工件长度(默认),“最大规则”
B. 2. 8	0.0025–0.1/Rx0.2	表示任意加工方法,单向上限值,传输带 λ_s = 0. 002 5 mm,A = 0. 1 mm,评定长度 3. 2 mm(默认),粗糙度图形参数,粗糙度图形最大深度 0. 2 μm,“16% 规则”(默认)
B. 2. 9	/10/R 10	表示不允许去除材料,单向上限值,传输带 λ_s = 0. 008 mm(默认),A = 0. 5 mm(默认),评定长度 10 mm,粗糙度图形参数,粗糙度图形平均深度 10 μm,“16% 规则”(默认)
B. 2. 10	W 1	表示去除材料,单向上限值,传输带 A = 0. 5 mm(默认),B = 2. 5 mm(默认),评定长度 16 mm(默认),波纹度图形参数,波纹度图形平均深度 1 mm,“16% 规则”(默认)
B. 2. 11	–0.3/6/AR 0.09	表示任意加工方法,单向上限值,传输带 λ_s = 0. 008 mm(默认),A = 0. 3 mm(默认),评定长度 6 mm,粗糙度图形参数,粗糙度图形平均间距 0. 09 mm,“16% 规则”(默认)

注:这里给出的表面结构参数,传输带/取样长度和参数值以及所选择的符号仅作为示例。

零件表面粗糙度数值的选用,应该既要满足零件表面功用要求,又要考虑经济合理性。选用时要注意以下问题:

(1)在满足功用的前提下,尽量选用较大的表面粗糙度数值,以降低生产成本。

(2)一般情况下,零件的接触表面比非接触表面的粗糙度参数值要小。

(3)受循环载荷的表面、极易引起应力集中的表面,表面粗糙度参数值要小。

(4)配合性质相同,零件尺寸小的比尺寸大的表面粗糙度参数值要小;同一公差等级，小尺寸比大尺寸、轴比孔的表面粗糙度参数值要小。

(5)运动速度高、单位压力大的摩擦表面比运动速度低，单位压力小的摩擦表面的粗糙度参数值小。

(6)要求密封性、耐腐蚀的表面的粗糙度参数值要小。

表面粗糙度参数值的大小与加工方法、所用刀具以及工件处理等因素有密切关系，表7-1-9给出了表面粗糙度 Ra 参数值与加工方法的关系及其应用实例，可供选用时参考。

表7-1-9 表面粗糙度 Ra 参数值及应用举例

Ra	表面特征	表面形状	获得表面粗糙度的方法	应用举例
100	粗糙	明显可见的刀痕	锯断、粗车、粗铣、粗刨、钻孔及用粗纹锉刀、粗砂轮等加工	管的端部断面和其他半成品的表面、带轮法兰盘的结合面、轴的非接触端面、倒角、铆钉孔等
50		可见的刀痕		
25		微见的刀痕		
12.5	半光	可见加工痕迹	拉制(钢丝)、精车、精铣、粗铰、粗铰埋头孔、粗剥刀加工、刮研	支架、箱体、离合器、带轮螺钉孔、轴或孔的退刀槽、量板、套筒等非配合面、齿轮非工作面、主轴的非接触外表面，IT8～IT11级公差的结合面
6.3		微见加工痕迹		
3.2		看不见加工痕迹		
1.6	光	可辨加工痕迹的方向	精磨、金刚石车刀的精车、精铰、拉制、剥刀加工	轴承的重要表面、齿轮轮齿的表面、普通车床导轨面、滚动轴承相配合的表面、机床导轨面、发动机曲轴、凸轮轴的工作面、活塞外表面等IT6～IT8级公差的结合面
0.8		微辨加工痕迹的方向		
0.4		不可辨加工痕迹的方向		
0.2	最光	暗光泽面	研磨加工	活塞销和涨圈的表面、分气凸轮、曲柄轴的轴颈、气门及气门座的支持表面、发动机汽缸内表面、仪器导轨表面、液压传动件工作面、滚动轴承的滚道、滚动体表面、仪器的测量表面、量块的测量面等
0.1		亮光泽面		
0.05		镜状光泽面		
0.025		雾状镜面		
0.012		镜面		

课堂练习

识读图7-1-35所示的零件图。

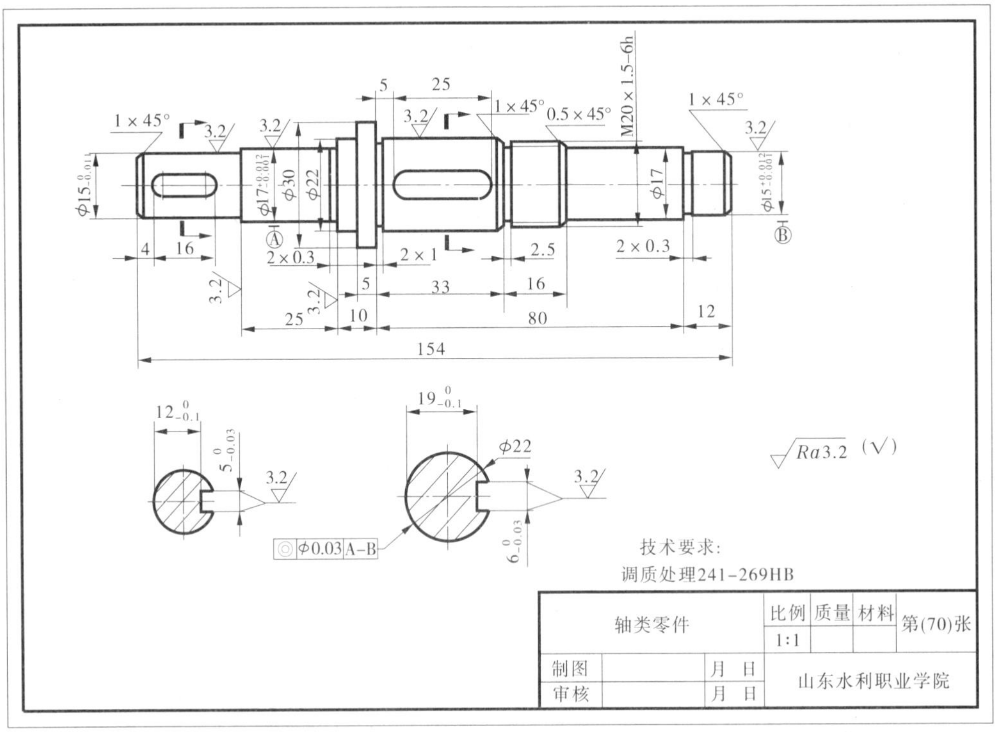

图 7-1-35 轴零件图

任务 2 绘制圆柱齿轮减速器轴承盖零件图

任务导入

图 7-2-1 为圆柱齿轮减速器轴承盖实体图,通过绘制圆柱齿轮减速器轴承盖零件图,掌握轮盘类零件视图的选择、尺寸标注及其工艺结构等有关的技术要求,能够快速地绘制轮盘类零件图。

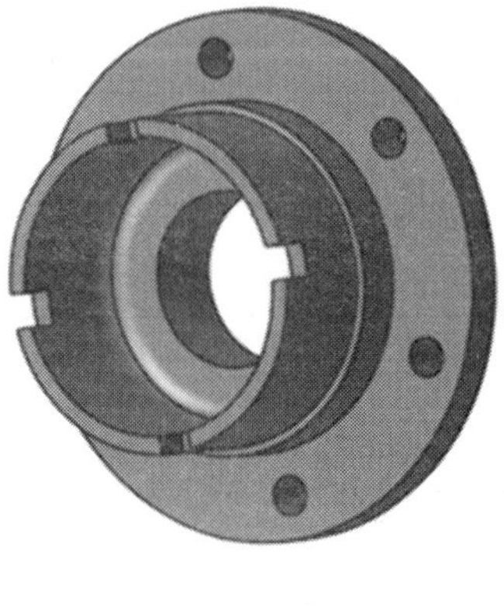

图 7-2-1 圆柱齿轮减速器轴承盖实体图

相关知识

1 轮盘类零件的特点

轮盘类零件在机器设备上应用较多,如齿轮、轴承盖、法兰盖、带轮、阀盖等。这类零件在机器中主要起支承、轴向定位及密封作用。轮盘类零件的基本形状一般为扁平的轮盘状,由几个直径不同的回转体组成,其轴向尺寸往往比其他两个方向的尺寸小,零件上常见的结构有凸台、凹坑、倒角、圆角、轮辐、螺孔、销孔、肋板和用于定位或连接的孔等,如图7-2-2所示。

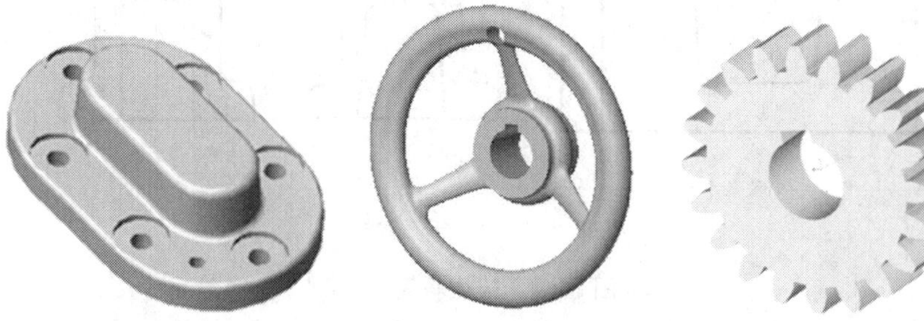

(a) 油泵盖　　(b) 手轮　　(c) 齿轮

图7-2-2　几种轮盘类零件

2　轮盘类零件视图的表达

图7-2-1所示圆柱齿轮减速器轴承盖零件具有轮盘类零件的结构特点,属于典型的轮盘类零件。

2.1　视图表达方案

(1)轮盘类零件的毛坯有铸件或锻件,机械加工以车削为主,以加工或工作位置、反映轮盘厚度方向的一面作为画主视图的方向。为了表达零件内部结构,主视图常取全剖视图。

(2)轮盘类零件一般需要两个以上基本视图表达,除主视图外,为了表示零件上均布的孔、槽、肋、轮辐等结构,还需选用一个左视图或右视图,此外,为了表达细小结构,有时还常采用局部放大图。

2.2　尺寸分析

轮盘类零件宽度和高度方向的主要基准是回转轴线,长度方向的主要基准是经加工的主要端面。

2.3　技术要求

有配合要求的内、外表面粗糙度参数值较小,起轴向定位的端面表面粗糙度参数值也较小,端面、轴心线与轴心线之间或端面与轴心线之间一般有形位公差要求。

3　工艺结构

铸造零件工艺结构要求铸件上应设拔模斜度、铸造圆角,铸件壁厚应均匀过渡,各部分结构形状应尽量简单。

3.1　拔模斜度

为了在铸造时便于将木模从砂型中取出,铸件沿起模方向的内、外壁上应设计有适当的斜度(1∶20),称为拔模斜度。拔模斜度一般为1°~3°,浇铸后这一斜度留在铸件表面,如图7-2-3所示。

拔模斜度绘图要点:铸造斜度在画图时,如在一个视图中已表达清楚,其他视图允许

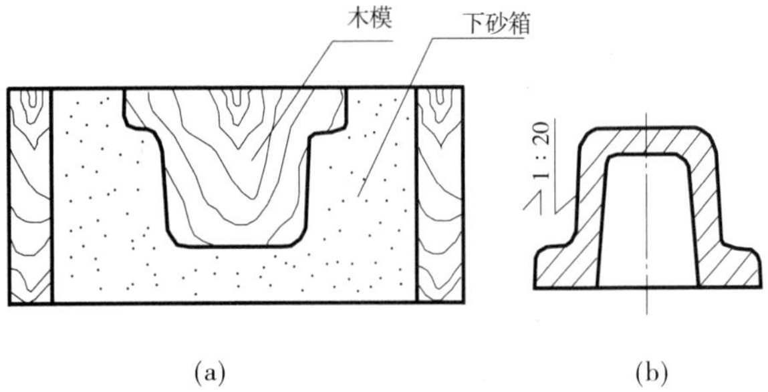

图 7-2-3　拔模斜度

按小端画出，也可以不画，只在技术要求中注明即可。

3.2　铸造圆角

为了便于取模和防止浇铸时金属溶液冲坏砂型以及冷却时转角处产生裂纹和缩孔，将铸件表面的相交处制成过渡的圆角，这种圆角称铸造圆角，如图 7-2-4 所示。

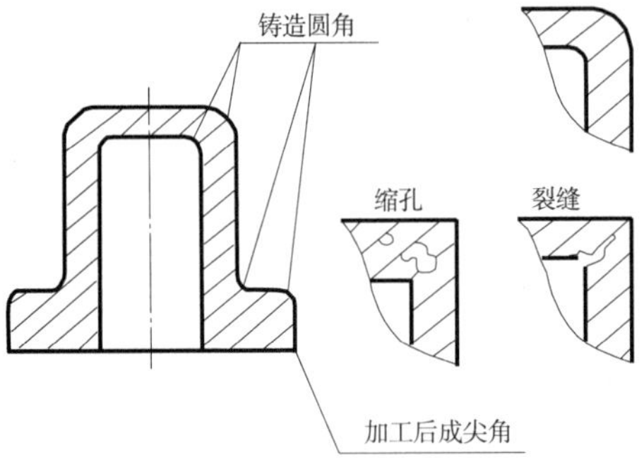

图 7-2-4　铸造圆角

铸造圆角画法要点如下：

(1) 在零件图上，铸造圆角一般画出，圆角半径一般为 3 ~ 5 mm，或取壁厚的 20% ~ 40%。在画图时这些相交处应画成圆角。

(2) 两相交的铸造表面，若有一个表面经切削加工后圆角被切去，应画成尖角。

(3) 同一铸造圆角半径种类应尽可能减少，铸造圆角半径可在技术要求中作统一说明。

3.3　铸件的壁厚

为了保证铸件质量，在设计时应尽量使其壁厚均匀，以避免冷却速度不一或突然改变壁厚和局部肥大而造成缩孔、裂纹等缺陷，在两壁相交处应有过渡斜度。同时，为了便于制模、造型、清理、去除浇冒口和机械加工，铸件外形应尽可能平直，内壁也应减少凸起或分支部分，各部分形状应尽可能简化，如图 7-2-5 所示。

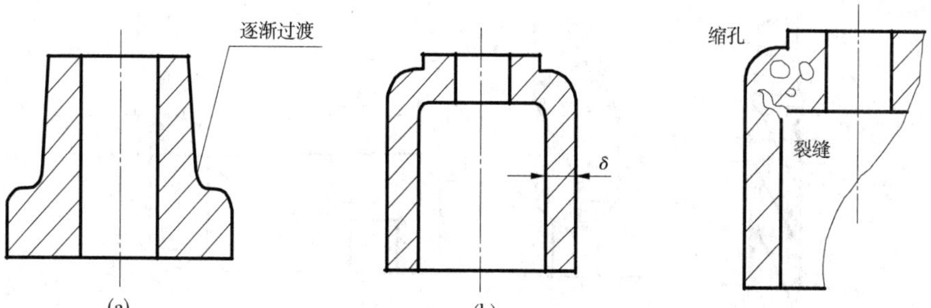

(a) (b) (c)

图 7-2-5 铸件的壁厚变化

4 尺寸标注

4.1 钻孔结构

用钻头钻出的不通孔,称为盲孔。由于钻头的刃口在孔的末端钻成约120°的锥角,画图时必须画出。但在标注尺寸时,一般不需要标注120°,而孔的深度尺寸只标注圆柱部分的深度,见图7-2-6(a)。阶梯孔中,锥顶角为120°,则在两孔之间亦应画出120°的圆锥台部分,见图7-2-6(b)。

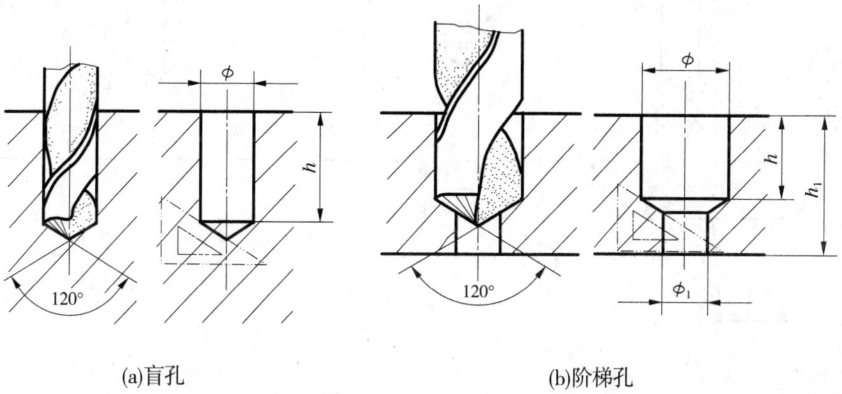

(a)盲孔 (b)阶梯孔

图 7-2-6 钻孔结构

4.2 零件上各处常见孔的尺寸注法

图7-2-7表示阶梯孔和不通孔(盲孔)的加工方法、画法和尺寸注法(简化前)。由于通常是用钻头加工,而钻头的端部是一个接近120°的锥角,所以当钻阶梯孔或通孔时,在孔的阶台处或孔的末端应画成120°的锥台或锥坑。简化后轮盘零件上常见多孔的尺寸注法见表7-2-1 。

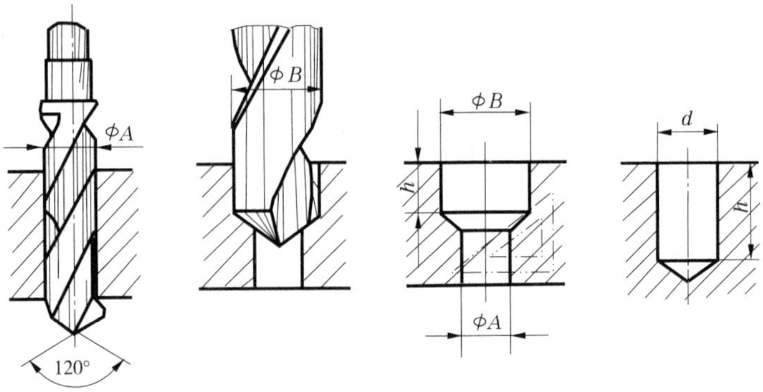

(a)加工分析　　(b)尺寸标注（简化前）

图 7-2-7　阶梯孔和盲孔

表 7-2-1　常见多孔的尺寸注法

类型	旁注法	一般注法
一般孔	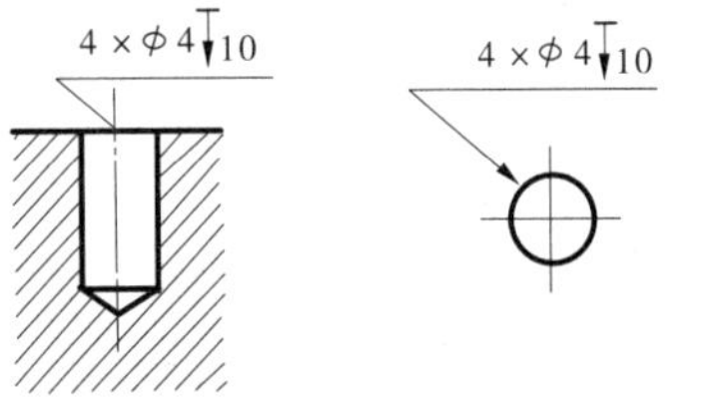	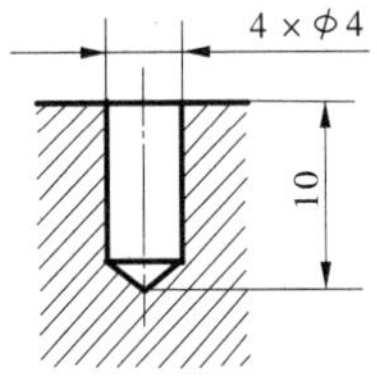
锥销孔	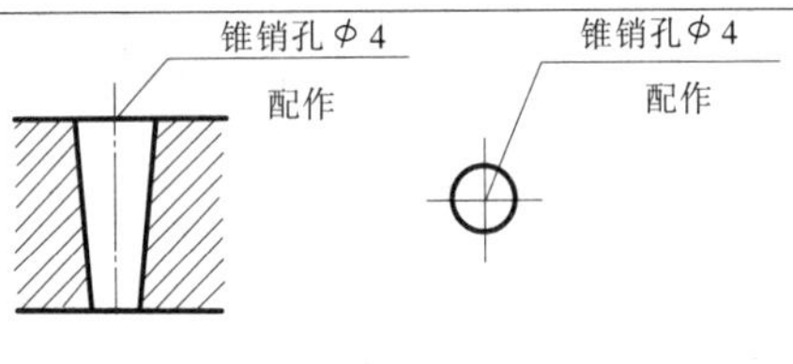	无一般注法

任务实施

绘制圆柱齿轮减速器轴承盖零件图的步骤如下：

(1)确定零件表达方案。

①选择主视图。圆柱齿轮减速器轴承盖的主视图，考虑形状特征，其投射方向选与轴承盖轴线平行的方向，并按加工位置安放，这样可使主视图所反映的外形和各部分相对位置清楚，如图 7-2-8 所示。同时主视图选用全剖视图表达内形。

②选择其他视图。主视图表达外形之后，可再选左视图表达外形轮廓。

(2)定图幅，布图。选取绘图比例 1∶1，确定图幅 A4，在图纸上绘出基准线，如图 7-2-9所示。

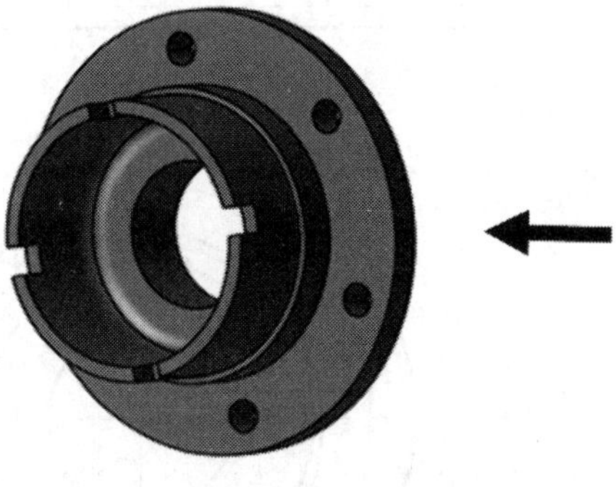

图7-2-8　圆柱齿轮减速器轴承盖主视图的投影方向

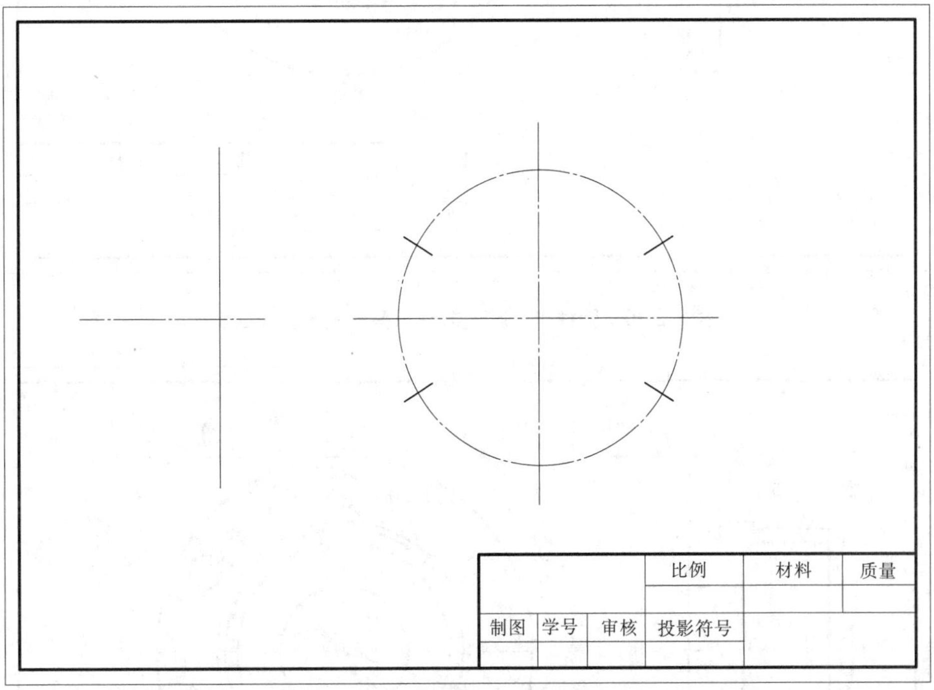

图7-2-9　圆柱齿轮减速器轴承盖绘图步骤（一）

(3)画底稿,如图7-2-10所示。

(4)尺寸标注,如图7-2-11所示。

(5)填写标题栏及技术要求,完成作图,如图7-2-12所示。

知识拓展

机械零件在加工中的尺寸误差,根据使用要求用尺寸公差加以限制。而加工中对零件的几何形状和相对几何要素的位置误差则由形状和位置公差加以限制。因此,它和表面粗糙度、极限与配合共同成为评定产品质量的重要技术指标。

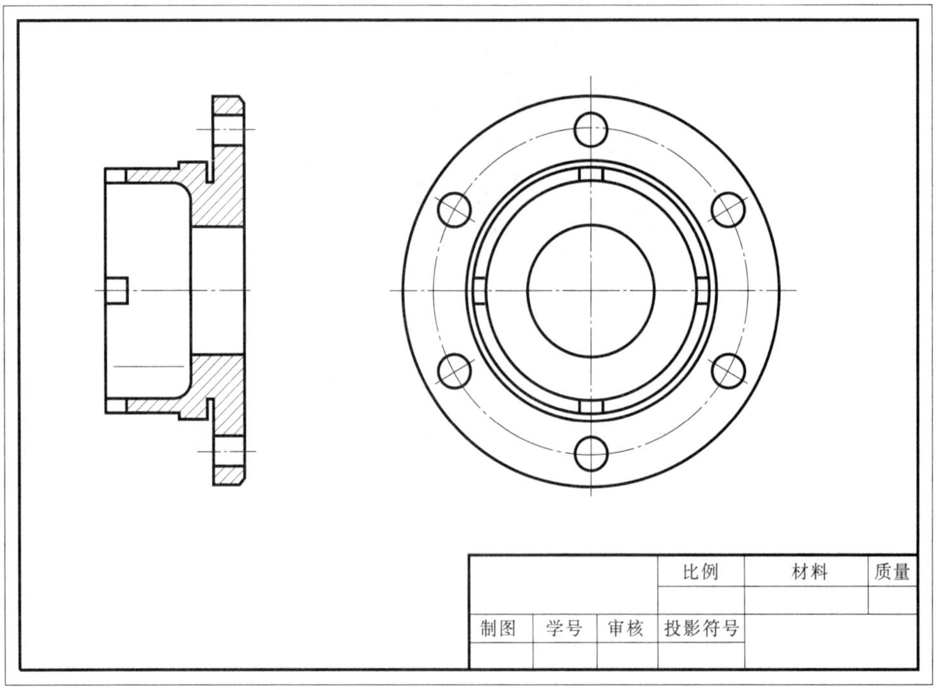

图 7-2-10　圆柱齿轮减速器轴承盖绘图步骤（二）

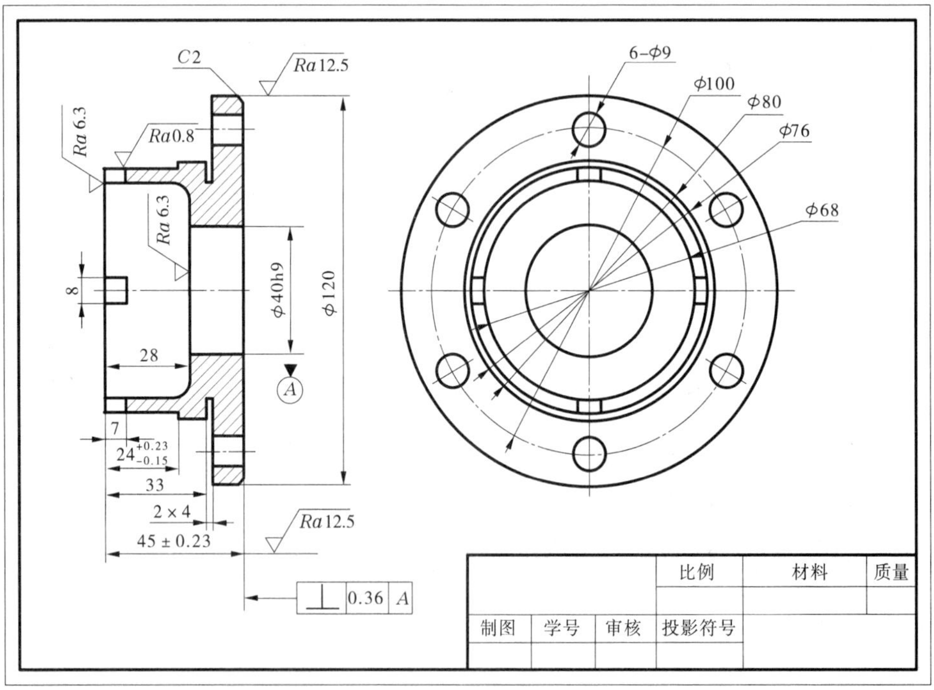

图 7-2-11　圆柱齿轮减速器轴承盖绘图步骤（三）

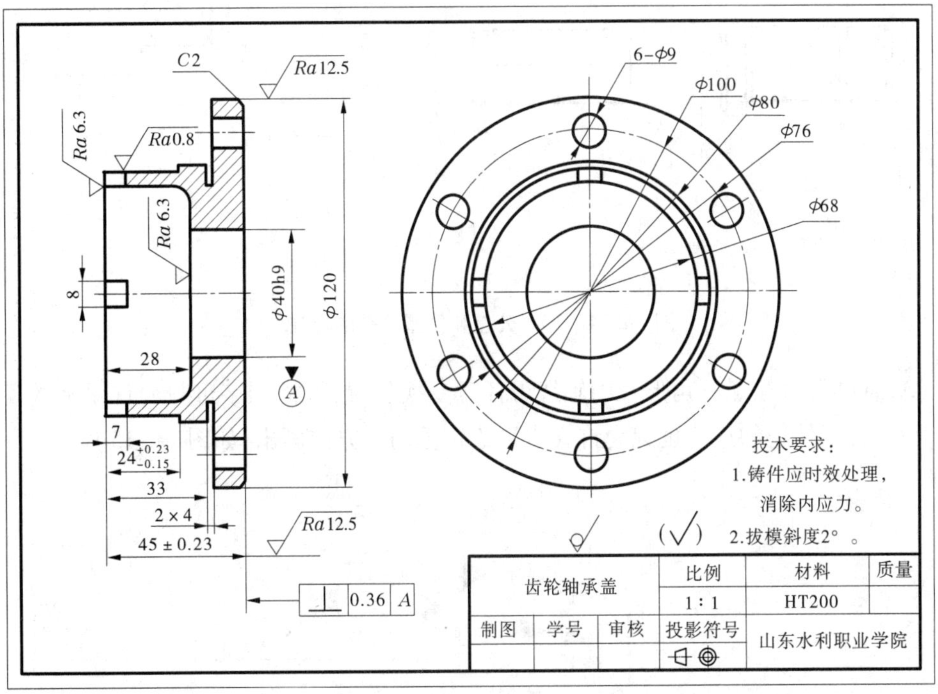

图 7-2-12 圆柱齿轮减速器轴承盖绘图步骤（四）

标注形状公差和位置公差时，标准中规定应用框格标注，具体方法如下：

（1）公差框格用细实线画出，可画成水平的或垂直的，框格高度是图样中尺寸数字高度的2倍，它的长度视需要而定。框格中的数字、字母、符号与图样中的数字等高。图7-2-13给出了形状公差和位置公差的框格形式。

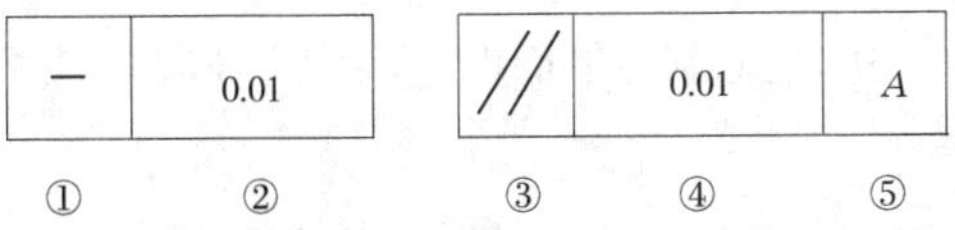

①—形状公差符号；②—公差值；③—位置公差符号；④—位置公差带的形状及公差值；⑤—基准

图 7-2-13 形状公差和位置公差的框格形式

（2）用带箭头的指引线将被测要素与公差框格一端相连，指引线箭头指向公差带的宽度方向或直径方面。指引线箭头所指部位可有：

①当被测要素为整体轴线或公共中心平面时，指引线箭头可直接指在轴线或中心线上，如图7-2-14(a)所示。

②当被测要素为轴线、球心或中心平面时，指引线箭头应与该要素的尺寸线对齐，如图7-2-14(b)所示。

③当被测要素为线或表面时，指引线箭头应指到该要素的轮廓线或其引出线上，并应明显地与尺寸线错开，如图7-2-14(c)所示。

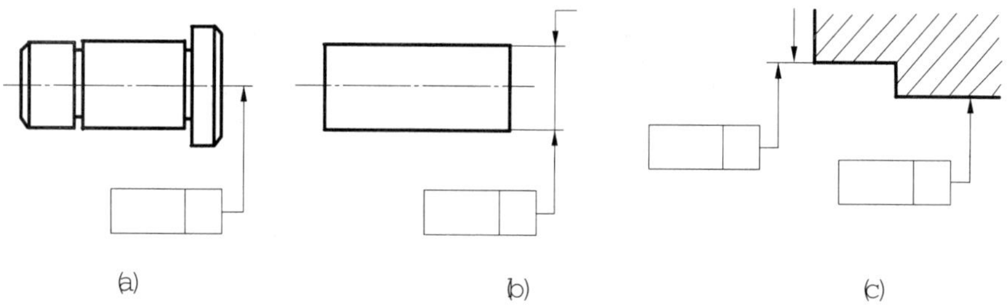

图 7-2-14　形状公差和位置公差的标注

(3)基准符号涂黑三角形及中轴线可任意变换位置,方框和字母只允许水平放置不允许歪斜;方框外边的连线也只允许在水平或铅垂两个方向画出,如图 7-2-15 所示。

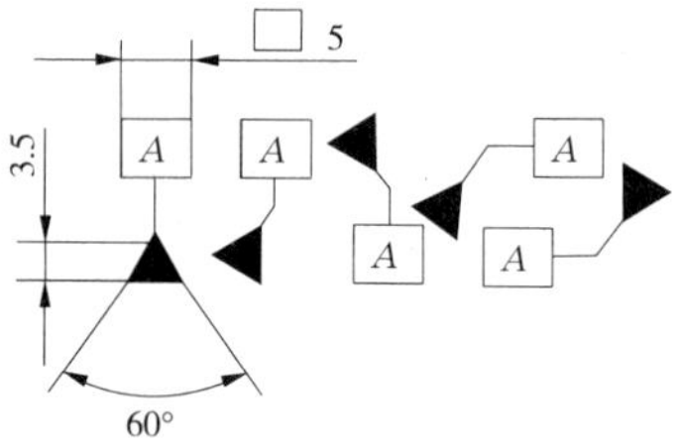

图 7-2-15　形状公差和位置公差的基准符号

基准符号所靠近的部位可有:

①当基准要素为素线或表面时,基准符号应靠近该要素的轮廓线或引出线标注,并应明显地与尺寸线箭头错开,如图 7-2-16(a)所示。

②当基准要素为轴线、球心或中心平面时,基准符号应与该要素的尺寸线箭头对齐,如图 7-2-16(b)所示。

③当基准要素为整体轴线或公共中心面时,基准符号可直接靠近公共轴线(或公共中心线)标注,如图 7-2-16(c)所示。

形状公差和位置公差的图标注实例,如 7-2-17 所示。

图 7-2-17 中的形状公差和位置公差分别表示:

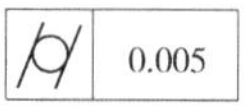

表示:ϕ32 圆柱面的圆柱度公差为 0.005 mm,即该被测圆柱面必须位于半径差为公差值 0.005 mm 的两同轴圆柱面之间。

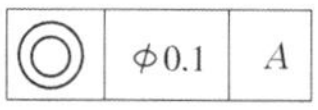

表示:M12 ×1 的轴线对基准 A(ϕ24 圆柱面的轴线)的同轴度公差为 0.1 mm,即被测圆柱面的轴线必须位于直径为公差值ϕ0.1 mm,且与基准轴线 A 同轴的圆柱面内。

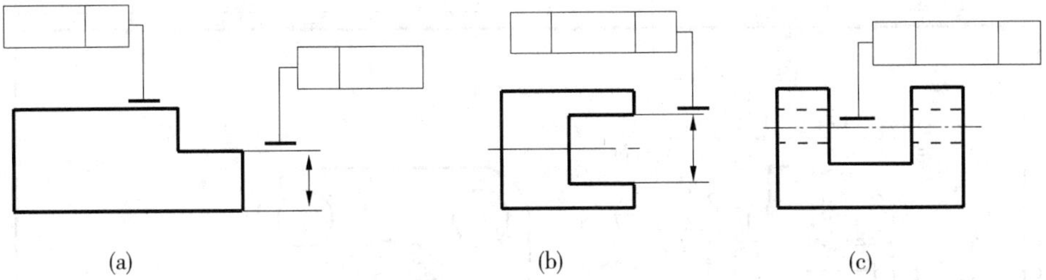

图 7-2-16　形状公差和位置公差的标注

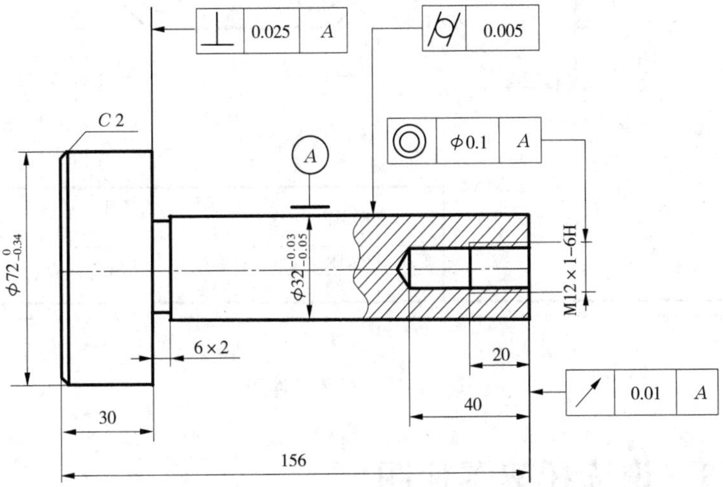

图 7-2-17　形状公差和位置公差的标注实例

↗ 0.01 A 表示：ϕ32 圆柱的左端面对基准 A 的端面圆跳动公差为 0.01 mm，即被测面围绕基准 A 旋转一周时，任一测量直径处的轴向圆跳动量不得大于公差值 0.01 mm。

⊥ 0.025 A 表示：ϕ72 的右端面对基准 A 的垂直度公差为 0.025 mm，即该被测面必须位于距离为公差值 0.025 mm，且垂直于基准 A 的两平行平面之间。

课堂练习

绘制与识读图 7-2-18 所示零件图。

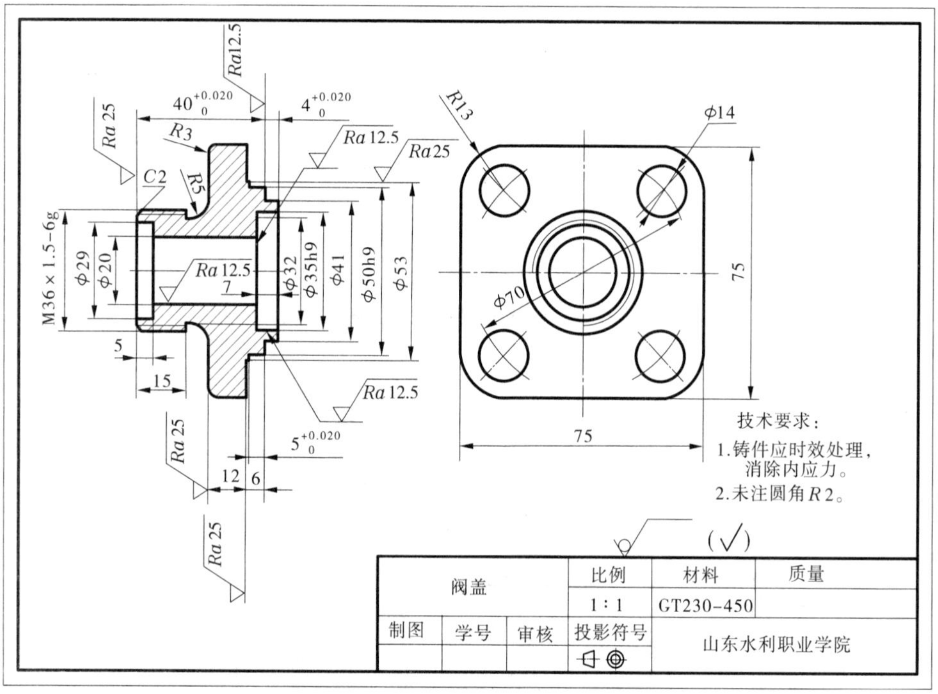

图 7-2-18　阀盖零件图

任务 3　识读托架零件图

任务导入

如图 7-3-1 所示为托架零件图，该零件为典型的叉架类零件，通过托架类零件图，理解叉架类零件的特点及表达方案，并掌握此类零件图的识图方法及步骤。

相关知识

1　叉架类零件的特点

叉架类零件包括各种用途的拨叉及支架，如图 7-3-2 所示零件。拨叉主要在机床、内燃机等机器的操纵机构中，起操纵机器、调节速度的作用；支架在机器中主要起支撑和连接作用。

2　叉架类零件的表达方案

叉架类零件一般为铸件或锻造类毛坯，毛坯结构较复杂，需经多种机械加工，且加工

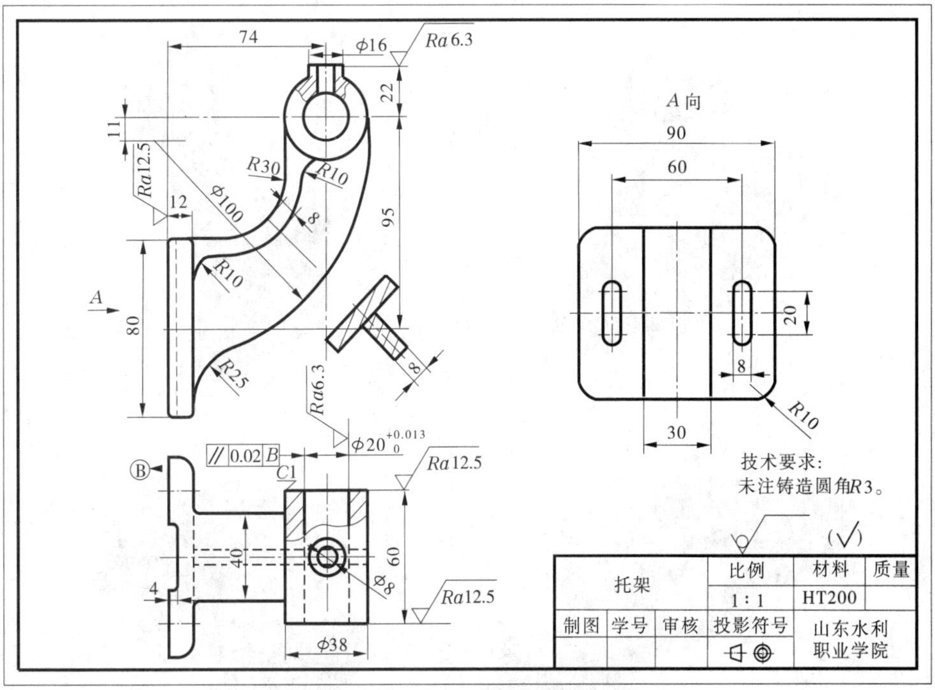

图 7-3-1　托架零件图

位置难以分出主次。同时除考虑按工作位置摆放外，还考虑画图简便，一般选择最能反映其形状特征的视图作为主视图，其他视图根据需要选择。因此，主视图主要由形状特征和工作位置（或自然位置）来确定。

叉架类零件一般需要两个以上基本视图，由于其零件的某些结构形状不平行于基本投影面，所以常采用斜视图、斜剖视和断面图来表达；对零件上的一些内部结构形状可采用局部剖视图表达；对零件上一些细小的结构，也可采用局部放大视图表达等。

3　工艺结构

叉架类零件一般为铸件或锻造类毛坯，在铸造零件上有许多的过渡线。所谓的过渡线，是由于铸造圆角的存在，导致零件表面上的交线变得不十分明显。但是，为了便于读图及区分不同表面，在图样上，仍需按没有圆角时交线的位置，画出这些不太明显的线，这样的线称为过渡线。

过渡线画法要点：过渡线用细实线表示，过渡线的画法与没有圆角时的相贯线画法完全相同，只是过渡线的两端与圆角轮廓线之间应留有空隙。下面分几种情况加以说明。

(1) 当两曲面相交时，过渡线应不与圆角轮廓接触，如图 7-3-3 所示。

(2) 当两曲面相切时，过渡线应在切点附近断开，如图 7-3-4 所示。

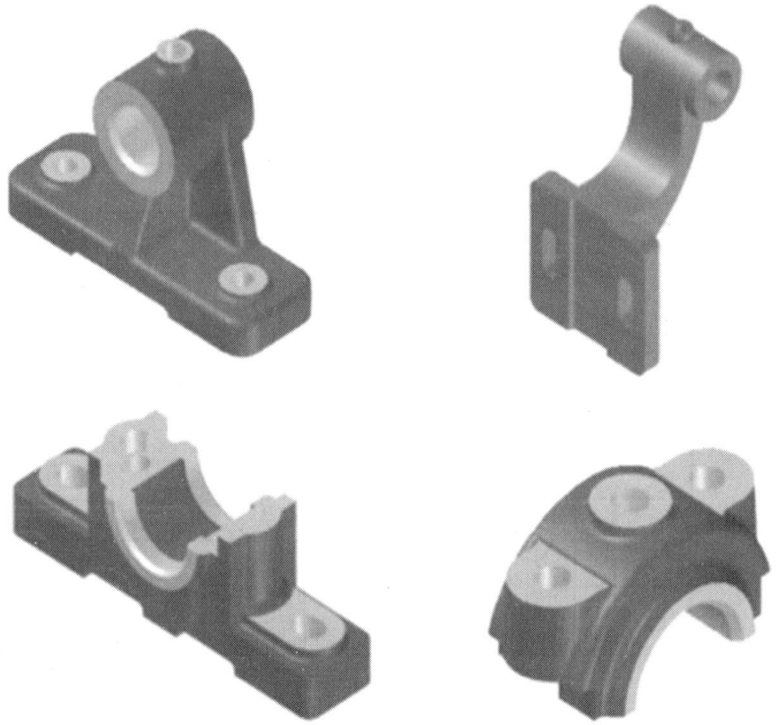

图 7-3-2　几种叉架类零件

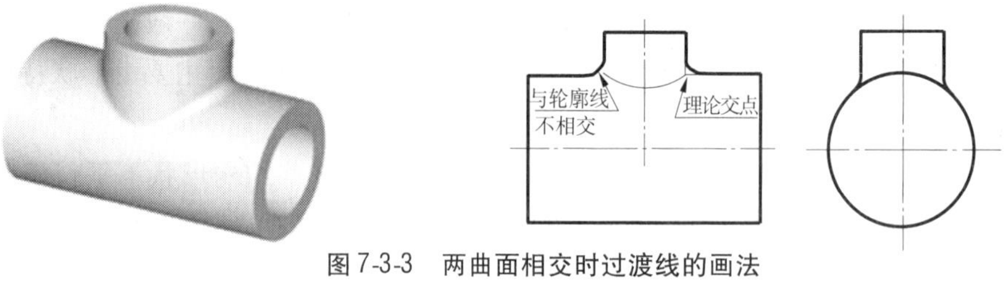

图 7-3-3　两曲面相交时过渡线的画法

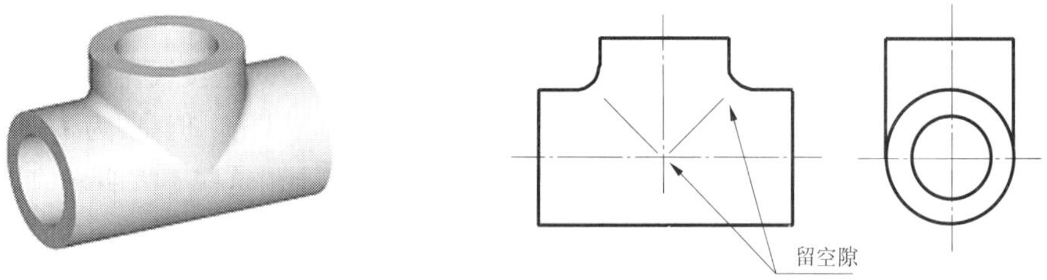

图 7-3-4　两曲面相切时过渡线的画法

(3)平面与平面、平面与曲面相交时,过渡线应在转角处断开,并加画过渡圆弧,其弯向与铸造圆角的弯向一致,如图 7-3-5 所示。

(4)当肋板与圆柱组合时,其过渡线的形状与肋板的断面形状及肋板与圆柱的组合形式有关,如图 7-3-6 所示。

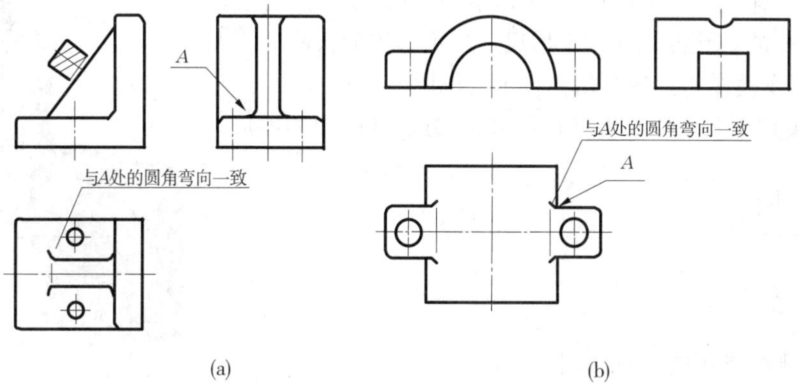

图 7-3-5 平面与平面或平面与曲面相交时过渡线的画法

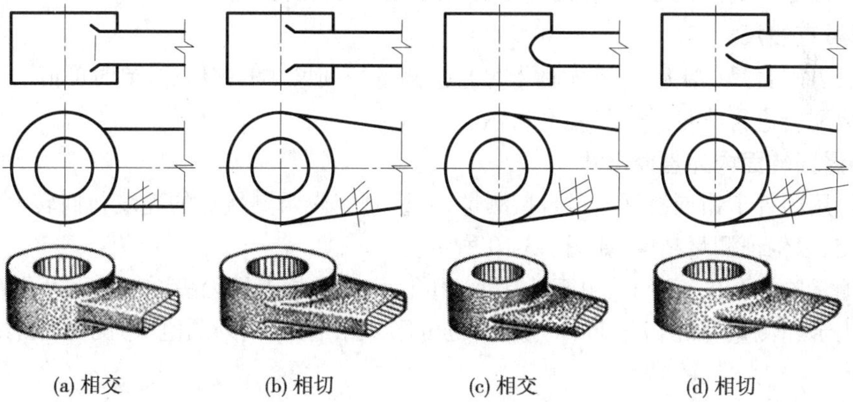

图 7-3-6 圆柱与肋板组合时过渡线画法

任务实施

识读图 7-3-1 托架零件图的方法及步骤如下：

(1)读标题栏。从图 7-3-1 中的标题栏可知，该零件名称为托架，材料为 HT200，绘图比例为 1∶1，为原值比例。

(2)分析视图表达方案。该零件采用两个基本视图、一个局部视图和一个移出断面图来表达。

(3)读视图。零件图中主视图采用局部剖视图，表达该托架各部分的位置关系、形状特征及轴上的螺纹孔，主视图采用工作位置摆放；俯视图采用局部剖视图，表达ϕ 20 孔与ϕ 8 孔的位置关系及形状特征；同时从 A 向局部视图得知，该托架的安装板的结构为圆角的柱体，安装板与工作部分连接支架采用移出断面图表达支撑部分的形状为 T 字形。

通过“逐投影，分部分，想形状”，综合起来想形体，分析想象托架的立体形状，如图 7-3-7 所示。

(4)读尺寸。该托架长度方向的主要基准是安装板左端面，注出尺寸 74，宽度方向的主要基准是宽度 40 支撑部分的对称中心线；高度方向的主要基准是φ38 的轴孔的轴线。定形尺寸采用形体分析法标注尺寸，以便制作模样。铸造圆角在技术要求中注出。

(5)读技术要求。读者可自行分析，方法同前面的项目。

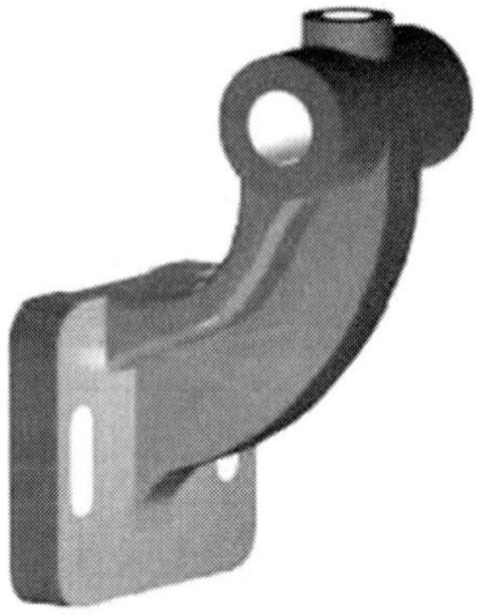

图 7-3-7　托架立体图

知识拓展

1　常用测量工具

零件测绘常用的工具如图 7-3-8 所示。

2　常用的测量方法

想掌握零件的测绘方法，首先掌握常用的测绘工具的正确使用。

2.1　测量直线尺寸

一般可用直尺（钢板尺）或游标卡尺直接测量得到尺寸的数值；必要时可借助直角尺或三角板配合进行测量，如图 7-3-9 所示。

2.2　测量回转面内外直径尺寸

通常用内外卡钳或游标卡尺直接测量，测量时应使两测量点的连线与回转面的轴线垂直相交，以保证测量精度，如图 7-3-10 所示。

在测量阶梯孔的直径时，由于外孔小、内孔大，用游标卡尺无法测量里面大孔直径，这时可用内卡钳测量，如图 7-3-11(a)所示；也可用特殊量具（内外同值卡）测量，如图 7-3-11(b)所示。

2.3　测量壁厚

一般可用直尺测量，如图 7-3-12(a)所示。若孔口较小，可用带测量深度的游标卡尺测量，如图 7-3-12(b)所示。当用直尺或游标卡尺都无法测量壁厚时，则可用内外卡钳或外卡钳与直尺合起来测量，如图 7-3-12(c)所示。

2.4　测量孔间距

根据孔间距的情况不同，可用卡钳、直尺或游标卡尺测量，如图 7-3-13 所示。

2.5　测量中心高

一般可用直尺和卡钳或高度尺测量，如图 7-3-14 所示。

2.6　测量圆弧和螺距

可用圆角规测量圆角。每套圆角有两组多片，其中一组用于测量外圆角，另一组用于测量内圆角，每片都刻有圆角半径的数值。测量时，只要从中找到与被测部位完全吻合的一片，读出该片上的 R 数值即为所测圆角半径，如图 7-3-15 所示。

2.7　测量角度

角度可用圆角器测量，如图 7-3-16 所示。

2.8　测量曲线或曲面

要求测得很准确时，须用专门量仪测量。要求测量精度不高时，可采用下述方法测量：

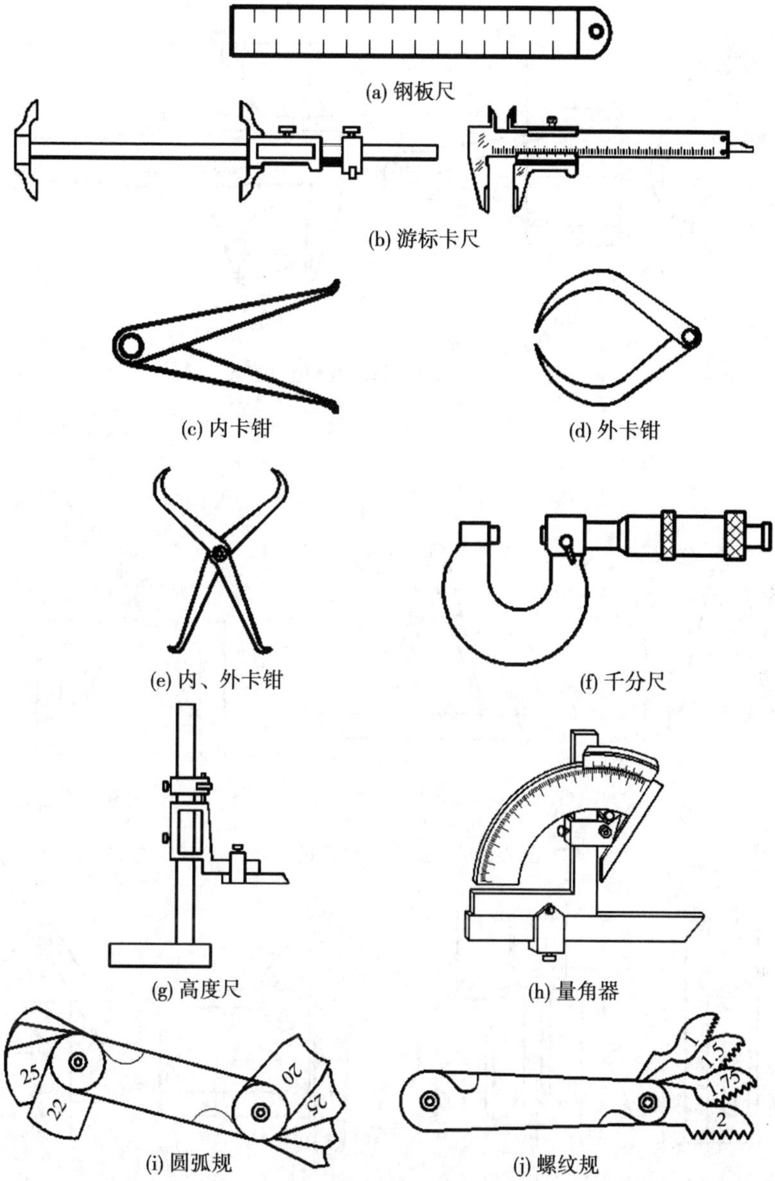

(a) 钢板尺

(b) 游标卡尺

(c) 内卡钳　(d) 外卡钳

(e) 内、外卡钳　(f) 千分尺

(g) 高度尺　(h) 量角器

(i) 圆弧规　(j) 螺纹规

图 7-3-8　常用的测绘工具

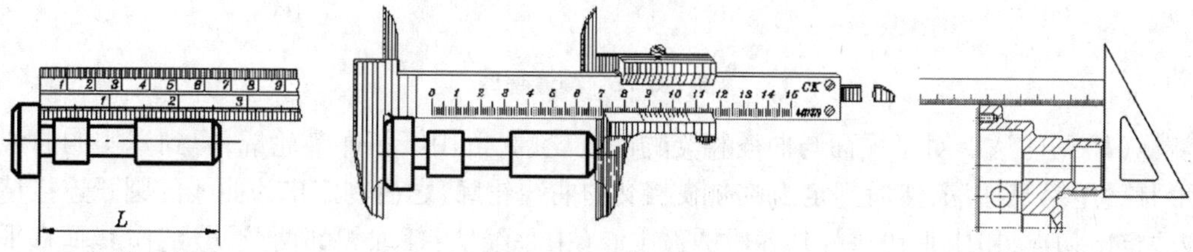

(a) 用直尺测量　(b) 用游标卡尺测量　(c) 用直尺和三角板配合测量

图 7-3-9　测量直线尺寸

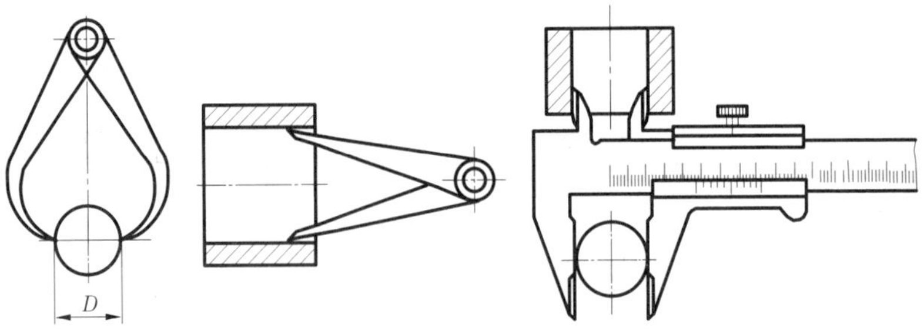

(a)　　(b)　　(c)

图 7-3-10　测量回转面外径、内径

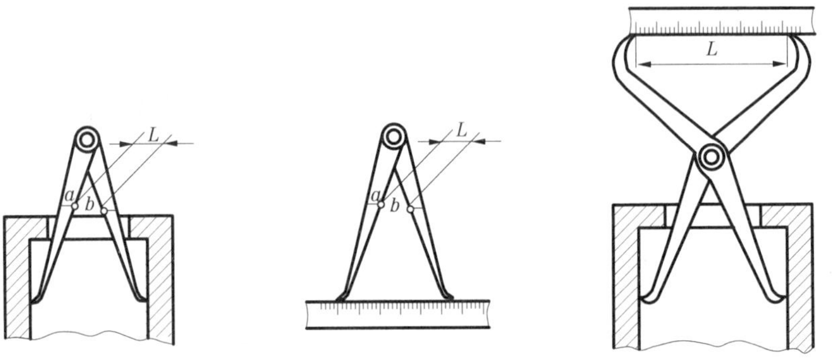

(a)　　(b)

图 7-3-11　测量阶梯孔的直径

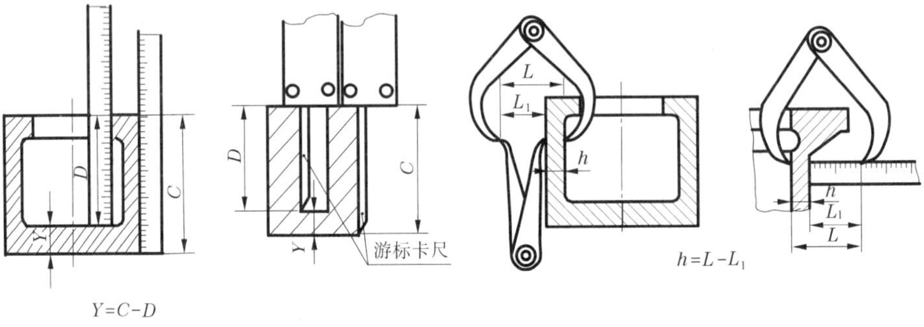

(a)　　(b)　　(c)

图 7-3-12　测量壁厚

(1)拓印法。对于平面与曲面相交的曲线轮廓,可用纸拓印其轮廓,得到真实的曲线形状后用铅笔加深,然后判定出该曲线相交的曲线轮廓,之后判定出该曲线的圆弧连接情况,定出切点,用中垂线法找到各段圆弧中心(中垂线法:任取相邻两弦,分别作其垂直平分线,得交点,即为一圆弧的中心)测其半径,如图 7-3-17(a)所示。

(2)铅丝法。对于回转面零件的母线曲率半径的测量,可用铅丝贴合其曲面弯成母线实形,描绘在纸上,得到母线真实曲线形状后,判定其曲线的圆弧连接情况,定出切点,再用

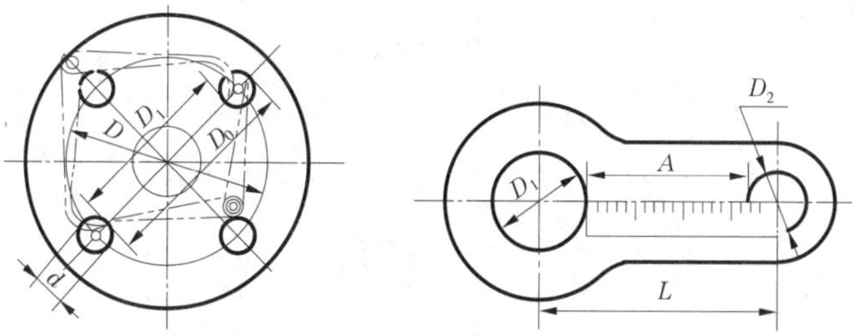

$D=D_0=D_1+d$　　　　$L=A+\frac{D_1}{2}+\frac{D_2}{2}$

图 7-3-13　测量孔间距

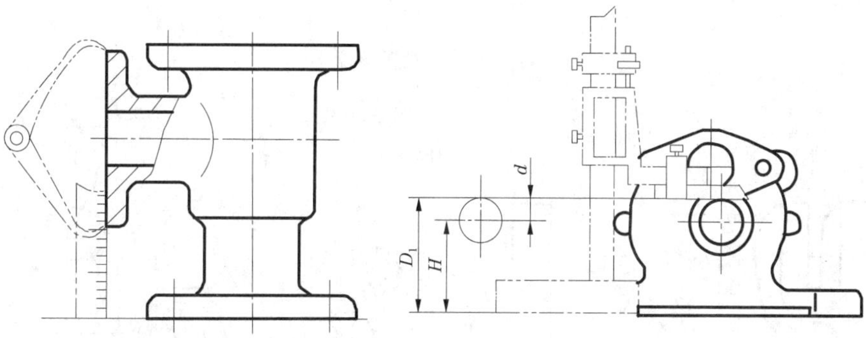

(a)用直尺、卡钳测中心高　　　　(b)用高度尺测中心

图 7-3-14　测量中心高

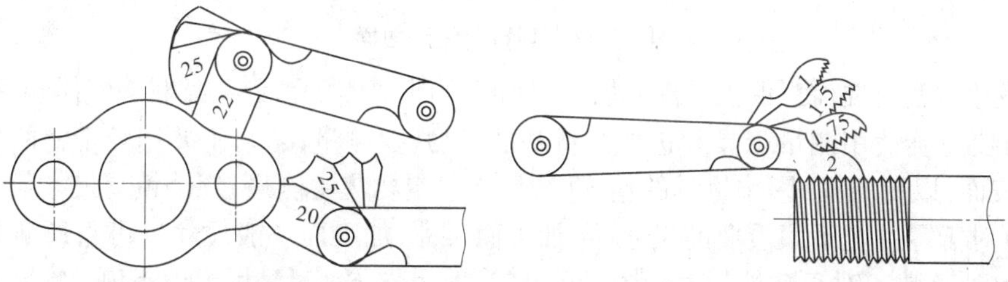

(a)测量圆弧　　　　(b)测量螺距

图 7-3-15　测量圆弧和螺距

中垂线法求出各段圆弧的中心测量半径，如图 7-3-17(b)所示。也可用橡皮泥贴合拓印。

(3)坐标法。一般的曲线和曲面都可以用直尺和三角板配合定出面上各点的坐标，在纸上画出曲线，求出曲率半径，如图 7-3-17(c)所示。

3　测量零件尺寸时的注意事项

(1)为保证安全和不损坏机件，拆装前要研究好拆装顺序，再动手拆装。零件按顺序拆下，在桌上摆放整齐，轻拿轻放，可按拆装顺序把零件编上号码，小零件要妥善保管，以防

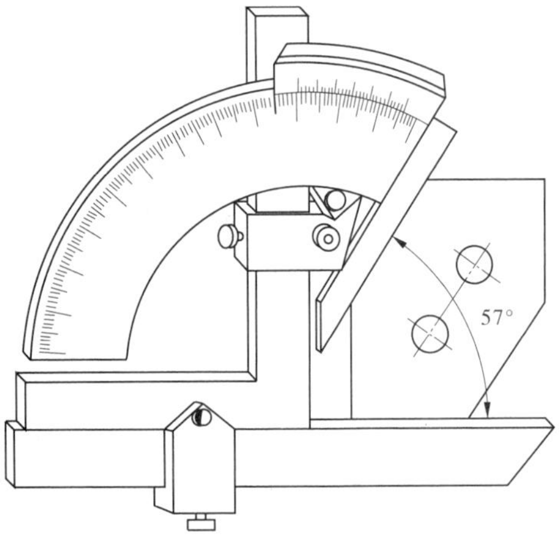

图 7-3-16　测量角度

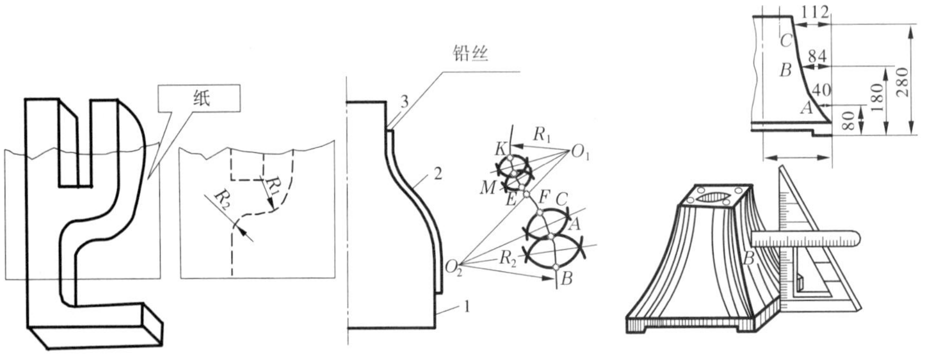

(a)拓印法　(b)铅丝法　(c)坐标法

图 7-3-17　测量曲线和曲面

丢失或发生混乱。要注意保护零件的加工面和配合面。测绘完成后，要将装配体装配好。

(2)要正确使用测量工具和选择测量基准，以减少测量误差；不要用较精密的量具测量粗糙表面，以免磨损，影响量具的精确度，尺寸一定要集中测量，逐个填写尺寸数值。

(3)对于零件上不太重要的尺寸(不加工面尺寸、加工面一般尺寸)，可将所测的尺寸数值圆整到整数。对于功能尺寸(中心距、中心高、齿轮轮齿尺寸等)要精确测量，并予以必要的计算、核对，不应作调整。

(4)相配合的孔、轴的基本尺寸应一致。零件上的配合尺寸，测量后应圆整到基本尺寸(标准直径或标准长度)，然后根据使用要求，定出配合基准制、配合类别和公差等级，再从公差配合表中查出偏差值。长度和直径尺寸，测后一般应按标准长度和标准直径系列核对后取值。

(5)零件的制造缺陷，如砂眼、气孔、刀痕等，以及长期使用所造成的磨损，都不应画出。对于零件上已磨损部位的尺寸，测量时应考虑磨损值，参照相关零件或有关资料，经分析确定。

(6)零件上因制造、装配的需要而形成的工艺结构，如铸造圆角、倒角、倒圆、退刀槽、凸台、凹坑等都必须画出，不能忽略。

(7)对螺纹、键槽、齿轮的轮齿等标准结构要素,测得尺寸后,应查表取标准值,以利于制造。

课堂练习

识读图7-3-18所示支架零件图。

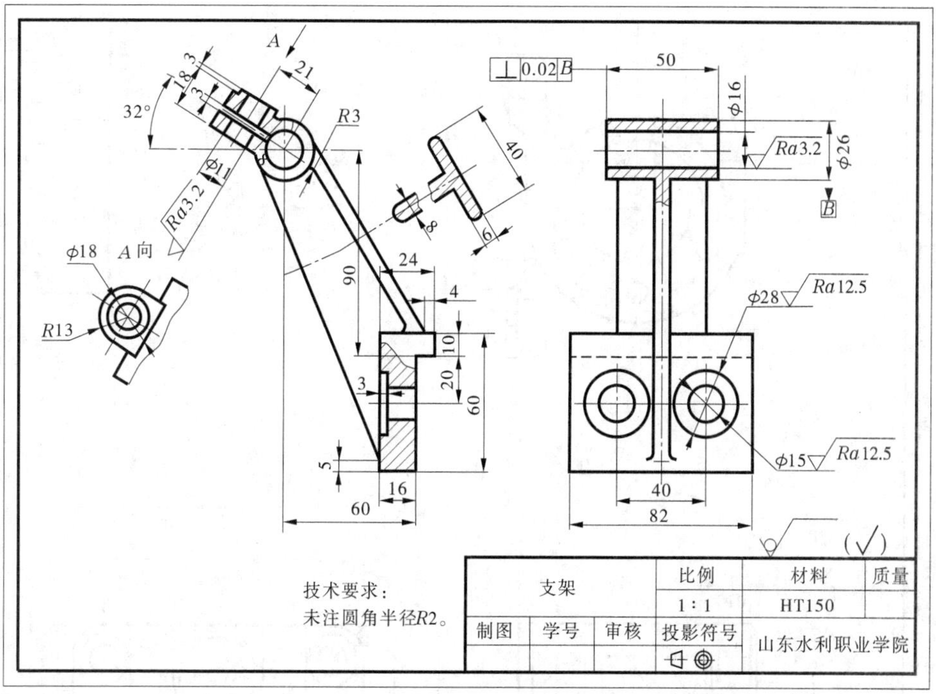

图7-3-18　支架零件图

任务4　识读圆柱齿轮减速器上箱体零件图

任务导入

如图7-4-1所示为油缸体零件图,该零件为典型的箱壳类零件,通过读箱壳类零件图,理解箱壳类零件的结构、特点及视图表达方案,并掌握此类零件图的识图方法及步骤。

相关知识

1　箱壳类零件的特点

箱壳类零件主要用于支承或包容其他零件,如变速箱、阀体、机座及部件的外壳等均属于箱壳类零件。该零件的结构往往较复杂,一般都有型腔、轴孔、肋板、凸台、沉孔及螺

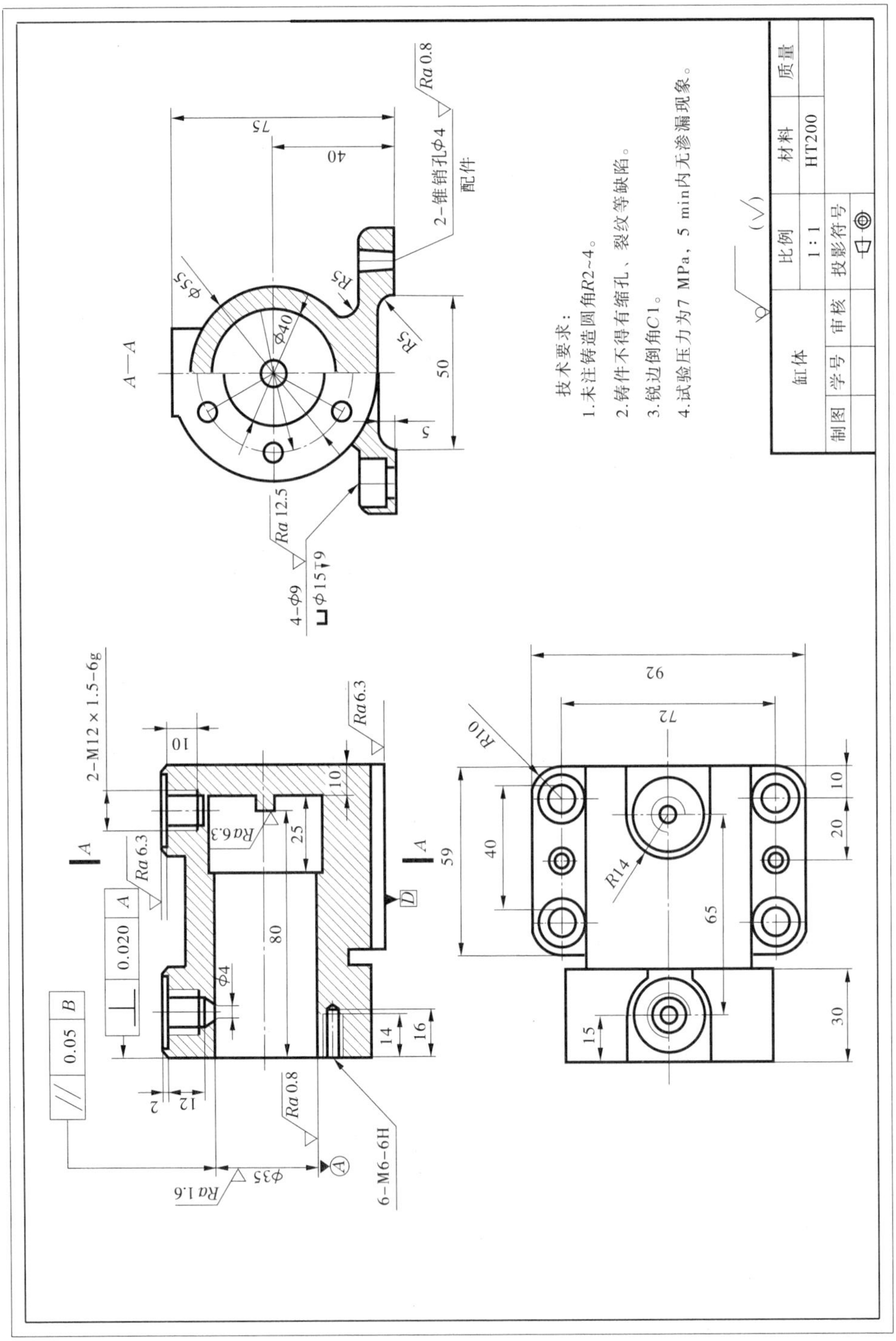
A—A
技术要求：
1.未注铸造圆角R2~4。
2.铸件不得有缩孔、裂纹等缺陷。
3.锐边倒角C1。
4.试验压力为7 MPa，5 min内无渗漏现象。
缸体
比例
1:1
材料
HT200
质量
制图
学号
审核
投影符号

图 7-4-1 油缸体零件图

纹等结构。

2 箱壳类零件的表达方案

2.1 视图选择

箱壳类零件一般经多种工序加工而成，各工序的加工位置也不尽相同。通常以最能反映该零件的形状特征及主要结构的相对位置的一面作为主视图的投影方向，以自然摆放位置或工作位置作为主视图的摆放位置。

2.2 表达方案

由于该类零件结构较复杂，主视图确定后，在根据箱壳类零件的外部结构和内部结构形状来确定其他视图的表达方案，一般常采用三个以上的基本视图。如箱壳类零件的一些局部结构（螺纹、凸台、肋板等）可采用局部剖视图、局部视图和断面图等来表达；如某些细小的结构，也可采用局部放大图或局部放大剖视图来表达。

3 机械加工工艺结构

3.1 钻孔结构

用钻头钻出的不通孔，称为盲孔。由于钻头的刃口在孔的末端钻成约 120°的锥角，画图时必须画出。但在标注尺寸时，一般不需要标注 120°，而孔的深度尺寸只注圆柱部分的深度，见图 7-4-2（a）。在阶梯形钻孔中，有锥顶角为 120°，则在两孔之间亦应画出 120°的圆锥台部分，见图 7-4-2（b）。

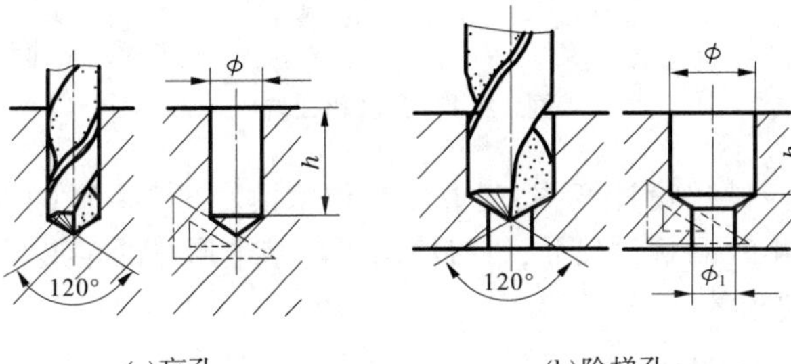

图 7-4-2 钻孔结构

用钻头钻孔时，要求钻头轴线尽量垂直于被钻孔的端面，以避免钻头折断。图 7-4-3 表示三种钻孔端面的正确结构。

3.2 凸台和凹坑

零件与其他零件的接触面，一般都要进行加工。为减少加工面积并保证零件表面之间有良好的接触，常在铸件上设计出凸台和凹坑。图 7-4-4（a）、（b）表示螺栓连接的支承面做成凸台和凹坑形式，图 7-4-4（c）、（d）表示为减少加工面积而做成凹槽和凹腔结构。

4 尺寸的标注形式

4.1 铸件尺寸按形体分析法标注

铸件制造过程是先制作木模及芯盒，再造出砂型并浇注金属液而铸成铸件。木模是由基本形体接合（堆叠）成的，因此对铸件尺寸应按形体分析法标注基本形体的定形尺寸

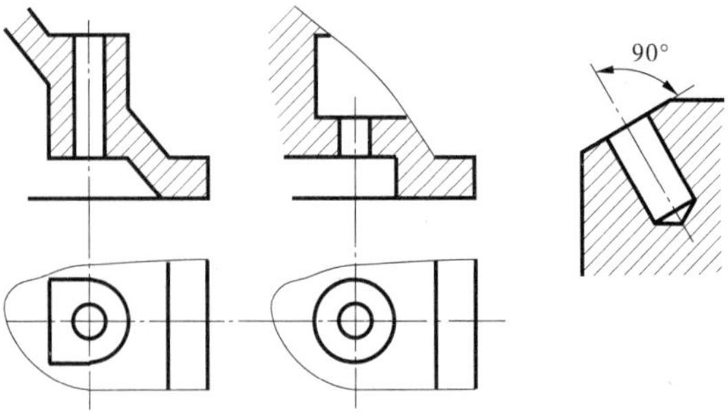

(a)凸台　　(b)凹坑　　(c)斜面

图 7-4-3　钻端面的正确孔结构

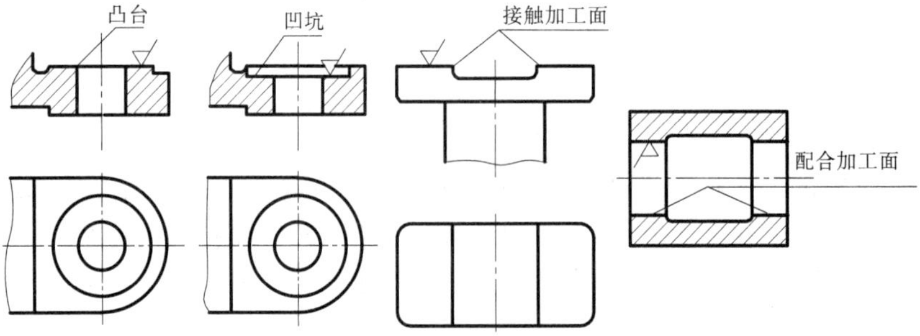

(a)凸台　　(b)凹坑　　(c)凹槽　　(d)凹腔

图 7-4-4　凸台和凹坑

和定位尺寸，这样既反映出设计意图，又方便制作木模。图 7-4-5(b)是木模形体分析的轴测分解图，按图 7-4-5(a)标注尺寸，直接给出了各基本形体的定形尺寸和定位尺寸，是符合制作木模工艺要求的。

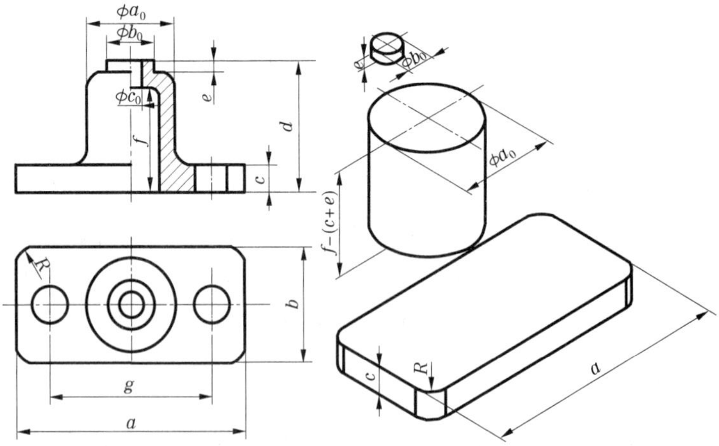

(a)　　(b)

图 7-4-5　毛坯与加工面间的尺寸标注

4.2　加工面与不加工面只能有一个尺寸相联系

因为铸件、锻件的不加工面（毛坯面）的尺寸精度只能由铸造、锻造时来保证，如果同一加工面与多个不加工面都有尺寸联系，即以同一加工基准来保证这些不加工面尺寸（只有开始加工第一个加工面时，非以毛坯面为基准不可，以后的加工面都必须以另外加工面为基准），所以零件在同一方向上的加工面与不加工面之间，一般只能有一个尺寸（称过渡尺寸）相联系（凸台、凹槽和沉孔等除外），而其他不加工面只能与不加工面发生尺寸联系。这样，不仅加工面的尺寸精度要求容易保证，而且不加工面的尺寸精度也能从工艺上保证设计要求。如图7-4-6（a）中，同一加工面（底面）同时与不加工面 *A*、*B*、*C* 有尺寸10、28、34相联系，故不合理；图7-4-6（b）中该方向加工面（底面）无联系，故合理。

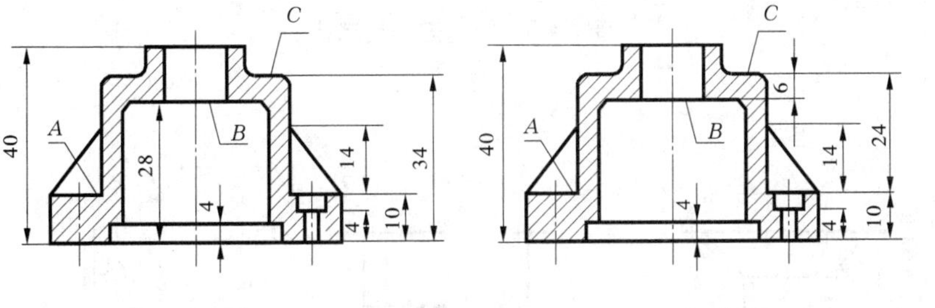

(a)不合理　　(b)合理

图7-4-6　铸件尺寸标注

4.3　标注尺寸应考虑加工方法和特点

如图7-4-7所示轴承座的半圆柱孔，是与轴承座外圆弧面一起加工出来的，以保证装配后的同轴度。因此，应注直径不注半径，以方便加工和测量。标注尺寸有时还要考虑检测方法上的某些需要。

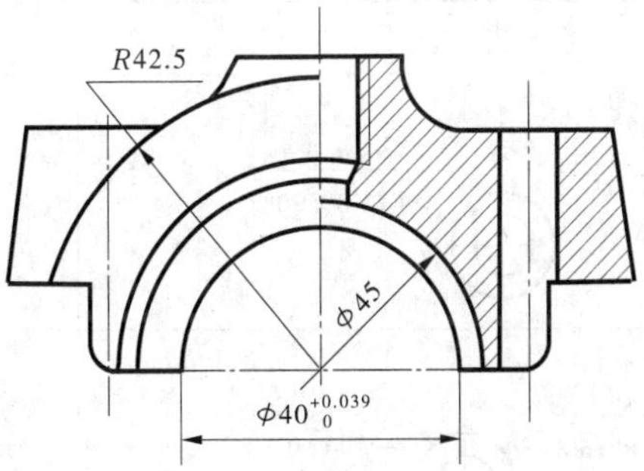

图7-4-7　考虑加工工艺特点标注尺寸

4.4　箱壳零件上各处常见孔的尺寸注法

图7-4-8为螺栓连接用的沉孔的加工方法、画法和尺寸注法（简化前）；图7-4-9为螺钉连接用的沉孔的画法和尺寸注法（简化前）。多孔尺寸标注法如表7-4-1所示。

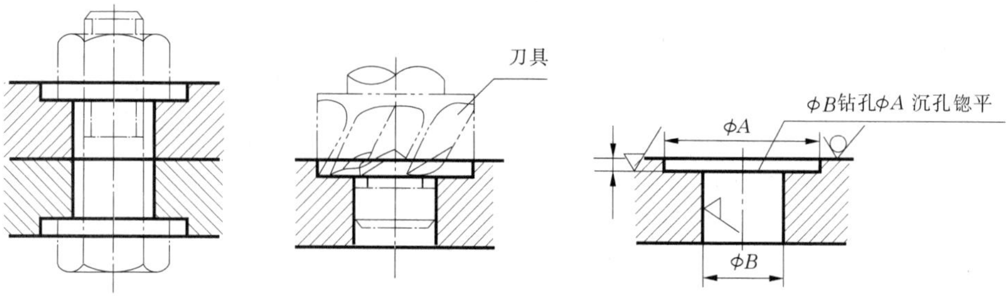

(a)用途与加工　　(b)尺寸标注(简化前)

图 7-4-8　螺栓连接用沉孔

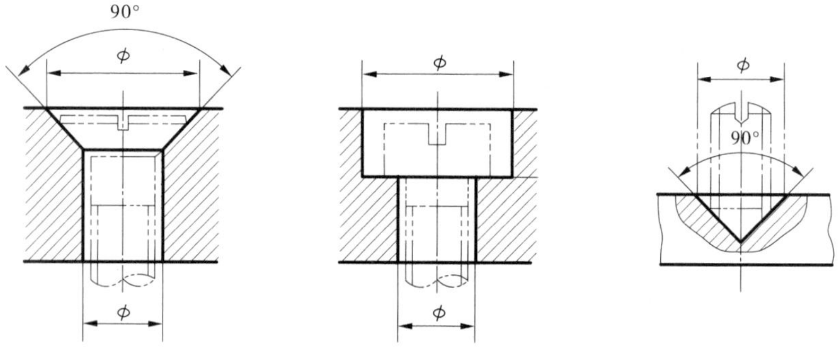

图 7-4-9　螺钉连接用沉孔标注(简化前)

表 7-4-1　多孔尺寸标注法

类型	旁注法	一般注法
沉孔	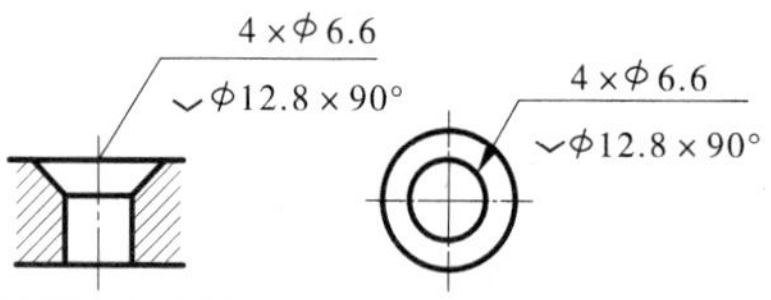	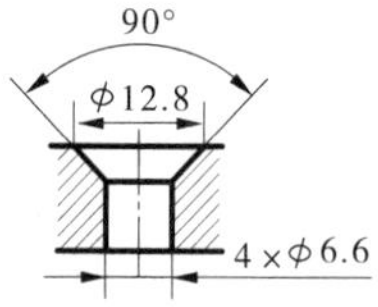
	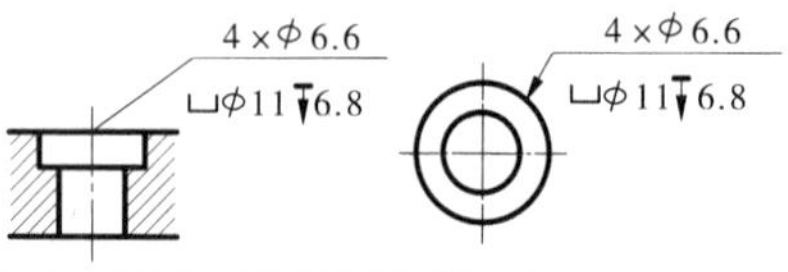	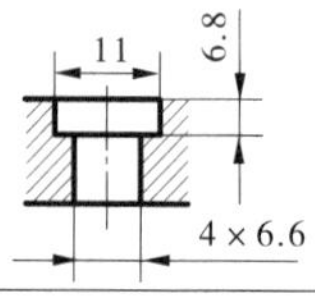
锪孔	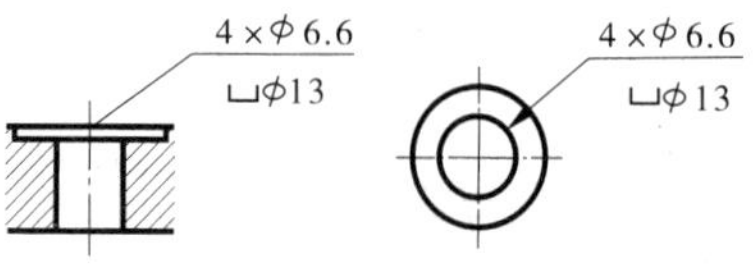	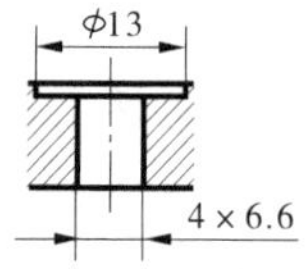

任务实施

图7-4-1所示油缸体零件图的识读方法和步骤如下。

1　概括了解零件图

首先，通过标题栏，了解零件名称、材料、绘图比例等，根据零件的名称想象零件的大致功能。

该零件的名称为油缸体，属于箱体类零件，为液压缸的缸体，材料为灰口铸铁(HT200)，零件毛坯通过铸造而成，结构较复杂，加工工序较多。

2　分析视图，想象零件形状

该缸体零件采用了三个基本视图，零件的结构、形状属中等复杂程度。主视图表达缸体内部结构。俯视图表达底板的形状、螺孔和销孔的分布情况，以及连接油管的两个螺孔所在的位置和凸台的形状。左视图表达缸体和底板之间的关系，其端部连接缸盖的螺孔分布和底板的沉孔、销孔情况。$\phi 8$ 凸台起限制活塞行程的作用，上部左右两个螺孔通过管接头与油管连接。

3　尺寸分析

分析零件图上的尺寸，首先要找出三个方向尺寸的主要基准，然后从基准出发，按形体分析法，找出各组成部分的定形尺寸、定位尺寸及总体尺寸。

缸体长度方向的基准为左端面，标注的定位尺寸有80、15，通过辅助基准标注底板上的定位尺寸有10、20、40。宽度方向的尺寸基准为缸体前后的对称面，标注定位尺寸72。高度方向的尺寸基准为缸体底部平面，标注定位尺寸40。以$\phi 35$ 的轴线为辅助基准，标注定位尺寸$\phi 52$。

4　了解技术要求

读懂技术要求，如表面粗糙度、尺寸公差、形位公差以及其他技术要求。分析技术要求时，关键是弄清楚哪些部位的要求比较高，以便考虑在加工时采取措施予以保证。

油缸体$\phi 35$ 活塞孔，其工作面要求防漏，因此表面粗糙度 Ra 的上限值为0.8，左端面为密封平面，表面粗糙度 Ra 的上限值为1.6。$\phi 35$ 活塞孔的轴线对底面(即安装平面)的平行度公差为0.06，左端面对$\phi 35$ 的轴线的垂直度公差为0.025。因为工作介质为压力油，依据设计要求，加工好的零件还应进行保压检验。

5　综合分析

把零件的结构形状、尺寸标注、工艺和技术要求等内容综合起来，就能了解零件的全貌，也就读懂了零件图。有时为了读懂一些较复杂的零件图，还要参考有关资料，全面掌握技术要求、制造方法和加工工艺，综合起来就能得出零件的总体概念。

知识拓展

零件的测绘是依据实际零件,通过分析选定表达方案,目估比例徒手画出它的草图,测量并标注尺寸,拟定并标注出必要的技术要求,从而完成零件图绘制的过程。零件测绘一般先画零件草图(徒手图),再根据整理后的零件草图画零件工作图(零件图)。零件测绘对改造设备、修配零件、推广先进技术、交流革新成果,都起重要作用,是工程技术人员必须掌握的内容。零件测绘通常与所属的部件或机器的测绘协同进行,以便了解零件功能、结构要求,协调视图、尺寸和技术要求。

1　对零件草图的要求

1.1　内容俱全

零件草图是画零件工作图的重要依据,有时也直接用以制配零件,因此必须具有零件工作图的全部内容,包括一组图形、齐全的尺寸、技术要求和标题栏。

1.2　目测徒手

零件草图是不使用绘图工具,只凭目测实际零件形状、大小和大致比例关系,用铅笔徒手画出图形,然后集中测量标注尺寸的技术要求。切不可边画边测边注。零件草图与零件工作图的不同之点仅在于前者徒手画,后者用绘图工具画。

1.3　草图不草

草图决不能理解为“潦草之图”。画出的零件草图应做到“图形正确、比例匀称、表达清楚,尺寸齐全清晰,线型分明、字体工整”。为提高绘图质量和速度,应在方格纸上画零件草图。

2　画零件草图的步骤

以测绘球阀中的阀盖为例说明画零件草图的方法和步骤,如图 7-4-10 所示。

2.1　了解分析零件

(1)了解零件的名称、功用以及它在部件或机器中的位置和装配连接关系。阀盖在球阀中起密封作用,它仅次于阀体,加垫片后用四个圆柱头内六角沉头螺钉与阀体相连接。

(2)鉴别零件的材料。可参照类似的图样和有关资料判别。铸件较容易直观鉴别;钢件可直接或取样用火花鉴别,但须注意不要损伤零件。阀盖材料为铸铁 HT200。

(3)对零件进行形体分析和结构分析。阀盖属盘类零件,四个圆柱头内六角沉头螺钉与阀体相连接,中间有一通孔与阀体相通,孔的一侧为螺纹结构,用于与其他件连接。

(4)对零件进行工艺分析,了解其制造方法。阀盖(与阀体)的结合面有精度的要求,螺孔需钻后攻螺纹。除结合面、螺孔端面外,阀盖的其余外表面不需机械加工。铸件需经时效处理。

2.2　确定零件表达方案

(1)选择主视图。泵盖的主视图,考虑形状特征,其投射方向选与齿轮轴孔轴线平行的方向,并按工作位置安放,这样可使主视图所反映的外形和各部分相对位置清楚。

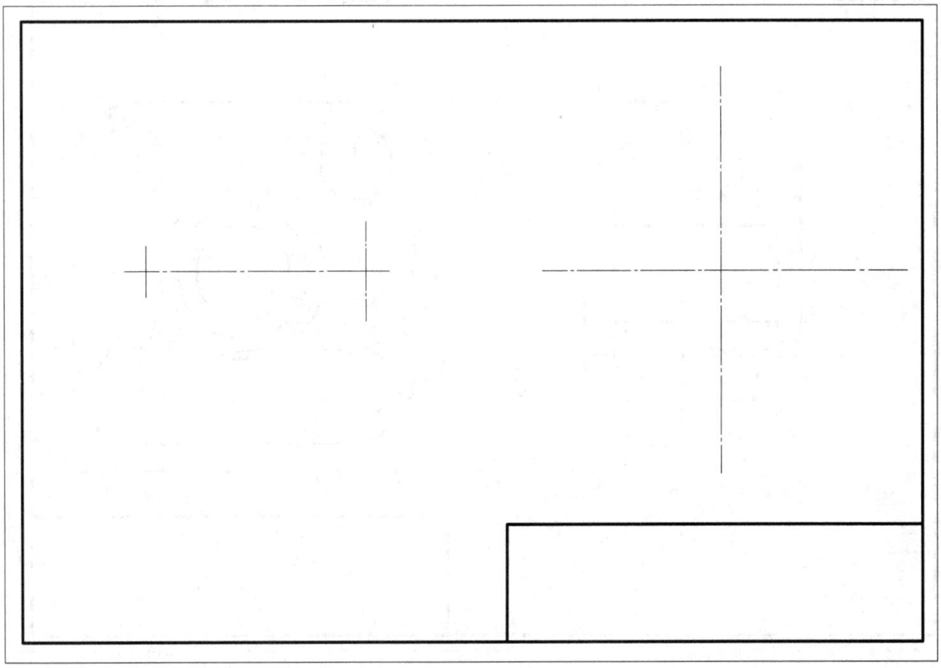

(a)

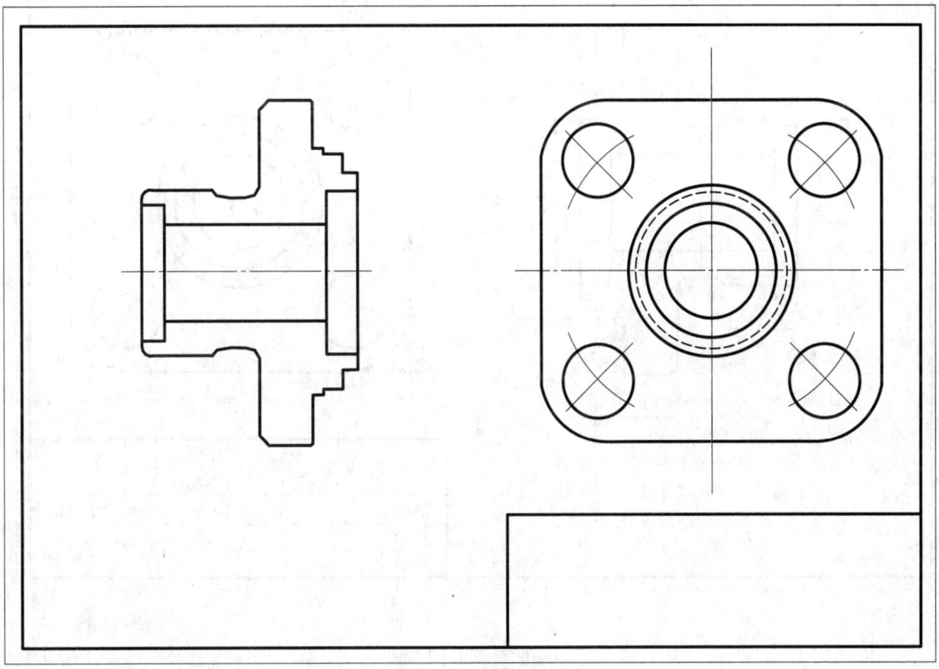

(b)

图 7-4-10 阀盖零件测绘

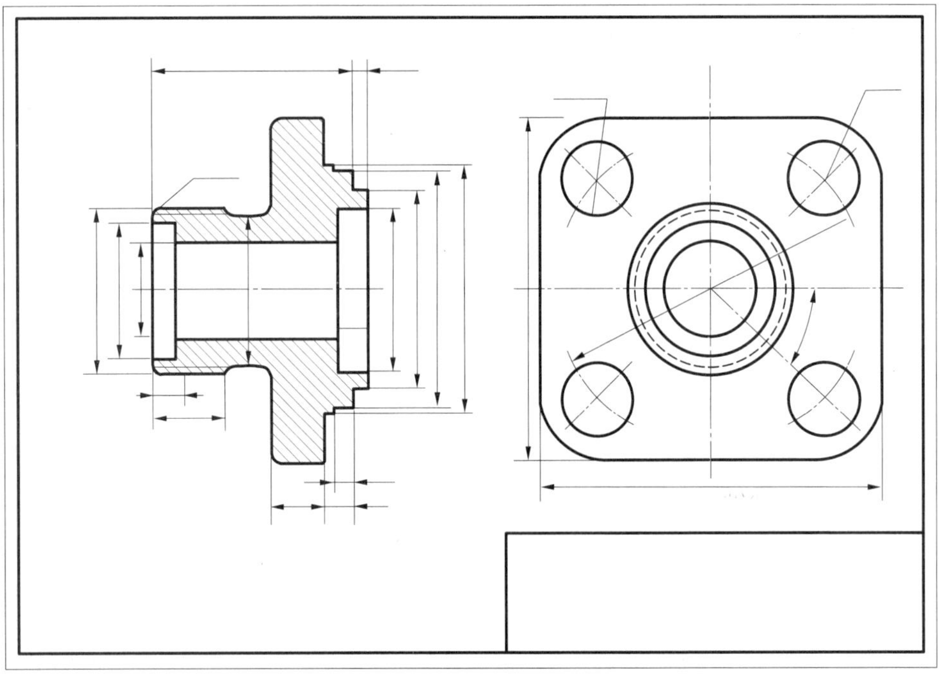

(c)

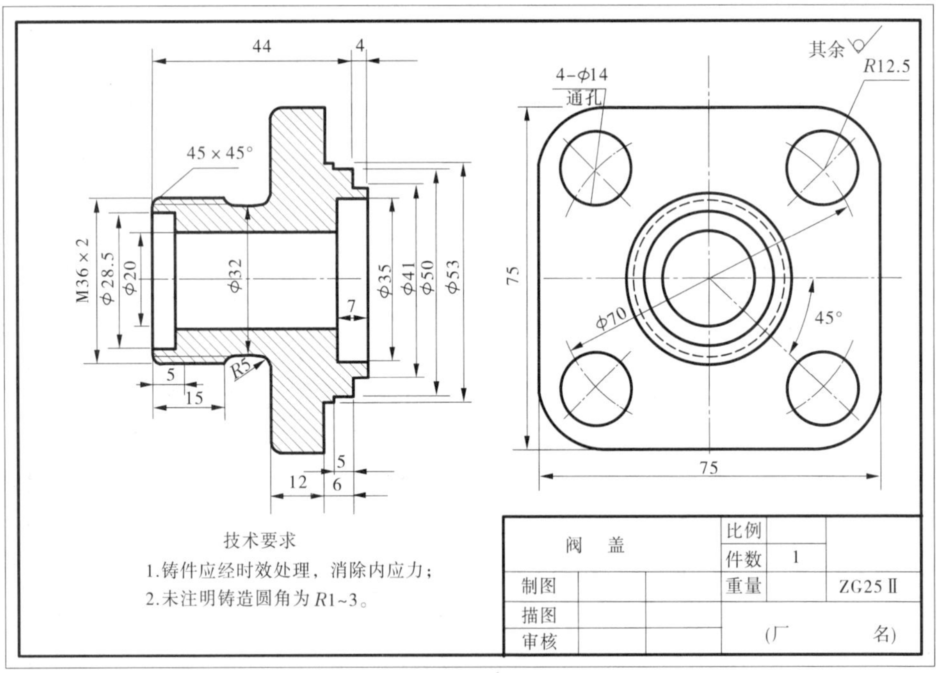

(d)

续图 7-4-10

(2)选择其他视图。主视图表达外形之后，可再选俯、左视图，并用剖视图表达内形，其中俯视图可用全剖视，左视图可用多个剖切平面剖切，画成全剖视图。为表达安装闷头处的凸缘端面形状,可用局部视图。

2.3　画零件草图

(1)根据零件的总体尺寸的大致比例,确定图幅(画草图应使用淡色方格纸);画边框线和标题栏;布置图形,写出各视图的位置,画主要轴线、中心线或作图基准线,如图 7-4-10(a)所示。布置图形应考虑各视图有足够位置标注尺寸。

(2)目测徒手画图形。先画零件主要轮廓,再画次要轮廓和细节,每部分应几个视图对应起来画,以对正投影关系,逐步画出零件的全部结构形状,如图 7-4-10(b)所示。

(3)仔细检查,擦去多余线;再按规定线型加深;画剖画线;确定尺寸基准,依次画出所有尺寸界线、尺寸线和箭头,经仔细校核后,按规定线型将图线加深,如图 7-4-10(c)所示。

(4)测量尺寸,协调联系尺寸,查有关标准校对标准结构要素尺寸,填写尺寸数值和必要的技术要求,填写标题栏,完成零件草图全部工作,如图 7-4-10(d)所示。

关于制定技术要求,可根据零件的性能和工作要求,对照类似图样和有关资料,用类比法确定后查有关标准复核。

零件测绘对象主要指一般零件。凡属标准件,不必画它的零件草图和零件工作图,只需测量主要尺寸,查有关标准写出规定标记,并注明材料、数量。

课堂练习

识读图 7-4-11 所示的机箱零件图。

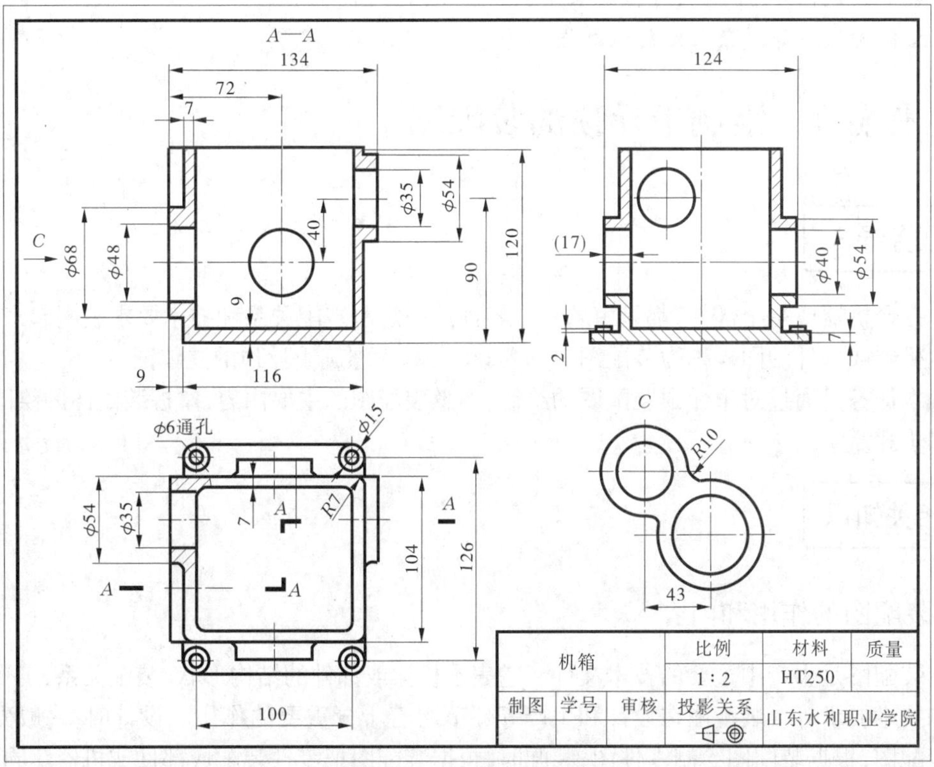

图 7-4-11　机箱零件图

项目8　识读与绘制装配图

在对机器进行设计、装配、调整、检验和维修时都需要装配图。装配图通常用来表达机器或部件的工作原理及零件、部件间的装配关系，是机械设计和生产中的重要技术文件之一。在产品设计中一般先根据产品的工作原理图画出装配草图，由装配草图整理成装配图，然后根据装配图进行零件设计，并画出零件图。在产品制造中装配图是制订装配工艺规程、进行装配和检验的技术依据。在机器使用和维修时，也需要通过装配图来了解机器的工作原理和构造。表示一台机器的装配图称为总装图，而表示机器中某个部件的装配关系的装配图称为部件装配图。

【学习目标】

1. 了解装配图的作用和技术要求、零(部)件序号、明细栏和标题栏等方面的内容。
2. 掌握装配图的规定画法、特殊画法、尺寸标注方法等。
3. 掌握装配图的读图方法。
4. 能绘制简单装配图，并根据装配图拆画出零件图。
5. 能看懂中等复杂程度的装配图。

任务1　绘制千斤顶的装配图

任务导入

一台机器或一个部件，都是由若干个零件按一定的装配关系和技术要求装配起来的，表达机器或部件的图样称为装配图。图8-1-1所示为螺旋千斤顶的立体图。

本任务是通过对千斤顶装配图的绘制，熟悉装配图的主要内容，掌握装配图的绘图方法和步骤。

相关知识

1　装配图的作用和内容

装配图是生产中重要的技术文件。它表示机器或部件的结构形状、装配关系、工作原理和技术要求等。装配图在设计和生产等环节起着十分重要的作用。设计时，一般先画出装配图，根据装配图绘制零件图；装配时，根据装配图把零件装配成部件或机器。同时，装配图又是安装、调试、操作和检修机器或部件的重要参考资料。

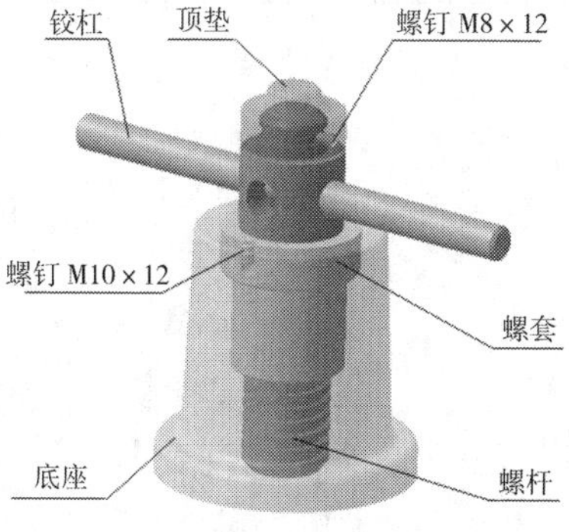

图 8-1-1 螺旋千斤顶的立体图

图 8-1-2 所示为典型剖分式滑动轴承的结构和组成。滑动轴承是支撑传动轴的一个部件,轴在轴衬内旋转。轴衬由上、下两块(上轴衬、下轴衬)组成,分别嵌在轴承座和轴承盖上,轴承座和轴承盖用一对螺栓和螺母连接在一起。轴承座和轴承盖之间留有一定的间隙,是为了用加垫片的方法来调整轴衬和轴配合的松紧。图 8-1-3 为滑动轴承的装配图。

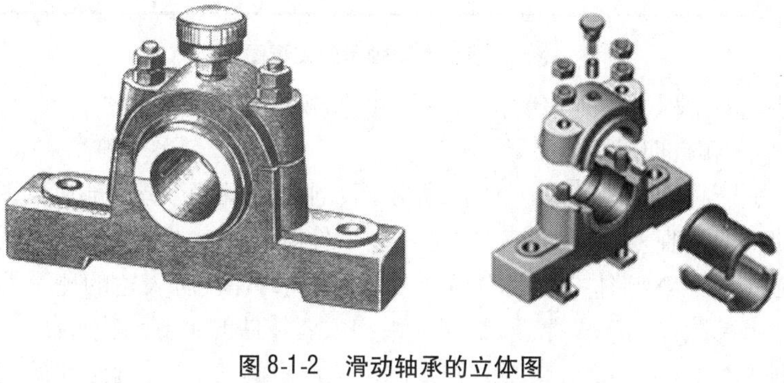

图 8-1-2 滑动轴承的立体图

从图 8-1-3 中可以看出,一张完整的装配图包括以下四个方面内容:

(1)一组视图。在装配图中,用必要的视图或剖视图正确、完整、清晰、简便地表达机器或部件的工作原理、零件间的装配关系及安装方式和主要零件结构的形状。如图 8-1-3 所示滑动轴承的装配图,采用了三个基本视图:主视图(半剖视图)、俯视图和左视图(装配图特殊画法),清楚表达了滑动轴承中各零件间的装配关系、主要零件的结构形状和工作原理。

(2)必要的尺寸。装配图上要有表示机器或部件的规格、装配、检验和安装时所需要的尺寸,此外,还要注出外形总体尺寸。其他结构尺寸无须注出。

(3)技术要求。装配图中的技术要求主要包括:在装配和检验时对机器或部件的具体要求;关于机器性能指标方面的要求;安装、检验、运输及使用方面的要求;有关机器试验项目的规定等。

(4)零件的序号标题栏、明细栏。在装配图中,要用零件序号和明细栏表明各种零件的序号、代号、名称、数量、材料、备注等内容,以便读图、图样管理及进行生产准备、生产组

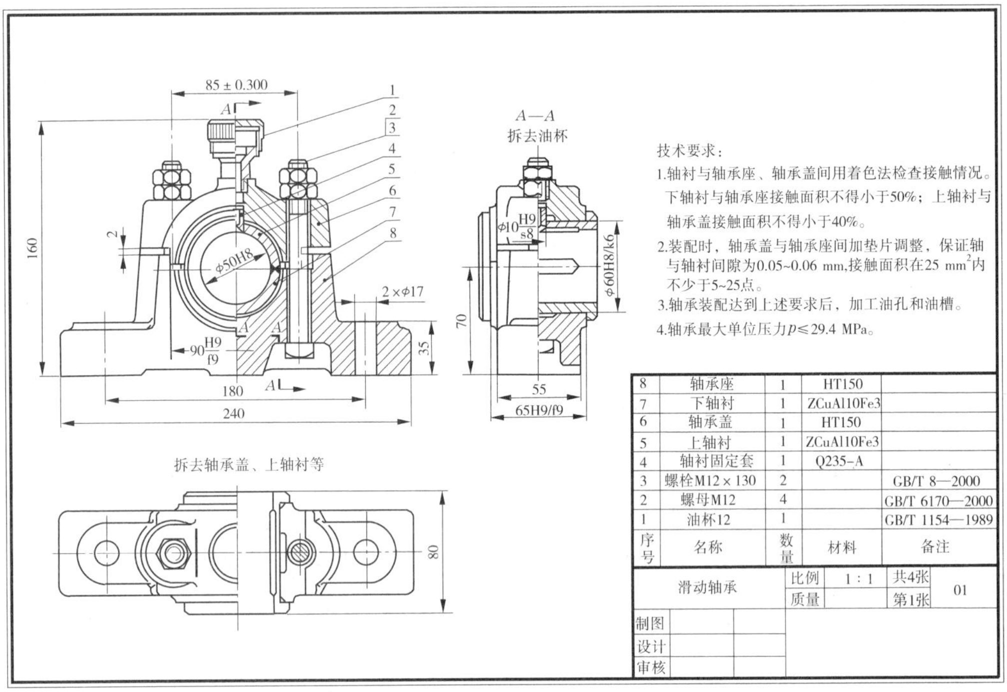

图 8-1-3　滑动轴承的装配图

织等工作。装配图中标题栏则表明机器或部件的名称、规格、比例、图样代号以及设计、制图、审核者的签名和日期等内容。

在零件图上所采用的各种表达方法，如视图、剖视图、断面图、局部放大图等也同样适用于画装配图。但是画零件图所表达的是一个零件，而画装配图所表达的则是由许多零件组成的装配体（机器或部件）。因为两种图样的要求不同，所表达的侧重面也不同。装配图应该表达出装配体的工作原理、装配关系和主要零件的主要结构形状。因此，国家标准《机械制图》和《技术制图》对绘制装配图制定了规定画法、特殊画法和简化画法等。

2　装配图的规定画法

2.1　相邻零件的剖面线画法

在剖视图中，相邻两零件的剖面线方向一般应相反；当三个零件相邻时，若两个零件的剖面线方向一致，则间隔应不相等，剖面线尽量相互错开；装配图中同一零件在不同剖视图中的剖面线方向应一致、间隔相等，如图 8-1-4 所示。

2.2　相邻零件表面的轮廓线画法

两相邻零件的接触面和配合面只画一条线，相邻两零件不接触或不配合的表面，即使间隙很小，也必须画两条线，如图 8-1-4 所示。

2.3　标准件和实心零件的画法

当剖切平面通过螺纹紧固件以及实心轴、手柄、连杆、球、销、键等零件的轴线时，均按不剖绘制；用局部剖表明这些零件上的局部构造，如凹槽、键槽、销孔等；对于厚度小于或等于 2 mm 的狭小面积的剖面，可用涂黑代替剖面符号，如图 8-1-4 所示。

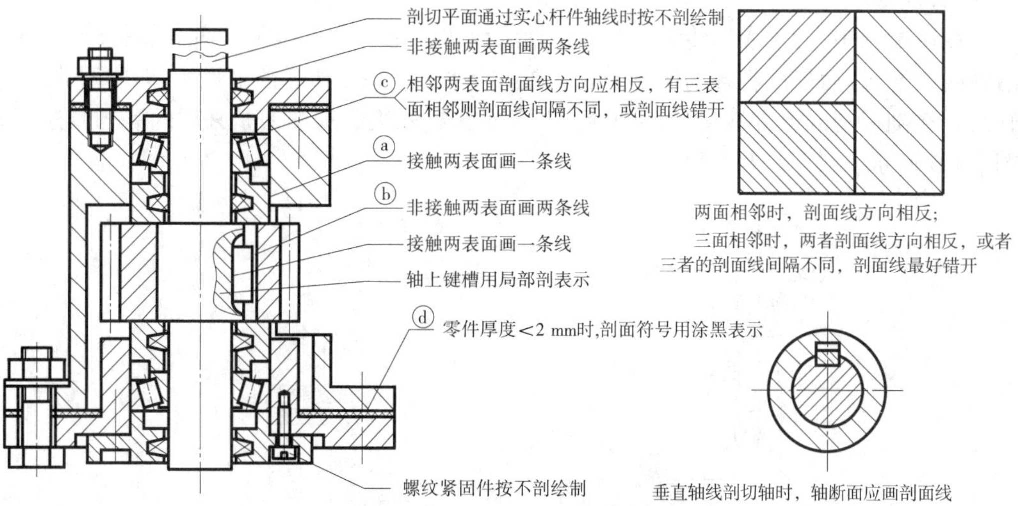

图8-1-4　装配图的规定画法

3　装配图中特殊的表达方法

3.1　拆卸画法

在装配图中，当某个零件的视图上常有一个或几个零件遮住部件的内部构造及其他零件的情况时，若需要表达这些被遮挡的部分，可假想将遮挡零件拆卸后再画，当需要说明时，应该在视图上标注“拆去××”等，这种画法称为拆卸画法，如图8-1-3中俯视图是拆卸上轴衬和轴承盖之后画出的。

3.2　沿结合面剖切画法

在装配图中，为清晰地表达某些内部结构，可沿两零件的结合面剖切后进行投影，该结合面不画剖面线，这种画法称为沿结合面剖切画法，如图8-1-5中的右视图。它与拆卸画法的区别在于它是剖切而不是拆卸。

3.3　单独画零件向视图的画法

在装配图中，当某个零件的形状未表达清楚，或对理解装配关系有影响时，可另外单独画出该零件的某一视图，在该视图上方注写“零件××”（如泵盖B），并在相应视图上用箭头或字母指明投影方向，如图8-1-5所示的转子油泵中的泵盖B向视图。

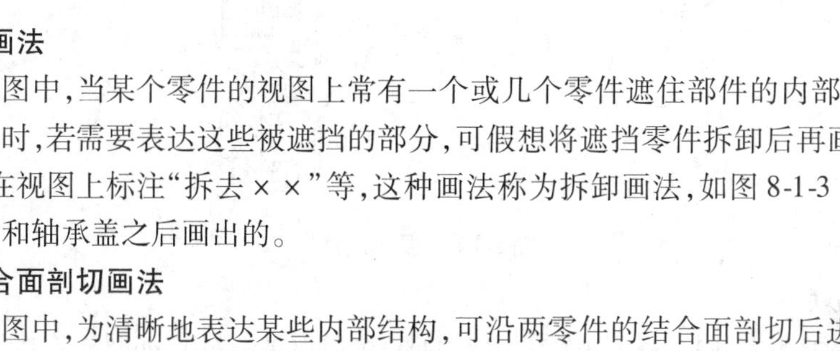

图8-1-5　转子油泵沿零件间结合面剖切和单独画出零件的视图

3.4 展开画法

在装配图中，为了表达传动机构的传动路线和装配关系，假想将空间各轴按传动顺序沿轴线剖开，然后依次将各剖切平面展开在一个平面上得到所需的剖视图，即所谓的展开画法。在剖视图的上方标注“×—×展开”。车床挂轮架装配图便是采用的展开画法，如图 8-1-6 所示。

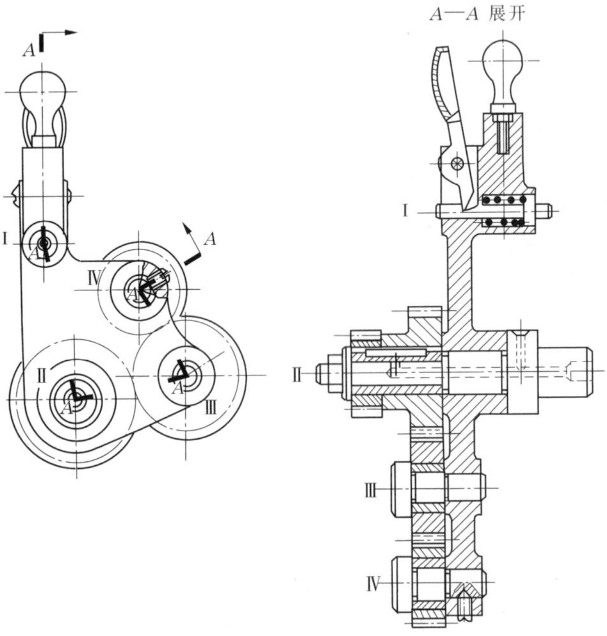

图 8-1-6 展开画法

3.5 简化画法

(1) 在装配图中，同一视图中重复出现的某些相同的零件组（如螺栓连接等），允许只在一处详细地画出，其余各处只需用点画线表示装配位置，如图 8-1-7 所示。

(2) 在装配图中，对于零件上的一些工艺结构，如小圆角、倒角、退刀槽和砂轮越程槽等可以省略不画，如图 8-1-7 所示。

(3) 在装配图中的滚动轴承，按需要可采用简化画法或示意画法，如图 8-1-7 所示。

3.6 夸大画法

在装配图中，直径或厚度小于或等于 2 mm 的孔或薄片零件、细丝弹簧、小的间隙和小的锥度等，允许将该部分不按原绘图比例绘制，而适当地夸大画出，使图形清晰，如图 8-1-7中垫片的表示方式。

3.7 假想画法

(1) 为了表明本部件与其他相邻部件或零件的装配关系，可用双点画线画出该部件的轮廓线，如图 8-1-8 所示。

(2) 在装配图中，对于运动零件，当需要表明其运动极限位置时，可以在一个极限位置上画出该零件，而在另一个极限位置用双点画线来表示。如图 8-1-9 所示，表示运动零件的极限位置，按其运动的一个极限位置绘制图形，再用双点画线画出另一极限位置的

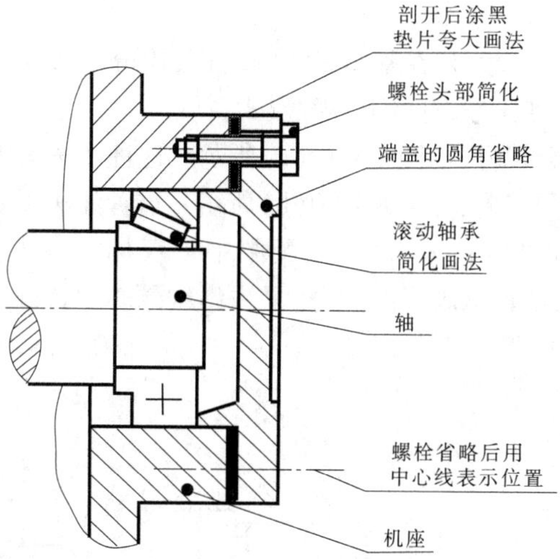

图 8-1-7 简化画法

图形。

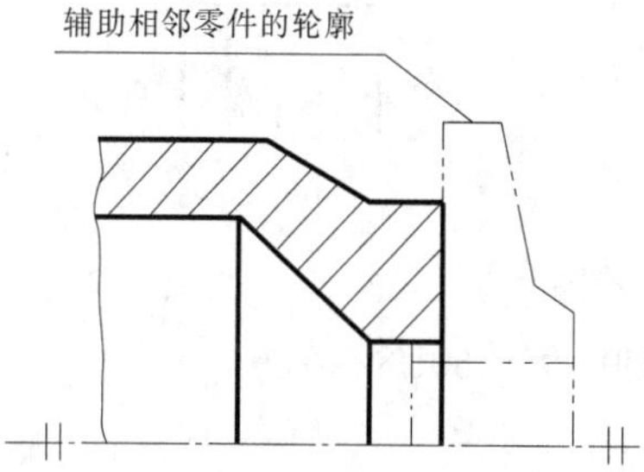

图 8-1-8 辅助相邻零件的假想画法

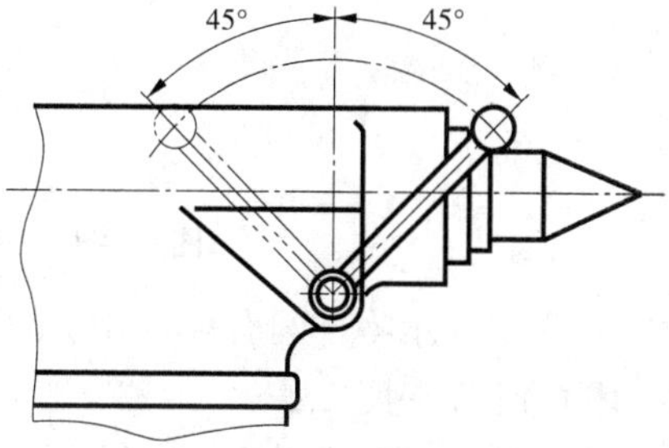

图 8-1-9 运动零件极限位置的假想画法

4 装配图的尺寸标注

装配图的作用与零件图不同,因此在图上标注尺寸的要求也不同。装配图没有必要标注出零件的所有尺寸,只需标出性能尺寸、装配尺寸、安装尺寸、外形尺寸及其他重要尺寸等。表明部件内部零件间装配关系的尺寸,主要包括以下几类。

4.1 性能规格尺寸

性能规格尺寸是指说明机器(或部件)的规格或性能的尺寸,它是设计和用户选用产品的主要根据,如图 8-1-3 中轴瓦的孔径ϕ 50H8。

4.2 外形尺寸(总体尺寸)

外形尺寸(总体尺寸)就是机器(或部件)的总长、总宽和总高尺寸。外形尺寸表明了机器(或部件)所占的空间大小,供包装、运输和安装时参考,如图 8-1-3 中的 240、80 和 160。

4.3 装配尺寸

装配尺寸表明部件内部零件间装配关系的尺寸,主要包括以下几类。

4.3.1 配合尺寸

在装配图上标注配合尺寸，是在基本尺寸的后面，用分式形式注出，分子为孔的公差带代号，分母为轴的公差带代号，有以下三种形式：

(1)标注孔、轴的配合代号，如图 8-1-10(a)所示。这种注法应用最多。

(2)标注孔、轴的极限偏差，如图 8-1-10(b)所示。这种注法主要用于非标准配合。

(3)零件与标准件或外购件配合时，装配图中可仅标注该零件的公差带代号。如图 8-1-10(c)中轴颈与滚动轴承内圈的配合，只注出轴颈ϕ 30k6；机座孔与滚动轴承外圈的配合，只注出机座孔ϕ 62J7。

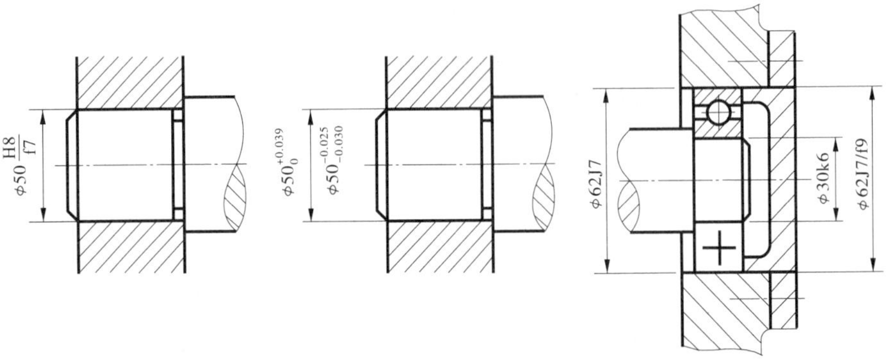

(a) (b) (c)

图 8-1-10 装配图上的公差标注

图 8-1-3 中表示零件间有配合要求的尺寸如 90H9/f9、ϕ 60H8/k6 等。

4.3.2 零件间的连接尺寸

如连接用的螺钉、螺栓和销等的定位尺寸，如图 8-1-3 中两个螺栓间的距离 85 ± 0.300；非标准零件上的螺纹副的标记或螺纹标记等，如图 8-1-3 下部标注的 M14 × 1.5—5H/5g6g 和 G1/2 等。

4.3.3 重要的相对位置尺寸

如图 8-1-3 中的轴承孔中心高 70；一对齿轮的中心距等。

4.4 安装尺寸

安装尺寸是指将机器安装在基础上或部件装配在机器上所使用的尺寸，如图 8-1-3 中轴承座底板上的 180、6 和 17。

4.5 其他重要尺寸

其他重要尺寸包括设计时经过计算确定的尺寸和为了装配时保证相关零件的相对位置协调而标注的轴向尺寸等。这些尺寸在拆画零件图时应照样标注。

必须指出：不是每一张装配图都具有上述各种尺寸。在学习装配图的尺寸标注时，要根据装配图的作用，真正领会标注上述几种尺寸的意义，从而做到合理地标注尺寸。

上述五类尺寸之间并不是互相孤立无关的，实际上有的尺寸往往同时具有多种作用。此外，在一张装配图中，也并不一定需要全部注出上述五类尺寸，而是要根据具体情况和要求来确定。

5 装配图的零件序号和明细栏

为了便于装配时读图查找零件,便于做生产准备和图样管理,必须对装配图中所有不同的零件编写序号,并列出零件的明细栏。

5.1 零部件序号的编排规定

5.1.1 基本要求

(1)装配图中所有的零部件均应编号。

(2)装配图中一个部件可以只编写一个序号;同一装配图中相同的零部件用一个序号,一般只标注一次,多处出现的相同的零部件,必要时也可重复标注。同一张装配图中编排序号的形式应一致。

(3)装配图中的序号应与明细栏中的序号一致。

5.1.2 序号和指引线的画法

(1)零件序号由圆点、指引线、水平线或圆及数字组成,指引线、水平线、圆均用细实线绘制。序号写在水平线上或小圆内,序号字高应比图中尺寸数字大一号或二号,如图 8-1-11所示。

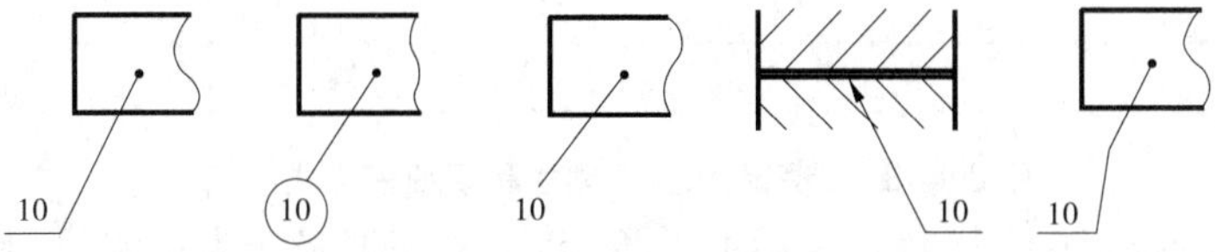

图 8-1-11 零件序号的编写方法

(2)指引线应从所指零件的可见轮廓内引出,并在其末端画一圆点;若所指的部分不宜画圆点,如很薄的零件或涂黑的剖面等,指引线末端应为箭头,并指向该部分的轮廓,如图 8-1-11 所示。

(3)指引线通过有剖面线的区域时,要尽量不与剖面线平行,必要时可画成折线,但只允许折一次,如图 8-1-11 所示。

(4)每种不同的零件编写一个序号,规格相同的零件只编写一个序号。标准化部件,如油杯、滚动轴承、电机等,可以看成一个整体,只编注一个序号。

(5)对于紧固件或装配关系清楚的零件组,允许采用公共指引线,但应注意水平线或圆圈要排列整齐,如图 8-1-12 所示。

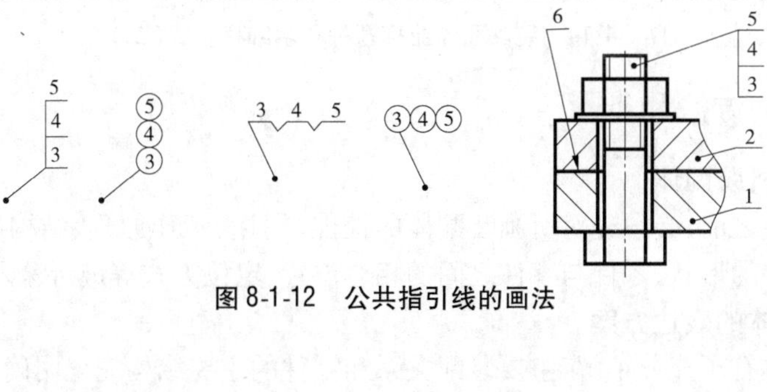

图 8-1-12 公共指引线的画法

5.1.3 序号排列

装配图中零件的序号在视图的外围按水平或垂直方向排列整齐，并按顺时针或逆时针方向顺序依次编号，并尽量使序号间隔相等，如图 8-1-3 所示。

5.2 明细栏与标题栏

国家标准对标题栏和明细栏与尺寸作了明确规定，但只是推荐使用的标准，因此各企业有各自的标题栏和明细栏格式，本书推荐学生在装配图作业中使用的标题栏和明细栏格式如图 8-1-13 所示。

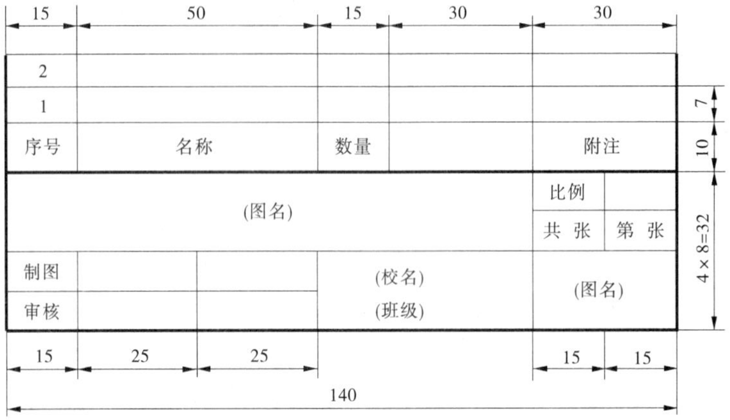

图 8-1-13 装配图作业标题栏和明细栏格式（一）

明细栏一般应画在右下角标题栏的上方，明细栏外框竖线为粗实线，其余线为细实线，其下边线与标题栏上边线或图框下边线重合，长度相等。在附注栏中，一般应注明标准编号。

明细栏是装配体全部零件的目录，其序号填写的顺序要由下而上，栏中的编号与装配图中的零部件序号必须一致。应先编零件序号再填明细栏，当位置不够时，其余部分可画在标题栏的左方，如图 8-1-14 所示。

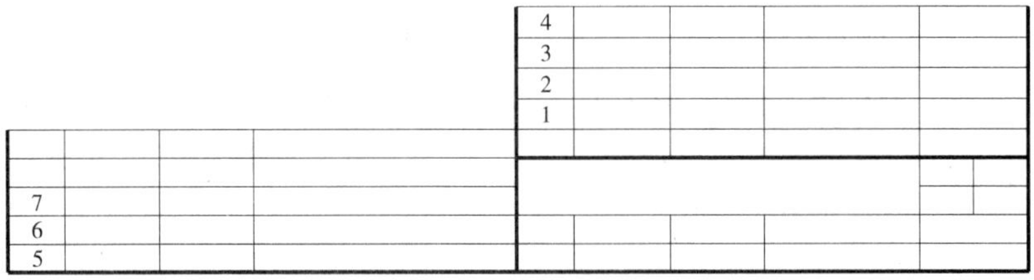

图 8-1-14 装配图作业标题栏和明细栏格式（二）

6 画装配图的方法和步骤

6.1 了解和分析装配体

在画装配图之前，必须先对所画装配体的性能、用途、工作原理、结构特点，以及装配体中及主要零件的形状、零件与零件之间的相对位置、定位方式等进行深入细致的分析。

6.2 拟订装配体的表达方案

在对装配体有了充分了解，主要装配关系和零件的主要结构完全明确后，就可运用前面介绍过的各种表达方法,选择该装配体的表达方案。确定表达方案时可多设计几套方案,通过分析各种表达方案的优缺点选择比较理想的表达方案。装配图的视图选择原则与零件图有共同之处,但由于表达内容不同,也有差异。视图选择的目的是以最少的视图完整、清晰地表达出机器或部件的工作原理和装配关系,所以视图选择的一般步骤如下。

6.2.1 主视图的选择

要选好装配图的主视图,应注意以下问题:

(1)一般将机器或部件按工作位置或加工位置放置,使主要装配轴线处于水平或垂直位置。

(2)应选择最能反映装配体的主要装配关系和外形特征的那个视图作为主视图。

6.2.2 其他视图的选择

主视图选定之后,针对主视图还没有表达清楚的装配关系和零件间的相对位置,选用其他视图给予补充,可采用剖视、断面、拆去某些零件等表达方法。其目的是将装配关系表达清楚。对其他视图的选择考虑以下几点:

(1)分析还有哪些装配关系、工作原理及零件的主要结构形状还没有表达清楚,从而选择适当的视图以及相应的表达方法。

(2)尽量用基本视图和在基本视图上作剖视(包括拆卸画法、沿零件结合面剖切的画法等)来表达有关内容。

(3)要注意合理地布置视图位置,使图形清晰、布局匀称,以方便看图。

6.2.3 检查、修改、调整、补充

检查是否表示完全,必要时,进行调整、补充。

6.3 画装配图的步骤

确定了装配体的视图表达方案后,根据视图表达方案以及装配体大小及复杂程度,选取适当的比例,安排各视图的位置,从而选定图幅,便可着手画图。主要包括以下步骤:

(1)定比例、选图幅,画出作图基准线。

根据装配体外形尺寸的大小和所选视图的数量,确定画图比例,选用标准图幅。在估算各视图所占面积时,应考虑留出注尺寸、编写序号、画标题栏和明细栏以及书写技术要求所需要的面积。然后布置视图,画出作图基准线。作图基准线一般是装配体的主要装配干线、主要零件的中心线、轴线、对称中心线及较大平面的轮廓。

(2)在基本视图中画出各零件的主要结构部分。

①画图时从主视图画起,几个视图配合进行绘制。

②在各基本视图上,一般首先画出壳体或较大的主要零件的外形轮廓。

③依次画出各装配干线上的各零件,要保证各零件之间的正确装配关系。

④画剖视图时,要尽量从主要轴线围绕装配干线逐个零件按由里向外画。这样的画法可避免将遮住的不可见零件的轮廓线画上去。

(3)在各视图中画出装配体的细节部分。

(4)完成全图。

底图经过检查、校对无误后加深图线、画剖面符号、注写尺寸和技术要求、编写零件序号、填写标题栏和明细栏等,最后校核完成全图。

任务实施

1 了解和分析千斤顶装配体

千斤顶是一种简单起重工具，工作时，用可调节力臂长度的铰杆（件 5）带动螺杆（件 2）在螺套（件 3）中作旋转运动，螺旋作用使螺杆上升，通过装在螺杆头部的顶垫（件 7）顶起重物。骑缝安装的螺钉 M10 ×12（件 4）可以阻止螺套（件 3）回转；顶垫与螺杆头部以球面接触，其内径与螺杆有较大间隙，既可减小摩擦力，防止顶垫随同螺杆回转，又可自调心使顶垫上平面与重物贴平；螺钉 M8 ×12 可防止顶垫从螺杆上脱出。

2 千斤顶装配图画图步骤

千斤顶装配体的视图表达方案为：由于底座、螺套、螺杆、顶垫等零件为回转体类零件，结构对称，整体形状比较简单，可以只采用一个基本视图来表达。主视图采用工作位置原则放置，采用全剖。采用局部剖表达铰杆与螺杆的装配关系。螺杆与螺套旋合部分采用局部剖，以表达矩形螺纹的详细尺寸。采用 *A*—*A* 剖视图表达螺杆颈部的十字孔。具体画图步骤如图 8-1-15 所示。

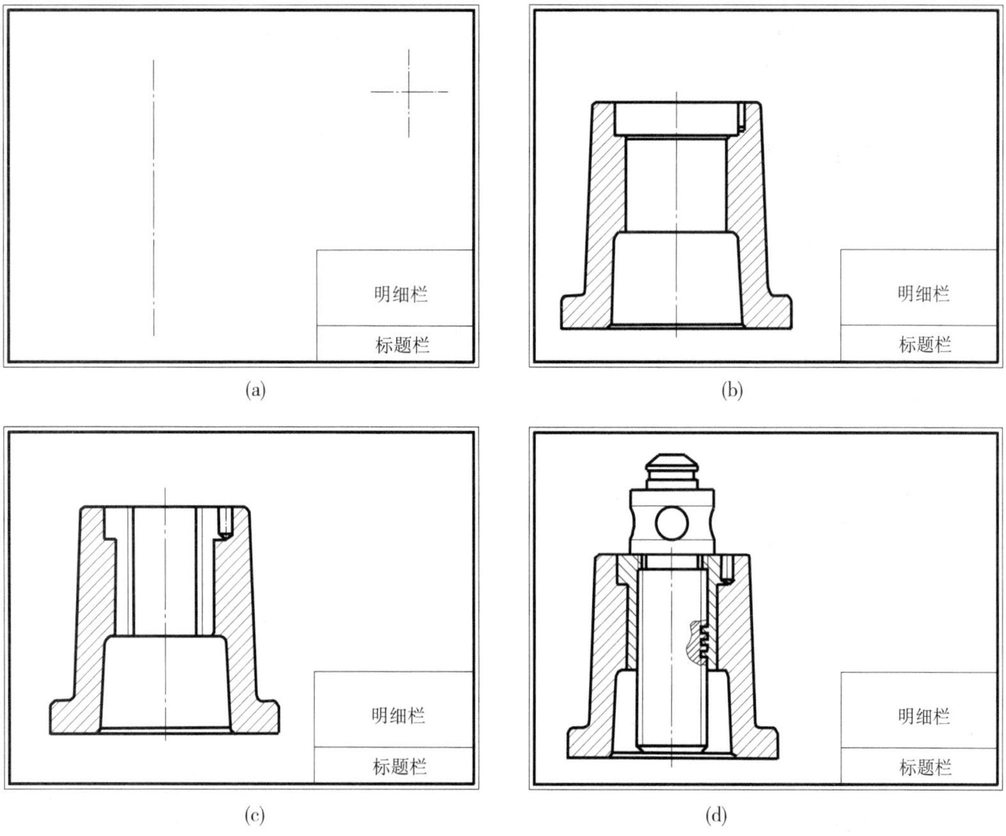

图 8-1-15 千斤顶装配图画图过程

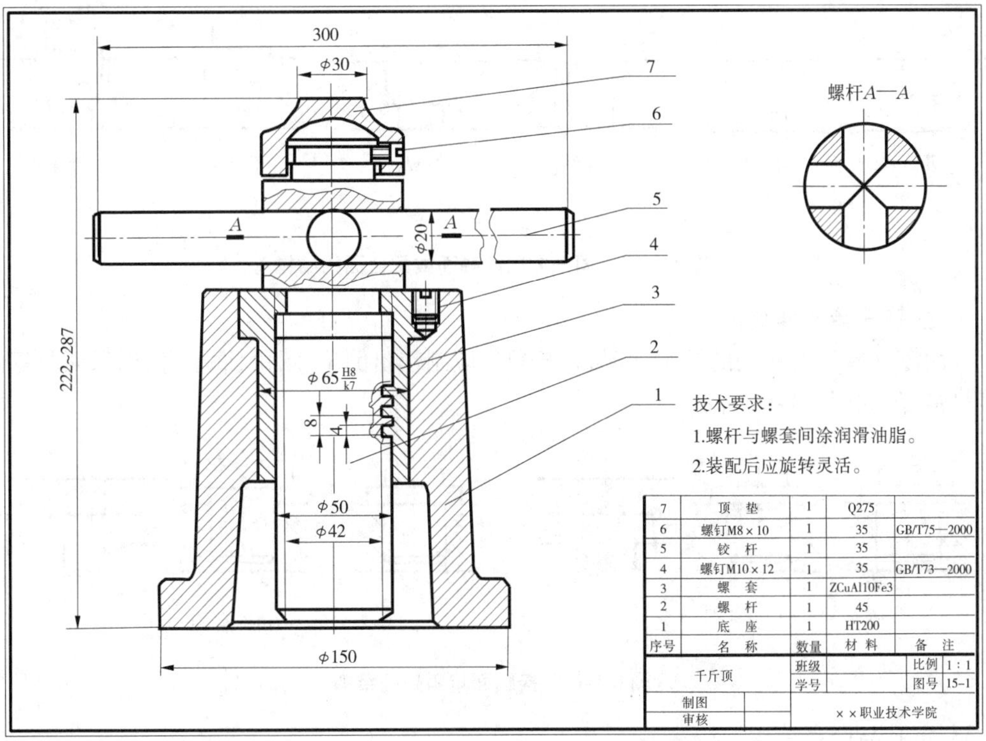

序号	名称	数量	材料	备注
7	顶垫	1	Q275	
6	螺钉M8×10	1	35	GB/T75—2000
5	铰杆	1	35	
4	螺钉M10×12	1	35	GB/T73—2000
3	螺套	1	ZCuAl10Fe3	
2	螺杆	1	45	
1	底座	1	HT200	

千斤顶	班级	比例	1∶1
	学号	图号	15-1
制图		××职业技术学院	
审核			

(e)

续图 8-1-15

(1)选用 A3 图幅，比例 1∶1，画出基准线，画出标题栏、明细栏位置，如图 8-1-15(a)所示。

(2)先画出底座主视图，如图 8-1-15(b)所示。

(3)画出螺套主视图，如图 8-1-15(c)所示。

(4)画出螺杆、螺钉 M10×12，如图 8-1-15(d)所示。

(5)画顶垫、螺钉 M8×12、铰杆，并画出螺杆 *A*—*A* 剖视图，编写序号，画出相应的指引线，完成标题栏和明细栏，整理、加深等，完成作图，如图 8-1-15(e)所示。

知识拓展

为保证机器或部件能顺利装配，并能达到设计规定的性能要求，在设计和绘制装配图的过程中，应考虑装配结构的合理性，以保证机器和部件的性能，并使其连接牢固，便于零件的加工和拆装。常见的装配结构有以下几类。

1　接触面与配合面的结构

1.1　同一方向接触面与配合面结构

两个零件接触时，在同一方向上只能有一对接触面和配合面，轴孔配合也应如此，如图 8-1-16 所示。

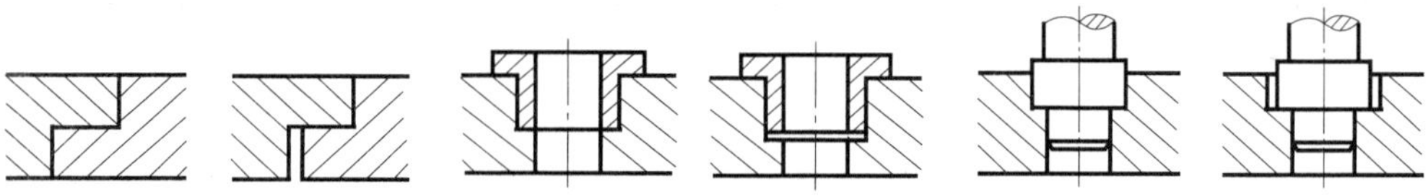

不合理　合理　不合理　合理　不合理　合理

(a)　(b)　(c)

图 8-1-16　同一方向接触面或配合面的结构

1.2　接触面转角处结构

两零件有一对相交的接触面时，在转角处应制作出倒角、圆角、凹槽等，以保证两零件接触良好，如图 8-1-17 所示。

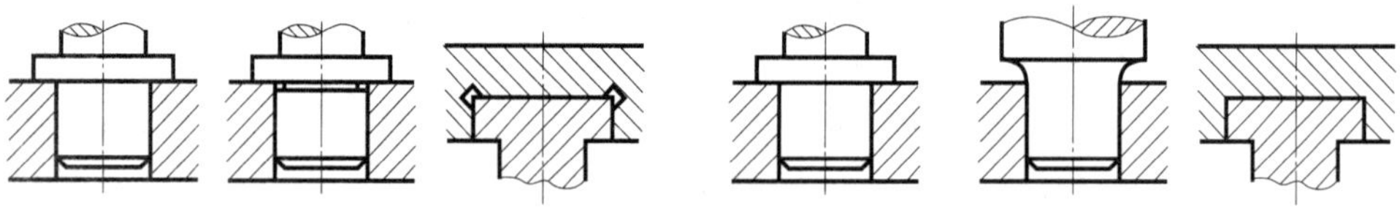

(a)合理　(b)不合理

图 8-1-17　接触面转角处的结构

1.3　沉孔与凸台结构

为保证接触良好、合理减少加工面积、降低加工费用，一般在连接处制成沉孔或凸台结构，如图 8-1-18 所示。

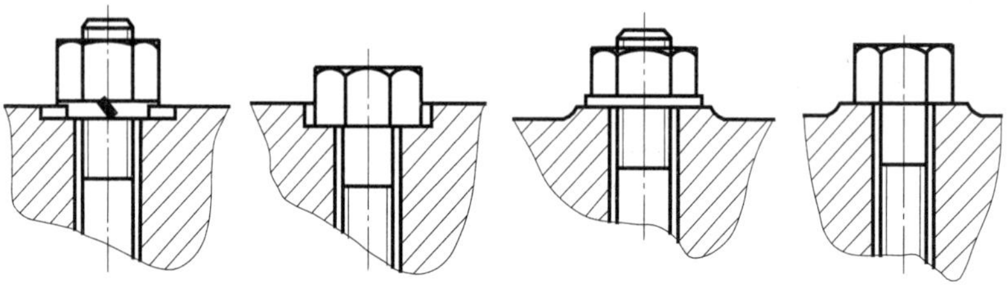

(a)　(b)　(c)　(d)

图 8-1-18　沉孔与凸台结构

1.4　锥面配合结构

两锥面配合时，由于锥面同时确定轴向和径向位置，锥面顶部和锥孔底部间必须留有空隙，才能保证锥面稳定配合，如图 8-1-19 所示。

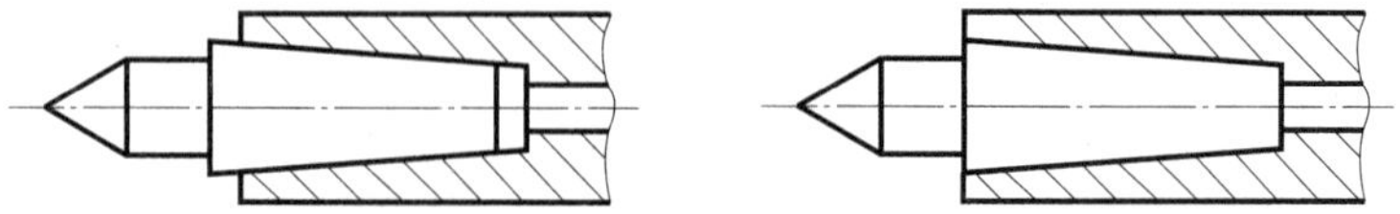

(a)合理　(b)不合理

图 8-1-19　锥面配合结构

2　方便装拆的结构

2.1　定位销的合理结构

部件中定位销主要用于保证两零件相对位置的精度。为了方便加工销孔和拆卸销子,应尽量将销孔做成通孔,如图 8-1-20 所示。

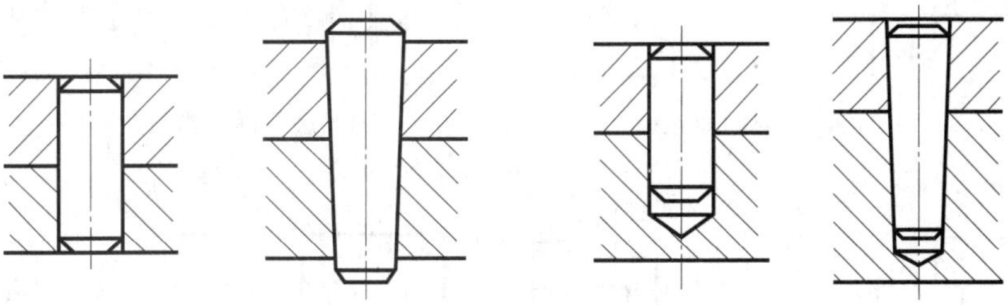

(a)合理　　(b)不合理

图 8-1-20　锥面配合结构

2.2　螺纹紧固件装配结构

螺纹紧固件装配结构主要考虑装拆方便,螺栓连接要留出足够的扳手活动空间,螺钉等连接件要留出足够的高度使之能顺利旋入。常见结构如图 8-1-21 所示。

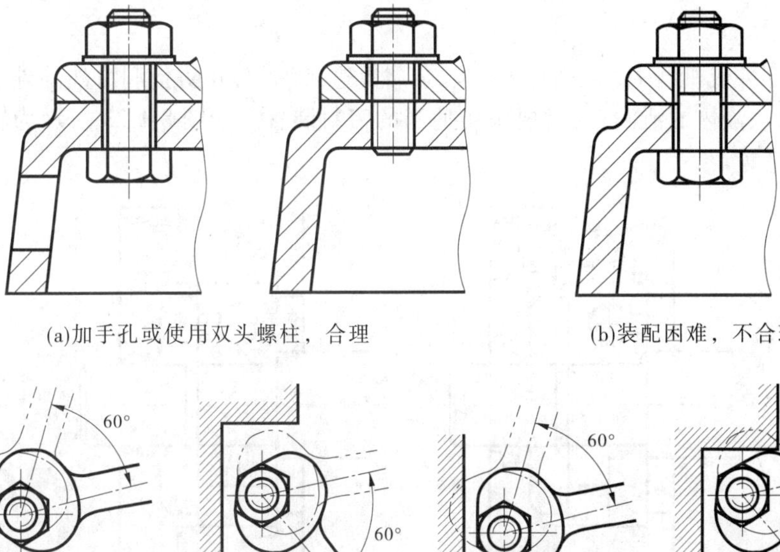

(a)加手孔或使用双头螺柱,合理　　(b)装配困难,不合理

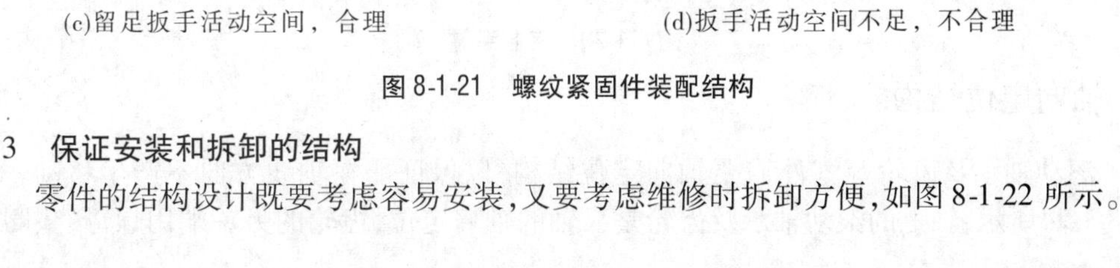

(c)留足扳手活动空间,合理　　(d)扳手活动空间不足,不合理

图 8-1-21　螺纹紧固件装配结构

2.3　保证安装和拆卸的结构

零件的结构设计既要考虑容易安装,又要考虑维修时拆卸方便,如图 8-1-22 所示。

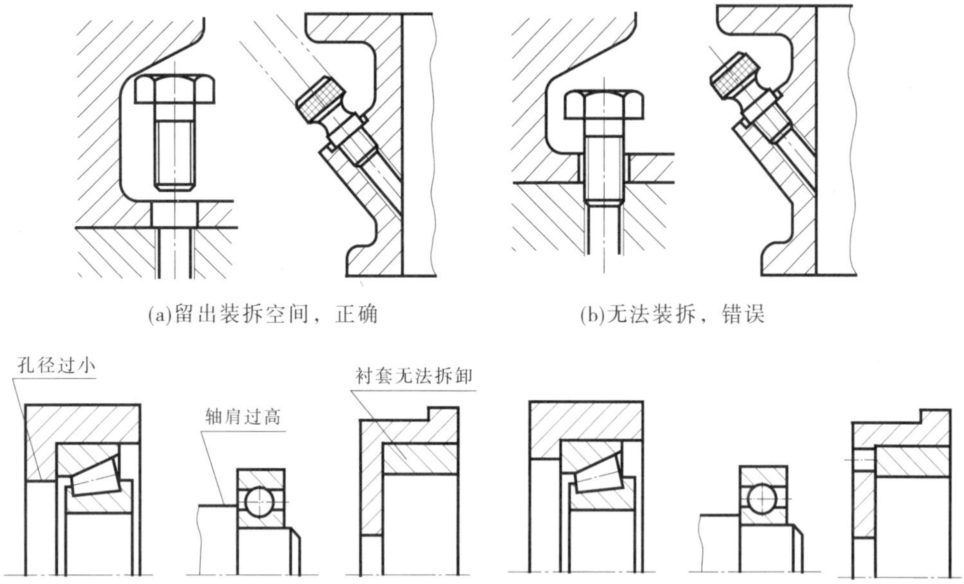

(a)留出装拆空间，正确　(b)无法装拆，错误

(c)不利于拆卸，不合理　(d)有利于拆卸，合理

图 8-1-22　保证安装和拆卸的结构

3　密封装置

在一些部件或机器中，为了防止灰尘、杂屑等进入轴承，并防止润滑油的外溢以及阀门或管路中气、液体的泄漏，通常要采用适当的密封装置。如图 8-1-23 所示为轴承常用的两种密封装置。

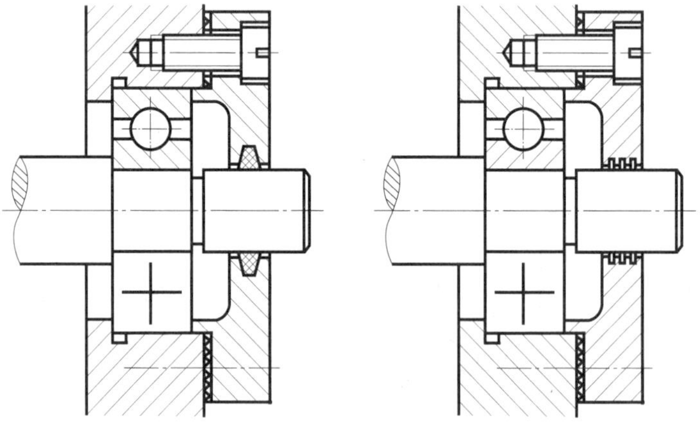

(a)　(b)

图 8-1-23　密封装置

4　轴向定位结构

滚动轴承及齿轮等零件需要轴向定位结构，以保证能在轴线方向不产生移动。如图 8-1-24所示，轴上的滚动轴承及齿轮是靠轴的轴肩定位，齿轮的另一端用螺母、垫圈压

紧,垫圈与轴肩的台阶面间应留有间隙,以便压紧。

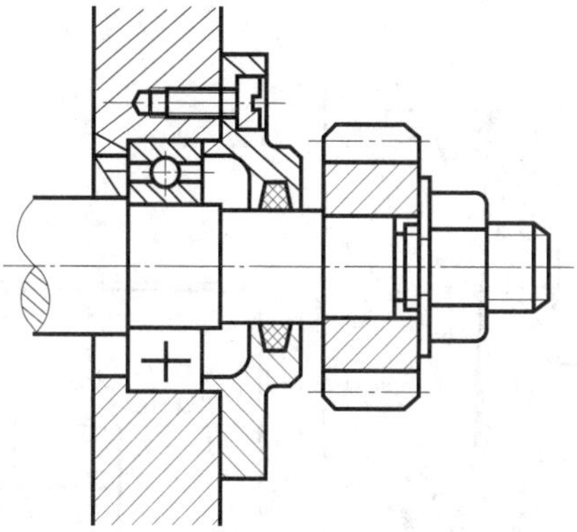

图 8-1-24　轴向定位结构

5　防松结构

为防止机器在工作中由于振动而将螺纹紧固件松开,常采用双螺母、弹簧垫圈、止动垫圈和开口销等防松装置,如图 8-1-25 所示。

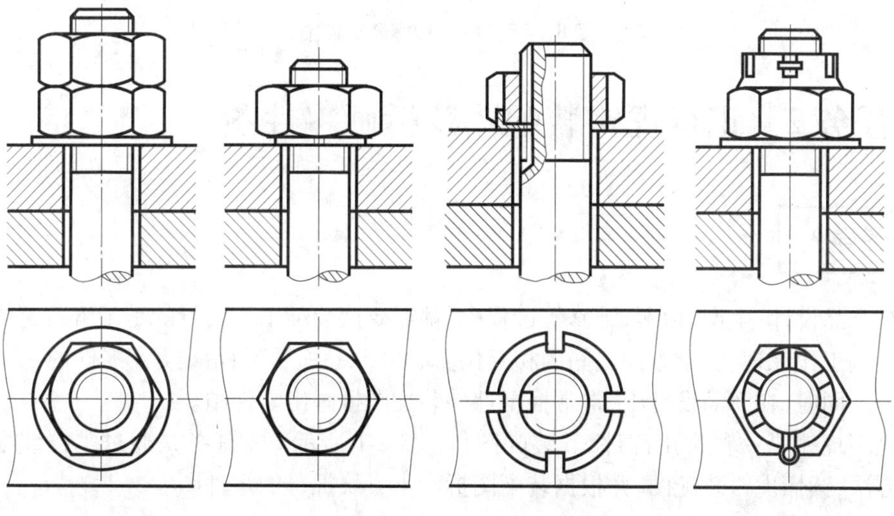

(a)双螺母　(b)弹簧垫圈　(c)止动垫圈　(d)开口销

图 8-1-25　防松结构

课堂练习

参考千斤顶的立体图和装配图,根据如图 8-1-26 所示的底座和螺套零件图,绘制两零件的装配图。

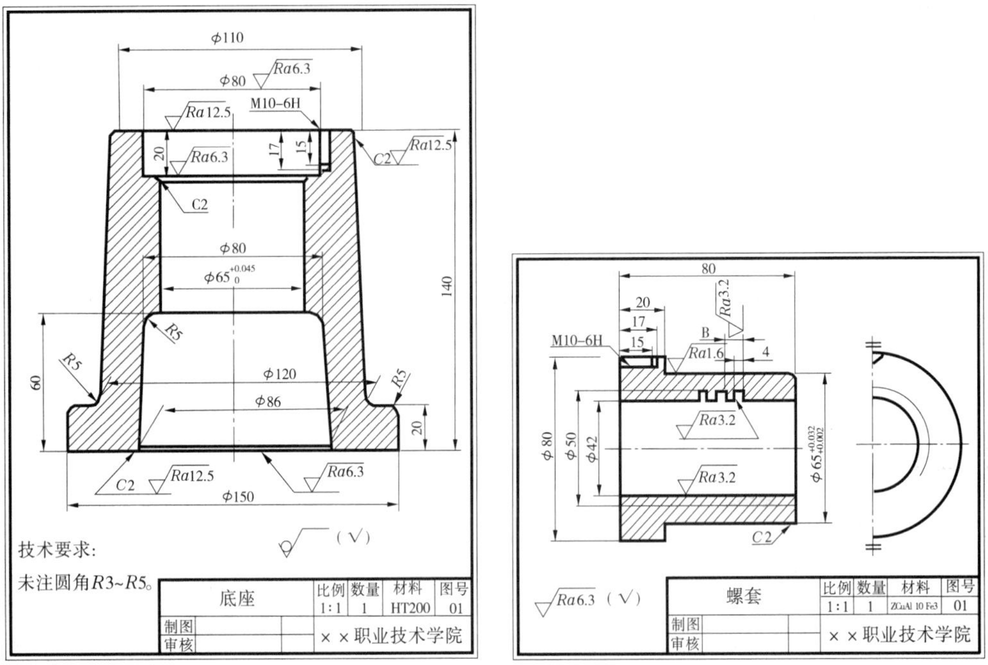

图 8-1-26　底座和螺套零件图

任务2　识读虎钳装配图及拆画零件图

任务导入

在产品设计、生产、检测、维修等过程中，都需要读装配图。其目的是了解装配体的规格、性能、工作原理，各个零件之间的相互位置、装配关系、传动路线及各零件的主要结构形状等。同时，在产品设计中，常常根据部件装配图拆画出零件图。

机用虎钳是一种常用部件，其装配图如图8-2-1所示。本任务是通过掌握装配图的读图方法，读懂虎钳装配图，并根据装配图拆画出方块螺母的零件图。

相关知识

在产品设计中，需要依据装配图来设计零件并画出零件图；在装配机器时，需根据装配图将零件组装起来；在设备维修时，需参照装配图进行拆卸和重新装配；在技术交流时，则要参阅有关装配图进行工程技术问题研究。因此，工程技术人员必须具备读装配图的能力。

读装配图的一般要求如下：

(1) 了解装配体的功用、性能和工作原理，装配体的使用、调整方法等。

(2) 弄清楚各零件间的装配关系，各零件如何定位、固定和装拆。

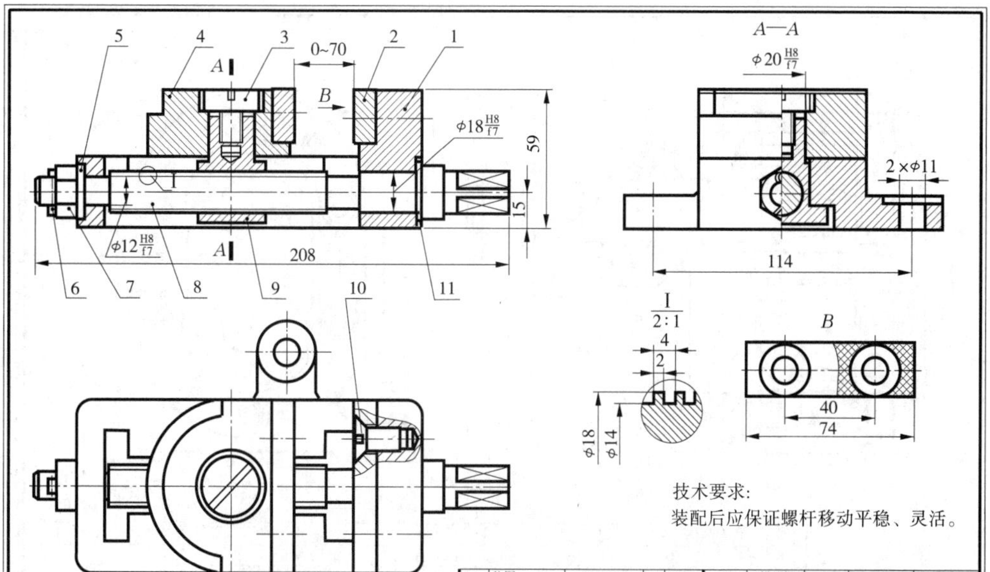

11	垫圈	GB/T 97.2	1	Q235
10	螺钉M10×12	GB/T 68	4	Q235
9	方块螺母		1	Q235
8	螺杆		1	45
7	螺母M12	GB/T 8170	1	35
6	销		1	Q235
5	垫圈	GB/T 97.2	1	
4	活动钳身		1	HT200
3	螺钉		1	Q235

2	钳口板	2	45	
1	固定钳座	1	HT200	
序号	名称	件数	材料	备注

机用虎钳			比例	1:1
			件数	1
制图			质量	
校核			××职业学院	
审核				

图 8-2-1　虎钳装配图

(3)弄清楚各零件的主要结构形状和作用等。

(4)了解技术要求中的各项内容。

现以图 8-2-2 所示的齿轮油泵为例,介绍读装配图的方法和步骤。

1　读装配图的基本方法

1.1　概括了解

1.1.1　阅读有关资料

首先,通过阅读有关说明书、标题栏及明细栏等,了解机器或部件的用途、性能和工作原理,以及零件的数量、材料、规格等。齿轮油泵是机器润滑、供油系统中的一个部件,用来为机器输送润滑油,是液压系统中的动力元件。由图 8-2-2 可知,齿轮油泵外形尺寸为 118 mm×85 mm×95 mm,可以对该装配体的形状和大小有一个印象。

从零件编号及明细栏中,可以了解零件的名称、数量及在装配体中的位置,了解装配体由哪些零件组成,标准件和非标准件各为多少,以判断装配体复杂程度。齿轮油泵是由泵体、传动齿轮、齿轮轴、泵盖等 15 种零件组成的,其中有 4 种标准件。

1.1.2　分析视图

阅读装配图时,应分析全图采用了哪些表达方法?为什么采用它们?并找出各视图、剖视、断面等相互间的投影关系及表达意图。找出主视图,确定其他视图投射方向,明确各视图的画法。对于剖视图,要找到剖切位置,分析所采用的表达方法及表达的主要内容。

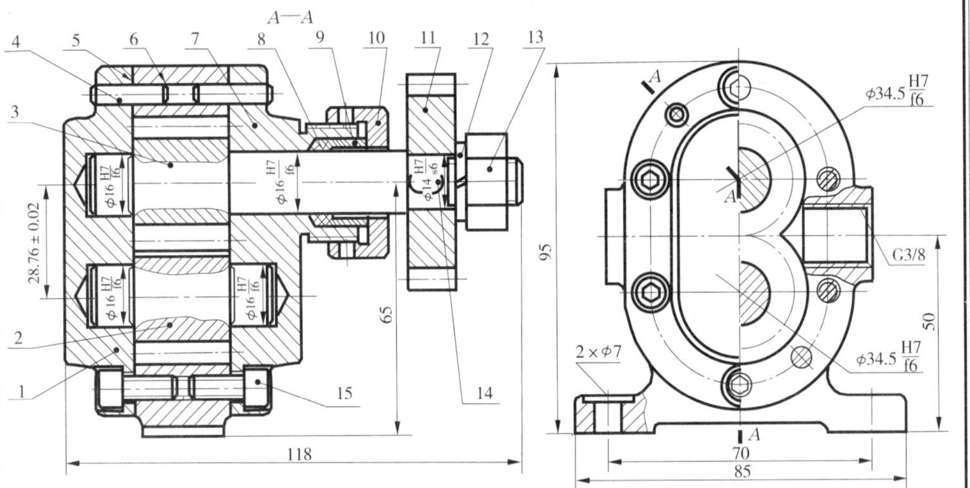

技术要求:

1.齿轮安装后，应转动灵活。

2.两齿轮轮齿的啮合面应占齿长的3/4以上。

15	螺钉M6×16	12	35	GB/T 70.1—2000	5	垫片	2	纸	t=1
14	键4×10	1	45	GB/T 1096—1979	4	销B5×18	4	45	GB/T 119.1—2000
13	螺母M12×1.5	1	35	GB/T 6170—2000	3	传动齿轮轴	1	45	m=3,z=9
12	垫圈12	1	65Mn	GB/T 93—1987	2	齿轮轴	1	45	m=3,z=9
11	传动齿轮	1	45	m=2.5, z=20	1	左端盖	1	HT200	
10	压盖螺母	1	35		序号	零件名称	数量	材料	附注及标准
9	压盖	1	QSn6-6-3		齿轮油泵				比例
8	密封圈	1	毛毡						共 张 第 张
7	右端盖	1	HT200		制图			(厂名)	图号
6	泵体	1	HT200		审核				

图 8-2-2　齿轮油泵装配图

如图 8-2-2 所示的齿轮油泵共用了两个视图，主视图沿着主要装配干线剖切，采用了旋转剖的全剖视图，它将该部件的结构特点和零件间的装配、连接关系大部分表达出来。由于油泵内、外结构形状对称，左视图采用了沿结合面剖切的特殊表达方法，表达泵室内齿轮的啮合情况，以及泵体的形状和螺钉的分布情况，又表达了齿轮的啮合情况及油泵的工作原理。主视图中的局部剖视图表达了一对齿轮的啮合情况，左视图中的局部剖视图则用来表达进油口和出油口。

1.2　深入了解

在概括了解的基础上，还需进一步仔细阅读装配图，分析各条装配干线，弄清各零件间相互配合的要求，以及零件间的定位、连接方式、密封等问题，深入了解机器或部件的工作原理和装配关系。一般方法如下：

(1)从主视图入手，根据“同一零件在不同视图中剖面线的方向与间隔必须一致”的原则，对照零件在各视图中的投影关系，分清零件轮廓的范围。

(2)根据装配图上所标注的配合代号，了解零件间的配合关系。

(3)利用一般的零件结构常具有对称性的特点和利用相互连接两零件的接触面形状应大致相同的特点，帮助想象零件的结构形状。

齿轮油泵的工作原理如图 8-2-3 所示。从其装配图中可知：运动从传动齿轮(件 11)传入，通过键(件 14)将扭矩传递给传动齿轮轴(件 3)，经过齿轮啮合带动齿轮轴(件 2)按顺时针方向转动。当它按逆时针方向转动，外部动力经齿轮传至传动齿轮 11 时，即产生旋转运动。当它按逆时针方向转动时，通过键(件 14)带动传动齿轮轴(件 3)，再经过齿轮啮合带动从动齿轮,从而使齿轮轴(件2)顺时针方向转动。当一对齿轮在泵体内作啮合传动时,啮合区内右边空间的压力降低而产生局部真空,油池内的油在大气压力的作用下,进入油泵低压区内的吸油口,随着齿轮的转动,齿槽内的油不断沿箭头方向被带至左边的压油口压出,然后经管道被输送到机器中需要供油的部位。

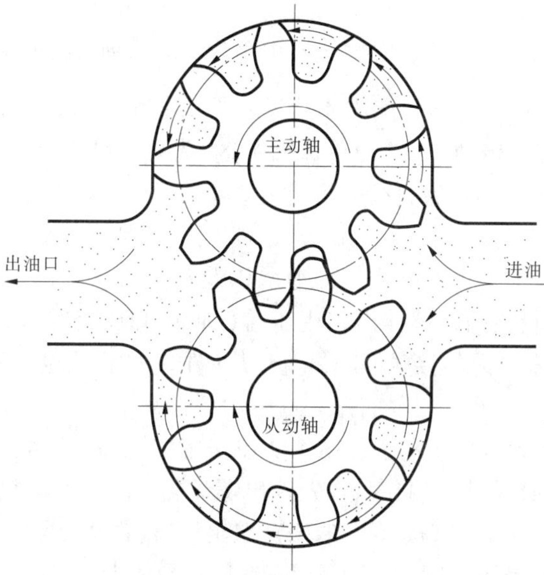

图8-2-3　齿轮油泵的工作原理

为了防止漏油,在泵体(件6)和左、右端盖(件1、件7)结合面处以及传动齿轮轴(件3)伸出端,分别用垫片(件5)及密封圈(件8)、压盖(件9)、压盖螺母(件10)密封,如图8-2-2所示。

1.3　分析零件间的装配关系及装配体的结构

这是读装配图进一步深入的阶段,需要把零件间的装配关系和装配体结构搞清楚。细致分析视图,弄清各零件之间的装配关系,以及各零件主要结构形状,各零件如何定位、固定,零件间的配合情况,各零件的运动情况,零件的作用和零件的装拆顺序等。

从图8-2-2中可以看出,齿轮油泵主要有两条装配线。一条是主动齿轮轴系统。它是由传动齿轮轴(件3)装在泵体(件6)和左端盖(件1)及右端盖(件7)的轴孔内;在传动齿轮轴上装有密封圈(件8)、压盖(件9)及压盖螺母(件10);在传动齿轮轴伸出端,装有齿轮(件11)、垫圈(件12)及螺母(件13)。另一条是从动齿轮轴系统。齿轮轴(件2)装在泵体和左端盖及右端盖的轴孔内,与传动齿轮啮合。

对于齿轮油泵的结构,可分析下列内容。

1.3.1　连接和固定方式

在齿轮油泵中,左端盖(件1)和右端盖(件7)均靠内六角螺钉(件15)与泵体(件6)连接,并用销(件4)来定位。密封圈(件8)是由压盖(件9)及压盖螺母(件10)将其挤压在右端盖的相应孔槽内。传动齿轮(件11)靠传动齿轮轴(件3)的端面定位,用螺母(件13)及垫圈(件12)固定。两齿轮轴向定位,是靠两泵盖端面及泵体两侧面分别与齿轮两端面接触。采用4个圆柱销定位、12个螺钉紧固的方法将两个泵盖与泵体连接在一起。

1.3.2 配合关系

凡是配合的零件，都要弄清基准制、配合种类、公差等级等，这可由图上所标注的极限与配合代号来判别。如齿轮轴与泵盖轴孔的配合$\phi 16\frac{H7}{f6}$，轮齿部分与齿轮腔的配合$\phi 34.5\frac{H8}{f7}$，均为基孔制、间隙配合。而传动齿轮与传动齿轮轴之间的配合尺寸$\phi 14\frac{H7}{s6}$，属于基孔制的过盈配合。两啮合齿轮的中心距尺寸是28.76 ± 0.02，这个尺寸的准确与否，将会直接影响齿轮的啮合传动。118为总长尺寸，85为总宽尺寸，95为总高尺寸；$2\times\phi 7$、70为安装尺寸。其他尺寸请读者自行分析。

1.3.3 密封装置

泵、阀之类部件，为了防止液体或气体泄漏以及灰尘进入内部，一般都有密封装置。在齿轮油泵中，传动齿轮轴（件3）伸出端用压盖（件9）和压盖螺母（件10）压紧密封圈（件8）加以密封；两泵盖与泵体接触面间设置垫片（件5）的作用也是密封防漏。

1.3.4 装拆顺序

装配体在结构设计上都应有利于各零件能按一定的顺序进行装拆，拆卸顺序大致与装配顺序相反。齿轮油泵的拆卸顺序是：先拧出螺母（件13），取出垫圈（件12）、传动齿轮（件11）和键（件14），旋出压盖螺母（件10），取出压盖（件9）；再拧出左、右泵盖上各六个螺钉（件15），两泵盖、泵体和垫片即可分开；然后从泵体中取出两齿轮轴。对于销和填料可不必从泵盖上取下。

1.4 分析零件，看懂零件的结构形状

随着对装配图的逐步深入了解，还要对各零件进行认真分析，分析的目的是要弄清每个零件的结构形状及各零件间的装配关系。分析零件一般从主要零件入手，再看次要零件，运用上面介绍的一般方法，确定零件的范围、结构、形状、功用和装配关系。

分析零件时，首先要会正确地区分零件。区分零件的方法主要是依靠不同方向和不同间隔的剖面线，以及各视图之间的投影关系进行判别。从标注该零件序号的视图入手，用对线框、找投影关系以及根据"同一零件的剖面线在各个视图上方向相同、间隔相等"的规定等，将零件在各个视图上的投影范围及其轮廓搞清楚，进而构思出该零件的结构形状。此外，分析零件主要结构形状时，还应考虑零件为什么要采用这种结构形状，以进一步分析该零件的作用。

例如，齿轮油泵的泵体（件6）是主要零件之一，它的内腔容纳一对用来吸油和压油的齿轮。根据装配图并利用该零件结构对称的特点，想象出泵体的形状。泵体的底板形状在装配图中未表达清楚，可根据其功用构思其合理的结构形状。

再如，右端盖（件7）的结构形状。首先，从标注序号的主视图中找到件7，并确定该件的视图范围；然后用对线框、找投影关系等方法确定该件在左视图中的投影。这样就可以想象出它的结构形状。齿轮油泵的两泵盖与泵体装在一起，将两齿轮密封在泵腔内，同时对两齿轮轴起着支撑作用，所以需要用圆柱销来定位，以便保证左泵盖上的轴孔与右端盖上的轴孔能够很好地对中。

1.5 归纳总结

在对装配图进行上述各项分析后，对该机器或部件已有了一定的了解。可综合想象出装配体的结构和装配关系，弄懂装配体的工作原理、拆卸顺序。为了对装配图有全面的认识，还需从技术要求、安装、使用等方面进行综合考虑并通过归纳总结，进一步了解机器或部件的设计意图和装配工艺，从而对整台机器或部件有一个完整的概念，为下一步拆画零件图打下基础。齿轮油泵的立体图如图 8-2-4 所示。

图 8-2-4 齿轮油泵立体图

2 由装配图拆画零件图

在设计新机器时，通常根据使用要求，先画出装配图，确定实现其工作性能的主要结构，然后依据装配图来设计零件并画出零件图。根据装配图拆画零件图，不仅需要较强的读图、画图能力，而且需要有一定的设计和工艺知识。现以如图 8-2-4 所示的齿轮油泵右端盖为例，简要说明拆画零件图的方法和步骤。

2.1 认真读懂装配图，掌握所拆画零件的轮廓和结构形状

拆图前必须认真读懂装配图。一般情况下，主要零件的结构形状在装配图上已表达清楚，而且主要零件的形状和尺寸还会影响其他零件。因此，可以从拆画主要零件开始。对于一些标准零件，只需要确定其规定标记，可以不拆画零件图。

拆画零件时，先从各个视图上区分出零件。应当注意，在装配图中，由于零件间的相互遮掩或采用了简化画法、夸大画法等，零件的具体形状或某些形状不能完全表达清楚。这时，零件的某些不清楚部位应根据其作用和与相邻零件之间的装配关系进行分析，补充完善零件图。

在装配图的主视图中，分离出右泵盖的投影，左视图不能直接反映其端面形状。从主视图上看，左、右端盖的销孔、螺孔均与泵体贯通，与泵体接触部分的结构和它们所起的作用完全相同。据此，可确定右端盖的端面形状与左端盖的端面形状完全一致，如图 8-2-5 所示。

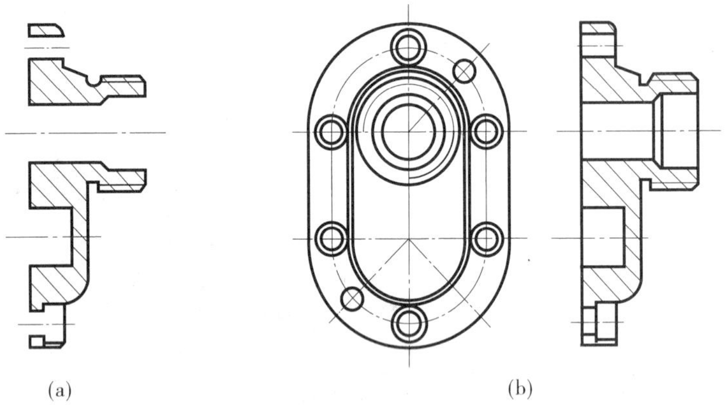

图 8-2-5　由装配图拆画零件图

装配图的视图选择方案，主要是从表达装配体的装配关系和整个工作原理来考虑的；而零件图的视图选择，则主要是从表达零件的结构形状这一特点来考虑的。由于表达的出发点和主要要求不同，所以在选择视图方案时，就不应强求与装配图一致，即零件图不能简单地照抄装配图上对于该零件的视图数量和表达方法，而应该结合该零件的形状结构特征、工作位置或加工位置等，按照零件图的视图选择原则重新考虑。

右端盖的主视图的安放位置和投射方向与装配图一致，按工作位置放置。主视图采用了全剖视图，可将三个组成部分的外部结构及其相对位置反映出来，也将其内部结构，如阶梯孔、销孔、螺孔等表达清楚。右视图表达右端盖的外形轮廓，以及销孔、螺孔等的分布情况。

在装配图中对零件上某些局部结构可能表达不完全，而且对一些工艺标准结构（如圆角、倒角、退刀槽、砂轮越程槽等）还允许省略。在画零件图时均应补画清楚，对标准结构应查表确定。

2.2　合理、清晰、完整地标注尺寸

从装配图拆画零件时，应按零件图的要求进行尺寸标注。

（1）装配图中已标注的尺寸，在有关零件图上应直接注出。对于配合尺寸，一般应注出尺寸的上、下偏差。

（2）对于一些工艺结构，如圆角、倒角、退刀槽、砂轮越程槽、螺栓通孔等，应尽量选用标准结构，查阅有关标准尺寸标注。

（3）对于与标准件相连接的有关结构尺寸，如螺孔、销孔、键槽等尺寸，应查阅有关手册资料确定。

（4）有的零件的某些尺寸需要根据装配图所给的数据进行计算才能得到（如齿轮分度圆、齿顶圆直径等，需经计算确定）。

（5）一般尺寸均按装配图的图形大小、图的比例，可从装配图中按比例直接量取，并

将量得的尺寸数值圆整。

注意：各零件间有装配关系的尺寸必须协调一致，配合零件的相关尺寸不可互相矛盾。相邻零件接触面的有关尺寸和连接件有关的定位尺寸必须一致，拆图时应一并将它们注在相关的零件图上。例如，根据 M6 查表确定内六角圆柱头螺钉用的通孔尺寸为 6 × ϕ6.6 和沉孔ϕ 11 深 6.8。

2.3　零件图上的技术要求

要根据零件在装配体中的作用和与其他零件的装配关系，以及工艺结构等要求，参考有关资料和同类产品，标注出该零件的表面粗糙度等方面的技术要求。有配合要求或有相对运动的表面，零件表面质量要求较高，如右端盖与轴配合的孔 *Ra* 的上限值为 1.6。在标题栏中填写零件的材料时，应和明细栏中的一致。右端盖的零件图如图 8-2-6 所示。

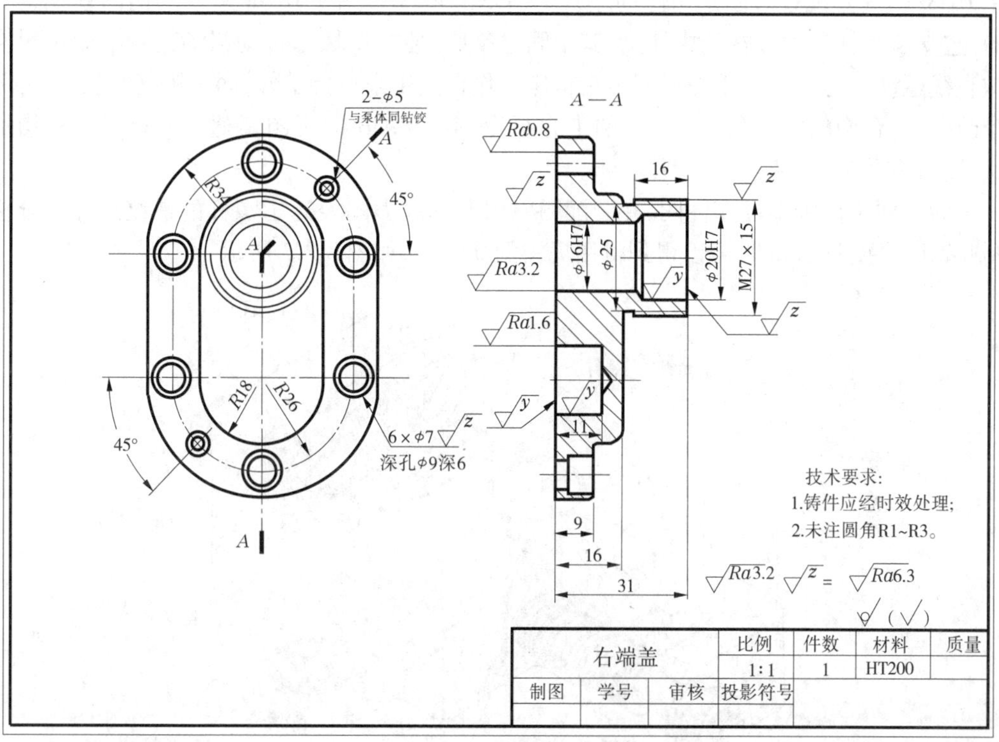

图 8-2-6　右端盖的零件图

任务实施

1　分析装配图，了解工作原理

机用虎钳是一种在机床工作台上用来夹持工件、以便于对工件进行加工的夹具。由图 8-2-1 所示的机用虎钳装配图中可知：主视图沿前、后对称中心面剖开，采用全剖视，表达机用虎钳的工作原理；左视图为 *A*—*A* 半剖视，表达主要零件的装配关系；俯剖视为局部剖，表达机用虎钳的外形及钳口板（件2）与固定钳座的装配关系。

由明细栏可知，机用虎钳由固定钳座（件1）、钳口板（件2）、活动钳身（件4）、螺杆（件8）和方块螺母（件9）等11种零件组成。当用扳手转动螺杆时，螺杆的左边用开口销卡住，使它只能在固定钳座的两圆柱孔中转动，而不能沿轴向移动，这时螺杆就带动方块螺母，使活动钳身沿固定钳座的内腔做直线运动。方块螺母与活动钳身用螺钉（件3）连成整体，这样使钳口闭合或开放，便于夹紧和卸下零件。从主视图可以看到机用虎钳的工作范围为0～70 mm。两块钳口板分别用沉头螺钉（件10）紧固在固定钳座和活动钳身上，以便磨损后更换，如俯视图所示。

固定钳座在装配件中起支承钳口板、活动钳身、螺杆和方块螺母等零件的作用，螺杆与固定钳座的左、右端分别以ϕ12H8/f7和ϕ18H8/f7间隙配合。活动钳身与方块螺母以ϕ20H8/f7间隙配合。固定钳座的左右两端是由ϕ12H8和ϕ18H8水平的两圆柱孔组成的，它支承螺杆在两圆柱孔中转动，其中间是空腔，使方块螺母带动活动钳身沿固定钳座做直线运动。为了使机用虎钳固定在机床工作台上用来夹持工件，固定钳座的前、后有两个凸台，凸台中的两圆孔$2\times\phi11$的中心距为114。由*B*向视图表达了钳口板的结构形状，钳口板宽为74，两孔中心距为40。

为了便于拆画螺杆零件图，在装配图中用局部放大图表达了螺杆的螺纹尺寸。分析图8-2-1所示的装配图，可以得到机用虎钳的立体图，如图8-2-7所示。

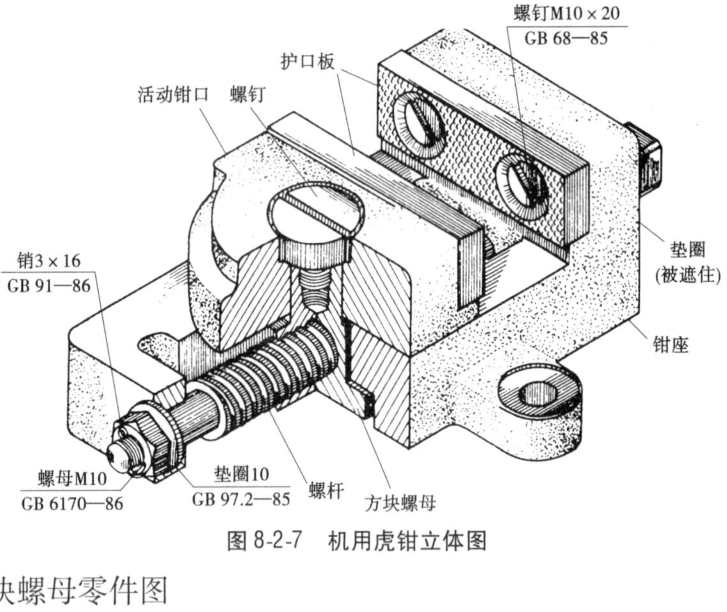

图8-2-7　机用虎钳立体图

2　拆画方块螺母零件图

由机用虎钳拆画方块螺母零件图的主要步骤如下：

（1）分离方块螺母零件投影。方块螺母与螺钉和螺杆有螺纹连接关系，与钳座和活动钳口有结合面。将相关图线分离后，得到如图8-2-8（a）所示的不完整图形。

（2）补线。根据方块螺母与其他零件的连接与配合关系，补充视图中所缺少的线。主视图补全螺纹图线，左视图为前后对称图形。补线完成后如图8-2-8（b）所示。

（3）构思立体图，绘制零件图。首先，根据图8-2-8（b）中方块螺母的主视图和左视

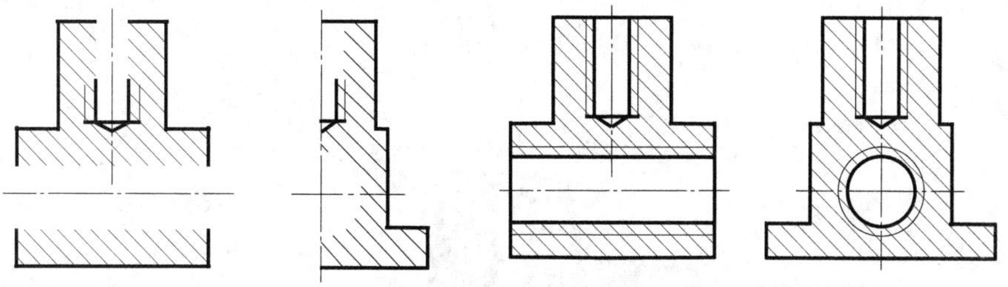

(a)由装配图分离　　(b)补线

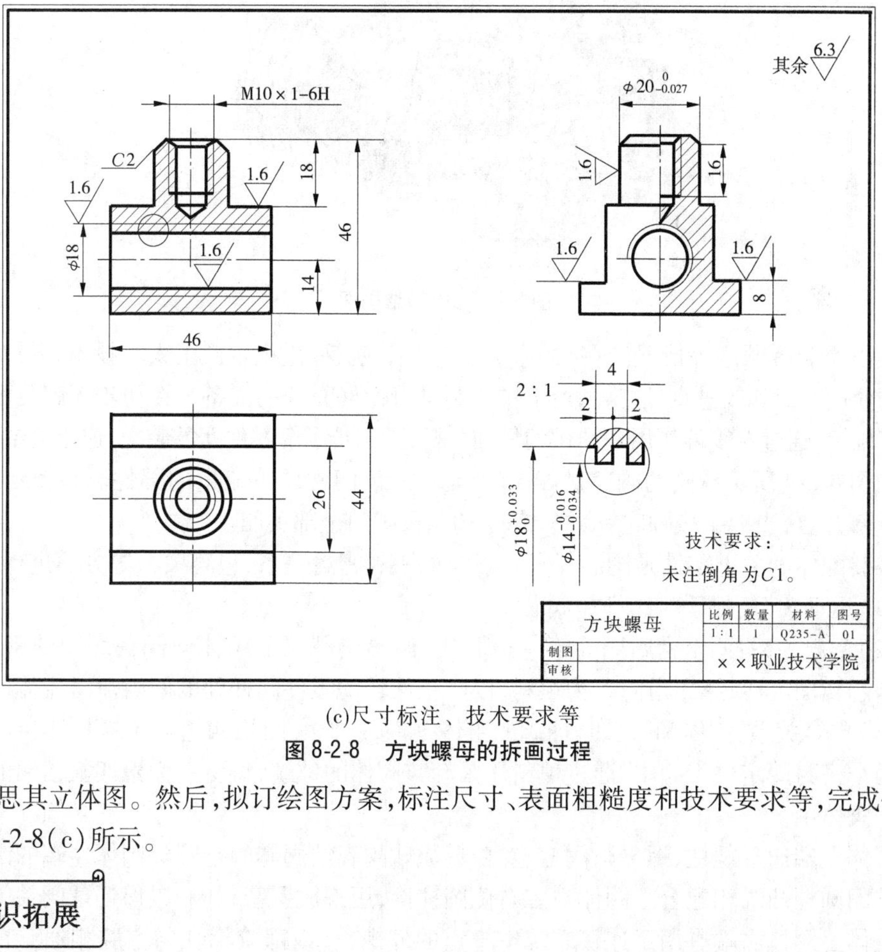

(c)尺寸标注、技术要求等

图 8-2-8　方块螺母的拆画过程

图,构思其立体图。然后,拟订绘图方案,标注尺寸、表面粗糙度和技术要求等,完成作图,如图 8-2-8(c)所示。

知识拓展

对新产品进行仿制或对现有机械设备进行技术改造以及维修时,往往需要对其进行测绘。即通过拆卸零件进行测量,画出装配示意图和零件草图;然后根据零件草图,画装配图;再依据装配图和零件草图画零件图,从而完成装配图和零件图的整套图样,这个过程称为装配体测绘。现以如图 8-2-9 所示的球阀为例,介绍装配体测绘的方法和步骤。

1　了解测绘对象

通过观察实物、阅读有关技术资料和类似产品图样,了解其用途、性能、工作原理、结

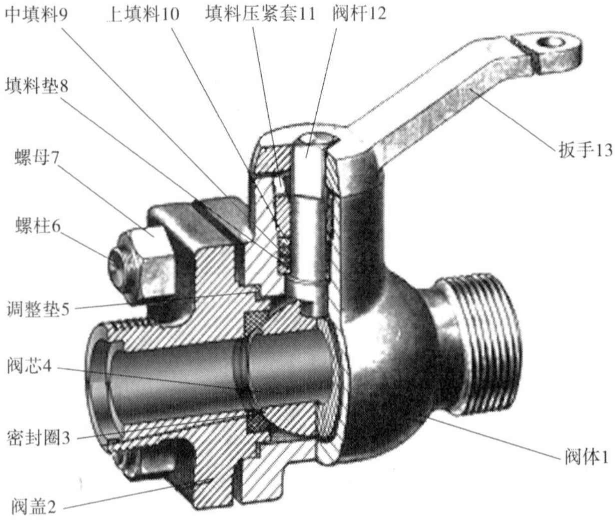

图 8-2-9　球阀结构图

构特点以及装拆顺序等情况。在收集资料过程中,尤其要重视生产工人和技术人员对该装配体的使用情况和改进意见,为测绘工作顺利进行做好充分的准备。在初步了解装配体功能的基础上,通过对零件作用和结构的仔细分析,进一步了解零件间的装配、连接关系。

如图 8-2-9 所示球阀的阀芯是球形的,是用来启闭和调节流量的部件。在图示位置,阀门全部开启,当扳手按顺时针方向旋转 90°时,阀门全部关闭。

该装配体的关键零件是阀芯,下面从运动关系、密封关系、包容关系等方面进行分析:

(1)运动关系:扳手→阀杆→阀芯。

(2)密封关系:两个密封圈为第一道防线,调整垫既保证阀体与阀盖之间的密封,又保证阀芯转动灵活;第二道防线为填料,以防止从转动零件阀杆处的间隙泄露流体。

(3)包容关系:阀体和阀盖是球阀的主体零件,它们之间用四组双头螺柱连接。阀芯通过两个密封圈定位于阀中,通过填料压紧套与阀体的螺纹,将材料为聚四氟乙烯的填料固定于阀体中。

阀体左端通过螺柱、螺母与阀盖连接,形成球阀容纳阀芯的空腔。阀体左端的圆柱槽与阀盖的圆柱凸缘相配合。阀体空腔右侧圆柱槽,用来放置密封圈,以保证球阀关闭时不泄露流体。阀体右端有用于连接系统中管道的外螺纹,内部阶梯孔与空腔相通。在阀体上部的圆柱体中,有阶梯孔与空腔相通,在阶梯孔内装有阀杆、填料压紧套等。阶梯孔顶端 90°扇形限位凸块,用来控制扳手和阀杆的旋转角度。

2　拆卸零件,画装配示意图

在拆卸前,应准备好有关的拆卸工具,以及放置零件的用具和场地,然后根据装配体的特点,制订周密的拆卸计划,按照一定的顺序拆卸零件。拆卸过程中,对每一个零件应进行编号、登记并贴上标签。对拆下的零件要分区分组放在适当地方,避免碰伤、变形,以免混乱和丢失,从而保证再次装配时能顺利进行。

拆卸零件时应注意：在拆卸之前应测量一些必要的原始尺寸，比如某些零件之间的相对位置等。拆卸过程中，严禁胡乱敲打，避免损坏原有零件。对于不可拆卸连接的零件、有较高精度的配合或过盈配合，应尽量少拆或不拆，避免降低原有配合精度或损坏零件。

如图 8-2-9 所示球阀的拆卸次序可以这样进行：

(1)取下扳手(件 13)。

(2)拧出填料压紧套(件 11)，取出阀杆(件 12)，带出中填料(件 9)和填料垫(件 8)。

(3)用扳手分别拧下四组螺柱连接的螺母(件 7)，取出阀盖(件 2)、调整垫(件 5)。

(4)从阀体中取出阀芯(件 4)，拆卸完毕。

装配示意图是通过目测，徒手用简单的图线画出装配体各零件的大致轮廓，以表示其装配位置、装配关系和工作原理等情况的简图。

画示意图时，可将零件看成是透明体，其表示可不受前后层次的限制，并尽量把所有零件集中在一个图上表示出来。画机构传动部分的示意图时，应按照国家标准《机械制图 机构运动简图用图形符号》(GB/T 4460—2013)的规定绘制。对一般零件可按其外形和结构特点形象地画出零件的大致轮廓。

画装配示意图时，应在对装配体全面了解、分析之后画出，并在拆卸过程中进一步了解装配体内部结构和各零件之间的关系，进行修正、补充，以备将来正确地画出装配图和重新装配装配体。球阀的装配示意图如图 8-2-10 所示。

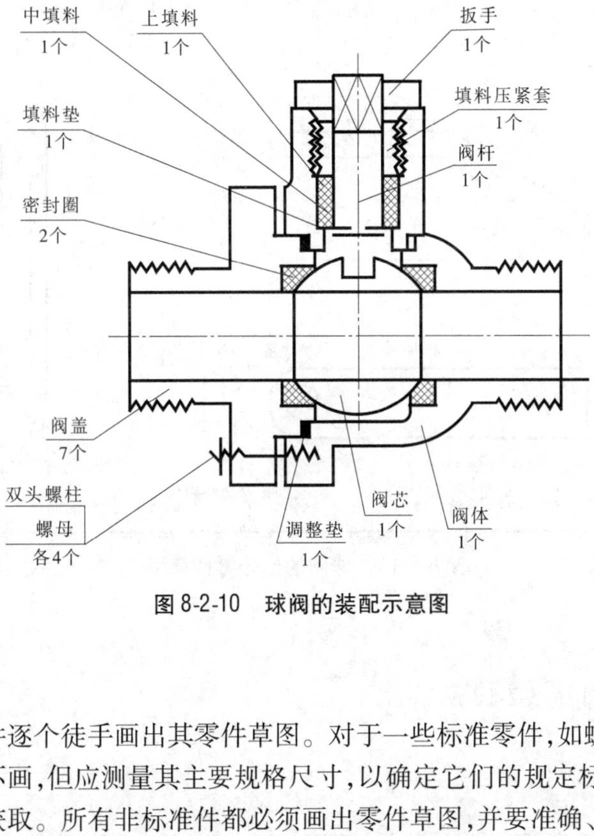

图 8-2-10 球阀的装配示意图

3 画零件草图

把拆下的零件逐个徒手画出其零件草图。对于一些标准零件，如螺栓、螺钉、螺母、垫圈、键、销等可以不画，但应测量其主要规格尺寸，以确定它们的规定标记，其他数据可通过查阅有关标准获取。所有非标准件都必须画出零件草图，并要准确、完整地标注测量尺寸。

零件草图的画法前面已作过介绍，在装配体测绘中，画零件草图时还应注意以下三点：

(1)绘制零件草图，除图线是用徒手完成的外，其他方面的要求均和画正式的零件工作图一样。

(2)零件草图可以按照装配关系或拆卸顺序依次画出，以便随时校对和协调各零件之间的相关尺寸。

(3)零件间有配合、连接和定位等关系的尺寸要协调一致，并在相关零件草图上一并标出。

球阀的部分零件草图如图 8-2-11 所示。

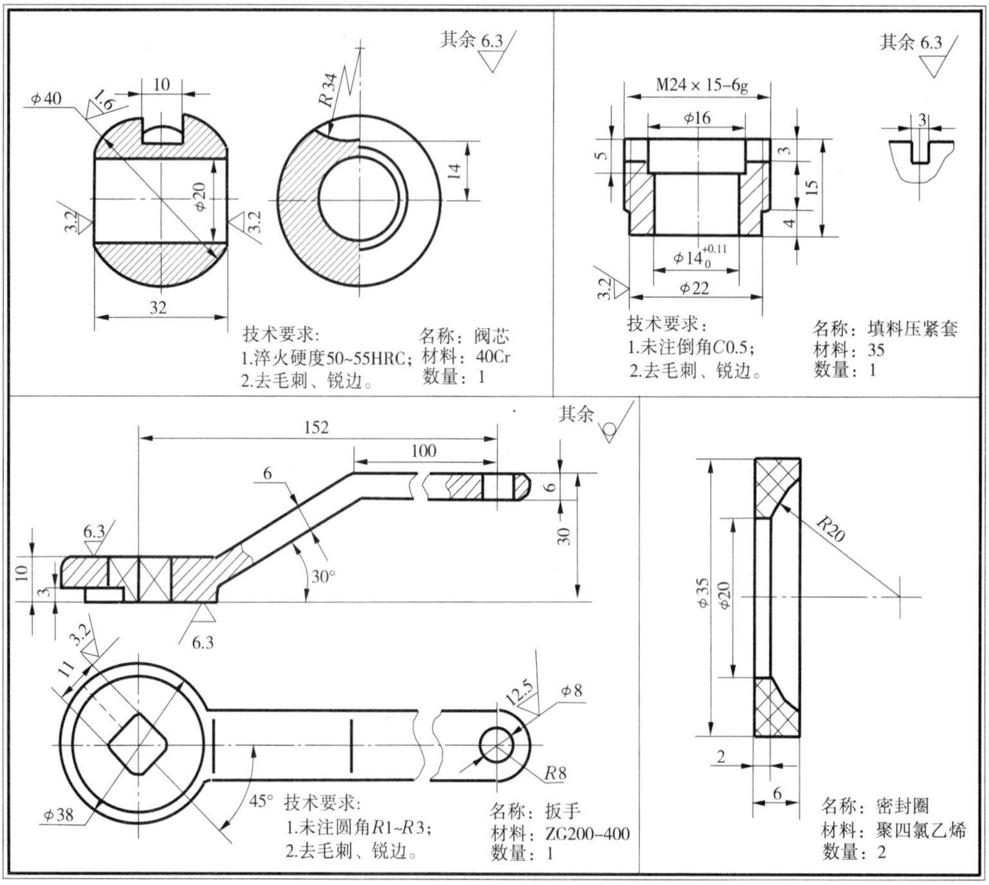

图 8-2-11　球阀的部分零件草图

4　画装配图

球阀的装配图如图 8-2-12 所示。

课堂练习

读懂如图 8-2-13 所示的整体轴承装配图，并拆画轴承座(件 1)的零件图。

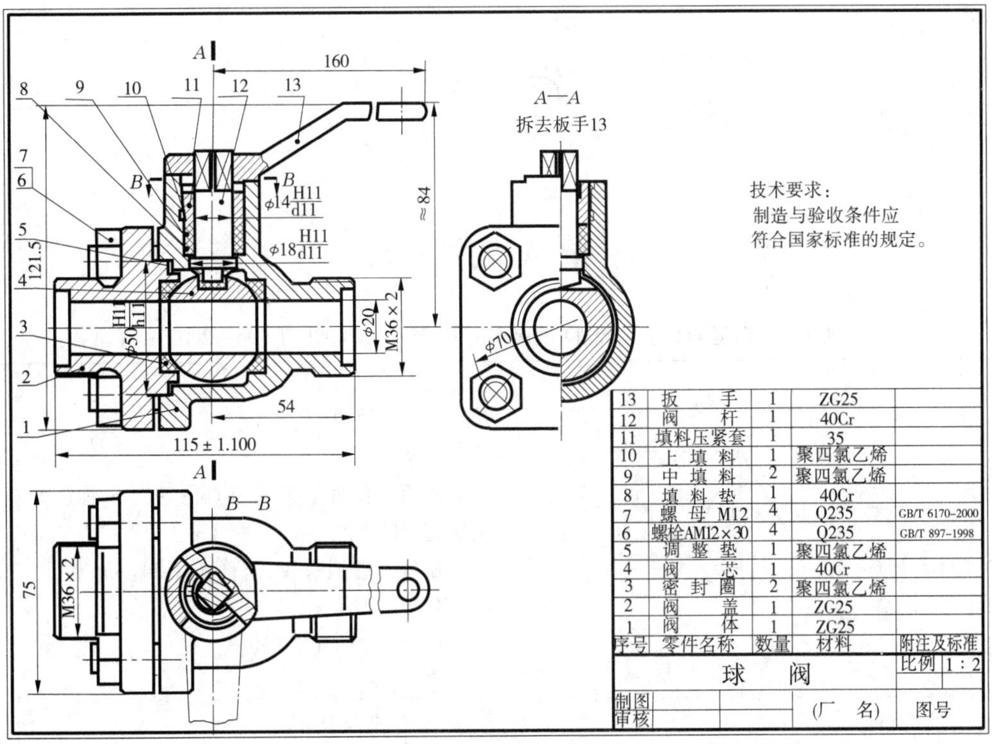

图 8-2-12 球阀装配图

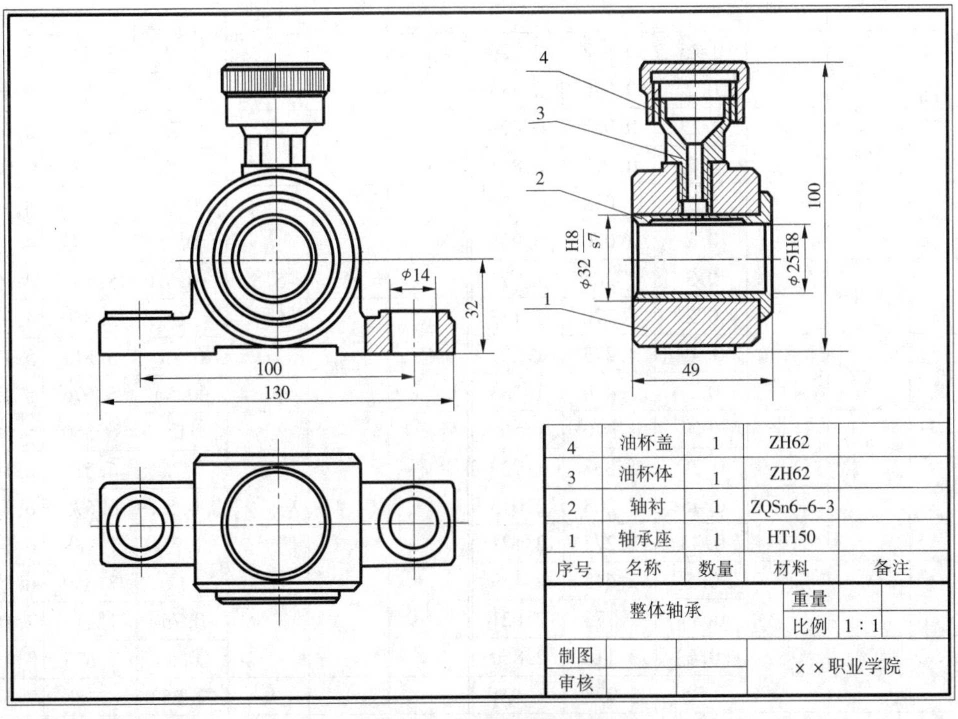

图 8-2-13 整体轴承装配图

附 录

附录 A 螺 纹

附表 1 普通螺纹基本尺寸(摘录 GB/T 193—2003,GB/T 196—2003) (单位:mm)

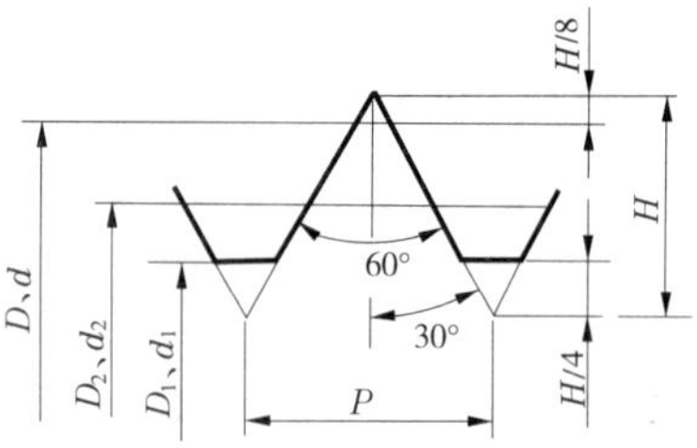

$H=0.866\ 025\ 404P$

标记示例:

右旋粗牙普通螺纹,公称直径 24 mm,螺距 3 mm 的标记:M24

右旋细牙普通螺纹,公称直径 24 mm,螺距 1.5 mm 的标记:M24×1.5

左旋时:M24×1.5 LH

公称直径 D、d			螺距 P	中径 D_2、d_2	小径 D_1、d_1	公称直径 D、d			螺距 P	中径 D_2、d_2	小径 D_1、d_1
第一系列	第二系列	第三系列				第一系列	第二系列	第三系列			
1			0.25	0.838	0.729	4			0.7	3.545	3.242
			0.2	0.870	0.783				0.5	3.675	3.459
	1.1		0.25	0.983	0.829		4.5		(0.75)	4.013	3.688
			0.2	0.970	0.883				0.5	4.176	3.959
1.2			0.25	1.038	0.929	5			0.8	4.280	4.134
			0.2	1.070	0.983				0.5	4.675	4.459
	1.4		0.3	1.205	1.075			5.5	0.5	5.175	4.959
			0.2	1.270	1.183	6			1	5.350	4.917
1.6			0.35	1.373	1.221				0.75	5.513	5.188
			0.2	1.470	1.383				(0.5)	5.676	5.459
	2		0.4	1.470	1.567			7	1	6.350	5.917
			0.25	1.838	1.729				0.75	6.513	6.188
2.5			0.45	2.208	2.013				0.5	6.675	6.459
			0.35	2.273	2.121	8			1.25	7.188	6.647
3			0.5	2.675	2.459				1	7.350	6.917
			0.35	2.773	2.621				0.75	7.513	7.188
	3.5		(0.6)	3.110	2.850				(0.5)	7.675	7.459
			0.35	3.273	3.121			9	(1.25)	8.188	7.647

续附表 1

公称直径 D、d 第一系列	第二系列	第三系列	螺距 P	中径 D_2、d_2	小径 D_1、d_1
		9	1	8.350	7.917
			0.75	8.513	8.188
			0.5	8.675	8.459
10			1.5	9.026	8.376
			1.25	9.188	8.647
			1	9.360	8.917
			0.75	9.513	9.188
			(0.5)	9.675	9.459
		11	(1.5)	10.026	9.376
			1	10.350	9.917
			0.75	10.513	10.188
			0.5	10.675	10.459
12			1.75	10.863	10.106
			1.5	11.026	10.376
			1.25	11.188	10.647
			1	11.350	10.917
			(0.75)	11.513	11.188
			(0.5)	11.675	11.459
	14		2	12.701	11.835
			1.5	13.026	12.376
			(1.25)	13.188	12.647
			1	13.350	12.917
			(0.75)	13.513	13.188
			(0.5)	13.675	13.459
15			1.5	14.026	13.376
			(1)	14.350	13.917

公称直径 D、d 第一系列	第二系列	第三系列	螺距 P	中径 D_2、d_2	小径 D_1、d_1
16			2	14.701	13.835
			1.5	16.026	14.376
			1	16.350	14.917
			(0.75)	15.513	15.188
			(0.5)	15.675	15.459
		17	1.5	16.026	15.376
			(1)	16.350	15.917
	18		2.5	16.310	15.294
			2	16.701	15.835
			1.5	17.026	16.376
			1	17.350	16.917
			(0.75)	17.513	11.188
			(0.5)	17.675	17.459
20			2.5	18.376	17.294
			2	18.701	17.835
			1.5	19.020	18.376
			1	19.350	18.917
			(0.75)	19.513	19.188
			(0.5)	19.675	19.459
22			2.5	20.376	19.294
			2	20.701	19.835
			1.5	21.026	20.376
			1	21.350	20.917
			(0.75)	21.513	21.188
			(0.5)	21.675	21.459

注:1. 直径优先选用第一系列,其次第二系列,第三系列尽可能不采用。

2. 第一、二系列中螺距的第一行为粗牙,其余为细牙,第三系列中螺距是细牙。

3. 括号内尺寸尽可能不用。

附表 2　梯形螺纹的基本尺寸(摘自 GB/T 5796.2—1986、GB/T 5796.3—1986)

(单位:mm)

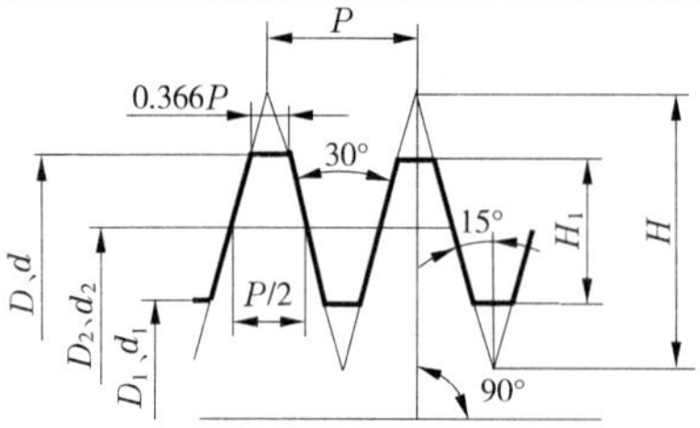

标记示例:
公称直径 40 mm,导程 14 mm,
螺距 7 mm 的双线左旋梯形螺纹
Tr40×14(P7) LH

公称直径 d		螺距	中径	大径	小径		公称直径 d		螺距	中径	大径	小径	
第一系列	第二系列	P	$D_2=d_2$	D_4	d_3	D_1	第一系列	第二系列	P	$D_2=d_2$	D_4	d_3	D_1
8		1.5	7.25	8.30	6.20	6.50		26	3	24.50	26.50	22.50	23.00
	9	1.5	8.25	9.30	7.20	7.50			5	23.50	26.50	20.50	21.00
		2	8.00	9.50	6.50	7.00			8	22.00	27.00	17.00	18.00
10		1.5	9.25	10.30	8.20	8.50	28		3	26.50	28.50	24.50	25.00
		2	9.00	10.50	7.50	8.00			5	25.50	28.50	22.50	23.00
	11	2	10.00	11.50	8.50	9.00			8	24.00	29.00	19.00	20.00
		3	9.50	11.50	7.50	8.00		30	3	28.50	30.50	26.50	29.00
12		2	11.00	12.50	9.50	10.00			6	27.00	31.00	23.00	24.00
		3	10.50	12.50	8.50	9.00			10	25.00	31.00	19.00	20.00
	14	2	13.00	14.50	11.50	12.00	32		3	30.50	32.50	28.50	29.00
		3	12.50	14.50	10.50	11.00			6	29.00	33.00	25.00	26.00
16		2	15.00	16.50	13.50	14.00			10	27.00	33.00	21.00	22.00
		4	14.00	16.50	11.50	12.00		34	3	32.50	34.50	30.50	31.00
	18	2	17.00	18.50	15.50	16.00			6	31.00	35.00	27.00	28.00
		4	16.00	18.50	13.50	14.00			10	29.00	35.00	23.00	24.00
20		2	19.00	20.50	17.50	18.00	36		3	34.50	36.50	32.50	33.00
		4	18.00	20.50	15.50	16.00			6	33.00	37.00	29.00	30.00
	22	3	20.00	22.50	18.50	19.00			10	31.00	37.00	25.00	26.00
		5	19.50	22.50	16.50	17.00		38	3	36.50	38.50	34.50	35.00
		8	18.00	23.00	13.00	14.00			7	34.50	39.00	30.00	31.00
24		3	22.50	24.50	20.50	21.00			10	33.00	39.00	27.00	28.00
		5	21.50	24.50	18.50	19.00	40		3	38.50	40.50	36.50	37.00
		8	20.00	25.00	15.00	16.00			7	36.50	41.00	32.00	33.00
									10	35.00	41.00	29.00	30.00

附表3　非螺纹密封的管螺纹(摘录 GB/T 7307—2001)　　(单位:mm)

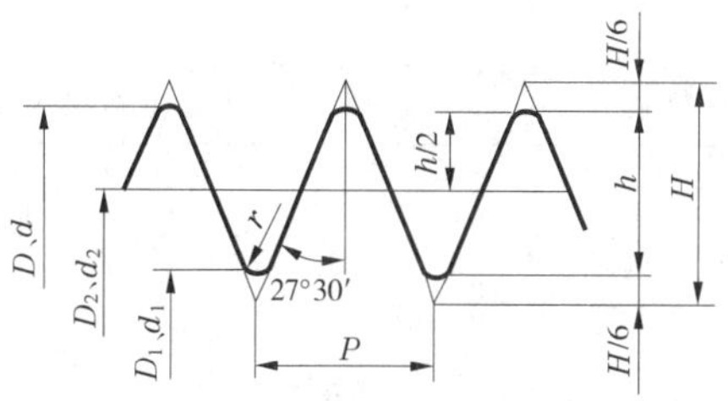

$P = 25.4/n$

$H = 0.960\,491P$

标记示例:

内螺纹 G1 $\frac{1}{2}$

A 级外螺纹 G1 $\frac{1}{2}$ A

B 级外螺纹 G1 $\frac{1}{2}$ B

左旋 G1 $\frac{1}{2}$ B—LH

尺寸代号	每25.4mm 内的牙数 n	螺距 P	牙高 h	圆弧半径 $r\approx$	基本直径		
					大径 $d=D$	中径 $d_2=D_2$	小径 $d_1=D_1$
1/16	28	0.907	0.581	0.125	7.723	7.142	6.561
1/8	28	0.907	0.581	0.125	9.728	9.147	8.566
1/4	19	1.337	0.856	0.184	13.157	12.301	11.445
3/8	19	1.337	0.856	0.184	16.662	15.806	14.950
1/2	14	1.814	1.162	0.249	20.955	19.793	18.631
5/8	14	1.814	1.162	0.249	22.911	21.749	20.587
3/4	14	1.814	1.162	0.249	26.441	25.279	24.117
7/8	14	1.814	1.162	0.249	30.201	29.039	21.877
1	11	2.309	1.479	0.317	33.249	31.770	30.291
$1\frac{1}{8}$	11	2.309	1.479	0.317	37.897	36.418	34.939
$1\frac{1}{4}$	11	2.309	1.479	0.317	41.910	40.431	38.952
$1\frac{1}{2}$	11	2.309	1.479	0.317	47.803	46.324	44.845
$1\frac{3}{4}$	11	2.309	1.479	0.317	53.746	52.267	50.788
2	11	2.309	1.479	0.317	59.614	58.135	56.656
$2\frac{1}{4}$	11	2.309	1.479	0.317	65.710	64.231	62.752
$2\frac{1}{2}$	11	2.309	1.479	0.317	75.184	73.705	72.226
$2\frac{3}{4}$	11	2.309	1.479	0.317	81.534	80.055	78.576
3	11	2.309	1.479	0.317	87.884	86.405	84.926
$3\frac{1}{2}$	11	2.309	1.479	0.317	100.330	98.851	97.372
4	11	2.309	1.479	0.317	113.030	111.551	110.072
$4\frac{1}{2}$	11	2.309	1.479	0.317	125.730	124.251	122.772
5	11	2.309	1.479	0.317	138.430	136.951	135.472
$5\frac{1}{2}$	11	2.309	1.479	0.317	151.130	149.651	148.172
6	11	2.309	1.479	0.317	163.830	162.351	160.872

附录 B　常用件与标准件

附表 4　六角头螺栓　　（单位：mm）

六角头螺栓　A 级和 B 级（摘自 GB/T 5782—2000）

六角头螺栓　全螺纹　A 级和 B 级（摘自 GB/T 5783—2000）

GB/T 5782

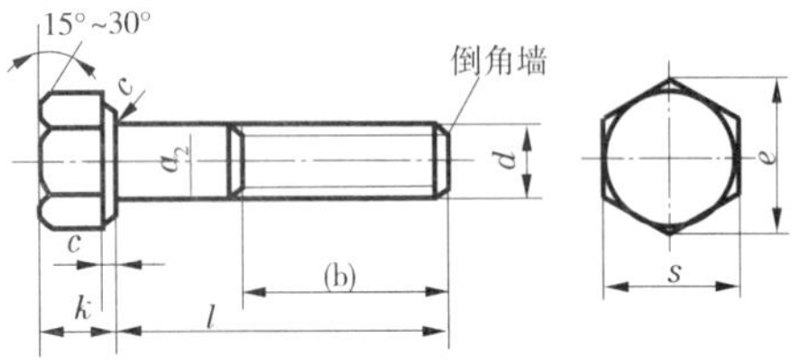

GB/T 5783

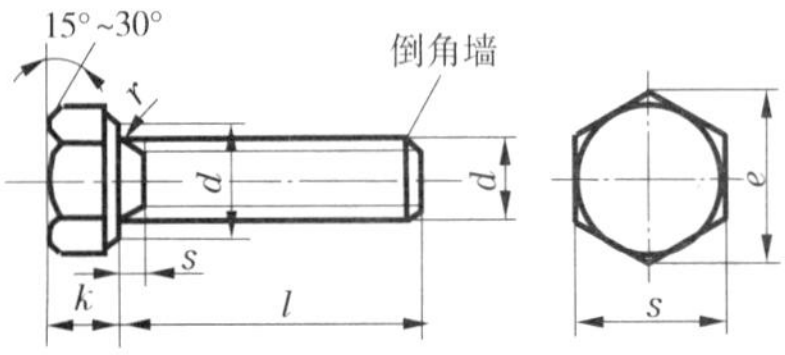

标记示例：

螺纹规格 d = M12，公称长度 l = 80 mm，性能等级为 8.8 级，表面氧化，A 级的六角头螺栓标记为

螺栓　GB/T 5782　M12 × 80

标记示例：

螺纹规格 d = M12，公称长度 l = 80 mm，性能等级为 8.8 级，表面氧化，全螺纹、A 级的六角头螺栓标记为

螺栓　GB/T 5783　M12 × 80

螺纹规格 d			M3	M4	M5	M6	M8	M10	M12	(M14)	M16	(M18)	M20	(M22)	M24
b 参考	$l \leqslant 125$		12	14	16	18	22	26	30	34	38	42	46	50	54
	$125 < l \leqslant 200$		18	20	22	24	28	32	36	40	44	48	52	56	60
	$L > 200$		31	33	33	37	41	45	49	53	57	61	65	69	73
a	max		1.5	2.1	2.4	3	3.75	4.5	5.25	6	6	7.5	7.5	7.5	9
c	max		0.4	0.4	0.5	0.5	0.6	0.6	0.6	0.6	0.8	0.8	0.8	0.8	0.8
	min		0.15	0.15	0.15	0.15	0.15	0.15	0.15	0.15	0.2	0.2	0.2	0.2	0.2
d	min	A	4.57	5.88	6.88	8.88	11.63	14.63	16.63	19.64	22.49	25.34	28.19	31.71	33.61
		B	4.45	5.74	6.74	8.74	11.47	14.47	16.47	19.15	22	24.85	27.7	31.35	33.25
e	min	A	6.01	7.66	8.79	11.05	14.38	17.77	20.03	23.35	26.75	30.14	33.53	37.72	39.98
		B	5.88	7.50	8.63	10.89	14.20	17.59	19.85	22.78	26.17	29.56	33.95	37.29	39.55
k	公称		2	2.8	3.5	4	5.3	6.4	7.5	8.8	10	11.5	12.5	14	15
r	min		0.1	0.2	0.2	0.25	0.4	0.4	0.6	0.6	0.6	0.6	0.8	0.8	0.8
s	公称		5.5	7	8	10	13	16	18	21	24	27	30	34	36
l 范围			20 ~ 30	25 ~ 40	25 ~ 50	30 ~ 60	35 ~ 80	40 ~ 100	45 ~ 120	60 ~ 140	55 ~ 160	60 ~ 180	65 ~ 200	70 ~ 200	80 ~ 240

续附表 4

螺纹规格 d	M3	M4	M5	M6	M8	M10	M12	(M14)	M16	(M18)	M20	(M22)	M24
l 范围(全螺纹)	6 ~ 30	8 ~ 40	10 ~ 50	12 ~ 60	16 ~ 80	20 ~ 100	25 ~ 120	30 ~ 140	30 ~ 150	35 ~ 180	40 ~ 150	45 ~ 200	50 ~ 150

l 系列	6,8,10,12,16,20 ~ 70(5 进位),80 ~ 160(10 进位),180 ~ 360(20 进位)				
技术条件	材料	力学性能等级	螺纹公差	公差产品等级	表面处理
	钢	8.8	6 g	A 级用于 $d \leqslant 24$ 或 $l \leqslant 10d$ 或 $l \leqslant 150$ B 级用于 $d > 24$ 或 $l > 10d$ 或 $l > 150$	氧化或镀锌钝化

注:1. A、B 为产品等级。A 级最精确,C 级最不精确。C 级产品详见 GB/T 5780—2000、GB/T 5781—2000。

2. l 系列中,M14 中的 55、65、M18 和 M20 中的 65 以及全螺纹中的 55、65 等规格尽量不采用。

3. 括号内为第二系列螺纹直径规格,尽量不采用。

附表 5 内六角圆头螺钉(GB/T 70.1—2008) (单位 mm)

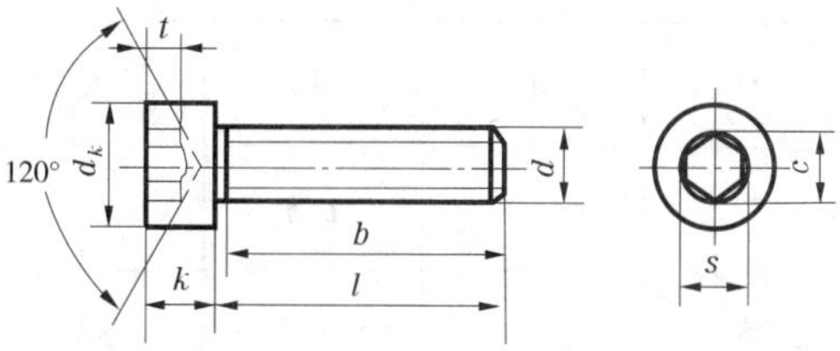

标记示例:

螺纹规格 d = M5、公称长度 l = 20mm、性能等级为 8.8 级、表面氧化的 A 级内六圆柱头螺钉标记为

螺钉 GB/T70.1 M5 × 20

螺纹规格 d	M2.5	M3	M4	M5	M6	M8	M10	M12	M16	M20	M24	M30	M36
d_{kmax}	4.5	5.5	7	8.5	10	13	16	18	24	30	36	45	54
k_{max}	2.5	3	4	5	6	8	10	12	16	20	24	30	36
t_{min}	1.1	1.3	2	2.5	3	4	5	6	8	10	12	15.5	19
s	2	2.5	3	4	5	6	8	10	14	17	19	22	27
e	2.3	2.87	3.44	4.58	5.72	6.86	9.15	11.43	16	19.44	21.73	25.15	30.85
$b_{参考}$	17	18	20	22	24	28	32	36	44	52	60	72	84
l	4 ~ 25	5 ~ 30	6 ~ 40	8 ~ 50	10 ~ 60	12 ~ 80	16 ~ 100	20 ~ 120	25 ~ 160	30 ~ 200	40 ~ 200	45 ~ 200	55 ~ 200

注:1. 标准规定螺钉规格为 M1.6 ~ M64。

2. 公称长度 l(系列):2.5,3,4,5,6 ~ 16(2 进位),20 ~ 65(5 进位),70 ~ 160(10 进位),180 ~ 300(20 进位)。

3. 材料为钢的螺钉性能等级有 8.8、10.9、12。9 级,其中 8.8 级为常用。

附表 6　开槽螺钉

（单位 mm）

开槽圆柱头螺钉（GB/T 65—2000）

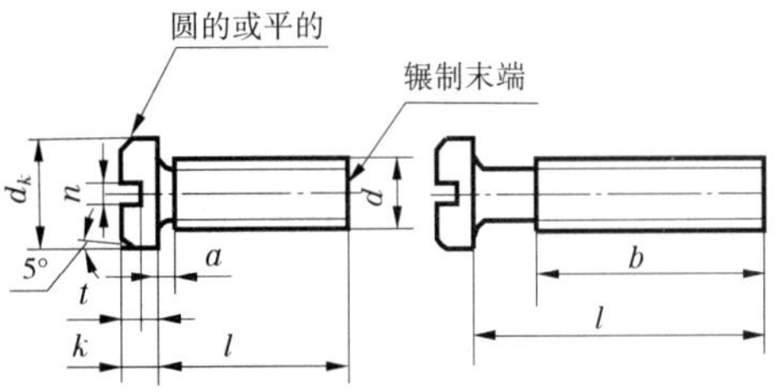

开槽沉头螺钉（GB/T 65—2000）

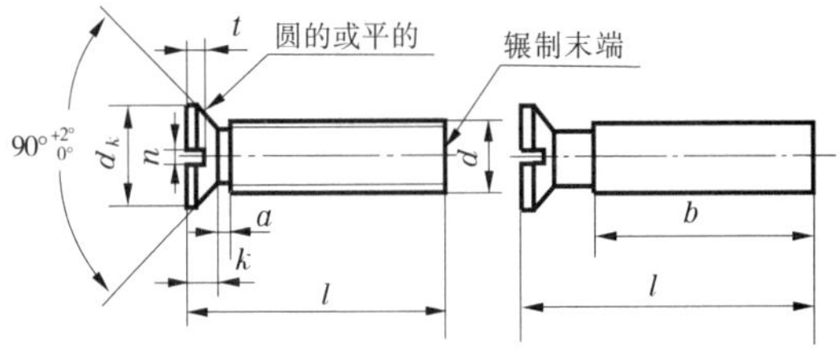

标记示例：

螺纹规格 d = M5、公称长度 l = 20mm、性能等级为 4.8 级、不经表面处理的 A 级开槽圆柱头螺钉标记为

螺钉　GB/T65 M5 × 20

螺纹规格 d			M3	M4	M5	M6	M8	M10
d_{max}			1	1.4	1.6	2	2.5	3
b_{min}			25	38	38	38	38	38
n 公称			0.8	1.2	1.2	1.6	2	2.5
GB/T 68—2000	d_k 公称 = max		5.5	8.40	9.30	11.30	15.80	18.30
	k 公称 = max		1.65	2.7	2.7	3.3	4.65	5
	t	max	0.85	1.3	1.4	1.6	2.3	2.6
		min	0.6	1	1.1	1.2	1.8	2
	$\frac{l}{b}$		$\frac{5 \sim 30}{l-(k+a)}$	$\frac{6 \sim 40}{l-(k+a)}$	$\frac{8 \sim 45}{l-(k+a)}$ $\frac{50}{b}$	$\frac{8 \sim 45}{l-(k+a)}$ $\frac{50 \sim 60}{b}$	$\frac{10 \sim 45}{l-(k+a)}$ $\frac{50 \sim 80}{b}$	$\frac{12 \sim 45}{l-(k+a)}$ $\frac{50 \sim 80}{b}$

注：1. 标准规定螺纹规格 d = M1.6 ~ M10。

2. 公称长度 l（系列），2，2.5，3，4，5，6，8，10，12，（14），16，20，25，30，35，40，45，50，（55），60，（65），70，（75），80（GB/T 65 的 l 无 2.5，GB/T 68 的 l 无 2），尽可能不采用括号内的数值。

3. 当 l/b 中的 $b = l - a$ 或 $b = l - (k + a)$ 时表示全螺纹。

4. 无螺纹部分杆径约等于中径或允许等于螺纹大径。

5. 材料为钢的螺钉性能等级有 4.8，5.8 级，其中 4.8 级为常用。

附表 7　双头螺柱

（单位：mm）

GB/T 897—1988（$b_m = d$）

GB/T 898—1988（$b_m = 1.25d$）

GB/T 899—1988（$b_m = 1.5d$）

GB/T 900—1988（$b_m = 2d$）

A型

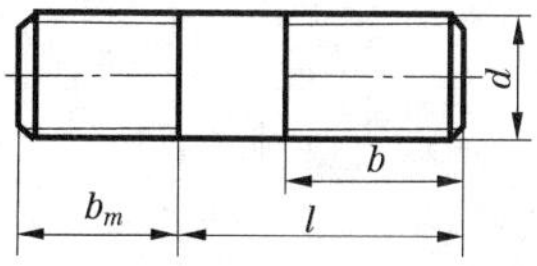

B型（辗制）

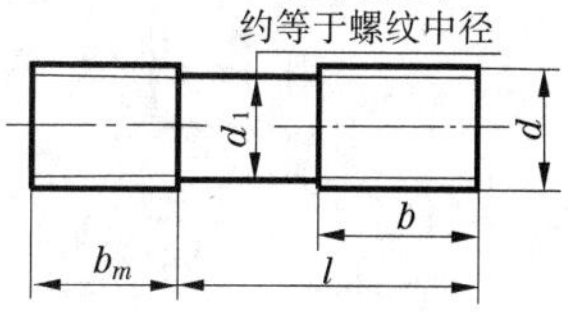

标记示例：

两端均为粗牙管理螺纹，$d = 10$mm、$t = 50$mm、性能等级为 4.8 级、不经表面处理、B 型、$b_m = 1d$ 的双头螺柱标记为

螺柱 GB/T 897　M10 × 50

若为 A 型，则标记为

螺柱　GB/T 897　AM10 × 50

螺纹规格 d		M3	M4	M5	M6	M8	M10	M12	M16	M20	M24
b_m	GB/T 897—1988			5	6	8	10	12	16	20	24
	GB/T 898—1988			6	8	10	12	15	20	25	30
	GB/T 899—1988	4.5	6	8	10	12	15	18	24	30	36
	GB/T 900—1988	6	8	10	12	16	20	24	32	40	48
$\frac{l}{b}$		$\frac{16 \sim 20}{6}$ $\frac{(22) \sim 40}{12}$	$\frac{16 \sim (22)}{8}$ $\frac{25 \sim 40}{14}$	$\frac{16 \sim (22)}{10}$ $\frac{25 \sim 50}{16}$	$\frac{20 \sim (22)}{10}$ $\frac{25 \sim 30}{14}$ $\frac{(32) \sim (75)}{18}$	$\frac{20 \sim (22)}{10}$ $\frac{25 \sim 30}{16}$ $\frac{(32) \sim 90}{22}$	$\frac{25 \sim (28)}{14}$ $\frac{30 \sim (38)}{16}$ $\frac{40 \sim 120}{26}$ $\frac{130 \sim 32}{16}$	$\frac{25 \sim (30)}{16}$ $\frac{(32) \sim 40}{20}$ $\frac{45 \sim 120}{30}$ $\frac{130 \sim 180}{36}$	$\frac{30 \sim (38)}{20}$ $\frac{40 \sim (55)}{30}$ $\frac{50 \sim 120}{38}$ $\frac{130 \sim 200}{44}$	$\frac{35 \sim (40)}{25}$ $\frac{45 \sim (65)}{35}$ $\frac{70 \sim 120}{46}$ $\frac{130 \sim 200}{52}$	$\frac{45 \sim (50)}{30}$ $\frac{(55) \sim (75)}{45}$ $\frac{80 \sim 120}{54}$ $\frac{130 \sim 200}{60}$

注：1. GB/T 897—1988 和 GB/T 898—1988 规定双头螺柱的螺纹规格 d = M5 ~ M48，公称长度 $l = 16 \sim 300$ mm；GB 899—1988 和 GB/T 900—1988 规定双螺柱的螺纹规格 d = M2 ~ M48，公称长度 $l = 12 \sim 300$ mm。

2. 双头螺柱的公称长度 l（系列），12，(14)，16，(18)，20，(22)，25，(28)，30，(32)，35，(38)，40，50，(55)，60，(65)，70，(75)，80，(85)，90，(95)，100 ~ 260（10 进位），280，300（mm），尽可能不采用括号内的数值。

3. 材料为钢的双头螺柱性能等级有 4.8，5.8，6.8，8.8，10.9，12.9（级），其中 4.8 级为常用。

附表 8　六角头螺母

（单位：mm）

1 型六角螺母　A 级和 B 级　（GB/T 6170—2000）

六角薄螺母　A 级和 B 级　（GB/T 6172.1—2000）

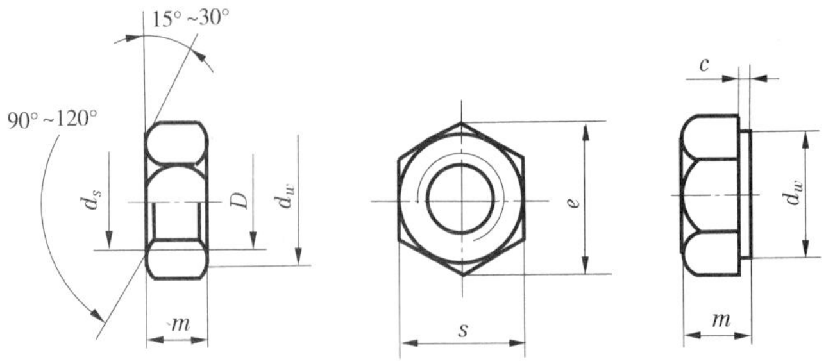

允许制造形式（GB/T 6170）

标记示例：

螺纹规格 D = M12、性能等级为 8 级、不经表面处理、A 级的 1 型六角螺母标记为

螺母　GB/T 6170　M12

螺纹规格 D = M12、性能等级为 04 级、不经表面处理、A 级的六角薄螺母标记为

螺母　GB/T 6172.1　M12

螺纹规格 D		M3	M4	M5	M6	M8	M10	M12	(M14)	M16	(M18)	M20	(M22)	M24
d_s	max	3.45	4.6	5.75	6.75	8.75	10.8	13	15.1	17.3	19.5	21.6	23.7	25.9
d_w	min	4.6	5.9	6.9	8.9	11.6	14.6	16.6	19.6	22.5	24.9	27.7	31.4	33.3
e	min	6.01	7.66	8.79	11.05	14.38	17.77	20.03	23.36	26.75	29.56	32.95	37.29	39.55
s	max	5.5	7	8	10	13	16	18	21	24	27	30	34	36
c	max	0.4	0.4	0.5	0.5	0.6	0.6	0.6	0.6	0.8	0.8	0.8	0.8	0.8
m (max)	六角螺母	2.4	3.2	4.7	5.2	6.8	8.4	10.8	12.8	14.8	15.8	18	19.4	21.5
	薄螺母	1.8	2.2	2.7	3.2	4	5	6	7	8	9	10	11	12

技术条件	材料	性能	螺纹公差	表面处理	公差产品等级
	钢	六角螺母的 6、8、10 薄螺母 04、05	6H	不经处理或 镀锌钝化	A 级用于 $D \leq 1616$ B 级用于 $D >$ M16

注：尽可能不采用括号内的规格。

附表9　垫圈

（单位:mm）

(1)小垫圈—A 级(GB/T 848—2002)、平垫圈—A 级(GB/T 97.1—2002)、平垫圈倒角型—A 级(GB/T 97.2—2002)、平垫圈—C 级(GB/T 95—2002)、特大垫圈—C 级(GB/T 5287—2002)、大垫圈—A 级和 C 级(GB/T 96—2002)

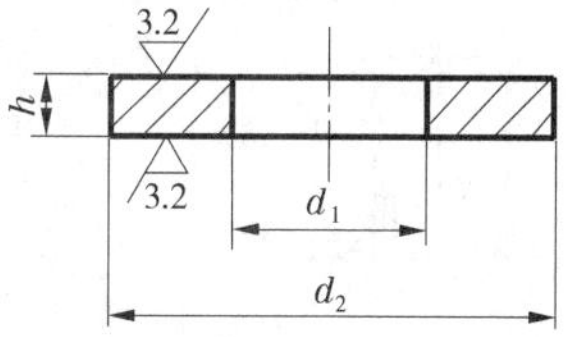

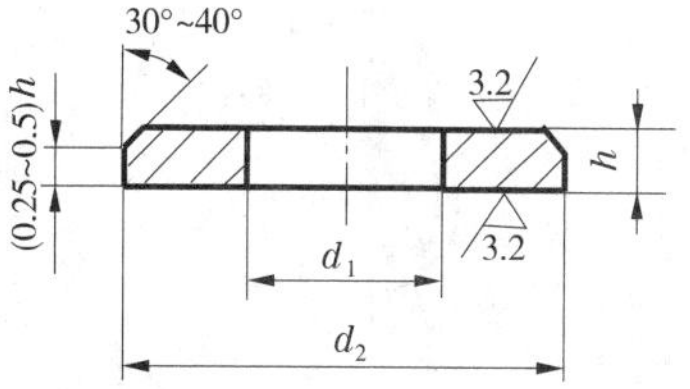

标记示例:标准系列,公称尺寸 $d=8$ mm
钢硬度等级 200 HV,A 级平垫圈
垫圈　GB/T 97.1　8

标记示例:标准系列,公称尺寸 $d=8$ mm
不锈钢硬度等级 200 HV,倒角型 A 级平垫圈
垫圈　GB/T 97.2　8　A2

公称尺寸	GB/T 95			GB/T 97.1			GB/T 97.2			GB/T 5287			GB/T 96			GB/T 848		
d	d_1	d_2	h	d_1	d_2	h	d_1	d_2	h	d_1	d_2	h	d_1	d_2	h	d_1	d_2	h
1.6	—	—	—	—	—	—	—	—	—	—	—	—	—	—	—	1.7	3.5	0.3
2	—	—	—	—	—	—	—	—	—	—	—	—	—	—	—	2.2	4.5	0.3
2.5	—	—	—	—	—	—	—	—	—	—	—	—	—	—	—	2.7	5	0.5
3	—	—	—	—	—	—	—	—	—	—	—	—	3.2	9	0.8	3.2	6	0.8
4	—	—	—	—	—	—	—	—	—	—	—	—	4.3	12	1	4.3	8	0.5
5	5.5	10	1	5.3	10	1	5.3	10	1	5.5	18	2	5.3	15	1.2	5.3	9	1
6	6.6	12	1.6	6.4	12	1.6	6.4	12	1.6	6.6	22	2	6.4	18	1.6	6.4	11	1.6
8	9	16	1.6	8.4	16	1.6	8.4	16	1.6	9	28	3	8.4	24	2	8.4	15	1.6
10	11	20	2	10.5	20	2	10.5	20	2	11	34	3	10.5	30	2.5	10.5	18	1.6
12	13.5	24	2.5	13	24	2.5	13	24	2.5	13.5	44	4	13	37	3	13	20	2
14	15.5	28	2.5	15	28	2.5	15	28	2.5	15.5	50	4	15	44	3	15	24	2.5
16	17.5	30	3	17	30	3	17	30	3	17.5	56	5	17	50	3	17	28	2.5
20	22	37	3	21	37	3	21	37	3	22	72	6	22	60	4	22	34	3
24	26	44	4	25	44	4	25	44	4	26	85	6	26	72	5	26	39	4
30	33	56	4	31	56	4	31	56	4	33	105	6	33	92	6	33	50	4
36	39	66	5	37	66	5	37	66	5	39	125	8	36	110	8	36	60	5

注:1. A 级、C 级为产品等级;A 级适用于精装配系列,C 级适用于中等装配系列,C 级垫圈没有 $Ra3.2$ 和去毛刺的要求。

2. GB/T 848—1985 主要用于带圆柱头螺钉,其他用于标准六角螺栓、螺钉和螺母。

续附表 9

(2)标准弹簧垫圈(GB/T 93—1987)、轻型弹簧垫圈(GB/T 859—1987)、重型弹簧垫圈(GB/T 7244—1987)

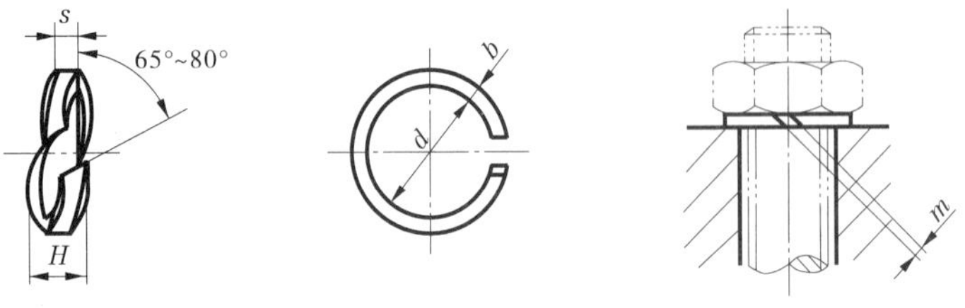

标记示例:

规格 16 mm,材料为 64Mn、标准型弹簧垫圈

垫圈 GB/T 93 16

规格螺纹大径	d_1 min	GB/T 93—1987				GB/T 859—1987				GB/T 7244—1987			
		s 公称	b 公称	H max	$m\leqslant$	s 公称	b 公称	H max	$m\leqslant$	s 公称	b 公称	H max	$m\leqslant$
2	2.1	0.5	0.5	1.25	0.25	—	—	—	—	—	—	—	—
2.5	2.6	0.65	0.65	1.63	0.33	—	—	—	—	—	—	—	—
3	3.1	0.8	0.8	2	0.4	0.6	1	1.5	0.3	—	—	—	—
4	4.1	1.1	1.1	2.75	0.55	0.8	1.2	2	0.4	—	—	—	—
5	5.1	1.3	1.3	3.25	0.65	1.1	1.5	2.75	0.55	—	—	—	—
6	6.1	1.6	1.6	4	0.8	1.3	2	3.25	0.65	1.8	2.6	4.5	0.9
8	8.1	2.1	2.1	5.25	1.05	1.6	2.5	4	0.8	2.4	3.2	6	1.2
10	10.2	2.6	2.6	6.5	1.3	2	3	5	1	3	3.8	7.5	1.5
12	12.2	3.1	3.1	7.75	1.55	2.5	3.5	6.25	1.25	3.5	4.3	8.75	1.75
16	16.2	4.1	4.1	10.25	2.05	3.2	4.5	8	1.6	4.8	5.3	12	2.4
20	20.2	5	5	12.5	2.5	4	5.5	10	2	6	6.4	15	3
24	24.5	6	6	15	3	5	7	12.25	2.5	7.1	7.5	17.75	3.55
30	30.5	7.5	7.5	18.75	3.75	6	9	15	3	9	9.3	22.5	4.5
36	36.5	9	9	22.5	4.5	—	—	—	—	10.8	11.1	27	5.4
42	42.5	10.5	10.5	26.25	5.25	—	—	—	—	—	—	—	—
48	48.5	12	12	30	6	—	—	—	—	—	—	—	—

注:m 应大于零。

附表 10　普通平键型式及尺寸(GB/T 1096—2003)　(单位:mm)

A 型　　　　B 型　　　　C 型

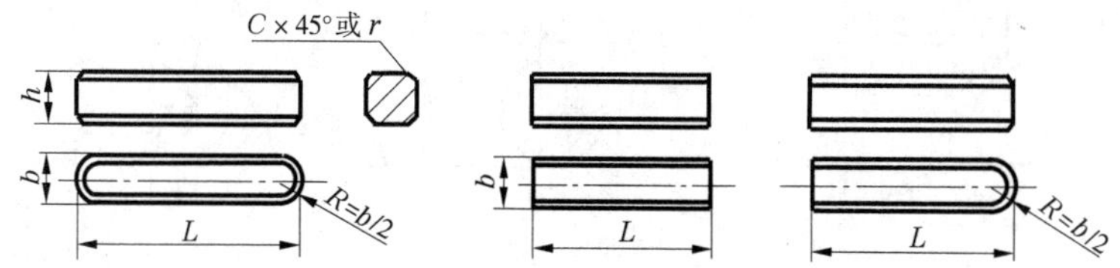

标记示例:

圆头普通平健(A 型)$b=16$ mm,$h=10$ mm,$L=100$ mm　键　16×100　GB/T 1096—2003

平头普通平健(B 型)$b=16$ mm,$h=10$ mm,$L=100$ mm　键　B16×100　GB/T 1096—2003

单圆头普通平键(C 型)$b=16$ mm,$h=10$ mm,$L=100$ mm　键　C16×100　GB/T 1096—2003

b	公称尺寸	2	3	4	5	6	8	10	12	14	16
	偏差 h9	$^{0}_{-0.025}$		$^{0}_{-0.030}$			$^{0}_{-0.036}$		$^{0}_{-0.043}$		
h	公称尺寸	2	3	4	5	6	7	8	8	9	10
	偏差 h11	$^{0}_{-0.06}$		$^{0}_{-0.075}$			$^{0}_{-0.090}$				
C 和 r		0.16～0.25			0.25～0.40			0.40～0.60			
L		6～20	6～36	8～45	10～56	14～70	18～90	22～110	28～140	36～160	45～180
b	公称尺寸	18	20	22	25	28	32	36	40	45	50
	偏差 h9	$^{0}_{-0.043}$	$^{0}_{-0.052}$				$^{0}_{-0.062}$				
h	公称尺寸	11	12	14	14	16	18	20	22	25	28
	偏差 h9	$^{0}_{-0.110}$						$^{0}_{-0.130}$			
C 或 r		0.40～0.60	0.60～0.80					1.0～1.2			
L		50～200	56～220	63～250	70～280	80～320	90～360	100～400	100～400	110～450	125～500

L 系列:6、8、10、12、14、16、18、20、22、25、28、32、36、40、45、50、56、63、70、80、90、100、110、125 等

附表 11　平键和键槽的断面尺寸(GB/T 1095—2003)　　(单位:mm)

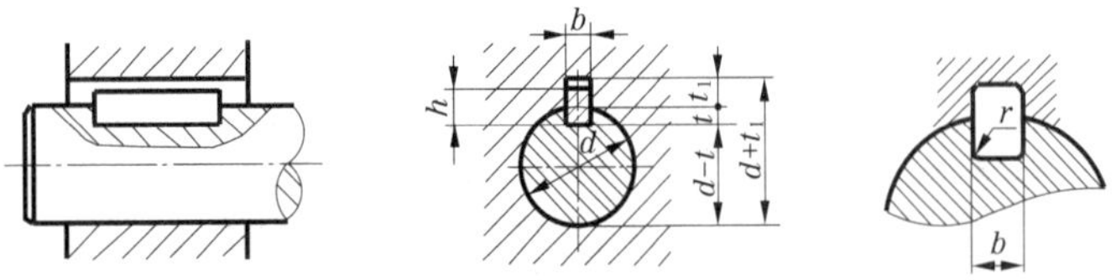

轴	键	键槽											
公称直径 d	公称尺寸 b×h	宽度 b						深度				半径 r	
		公称尺寸	极限偏差					轴 t		毂 t_1			
			较松连接		一般连接		较紧连接						
			轴 H9	毂 D10	轴 N9	毂 JS9	轴和毂 P9	公称尺寸	极限偏差	公称尺寸	极限偏差	最小	最大
自 6～8	2×2	2	+0.025 0	+0.060 +0.020	-0.004 -0.029	±0.012 5	-0.006 -0.031	1.2	+0.1 0	1.0	+0.1 0	0.08	0.16
<8～10	3×3	3						1.8		1.4			
<10～12	4×4	4	+0.030 0	+0.078 +0.030	0 -0.030	±0.015	-0.012 -0.042	2.5		1.8			
<12～17	5×5	5						3.0		2.3		0.16	0.20
<17～22	6×6	6						3.5		2.8			
<22～30	8×7	8	+0.036 0	+0.098 +0.040	0 -0.036	±0.018	-0.015 -0.051	4.0	+0.2 0	3.3	+0.2 0		
<30～38	10×8	10						5.0		3.3		0.25	0.40
<38～44	12×8	12	+0.043 0	+0.120 +0.050	0 -0.043	±0.011 5	-0.018 -0.061	5.5		3.3			
<44～50	14×9	14						5.5		3.8			
<50～58	16×10	16						6.0		4.3			
<58～65	18×11	18						7.0		4.4			
<65～75	20×12	20	+0.052 0	+0.149 +0.065	0 -0.052	±0.026	-0.022 -0.074	7.5		4.9		0.40	0.60
<75～85	22×14	22						9.0		5.4			
<85～95	25×14	25						9.0		5.4			
<95～110	28×16	28						10.0		6.4			
<110～130	32×18	32	+0.062 0	+0.180 +0.080	0 -0.067	±0.031		11.0		7.4			
<130～150	36×20	36						12.0	+0.3 0	8.4	+0.3 0	0.06	1.0
<150～170	40×22	40						13.0		9.4			
<170～200	45×25	45						15.0		10.4			
<200～230	50×28	50						17.0		11.4			

注:1. 在工作图中,轴槽深用 t 或($d-t$)标注,轮毂槽深用($d+t_1$)标注。

2. 键的材料常用 45 钢。

3. 键槽的极限偏差按轴(t)和轮毂(t_1)的极限偏差选取,但轴槽深($d-t$)的极限偏差值应取负号。

附表 12　圆柱销(GB/T 119.1—2000)　　(单位:mm)

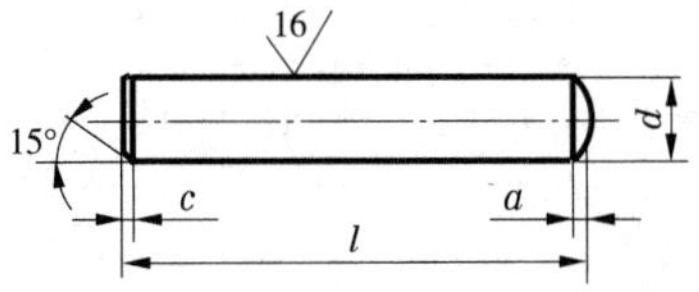

标记示例:

公称直径 d=8 mm,长度 l=30 mm,材料为 35 钢,热处理硬度 28 ~ 38 HRC,表面氧化

销　GB/T 119.1　A8 × 30

d(公称直径)	0.6	0.8	1	1.2	1.5	2	2.5	3	4	5
c	0.12	0.16	0.20	0.25	0.30	0.35	0.40	0.50	0.63	0.80
L(商品规格范围公称长度)	2 ~ 6	2 ~ 8	4 ~ 10	4 ~ 12	4 ~ 16	6 ~ 20	6 ~ 24	8 ~ 30	8 ~ 40	10 ~ 50
d(公称直径)	6	8	10	12	16	20	25	30	40	50
c	1.2	1.6	2.0	2.5	3.0	3.5	4.0	5.0	6.3	8.0
L(商品规格范围公称长度)	12 ~ 60	14 ~ 80	18 ~ 95	22 ~ 140	26 ~ 180	35 ~ 200	50 ~ 200	60 ~ 200	80 ~ 200	95 ~ 200
l 系列	2、3、4、5、6、8、10、12、14、16、18、20、22、24、26、28、30、32、35、40、45、50、55、60、65、70、75、80、85、90、95、100、120、140、160、180、200									

附表 13　圆锥销(GB/T 117—2000)　　(单位:mm)

A 型　　　　B 型

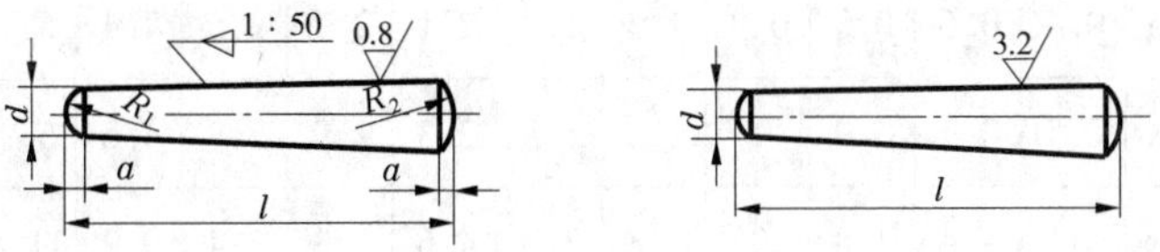

$$R_1 \approx d$$

$$R_2 \approx a/2 + d - 0.021^2/(8a)$$

标记示例:

公称直径 d=10 mm,长度 l=70 mm,材料为 35 钢、热处理硬度 28 ~ 38 HRC,表面氧化

销　GB/T 117　A10 × 70

续附表 13

d(公称直径)	0.6	0.8	1	1.2	1.5	2	2.5	3	4	5
a	0.08	0.10	0.12	0.16	0.20	0.25	0.30	0.40	0.50	0.63
L(商品规格范围公称长度)	4 ~ 8	5 ~ 12	6 ~ 16	6 ~ 20	8 ~ 24	10 ~ 35	10 ~ 35	12 ~ 45	14 ~ 55	18 ~ 60
d(公称直径)	6	8	10	12	16	20	25	30	40	50
a	0.8	1	1.2	1.6	2	2.5	3	4	5	6.3
L(商品规格范围公称长度)	12 ~ 60	14 ~ 80	18 ~ 95	22 ~ 140	26 ~ 180	35 ~ 200	50 ~ 200	60 ~ 200	80 ~ 200	95 ~ 200
l 系列	2、3、4、5、6、8、10、12、14、16、18、20、22、24、26、28、30、32、35、40、45、50、55、60、65、70、75、80、85、90、95、100、120、140、160、180、200									

附表 14　开口销(GB/T 91—2000)　　(单位:mm)

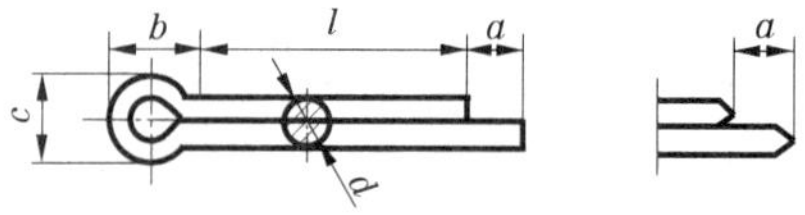

标记示例:

公称直径 $d = 8$ mm,长度 $l = 30$ mm,销　GB/T 91　A8 × 30

d	公称	0.6	0.8	1	1.2	1.6	2	2.5	3.2	4	5	6.3	8	10	12
	min	0.4	0.6	0.8	0.9	1.3	1.7	2.1	2.7	3.5	4.4	5.7	7.3	9.3	11.1
	max	0.5	0.7	0.9	1	1.4	1.8	2.3	2.9	3.7	4.6	5.9	7.5	9.5	11.4
c	max	1	1.4	1.8	2	2.8	3.6	4.6	5.8	7.4	9.2	11.8	15	19	24.8
	min	0.9	1.2	1.6	1.7	2.4	3.2	4	5.1	6.5	8	10.3	13.1	16.6	21.7
b		2	2.4	3	3	3.2	4	5	6.4	8	10	12.6	16	20	26
a	max	1.6				2.5			3.2	4				6.3	

注:1. 销孔的公称直径等于 $d_{公称}$。

2. $a_{min} = 1/2a_{max}$。

附表 15 深沟球轴承(GB/T 276—1994) (单位:mm)

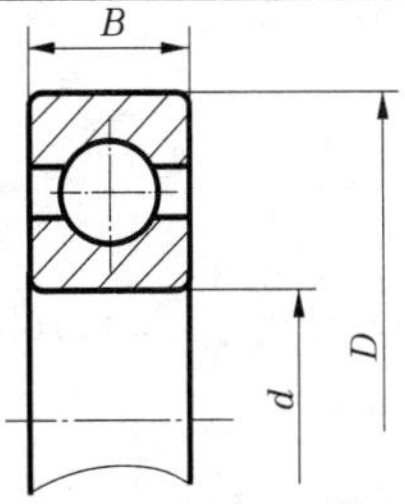

6000 型
标记示例:
轴承 6208 GB/T 276—1994

轴承型号	尺寸		
	d	D	B
尺寸系列代号 10			
606	6	17	6
607	7	19	6
608	8	22	7
609	9	24	7
6000	10	26	8
6001	12	28	8
6002	15	32	9
6003	17	35	10
6004	20	42	12
6005	25	47	12
6006	30	55	13
6007	35	62	14
6008	40	68	15
6009	45	75	16
6010	50	80	16
6011	55	90	18
6012	60	95	18
尺寸系列代号 02			
623	3	10	4
624	4	13	5
625	5	16	5
626	6	19	6
627	7	22	7
628	8	24	8
629	9	26	8
6200	10	30	9
6201	12	32	10
6202	15	35	11
6203	17	40	12
6204	20	47	14
6205	25	52	15
6206	30	62	16
6207	35	72	17

轴承型号	尺寸		
	d	D	B
尺寸系列代号 03			
634	4	16	5
635	5	19	6
6300	10	35	11
6301	12	37	12
6302	15	42	13
6303	17	47	14
6304	20	52	15
6305	25	62	17
6306	30	72	19
6307	35	80	21
6308	40	90	23
6309	45	100	25
6310	50	110	27
6311	55	120	29
6312	60	130	31
尺寸系列代号 04			
6403	17	62	17
6404	20	72	19
6405	25	80	21
6406	30	90	23
6407	35	100	25
6408	40	110	27
6409	45	120	29
6410	50	130	31
6411	55	140	33
6412	60	150	35
6413	65	160	37
6414	70	180	42
6415	75	190	45
6416	80	200	48
6417	85	210	52
6418	90	225	54
6419	95	240	55

附表 16　圆锥滚子轴承(GB/T 297—1994)　(单位:mm)

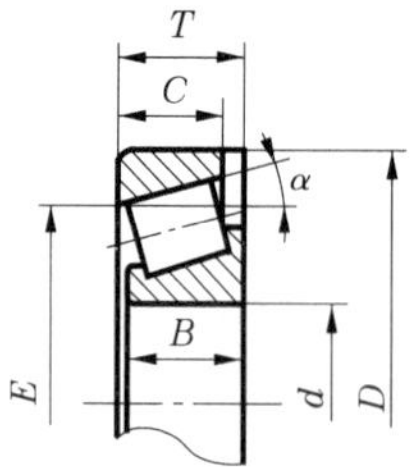

30000 型

标记示例:

轴承　30308　GB/T 297—1994

轴承型号	尺寸						
	d	D	T	B	C	E≈	α≈
尺寸系列代号 02							
30204	20	47	15.25	14	12	37.3	11.2
30205	25	52	16.25	15	13	41.1	12.6
30206	30	62	17.25	16	14	49.9	13.8
30207	35	72	18.25	17	15	58.8	15.3
30208	40	80	19.75	18	16	65.7	16.9
30209	45	85	20.75	19	16	70.4	18.6
30210	50	90	21.75	20	17	75	20
30211	55	100	22.75	21	18	84.1	21
30212	60	110	23.75	22	19	91.8	22.4
30213	65	120	24.75	23	20	101.9	24
30214	70	125	26.25	24	21	105.7	25.9
30215	75	130	27.25	25	22	110.4	27.4
30216	80	140	28.25	26	22	119.1	28
30217	85	150	30.5	28	24	126.6	29.9
30218	90	160	32.5	30	26	134.9	32.4
30219	95	170	34.5	32	27	143.3	35.1
30220	100	180	37	34	29	151.3	36.5
尺寸系列代号 03							
30307	35	80	22.75	21	18	65.7	17
30308	40	90	25.25	23	20	72.7	19.5
30309	45	100	27.75	25	22	81.7	21.5
30310	50	110	29.25	27	23	90.6	23
30311	55	120	31.5	29	25	99.1	25
30312	60	130	33.5	31	26	107.1	26.5
30313	65	140	36	33	28	116.8	29
30314	70	150	38	35	30	125.2	30.6
30315	75	160	40	37	31	134	32
30316	80	170	42.5	39	33	143.1	34
30317	85	180	44.5	41	34	150.4	36
30318	90	190	46.5	43	36	159	37.5
30319	95	200	49.5	45	38	165.8	40
30320	100	215	51.5	47	39	178.5	42

轴承型号	尺寸						
	d	D	T	B	C	E≈	α≈
尺寸系列代号 22							
32206	30	62	21.5	20	17	48.9	15.4
32207	35	72	24.25	23	19	57	17.6
32208	40	80	24.75	23	19	64.7	19
32209	45	85	24.75	23	19	69.6	20
32210	50	90	24.75	23	19	74.2	21
32211	55	100	26.75	25	21	82.8	22.5
32212	60	110	29.75	28	24	90.2	24.9
32213	65	120	32.75	31	27	99.4	27.2
32214	70	125	33.25	31	27	103.7	28.6
32215	75	130	33.25	31	27	108.9	30.2
32216	80	140	35.25	33	28	117.4	31.3
32217	85	150	38.5	36	30	124.9	34
32218	90	160	42.5	40	34	132.6	36.7
32219	95	170	45.5	43	37	140.2	39
32220	100	180	49	46	39	148.1	41.8
尺寸系列代号 23							
32304	20	52	22.25	21	18	39.5	13.4
32305	25	62	25.25	24	20	48.6	15.5
32306	30	72	28.75	27	23	55.7	18.8
32307	35	80	32.75	31	25	62.8	20.5
32308	40	90	35.25	33	27	99.2	23.4
32309	45	100	38.25	36	30	78.3	25.6
32310	50	110	42.25	40	33	86.2	28
32311	55	120	45.5	43	35	94.3	30.6
32312	60	130	48.5	46	37	102.9	32
32313	65	140	51	48	39	111.7	34
32314	70	150	54	51	42	119.7	36.5
32315	75	160	58	55	45	127.8	39
32316	80	170	61.5	58	48	136.5	42
32317	85	180	63.5	60	49	144.2	43.6
32318	90	190	67.5	64	53	151.7	46
32319	95	200	71.5	67	55	160.3	49
32320	100	215	77.5	73	60	171.6	53